计算机网络
——理论与实验

潘　伟　曹浪财　费　嘉　徐素霞　编著

厦门大学出版社 XIAMEN UNIVERSITY PRESS
国家一级出版社
全国百佳图书出版单位

内容简介

本书理论与实践紧密结合，经典原理与现代技术相辅相成，是作者在多年从事计算机网络教学与实验指导的基础上，结合所积累的理论与实践知识成果，对计算机网络的有关内容进行归纳和梳理后形成的。期望读者在掌握计算机网络理论的同时，得到完整的技能训练。

书中内容分为三大部分：(1)介绍经典的计算机网络的原理、技术、协议及典型应用。以TCP/IP协议为主线，系统地介绍了计算机网络的发展和原理体系结构、物理层、数据链路层、网络层、传输层、应用层；(2)介绍近年来涌现的IPv6协议、无线网络、传感器网络、物联网和云计算等计算机网络新技术；(3)与理论介绍紧密配合，给出了掌握网络技术所需的丰富的实验指导内容。

本书适合作为高等院校信息科学与技术相关专业的计算机网络理论与实验教材，也可以作为相关专业研究生和有关技术人员阅读参考。

前　言

计算机网络是计算机技术与通信技术相互结合、相互促进的产物，是当今信息科学与应用中发展最为迅速的领域之一。目前，计算机网络已经深深地融入到社会的各行各业，时刻深度影响着人们的学习、工作与生活。社会迫切需要大量掌握计算机网络的基础理论和方法，接受过严格工程训练，可以解决计算机网络实际问题的人才。这就给从事计算机网络课程教学的教师提供了更加广阔的发展空间，同时也面临着越来越大的挑战。

本着“理论知识学习和能力培养并重”的原则，笔者在十多年从事计算机网络教学与实验指导的经验基础上，试图编写一本既有较强理论基础，又符合现代计算机网络实践需求，内容适中的计算机网络教材；期望读者在掌握计算机网络理论的同时，得到完整的网络技能训练。

本书的特色是理论与实际相结合，既有理论，也有实验教程。本书写作历时一年，内容已经两轮试讲。本书共八章，第一到第六章及第七章的“IPv6”内容约需要讲授26～30学时；第七章的其余内容可以作为选读内容，教师可以提出思考题后，让学生自己阅读；第八章为网络实验教程，实验内容都经过多轮教学实践。实验共23个，全部在实验室做完需要20～25学时左右，教师可以根据需要和时间进行取舍。需要配套课件的教师请与作者联系：wpan@xmu.edu.cn。

本书第一章由曹浪财、潘伟编写；第二、三、六章由曹浪财编写；第四、七章由潘伟编写；第八章由费嘉编写；第五章由徐素霞编写；第一章至第七章的插图由徐素霞绘制，全书由潘伟统稿。

记得“文革”期间，往往会在某天下午接到上级通知：“今天晚上8点中央人民广播电台有重要广播”，要求学校、单位组织全体人员收听。到了晚上，广播里往往会发布毛主席的一段讲话或批示。大家收听后，马上有组织地上街游行、欢呼甚至集会。时光荏苒，对这些讲话和批示，笔者大多数都记得不清楚了。但有毛主席的一个批示中的一句话：“以其昏昏，使人昭昭，是不行的。”笔者一直忘不了。笔者当时对这句话不得其解，后来才了解到其原文出自《孟子·尽心下》：“贤者以其昭昭，使人昭昭，今以其昏昏，使人昭昭。”其意思是：只有自己明白（昭昭），才能使人家明白；要是自己不明白（昏昏），人家就无论如何也不会明白的。用现代教育的话来讲，就是“要给学生一碗水，自己得有一桶水”。

在编写教材的同时（甚至是教师的整个教学生涯），也是一个学习提高的过程，是一个不断发现“昏昏”到“昭昭”的过程。尽管我们试图努力做到如厦门大学校训般的“止于至善”，但由于我们的学识有限，书中肯定还有不少“昏昏”之处，期望读者指正，以达到共同“昭昭”之乐。

潘　伟

2013年12月于厦门大学海韵园

目 录

第一章 概 述

1.1 计算机网络的形成与发展

计算机网络是计算机技术和通信技术相结合的产物。它经历了从简单到复杂、从单机到多机、从终端与计算机之间通信到计算机与计算机直接通信的发展时期。

1.1.1 计算机网络发展阶段的划分

计算机网络的形成与发展历史,大致可以分为以下四个阶段。

1.第一阶段:计算机网络技术与理论准备阶段

这个阶段可以追溯到20世纪50年代。最初的计算机网络是由单个计算机为中心的远程联机系统构成。这类简单的"终端—通信线路—面向终端的计算机"系统,构成了计算机网络的雏形。当时的系统除了一台中央计算机外,其余的终端设备没有独立处理数据的功能,当然还不能算是真正意义上的计算机网络。为了区别以后发展的多个计算机互联的计算机网络,称它为面向终端的计算机网络。

这个阶段有三个标志性的成果:

(1) 1946年世界上第一台数字电子计算机问世,为计算机网络的诞生奠定了物质基础;

(2)数据通信技术日趋成熟,为计算机网络的形成奠定了技术基础;

(3)分组交换概念的提出为计算机网络的研究奠定了理论基础。

2.第二阶段:计算机网络的形成

第二阶段是从20世纪60年代开始。1969年11月,美国国防部高级研究计划局(ARPA)开始建立一个命名为ARPANET的网络。最初选择了加州大学洛杉矶分校、加州大学圣巴巴拉分校、斯坦福大学、犹他州大学四所大学的4台具有不同类型的大型计算机通过联网来测试实现共享资源的目的。ARPANET在技术上的另一个重大贡献是TCP/IP协议簇的开发和利用。作为Internet的早期骨干网,ARPANET的试验并奠定了Internet存在和发展的基础,较好地解决了异种机网络互联的一系列理论和技术问题。

这个阶段也有三个标志性的成果:

(1) ARPANET的成功运行证明了分组交换理论的正确性;

(2) TCP/IP协议的广泛应用为更大规模的网络互联奠定了坚实的基础;

(3) E-mail、FTP、TELNET、BBS等应用展现出网络技术广阔的应用前景。

3.第三阶段:网络体系结构的研究

第三阶段大致是从20世纪70年代中期开始。1974年,美国IBM公司提出了世界上第一个网络体系结构SNA(System Network Architecture)。随后,国际上各种广域网、局域网与公用分组交换网技术发展迅速,各个计算机生产商纷纷发展自己的计算机网络,提出了各自的网络体系和协议标准。网络体系结构与协议标准化的研究，对更大规模的网络互联起到了重要的推动作用。

这个阶段的研究有 2 个标志性的成果：

(1) OSI 参考模型的研究对网络理论体系的形成与发展，以及在网络协议标准化研究方面起到了重要的推动作用；

(2) TCP/IP 经受了市场和用户的检验，吸引了大量的投资，推动了 Internet 应用的发展，成为业界标准。

4. 第四阶段：Internet 应用、无线网络与网络安全技术研究的发展

第四阶段是从 20 世纪 90 年代开始。这个阶段最富有挑战性的话题是 Internet 应用技术、无线网络技术、对等网络技术与网络安全技术。这个阶段的特点主要表现在：

(1) Internet 作为全球性的国际网与大型信息系统，在当今政治、经济、文化、科研、教育与社会生活等方面发挥了越来越重要的作用。

(2)智能手机等移动接入设备的普及，大大降低了访问 Internet 的门槛；Internet 大规模接入推动了接入技术的发展，促进了计算机网络、电信通信网与有电线视网的“三网融合”，必将推动现代的信息服务业的快速增长，孕育出更多的基于网络的商业模式。

(3)对等网络(Peer-to-Peer，P2P)技术的研究，使得“即时通信”，如 QQ，微信等新的网络应用不断涌现，进一步丰富了人与人之间信息交互与共享的方式。

(4)无线个人区域网，无线局域网、无线城域网和无线广域网技术日益成熟，并已进入应用阶段。无线自组网、无线 mesh 和无线传感器网络的研究与应用受到了高度重视。

(5)物联网进一步实现了人与物、物与物的融合，使人类对客观世界具有更全面、更透彻的感知与认识能力，更为智慧的处理能力。物联网与云计算技术的融合，预示着网络技术将会在更大范围、更深层次应用的发展趋势，预示着信息技术与计算机网络技术将会在人类社会发展中发挥更为重要的作用，为科学研究与商业应用提出更多富有挑战性的研究课题，创造更广阔的发展空间。

(6)随着网络应用的快速增长，社会对网络安全问题的重视程度也越来越高。个人黑客和网络优势国家对网络的侵害与监控(如 2013 年美国监控互联网丑闻曝光)，已经严重威胁到全世界所有人们的个人隐私或商业机密。强烈的社会需求迫使人类思考使用计算机网络的利与弊，促使网络安全技术的快速发展。

1.1.2 计算机网络技术发展的三条主线

任何一种新技术的出现都必须具备两个条件：一是强烈的社会需求；二是前期技术的成熟。计算机网络技术的形成与发展也遵循这样的技术发展轨迹。在分析计算机网络发展的四个阶段的基础上，我们可以进一步从技术分类的角度来认识计算机网络发展的三条主线。

1. 从 ARPANET 到 Internet

在计算机网络的发展过程中，曾经有多种网络体系和协议标准被提出，并与 ARPANET 竞争市场。但是，最终只有 ARPANET 修成正果，发展成为今天把全世界网络联系到一起的 Internet。

TCP/IP 协议是推动 Internet 成功的主要因素。在从 ARPANET 发展到 Internet 的过程中，TCP/IP 协议为各种不同类型的计算机通信子网的相互联接，提供了标准和接口，逐渐得到了工业界、学术界以及政府机构的认可，成为事实上的工业标准；另一方面，TCP/IP 协议本身具有简单、实用的优良特性，在计算机网络的发展过程中，尽管各种上层的网络应用与底层的网络硬件不断涌现与更新，但是把这上、下两者连接起来的 TCP/IP 协议基本保持不变，展示了良好的适应性，不断释放出无限的活力。以 TCP/IP 协议为基础的广域网、城域网、局域网与个人区域网技术逐步成熟，并获得了进一步的发展。

2. 从无线分组网到无线自组网、无线 mesh 网络、无线传感器网络

人们希望能够随时随地对网络进行访问，并且在移动时仍然能够保持大容量的通信。无线网络为人们提供了便捷、高效、可移动的网络服务，它既包括允许用户建立远距离无线连接的全球语音和数据网络，也包括为近距离无线通信的红外及射频技术。

近年来，越来越多的人通过无线终端如笔记本电脑、智能手机等设备连接到互联网。从规模上看，无线网络已经从最初的无线局域网，已经发展到无线城域网、无线广域网；从深度上看，已经发展到无线自组网、无线 mesh 网络和无线传感器网络，以及与个人身体信息紧密相关的无线个域网。这些技术的发展，大大增强了人类共享信息资源的灵活性，改变了人类与自然界的交互方式，极大地扩展了现有的网络功能，提高了人类感知、认识、交互世界的能力。

3. 网络安全技术

任何事情都有利有弊，在网络给我们提供通信方便的同时，也会把使用者的个人隐私、商业秘密，甚至国家机密处于不怀好意的网络攻击者的威胁中。现实社会对网络技术依赖的程度越高，网络安全技术就越显得重要。随着网络应用的深入，网络安全技术的重要性日渐突出。网络安全技术将伴随着前两条主线的发展而发展，永远不会停止。

目前，网络攻击已开始从当初的显示才能、玩世不恭的黑客个人行为，逐步发展到出于利益驱动的有组织的经济犯罪。同时，网络监控个人隐私，网络攻击已经成为某些国家或利益集团的政治、军事活动，甚至是恐怖活动的形式之一。

在以人与人之间信息共享为特征的 Internet，不断面临着严峻的网络安全威胁的同时，以物理世界的信息自动获取、感知终端无处不在、海量信息智能处理为特征的物联网将要面临着更为严峻的网络安全问题。

网络安全研究涉及技术、管理、道德与法制环境等多个方面。网络的安全性是一个链条，它的可靠程度取决于链条中最薄弱的环节。实现网络安全是一个过程，而不是任何一个产品可以替代的。人们在加强网络管理与网络安全技术研究的同时，必须加快网络法制建设，加强人们的网络法制观念与道德教育，甚至要进行国际合作才能够增强网络的安全。

1.2　计算机网络定义与分类

1.2.1　计算机网络定义

计算机网络的精确定义并未统一。关于计算机网络的最简单的定义是："以共享资源与通信为目的，互联在一起的自治计算机的集合"。一个更为复杂的计算机网络的定义为："凡是将地理位置不同，并具有独立功能的多个计算机系统通过通信设备和通信媒介连接起来，以功能完善的软件（即网络通信协议、信息交换方式、网络操作系统等）实现网络中资源共享和通信的系统"。

按照上述定义，早期面向终端的网络都不能算是计算机网络，而只能称为联机系统（因为那时的许多终端不能算是自治的计算机）。但随着硬件价格的下降，许多终端都具有一定的智能，因而“终端”和“自治的计算机”逐渐失去了严格的界限。因此，若把微型计算机作为终端使用，按上述定义，则早期的那种面向终端的网络也可称为计算机网络。

最简单的计算机网络就只有两台计算机和连接它们的一条链路，即两个结点和一条链路。因为没有第三台计算机，因此不存在交换的问题。

有时我们也能见到“计算机通信网”这一名词，其含义与“计算机网络”相同。

“计算机通信”与“数据通信”这两个名词也常混用。前者强调通信的主体是计算机中运行的程序（在传统的电话通信中通信的主体是人），后者强调通信的内容是数据（这当然是在进行计算机通信时才能传送数据）。

1. 计算机网络特征

计算机网络具有以下三个主要的特征：

（1）组建计算机网络的主要目的是实现联网各方的资源共享与通信。

计算机资源主要指计算机的硬件、软件与数据资源。网络用户不但可以使用本地计算机资源，而且可以通过网络访问远程计算机的资源，可以调用网络中多台计算机协同完成一项任务。

（2）互联的计算机系统是自治的系统。

互联的计算机分布在不同地理位置，它们之间没有明确的主从关系，每台计算机既可以联网工作，也可以脱网独立地工作。联网计算机可以为本地用户提供服务，也可以为远程网络用户提供服务。

（3）联网计算机之间的通信必须遵循共同的网络协议。

计算机网络是由多个互联的主机组成，主机之间要做到有条不紊地交换数据，每个主机都必须遵守一些事先规定好的通信规则－－网络协议。这就和人们之间的对话时，大家都要遵守一定的规则，都要说同样的语言（如中文或英文）一样。如果一个说中文，而一个说英文，这时就需要找一个翻译参与才能实现对话。

随着 Internet 与三网融合技术的发展，联网计算机的概念开始发生了变化。联网计算机的类型已经从大型计算机、个人计算机、PDA，逐步扩展到移动终端设备、智能手机、传感器、控制设备、电视机、家用电器等各种智能设备。但是，无论接入网络的终端设备如何变化，这些接入设备都具有一个相同的特点，那就是：内部都有 CPU、操作系统与执行网络协议的软件，都属于端系统中的设备。不同之处是：由于应用领域与功能的不同，接入设备使用的 CPU、操作系统与网络软件的性能、规模与功能可能不同。在计算机网络技术的讨论中，将各种端系统中的设备统称为主机（host）。

2. Computer network、internet、Internet 与 Intranet 的区别与联系

在讨论计算机网络基本概念时，需要注意术语 computer network、internet、Internet 与 Intranet 的区别与联系。

（1）计算机网络（computer network），表示的是用通信技术将大量独立计算机系统互连起来的集合。计算机网络有各种类型，如广域网、城域网、局域网或个域网。

（2）网络互联（internet，internetworking）是表述将多个计算机网络互联成大型网络系统的技术术语。

(3)Internet 或因特网、互联网是一个专用名词,专指目前广泛应用、覆盖了全世界的大型网络系统。因此 Internet 不是一个单一的广域网、城域网或局域网,而是由很多种网络互联起来的网际网。

(4)随着 Internet 的广泛应用,一些大型企业、管理机构也采用了 Internet 的组网方法,采用 TCP/IP 与 Web 的系统设计方法,将分布在不同地理位置的各个部门局域网互联成企业内部的专用网络系统,供内部员工办公使用,不连接或不直接连接到 Internet,这种内部的专用网络系统叫做 Intranet。

1.2.2 计算机网络的分类

计算机网络的分类方法有多种,下面进行简单的介绍。

1.不同作用范围的网络

(1)局域网 LAN(Local Area Network):局域网一般用微型计算机或工作站通过高速通信线路相连(速率在 10 Mb/s 以上),但地理上则局限在较小的范围(如 1 km 左右)。在局域网发展的初期,一个学校或工厂往往只拥有一个局域网,但现在局域网已非常广泛地使用,一个学校或企业大都拥有许多个互连的局域网(这样的网络常称为校园网或企业网)。

(2)广域网 WAN(Wide Area Network):广域网是在一个广阔的地理区域内进行数据、语音、图像信息传输的计算机网络。由于远距离数据传输的带宽有限,因此广域网的数据传输速率比局域网要慢得多。广域网可以覆盖一个城市、一个国家甚至于全球。因特网(Internet)是广域网的一种,但它不是一种具体独立性的网络,它将同类或不同类的物理网络(局域网、广域网与城域网)互联,并通过高层协议实现不同类网络间的通信。本书后面不专门讨论广域网。

(3)城域网 MAN(Metropolitan Area Network):城域网是一种大型的 LAN,它的覆盖范围介于局域网和广域网之间,一般为几千米至几万米,城域网的覆盖范围在一个城市内,它将位于一个城市之内不同地点的多个计算机局域网连接起来实现资源共享。城域网所使用的通信设备和网络设备的功能要求比局域网高,以便有效地覆盖整个城市的地理范围。一般在一个大型城市中,城域网可以将多个学校、企事业单位、公司和医院的局域网连接起来共享资源。目前很多城域网采用的是以太网技术,因此有时也常并入局域网的范围进行讨论。

(4)个人区域网 PAN(Personal Area Network):个人区域网就是在个人工作地方把属于个人使用的电子设备(如便携式电脑等)用无线技术连接起来的网络,因此也常称为无线个人区域网 WPAN(Wireless PAN),其范围在 10 m 左右。

顺便指出,若中央处理机之间的距离非常近(如仅 1 米的数量级或甚至更小些),则一般称之为多处理机系统而不称它为计算机网络。

2.广播式网络与点对点网络

根据所使用的传输技术,可以将网络分为广播式网络和点对点网络。

(1)广播式网络:在广播式网络中仅使用一条通信信道,该信道由网络上的所有结点共享,任何一个结点都可以发送数据分组,传到每台机器上,被其他所有结点接收。这些机器根据数据包中的目的地址进行判断,如果是发给自己的则接收,否则便丢弃它。总线型以太网就是典型的广播式网络。

(2)点对点网络:与广播式网络相反,点对点网络由许多互相连接的结点构成,在每对机器之间都有一条专用的通信信道,因此在点对点的网络中,不存在信道共享与复用的情况。当一台计算机发送数据分组后，它会根据目的地址，经过一系列的中间设备的转发，直至到达目的结点，这种传输技术称为点对点传输技术，采用这种技术的网络称为点对点网络。

3. 不同使用者的网络

(1)公用网(Public Network)：这是指电信公司(国有或私有)出资建造的大型网络。"公用"的意思就是所有愿意按电信公司的规定交纳费用的人都可以使用这种网络。因此公用网也可称为公众网。

(2)专用网(Private Network)：这是某个部门为本单位的特殊业务工作的需要而建造的网络。这种网络不向本单位以外的人提供服务。例如，军队、铁路，电力等系统均有本系统的专用网。

公用网和专用网都可以传送多种业务。如传送的是计算机数据，则分别是公用计算机网络和专用计算机网络。

4. 接入网

接入网 AN(Access Network)，又称为本地接入网或居民接入网。这是一类比较特殊的计算机网络。普通用户必须通过 ISP(Internet Service Provider)才能接入到因特网。由于从用户家中接入到因特网可以使用的技术有许多种，因此就出现了可以使用多种接入网技术连接到因特网的情况。接入网本身既不属于因特网的核心部分，也不属于因特网的边缘部分。实际上，由 ISP 提供的接入网只是起到让用户能够与因特网连接的"桥梁"作用。在因特网发展初期，用户多用电话线拨号接入因特网，速率很低(每秒几千比特到几十千比特)，因此那时并没有使用接入网这个名词。直到最近，由于出现了多种宽带接入技术，宽带接入网才成为因特网领域中的一个热门课题。我们将在第 2.5 节讨论宽带接入技术。

1.3 计算机网络拓扑结构

1.3.1 计算机网络拓扑的定义

无论现代 Internet 的结构多么庞大和复杂，它总是由许多个广域网、城域网、局域网、个人区域网互联而成的，而研究各种复杂的网络结构，需要掌握网络拓扑(network topology)的基本知识。

理解网络拓扑知识，需要注意以下几个问题。

(1)拓扑学是几何学的一个分支，它是从图论演变过来的。拓扑学是将实体抽象成与其大小、形状无关的"点"，将连接实体的线路抽象成"线"，进而研究"点"、"线"、"面"之间的关系。

(2)计算机网络拓扑是通过网中节点与通信线路之间的几何关系表示网络结构，反映出网络中各实体之间的结构关系。

(3)计算机网络拓扑是指通信子网的拓扑结构。

(4)设计计算机网络的第一步就是要解决在给定计算机位置，保证一定的网络响应时间、吞吐量和可靠性的条件下，通过选择适当的线路、带宽与连接方式，使整个网络的结构合理。

1.3.2 计算机网络拓扑的分类与特点

计算机网络有很多种拓扑结构，最常用的网络拓扑结构有：总线型结构、环型结构、星型结

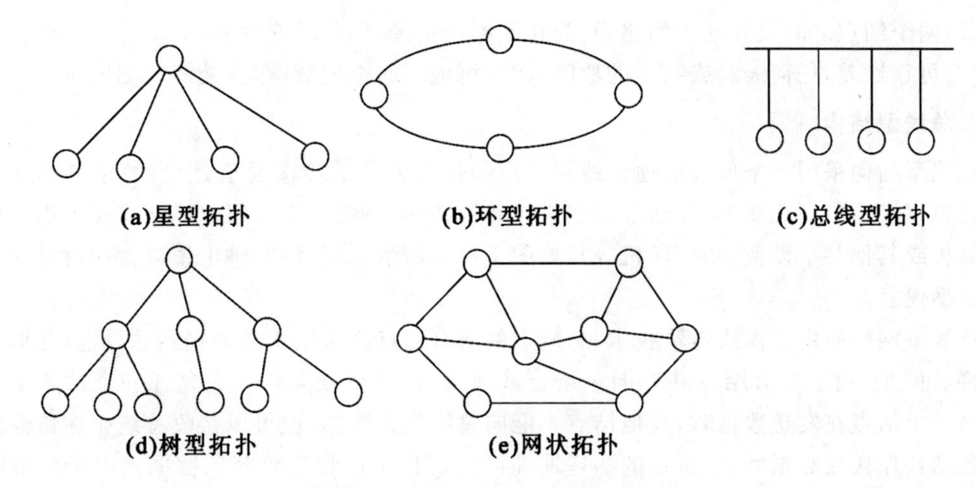

图 1-1 基本的网络拓扑构型结构示意图

构、树型结构、网状结构和混合型结构。图 1-1 给出了基本的网络拓扑构型的结构示意图。

1. 星型结构

星型结构的每个结点都由一条点对点链路与中心结点(公用中心交换设备,如交换机、集线器等)相连,如图 1-1(a)所示。星型网络中的一个结点如果向另一个结点发送数据,首先将数据发送到中央设备,然后由中央设备将数据转发到目标结点。信息的传输是通过中心结点的存储转发技术实现的,并且只能通过中心结点与其他结点通信。星型网络是局域网中最常用的拓扑结构。

星型拓扑结构具有如下特点:

(1)结构简单,便于管理和维护;易实现结构化布线;结构易扩充,易升级。

(2)通信线路专用,电缆成本高。

(3)星型结构的网络由中心结点控制与管理,中心结点的可靠性基本上决定了整个网络的可靠性。

(4)中心结点负担重,易成为信息传输的瓶颈,且中心结点一旦出现故障,会导致全网瘫痪。

2. 环型结构

环型结构是各个网络结点通过环接口连在一条首尾相接的闭合环型通信线路中,如图 1-1(b)所示。每个结点设备只能与它相邻的一个或两个结点设备直接通信。如果要与网络中的其他结点通信,数据需要依次经过两个通信结点之间的每个设备。环型结构有两种类型,即单环结构和双环结构。单环结构型网络的数据绕着环向一个方向发送,数据所到达的环中的每个设备都将数据接收经再生放大后将其转发出去,直到数据到达目标结点为止。令牌环(Token Ring)是单环结构的典型代表。双环结构型网络中的数据能在两个方向上进行传输,因此设备可以和两个邻近结点直接通信。如果一个方向的环中断了,数据还可以在相反的方向在环中传输,最后到达其目标结点。光纤分布式数据接口(FDDI)是双环结构的典型代表。

环型拓扑结构具有如下特点:

(1)在环型网络中,各工作站间无主从关系,结构简单;信息流在网络中沿环单向传递,延迟固定,实时性较好。

(2)两个结点之间仅有唯一的路径,简化了路径选择,但可扩充性差。

(3)可靠性差,任何线路或结点的故障,都有可能引起全网故障,且故障检测困难。

3.总线型结构

总线型结构采用一条单根的通信线路(总线)作为公共的传输通道,所有的结点都通过相应的接口直接连接到总线上,并通过总线进行数据传输。例如,在一根电缆上连接了组成网络的计算机或其他共享设备(如打印机等),如图1-1(c)所示。粗、细同轴电缆以太网就是这种结构的典型代表。

总线型网络使用广播式传输技术,总线上的所有结点都可以发送数据到总线上,数据沿总线传播。但是,由于所有结点共享同一条公共通道,所以在任何时候只允许一个站点发送数据。当一个结点在发送数据时,其他结点不能向总线发送数据,但可以接收总线正在传输的数据。各站点在接收数据后,分析目的物理地址再决定是否接收或放弃该数据。由于单根电缆仅支持一个信道,连接在电缆上的全部通信节点共享电缆的全部容量,连接在总线上的设备越多,网络发送和接收数据就越慢。

总线型拓扑结构具有如下特点:

(1)结构简单、灵活,易于扩展;共享能力强,便于广播式传输。

(2)网络响应速度快,但负荷重时性能迅速下降;局部站点故障不影响整体,可靠性较高。但是,总线出现故障,则将影响整个网络。

(3)易于安装,费用低。

4.树型结构

树型结构(也称星型总线拓扑结构)是从总线型和星型结构演变来的。网络中的结点设备都连接到一个中央设备(如交换机或集线器)上,但并不是所有的结点都直接连接到中央设备,大多数的结点首先连接到一个次级设备,次级设备再与中央设备连接。图1-1(d)所示的是一个星型总线网络。

树型结构有两种类型,一种是由总线型拓扑结构派生出来的,它由多条总线连接而成,如图1-2(a)所示;另一种是星型结构的变种,各结点按一定的层次连接起来,形状像一棵倒置的树,故得名树型结构,如图1-2(b)所示。在树型结构的顶端有一个根结点,它带有分支,每个分支还可以再带子分支。

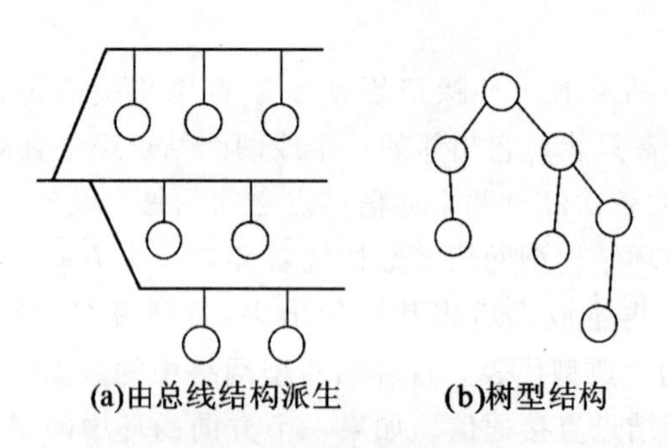

图1-2 树型拓扑结构

树型拓扑结构的主要特点是易于扩展,故障易隔离,可靠性高;电缆成本高。对根结点的依赖性大,一旦根结点出现故障,连接在根结点的各个分支之间就不能进行通讯。

5. 网状结构与混合型结构

网状结构是指将各网络结点与通信线路连接成不规则的形状，每个结点至少与其他两个结点相连，或者说每个结点至少有两条链路与其他结点相连，如图 1-1(e)所示。大型互联网一般都采用这种结构，如我国的教育科研网 CERNET、Internet 的主干网都采用网状结构。

网状拓扑结构有以下主要特点：

(1)可靠性高；结构复杂，不易管理和维护；线路成本高；适用于大型广域网。

(2)因为有多条路径，所以可以选择最佳路径，减少时延，改善流量分配，提高网络性能，但路径选择比较复杂。

混合型结构是由以上几种拓扑结构混合而成的，如环星型结构，它是令牌环网和 FDDI 网常用的结构。再如总线型和星型的混合结构等。

1.4 计算机网络的组成

1.4.1 早期计算机网络的组成

从计算机网络的发展历史中可以知道，最早出现的计算机网络是广域网。联网主机主要有两个基本的功能：一是为本地的终端用户提供服务；二是通过通信线路与路由器连接，完成计算机之间的数据交换功能。

从逻辑功能上看，广域网由资源子网与通信子网两个部分组成。资源子网包括：主机与终端、终端控制器、联网外设、各种网络软件与数据资源。资源子网负责全网的数据处理业务，向网络用户提供各种网络资源与网络服务。通信子网包括：路由器、各种互联设备与通信线路。通信子网负责完成网络数据传输、路由与分组转发等通信处理任务。

1.4.2 ISP 的层次结构

1. ISP 的基本概念

Internet 是由分布在世界各地的广域网、城域网、局域网与个人区域网通过路由器等网络设备互联而成的。从网络结构的角度来看，Internet 是一个结构复杂，并且在不断变化的网际网。Internet 并不是由任何一个国家组织或国际组织来运营，而是由一些私营公司分别运营各自的部分。用户接入与使用各种网络服务都需要经过 Internet 服务提供商(ISP)来提供 。

大型 ISP 运营商向 Internet 管理机构申请了大量的 IP 地址，铺设了大量的通信线路，购置了高性能路由器与服务器。只要家庭用户或企业用户向 ISP 提出申请并交纳一定的费用，ISP 就会为用户以动态或静态的方式提供 IP 地址和接入服务。小的 ISP 运营商可以向电信公司租用通信线路来提供接入服务。

2. ISP 的层次

ISP 可以分为最顶层的第一层 ISP，第二层的区域或国家级的 ISP，以及第三层或更低层的 ISP。

(1)第一层 ISP

第一层的国际或国家服务提供商(National Service Provider，NSP)是负责建设与维护主干网的公司，它们之间通过网络接入点(Network Access Point，NAP)互联。有些国家级主干网是通过专用对等(private peering)交换节点互联。1994年,美国出现了第一层ISP,它们是Sprint、MCI、AT&T、Qwest等。实际上,没有一个组织来正式批准哪些ISP属于第一层,但是从它的三个特征(规模、连接位置与覆盖范围),可以确定这些ISP是否处于第一层ISP的位置。第一层ISP的特点是:

①通过路由器组直接与其他第一层ISP连接,形成Internet的主干网。

②与大量的第二层的ISP和其他网络连接。

③覆盖世界区域。

(2)第二层ISP

第二层一般是区域或国家级的ISP,它们的主要特征是仅与少数第一层ISP连接。第二层ISP是第一层ISP的客户。许多大学、大公司和机构直接与第一层或第二层ISP连接。ISP一般是根据流量向用户收取费用。一个第二层ISP的网络也可以选择与另一个第二层ISP的网络连接,流量在两个第二层ISP的网络之间流动,可以不经过第一层ISP的网络。

(3)第三层或更低层的ISP

第三层或更低层的ISP一般为地区服务提供商和本地服务提供商,它们与一个或几个第二层的ISP连接。当两个ISP的网络彼此直接连接时,它们认为之间的关系是对等的。本地服务提供商ISP是专门提供Internet接入服务的公司,也可以是校园网或企业网。

图1-3给出了理想的ISP层次结构示意图。这个层次结构是从Internet运营和管理的角度来看的逻辑结构,而不是从地理位置和实际连接的层次与结构角度来看的物理结构。

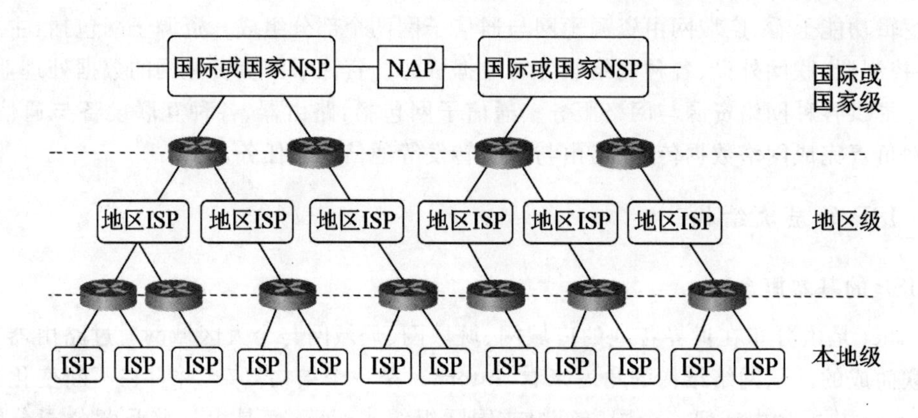

图1-3 ISP层次结构示意图

ISP网络与其他同层、高层或低层ISP网络的连接点称为POP(Point of Presence)。是由ISP网络中的一个或多个路由器组成。ISP通过POP与其他ISP网络的路由器相连。一个第一层的ISP一般会有多个POP,这些POP分布在不同的地理位置。每个POP与其他ISP,以及客户路由器连接。两个同级的ISP也可以通过各自的POP连接成对等结构。Internet实际上是由第一层和第二层的ISP,以及非常多的较低层次的ISP的网络组成。ISP覆盖的范围差别很大,有的是洲际的,有的则限于一个小的区域。

1.4.3 Internet的网络结构

1. Internet的逻辑结构

随着Internet的广泛应用,简单的资源子网、通信子网的两级结构的网络模型已很难描述现代 Internet 的结构。如果借鉴层次型 ISP 的逻辑结构,结合近年来国家级主干网、各地区的宽带城域网设计与建设的思路,可以给出如图 1-4 所示的 Internet 的逻辑结构示意图。

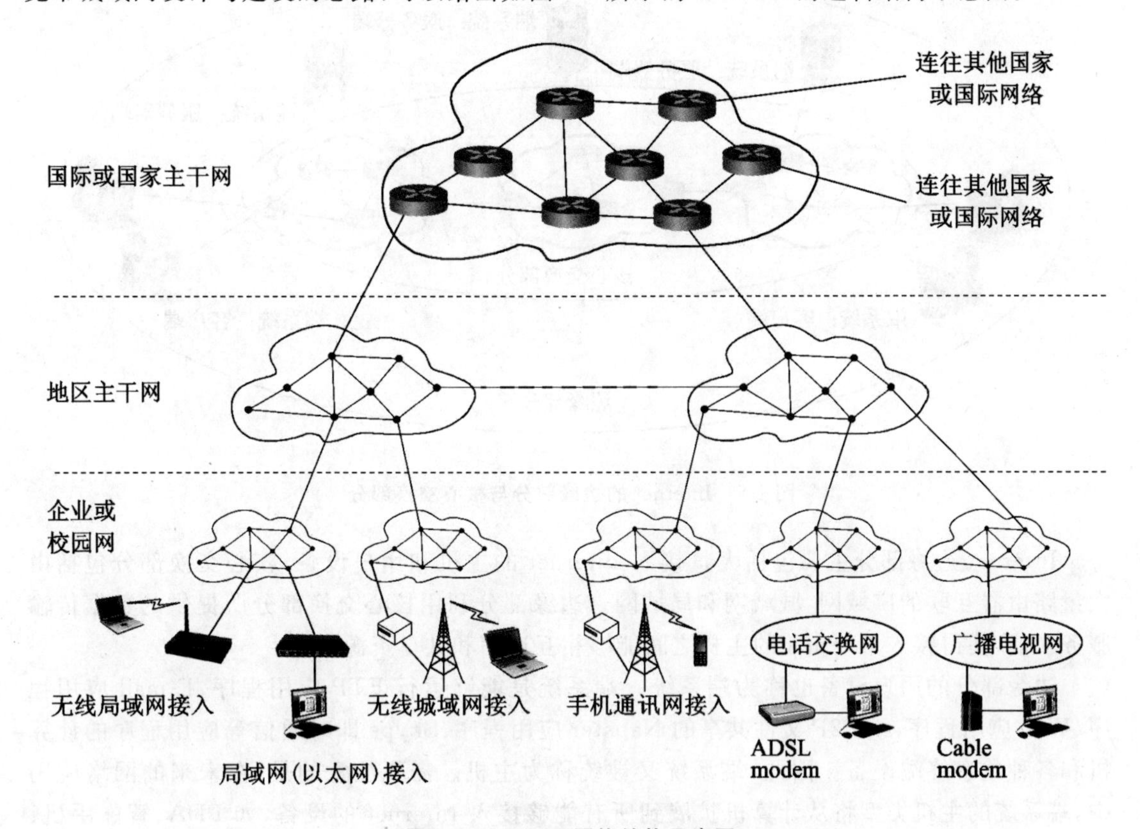

图 1-4　Internet 网络结构示意图

从图 1-4 中可以看出以下几个重要的特点：

(1)大量的用户计算机与移动终端设备通过以太局域网、802.11 标准的无线局域网、802.16标准的无线城域网、无线自组网(Ad hoc)、无线传感器网络(WSN),或者是有线电话交换网(PSDN)、无线(3G/4G)移动通信网以及有线电视网(CATV)接入到本地的 ISP、企业网或校园网。

(2) ISP、企业网或校园网汇聚到作为地区主干网的宽带城域网。宽带城域网通过城市宽带出口连接到国家或国际级主干网。

(3)大型主干网由大量分布在不同地理位置、通过光纤连接的高端路由器构成,提供高带宽的传输服务。国际或国家级主干网组成 Internet 的主干网。国际、国家级主干网与地区主干网上连接有很多服务器集群,为接入的用户提供各种 Internet 服务。

2. Internet **核心交换部分与边缘部分的抽象方法**

面对复杂的 Internet 结构,研究者必须对复杂网络进行简化和抽象。在各种简化和抽象方法中,将 Internet 系统分为边缘部分与核心交换部分是最有效的方法之一。Internet 系统可以看成是由边缘部分与核心交换部分两部分组成。网络应用程序运行在端系统,核心交换部分为应用程序进程之间的通信提供服务。图 1-5 给出了 Internet 中边缘部分与核心交换部分结构示意图。

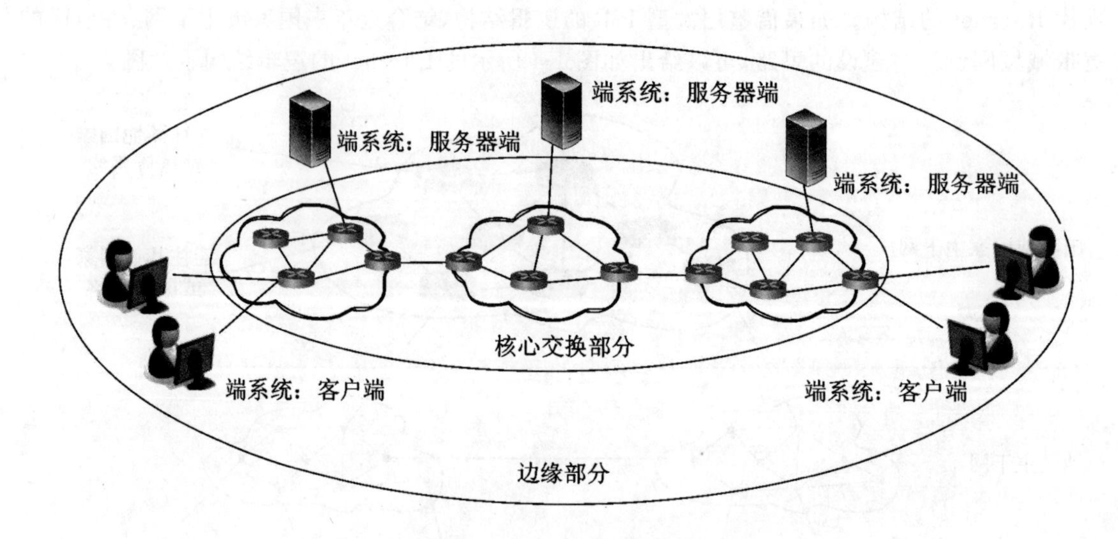

图 1-5　Internet 的边缘部分与核心交换部分

Internet 边缘部分主要包括大量接入 Internet 的主机和用户设备，核心交换部分包括由大量路由器互联的广域网、城域网和局域网。边缘部分利用核心交换部分所提供的数据传输服务功能，使得接入 Internet 的主机之间能够相互通信和共享资源。

边缘部分的用户设备也称为端系统。端系统是能够运行 FTP 应用程序、E-mail 应用程序、Web 应用程序，或 P2P 文件共享的 Napster 应用程序、Skype 即时通信等应用程序的计算机和各种数字终端设备。因此，端系统又被统称为主机。需要注意的是：在未来的网络应用中，端系统的主机类型将从计算机扩展到所有能够接入 Internet 的设备，如 PDA、智能手机、智能家电，以及物联网的无线传感器节点、RFID 节点、视频监控设备等。

1.5　计算机网络的性能

1.5.1　计算机网络的性能指标

性能指标从不同的方面来度量计算机网络的性能。下面介绍常用的七个性能指标。

1. 速率

我们知道，计算机发送出的信号都是数字形式的。比特(bit)是计算机中数据量的单位，也是信息论中使用的信息量的单位。英文字 bit 来源于 binary digit，意思是一个“二进制数字”，因此一个比特就是二进制数字中的 1 或 0。网络技术中的速率指的是连接在一个计算机网络上的主机在数字信道上传送数据的速率，它也称为数据率(data rate)或比特率(bit rate)。速率是计算机网络中最重要的一个性能指标。速率的单位是 b/s(比特每秒)(或 bit/s，有时也写成 bps，既 bit per second)。当数据率较高时，就可以用 kb/s($k=10^3=$千)、Mb/s($M=10^6$$=$兆)、Gb/s($G=10^9=$吉)或 Tb/s ($T=10^{12}=$太)。现在人们常用更简单的并且是很不严格的记法来描述网络的速率，如 100 M 以太网，而省略了单位中的 b/s，它的意思是速率为 100 Mb/s 的以太网。顺便指出，上面所说的速率往往是指额定速率或标称速率，不是指实际通信时的速率。

2. 带宽

“带宽”有以下两种不同的意义：

(1)带宽本来是指某个信号具有的频带宽度。信号的带宽是指该信号所包含的各种不同频率成分所占据的频率范围。例如，在传统的通信线路上传送的电话信号的标准带宽是3.1 kHz(从 300 Hz 到 3.4 kHz，即话音的主要成分的频率范围)。这种意义的带宽的单位是赫(或千赫、兆赫、吉赫等)。在过去很长的一段时间，通信的主干线路传送的是模拟信号(即连续变化的信号)。因此，表示通信线路允许通过的信号频带范围就称为线路的带宽(或通频带)。

(2)在计算机网络中，带宽用来表示网络的通信线路所能传送数据的能力，因此网络带宽表示在单位时间内从网络中的某一点到另一点所能通过的“最高数据率”。在本书中在提到“带宽”时，主要是指这个意思。这种意义的带宽的单位是“比特每秒”，记为 b/s。在这种单位的前面也常常加上千(k)、兆(M)、吉(G)或太(T)这样的倍数。

3. 吞吐量

吞吐量表示在单位时间内通过某个网络(或信道、接口)的数据量。吞吐量更经常地用于对现实世界中的网络的一种测量，以便知道实际上到底有多少数据量能够通过网络。显然，吞吐量受网络的带宽或网络的额定速率的限制。例如，对于一个 100 Mb/s 的以太网，其额定速率是 100 Mb/s，那么这个数值也是该以太网的吞吐量的绝对上限值。因此，对 100 Mb/s 的以太网，其典型的吞吐量可能也只有 70 Mb/s。请注意，有时吞吐量还可用每秒传送的字节数或帧数来表示。

4. 时延

时延(delay 或 latency)是指数据(一个报文或分组，甚至比特)从网络(或链路)的一端传送到另一端所需的时间。时延是个很重要的性能指标，它有时也称为延迟或迟延。

需要注意的是网络中的时延是由以下几个不同的部分组成的：

(1)发送时延

发送时延是主机或路由器发送数据帧所需要的时间，也就是从发送数据帧的第一个比特算起，到该帧的最后一个比特发送完毕所需的时间。

因此发送时延也叫做传输时延。发送时延的计算公式是：

$$\text{发送时延}=\text{数据帧长度(b)}/\text{信道带宽(b/s)} \tag{1.1}$$

由此可见，对于一定的网络，发送时延并非固定不变，而是与发送的帧长(单位是比特)成正比，与信道带宽成反比。

(2)传播时延

传播时延是电磁波在信道中传播一定的距离需要花费的时间。传播时延的计算公式是：

$$\text{传播时延}=\text{信道长度(m)}/\text{电磁波在信道上的传播速率(m/s)} \tag{1.2}$$

电磁波在自由空间的传播速率是光速，即 3.0×10^5 km/s。电磁波在网络传输媒体中的传播速率比在自由空间要略低一些：在铜线电缆中的传播速率约为 2.3×10^5 km/s，在光纤中的传播速率约为 2.0×10^5 km/s。例如 1000 km 长的光纤线路产生的传播时延大约为 5 ms。

以上两种时延不要弄混。但只要理解这两种时延发生的地方就不会把它们弄混。发送时延发生在机器的内部的发送器中，而传播时延则发生在机器外部的传输信道媒体上。可以用一个简单的比喻来说明。假定有 10 辆车的车队从公路收费站入口出发到相距 50 公里的目的地。再假定每一辆车过收费站要花费 6 秒钟，而车速是每小时 100 公里。现在可以算出整个车队从收费站到目的地总共要花费的时间：发车时间共需 60 秒（相当于网络中的发送时延），行车时间需要 30 分钟（相当于网络中的传播时延），因此总共花费的时间是 31 分钟。

下面还有两种时延也需要考虑，但比较容易理解。

(3)处理时延

主机或路由器在收到分组时要花费一定的时间进行处理，例如分析分组的首部、从分组中提取数据部分、进行差错检验或查找适当的路由等等，这就产生了处理时延。

(4)排队时延

分组在经过网络传输时，要经过许多的路由器，但分组在进入路由器后要先在输入队列中排队等待处理。在路由器确定了转发接口后，还要在输出队列中排队等待转发，这就产生了排队时延。排队时延的长短往往取决于网络当时的通信量，当网络的通信量很大时会发生队列溢出，使分组丢失，这相当于排队时延为无穷大。

这样，数据在网络中经历的总时延就是以上四种时延之和：

$$总时延＝发送时延＋传播时延＋处理时延＋排队时延 \tag{1.3}$$

一般说来，小时延的网络要优于大时延的网络。在某些情况下，一个低速率、小时延的网络很可能要优于一个高速率但大时延的网络。

必须指出，在总时延中，究竟是哪一种时延占主导地位，必须具体分析。现在我们暂时忽略处理时延和排队时延。假定有一个长度为 100 MB 的数据块（这里的 M 显然不是指 10^6 而是指 2^{20}，即 10 485 760。B 是字节，1 字节＝8 比特）。在带宽为 1 Mb/s 的信道上（这里的 M 是 10^6）连续发送，其发送时延是 $100\times1\ 048\ 576\times8\div10^6=838.9$ s，即将近要用 14 min 才一能把这样大的数据块发送完毕。然而若将这样的数据用光纤传送到 1 000 km 远的计算机，那么每一个比特在 1 000 km 的光纤上只需用 5 ms 就能到达目的地。因此对于这种情况，发送时延占主导地位。如果我们把传播距离减小到 1 km，那么传播时延也会相应地减小到原来数值的一千分之一。然而由于传播时延在总时延中的比重是微不足道的，因此总时延的数值基本上还是由发送时延来决定的。

再看一个例子。要传送的数据仅有 1 个字节（如键盘上键入的一个字符，共 8 bit）。在 1. Mb/s 的信道上的发送时延是 $8\div10^6=8\times10^{-6}$ s＝8 μs。当传播时延为 5 ms 时，总时延为 5.008 ms。显然，在这种情况下，传播时延决定了总时延。这时，即使把数据率提高到 1 000 倍（即将数据的发送速率提高到 1 Gb/s），总时延也不会减小多少。这个例子告诉我们，不能笼统地认为："数据的发送速率越高，传送得就越快"。这是因为数据传送的总时延是由公式(1.3)右端的四项时延组成的，不能仅考虑发送时延一项。

必须强调指出，初学网络的人容易产生这样错误的概念，就是"在高速链路（或高带宽链路）上，比特应当跑得更快些"。但这是不对的。我们知道，汽车在路面质量很好的高速公路上可明显地提高行驶速率。然而对于高速网络链路，我们提高的仅仅是数据的发送速率而不是比特在链路上的传播速率。荷载信息的电磁波在通信线路上的传播速率（这是光速的数量级）与数据的发送速率并无关系。提高数据的发送速率只是减小了数据的发送时延。

还有一点也应当注意，就是数据的发送速率的单位是每秒发送多少个比特，是指某个点或某个接口上的发送速率。而传播速率的单位是每秒传播多少公里，是指传输线路上比特的传播速率。因此，通常所说的"光纤信道的传输速率高"是指向光纤信道发送数据的速率可以很高，而光纤信道的传播速率实际上还要比铜线的传播速率还略低一点。这是因为经过测量得知，光在光纤中的传播速率是每秒 20.5 万公里，它比电磁波在铜线（如 5 类线）中的传播速率（每秒 23.1 万公里）略低一些。上述这个概念请读者务必弄清。

5. 时延带宽积

把以上讨论的网络性能的两个度量（传播时延和带宽）相乘，就得到另一个很有用的度量：传播时延带宽积，即

$$\text{时延带宽积}=\text{传播时延}\times\text{带宽} \tag{1.4}$$

我们可以用图 1-6 的示意图来表示时延带宽积。这是一个代表链路的圆柱形管道，管道的长度是链路的传播时延（请注意，现在以时间作为单位来表示链路长度），而管道的截面积是链路的带宽。因此时延带宽积就表示这个管道的体积，表示这样的链路可容纳多少个比特。例如，设某段链路的传播时延为 20 ms，带宽为 10 Mb/s。算出时延带宽积 $=20\times10^{-3}\times10\times10^{6}=2\times10^{5}$ bit。这就表示，若发送端连续发送数据，则在发送的第一个比特即将达到终点时，发送端就已经发送了 20 万个比特，而这 20 万个比特都只在链路上向前移动。因此，链路的时延带宽积又称为以比特为单位的链路长度。

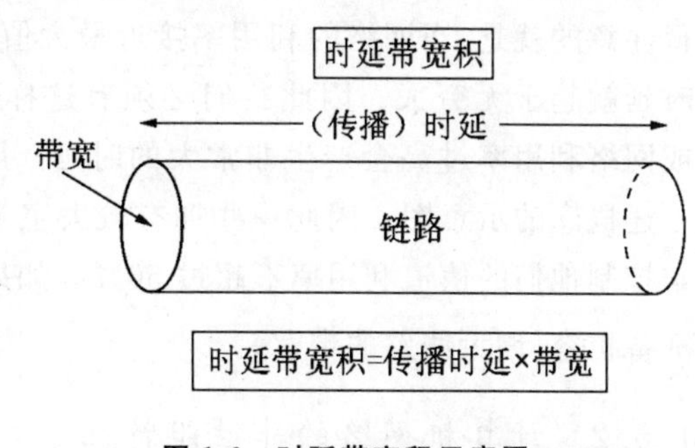

图 1-6 时延带宽积示意图

不难看出，管道中的比特数表示从发送端发出的但尚未达到接收端的比特。对于一条正在传送数据的链路，只有在代表链路的管道都充满比特时，链路才得到充分的利用。

6. 往返时间 RTT

在计算机网络中，往返时间 RTT (Round-Trip Time)也是一个重要的性能指标，它表示从发送方发送数据开始，到发送方收到来自接收方的确认（假设接收方收到数据后便立即发送确认），总共经历的时间。对于上述例子，往返时间 RTT 是 40 ms，而往返时间和带宽的乘积是 4×10^{5}(bit)。在互联网中，往返时间还包括各中间结点的处理时延、排队时延以及转发数据时的发送时延。

显然，往返时间与所发送的分组长度有关。发送很长的数据块的往返时间，应当比发送很短的数据块的往返时间要多些。

往返时间带宽积的意义就是当发送方连续发送数据时，即使能够及时收到对方的确认，但已经将许多比特发送到链路上了。对于上述例子，假定数据的接收方及时发现了差错，并告知发送方，使发送方立即停止发送，但也已经发送了 40 万个比特了。

当使用卫星通信时，往返时间 RTT 相对较长，是很重要的一个性能指标。

7. 利用率

利用率有信道利用率和网络利用率两种。信道利用率指出某信道有百分之几的时间是被利用的（有数据通过）。完全空闲的信道的利用率是零。网络利用率则是全网络的信道利用率的加权平均值。信道利用率并非越高越好。这是因为，根据排队论的理论，当某信道的利用率增大时，该信道引起的时延也就迅速增加。这和高速公路的情况有些相似。当高速公路上的车流量很大时，由于在公路上的某些地方会出现堵塞，因此行车所需的时间就会增大。网络也有类似的情况。当网络的通信量很少时，网络产生的时延并不大。但在网络通信量不断增大

的情况下，由于分组在网络结点(路由器或结点交换机)进行处理时需要排队等候，因此网络引起的时延就会增大。如果令 D_0 表示网络空闲时的时延，D 表示网络当前的时延，那么在适当的假定条件下，可以用下面的简单公式(1.5)来表示 D、D_0 和利用率 U 之间的关系：

$$D=\frac{D_0}{1-U} \tag{1.5}$$

这里 U 是网络的利用率，数值在 0 到 1 之间。当网络的利用率达到其容量的 1/2 时，时延就要加倍。特别值得注意的就是：当网络的利用率接近最大值 1 时，网络的时延就趋于无穷大。因此我们必须有这样的概念：信道或网络利用率过高会产生非常大的时延。图 1-7 给出了上述概念的示意图。因此一些拥有较大主干网的 ISP 通常控制他们的信道利用率不超过 50%。如果超过了就要准备扩容，增大线路的带宽。

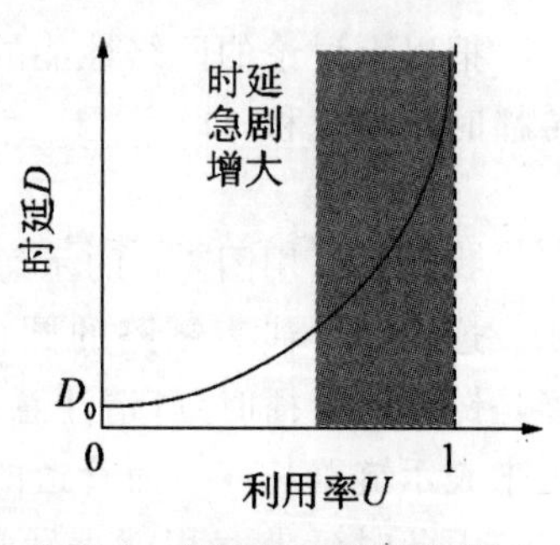

图 1-7　时延与利用率的关系

1.5.2　计算机网络的非性能特征

计算机网络还有一些非性能特征也很重要。这些非性能特征与前面介绍的性能指标有很大的关系。下面简单地加以介绍。

1. 费用

网络的价格(包括设计和实现的费用)总是必须考虑的，因为网络的性能与其价格密切相关。一般说来，网络的速率越高，其价格也越高。

2. 质量

网络的质量取决于网络中所有构件的质量，以及这些构件是怎样组成网络的。网络的质量影响到很多方面，如网络的可靠性、网络管理的简易性，以及网络的一些性能。但网络的性能与网络的质量并不是一回事。例如，有些性能也还可以的网络，运行一段时间后就出现了故障，变得无法再继续工作，说明其质量不好。高质量的网络往往价格也较高。

3. 标准化

网络的硬件和软件的设计既可以按照通用的国际标准，也可以遵循特定的专用网络标准。最好采用国际标准的设计，这样可以得到更好的互操作性，更易于升级换代和维修，也更容易得到技术上的支持。

4. 可靠性

可靠性与网络的质量和性能都有密切关系。速率更高的网络的可靠性不一定会更差。但速率更高的网络要可靠地运行，则往往更加困难，同时所需的费用也会较高。

5. 可扩展性和可升级性

在构造网络时就应当考虑到今后可能会需要扩展(即规模扩大)和升级(即性能和版本的提高)。网络的性能越高，其扩展费用往往也越高，难度也会相应增加。

6. 易于管理和维护

网络如果没有良好的管理和维护，就很难达到和保持所设计的性能。

1.6 网络协议与体系结构

计算机网络的实现要解决很多复杂的技术问题。如支持多种通信介质;支持不同厂商异种机互连,包括软件的通信约定和硬件接口的规范;支持多种业务等。一方面,正如结构化程序设计中对复杂问题进行模块化分层处理一样,将计算机网络划分成若干层次,每层完成特定的功能,各层协调起来实现整个网络系统。另一方面,计算机网络是个非常复杂的系统,若要实现在计算机网络中有条不紊地交换数据,就必须遵守一些事先约定好的规则。网络体系结构要解决的问题是如何构建网络的结构,如何根据网络结构来制定网络通信的规范和标准。

1.6.1 网络协议及体系结构的概念

网络协议就是计算机网络中传递、管理信息的一些规范。如同人与人之间相互交流是需要遵循一定的规则一样,计算机之间的相互通信需要共同遵守一定的网络协议。

1. 网络协议

网络协议简称为协议,它主要有以下三个要素组成。

(1)语法:是数据与控制信息的结构或格式。即将若干个协议元素和数据组合在一起用来表达一个完整的内容所应遵循的格式,也就是对信息的数据结构做一种规定。例如,用户数据与控制信息的结构与格式等。

(2)语义:用于对协议元素的含义进行解释,不同类型的协议元素所规定的语义是不同的。例如,需要发出何种控制信息、完成何种动作及得到的响应等。

(3)同步(时序):即事件实现顺序的详细说明。例如,在双方进行通信时,发送点发出一个数据报文,如果目标点正确收到,则回答源点接收正确;若接收到错误的信息,则要求源点重发一次。

由此可以看出,协议实质上是网络通信时所使用的一种沟通语言。网络协议是计算机网络中不可缺少的组成部分。实际上,只要用户想让连接在网络上的另一台计算机做点什么事情(例如,从网络上的某个主机下载文件),都需要有协议。但是当用户在自己的PC上进行文件存盘操作时,就不需要任何协议,除非这个用来存储文件的磁盘是网络上的某个文件服务器的磁盘。协议通常有两种不同的形式:一种是使用便于人来阅读和理解的文字描述;另一种是使用让计算机能够理解的程序代码。这两种不同形式的协议都必须能够对网络上交换的信息做出精确的解释。

2. 网络的层次结构

为了减少计算机网络的复杂程度,按照结构化设计方法,计算机网络将其功能划分为若干个层次。较高层次建立在较低层次的基础上,并为其更高层次提供必要的服务功能。网络中的每一层都起到隔离作用,使得低层功能具体实现方法的变更不会影响到高一层所执行的功能。

我们可以举一个简单的例子来说明划分层次的概念。

现在假定我们在主机1和主机2之间通过一个通信网络传送文件。这是一件比较复杂的工作,因为需要做不少的工作。

我们可以将要做的工作划分为三类。第一类工作与传送文件直接有关。例如,发送端的文件传送应用程序应当确信接收端的文件管理程序已做好接收和存储文件的准备。若两个主机所用的文件格式不一样，则至少其中的一个主机应完成文件格式的转换。这两件工作可用一个文件传送模块来完成。这样，两个主机可将文件传送模块作为最高的一层(图 1-8)。在这两个模块之间的虚线表示两个主机系统交换文件和一些有关文件交换的命令。

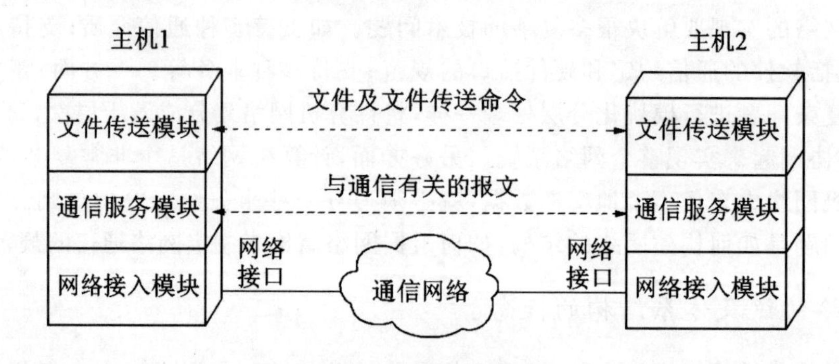

图 1-8　划分层次举例

但是，我们并不想让文件传送模块完成全部工作的细节，这样会使文件传送模块过于复杂。可以再设立一个通信服务模块，用来保证文件和文件传送命令可靠地在两个系统之间交换。也就是说，让位于上面的文件传送模块利用下面的通信服务模块所提供的服务。我们还可以看出，如果将位于上面的文件传送模块换成电子邮件模块，那么电子邮件模块同样可以利用在它下面的通信服务模块所提供的可靠通信的服务。

同样道理，我们再构造一个网络接入模块，让这个模块负责做与网络接口细节有关的工作，并向上层提供服务，使上面的通信服务模块能够完成可靠通信的任务。

3. 分层的优点

从上述简单例子可以更好地理解分层可以带来很多好处：

(1)各层之间是独立的

某一层并不需要知道它的下一层是如何实现的，而仅仅需要知道该层通过层间的接口(即界面)所提供的服务。由于每一层只实现一种相对独立的功能，因而可将一个难以处理的复杂问题分解为若干个较容易处理的更小一些的问题。这样，整个问题的复杂程度就下降了。

(2)灵活性好

当任何一层发生变化时，例如由于技术的变化促进实现技术的变化。只要层间接口关系保持不变，则在这层以上或以下各层均不受影响。此外，对某一层提供的服务还可进行修改。当某层提供的服务不再需要时，甚至可以将这层取消。

(3)结构上可分割开

各层都可以采用最合适的技术来实现，各层实现技术的改变不影响其他层。

(4)易于实现和维护

因为整个的系统已被分解为若干个相对独立的子系统，这种结构使得实现和调试一个庞大而又复杂的系统变得易于处理。

(5)能促进标准化工作

因为每一层的功能及其所提供的服务都已有了精确的说明。

4. 分层的原则

如果层次划分不合理也会带来一些问题。因此，在实施网络分层时要遵循以下原则：

(1)根据功能进行抽象分层，每个层次所要实现的功能或服务均有明确的规定。

(2)每层功能的选择应有利于标准化。

(3)不同的系统分成相同的层次,对等层次具有相同功能。

(4)高层使用下层提供的服务时,下层服务的实现是不可见的。

(5)层的数目要适当。若层数太少,就会使每一层的协议太复杂。但层数太多又会在描述和综合各层功能的系统工程任务时遇到较多的困难。

5. 网络体系结构

网络协议对计算机网络是不可缺少的,一个功能完备的计算机网络需要制定一整套复杂的协议集。对于结构复杂的网络协议来说,最好的组织方式就是层次结构模型。计算机网络协议就是按照层次结构模型来组织的。我们将计算机网络的各层及其协议的集合,称为计算机网络体系结构(network architecture)。换种说法,计算机网络体系结构就是这个计算机网络及其部件所应完成的功能的精确定义。这些功能究竟是用何种硬件或软件完成的,则是一个遵循这种体系结构的实现的问题。体系结构是抽象的,而实现则是具体的,是真正在运行的计算机硬件和软件。我们不能把一个具体的计算机网络说成是一个抽象的网络体系结构。另外,如果两个网络的体系结构不完全相同就称为异构网络。异构网络之间的通信需要相应的连接设备进行协议的转换。

网络体系结构的特点如下:

(1)以功能作为划分层次的基础。

(2)第 n 层的实体在实现自身定义的功能时,只能使用第 n-1 层提供的服务。

(3)第 n 层向第 $n+1$ 层提供的服务不仅包含第 n 层本身的功能,还包含由下层服务提供的功能。

(4)仅在相邻层间存在接口,每一相邻层之间有一个接口,不同层间通过接口向它的上一层提供服务,并把如何实现这服务的细节对上一层加以屏蔽。

(5)不同层次根据本层数据单元格式对数据进行封装。

应该注意的是,网络体系结构中层次的划分是人为规定的,有多种划分的方法。每一层功能也可以有多种协议实现,因此伴随着网络的发展产生了多种体系结构模型。常见的计算机网络体系结构有 OSI 七层模型、TCP/IP 四层模型(图 1-9)。

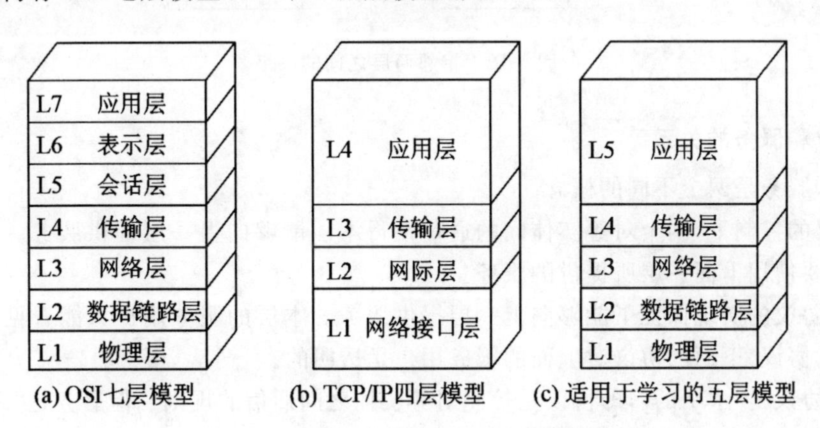

图 1-9　常见的计算机网络体系结构

1.6.2　接口和服务

接口和服务是计算机网络体系结构中十分重要的概念。实际上,正是通过接口和服务才将各个层次的协议连接为整体,完成网络通信的全部功能的。

1. 接口

当我们在开放系统中研究信息的交换时，发送或接收信息的究竟是一个进程，是一个文件还是一个终端，都没有实质上的影响。因此，可以用实体(entity)这一名词表示任何可发送或接收信息的硬件或软件进程。在许多情况下，实体就是一个特定的软件模块。

不同系统的同一层称为对等层，它们所包含的实体称为对等实体。对等实体必须统一使用同一种协议。

OSI 参考模型把对等层次之间传送的数据单位称为该层的协议数据单元 PDU(Protocol Data Unit)。这个名称已被许多非 OSI 标准采用。

系统中的下层实体向上层实体提供服务。经常称下层实体为服务提供者，上层实体为服务用户。例如，图 1-10 中 n 层实体为 $n+1$ 层实体的服务提供者，$n+1$ 层实体为 n 层实体的服务用户；而 n 层实体对 n-1 层实体来说则是其服务用户，n-1 层实体则是 n 层实体的服务提供者等。服务是通过接口完成的，接口就是上层实体和下层实体交换数据的地方，又称为服务访问点(Service Access Point，SAP)。例如，n 层实体和 n-1 层实体之间的接口就是 n 层实体和 n-1 层实体之间交换数据的 SAP；同理 $n+1$ 层实体和 n 层实体之间的接口就是 $n+1$ 层实体和 n 层实体之间交换数据的 SAP。每一个 SAP 都有一个唯一的标识，称为端口(port)或套接字(socket)。

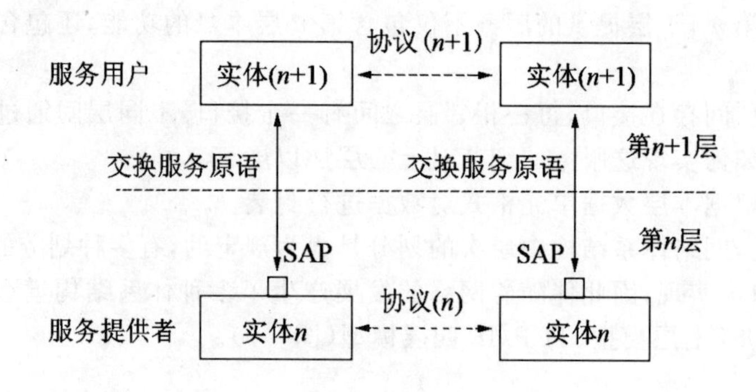

图 1-10　相邻两层之间的关系

2. 协议和服务的关系

协议和服务是两个不同的概念。

在协议的控制下，两个对等实体间的通信使得本层能够向上一层提供服务。要实现本层协议，还需要使用下面一层所提供的服务。

首先，协议的实现保证了能够向上一层提供服务。本层的服务用户只能看见服务而无法看见下面的协议，下面的协议对上面的服务用户是透明的。

其次，协议是“水平的”，即协议是控制对等实体之间通信的规则。但服务是“垂直的”。即服务是由下层向上层通过层间接口提供的。另外，并非在一个层内完成的全部功能都称为服务，只有那些能够被高一层看得见的功能才能称之为“服务”。上层使用下层所提供的服务必须通过与下层交换一些命令，这些命令在 OSI 中称为服务原语。

服务访问点 SAP 是一个抽象的概念，它实际上就是一个逻辑接口(有些像邮政信箱)，但和通常所说的两个设备之间的硬件并行接口或串行接口是很不一样的。OSI 将层与层之间交换的数据的单位称为服务数据单元(Service Data Unit，SDU)。它可以与 PDU 不一样，例如，可以是多个 SDU 合成为一个 PDU,也可以是一个 SDU 划分为几个 PDU 。

计算机网络的协议还有一个很重要的特点,就是协议必须将所有不利的条件都事先估计到,而不能假定都是在很顺利的条件下进行通信。例如,两个朋友在电话中约好晚上 7 点在某某饭店门口碰头,然后一起吃饭,并且约定“不见不散”。这就是一个很坏的协议,因为任何一方临时有急事来不了,另一方按照协议就必须永远等待下去,这显然是不行的。因此,判断一个计算机网络协议是否正确,不但要看该协议在正常情况下是否正确,还要看这个协议能否应付各种异常的情况,哪怕这种异常情况出现的概率极其微小。因此,要设计一个很可靠的协议则并不容易。

1.6.3 面向连接的服务和无连接的服务

下层能向上层提供两种不同形式的服务,即面向连接的服务和无连接的服务。下面对这两种服务分别进行介绍。

1. 面向连接的服务

连接就是指两个对等实体为进行数据通信而进行的一种结合。面向连接的服务具有连接建立、数据传输和连接释放这三个阶段。面向连接的服务是在数据交换之前,必须先建立连接。当数据交换结束后,则必须终止这个连接。在传送数据时是按序传送的。面向连接的服务比较适合于在一定期间内要向同一目的地发送许多报文的情况。对于发送很短的零星报文,面向连接服务的开销就显得过大了。

面向连接的服务以电话系统为模式。要和某个人通话,先拿起电话,拨号码,谈话,然后挂断。连接本质上像个管道:发送者在管道的一端放入物体,接收者在另一端按同样的次序取出物体。

2. 无连接的服务

在无连接服务的情况下,两个实体之间的通信不需要先建立好一个连接,因此其下层的有关资源不需要事先进行预定保留。这些资源将在数据传输时动态地进行分配。

无连接的服务的另一特点就是它不需要通信的两个实体同时是活跃的。当发送端的实体正在进行发送时,它才必须是活跃的。这时接收端的实体并不一定必须是活跃的。只有当接收端的实体正在进行接收时,它才必须是活跃的。

无连接的服务的优点是灵活方便和比较迅速。但无连接的服务不能防止报文的丢失、重复或失序。

无连接服务的特点不需要接收端做任何响应,因而是一种不可靠的服务。这种服务常被描述为“尽最大努力交付”或“尽力而为”。

无连接服务以邮政系统为模式。每个报文(信件)带有完整的目的地址,并且每一个报文都独立于其他报文,经由系统选定的路线传递。在正常情况下,当两个报文发往同一目的地时,先发的先收到。但是,也有可能先发的报文在途中延误了,后发的报文反而先收到。而这种情况在面向连接的服务中是绝不可能发生的。

3. 应用例子

每个服务都可以用服务质量来评价每种服务的特性。有的服务很可靠,从来不丢失数据。通常,可靠的服务是由接收方确认收到的每一份报文,使发送方确信它发送的报文已经到达目的地这一方法来实现的。确认过程增加了额外的开销和延迟。通常这也是值得的,但有时也不尽然。

文件传输比较适合于面向连接的服务。文件的主人希望所有比特都按发送的次序正确地到达目的地。很少有想要传输文件的用户喜欢一个虽然快但不时发生混乱或丢失比特的服务。

有两种面向连接的可靠性服务,即报文序列和字节流。报文序列保持报文的界限。发送两个 1 KB 的报文,收到时仍是两个 1 KB 的报文,决不会变成一个 2 KB 的报文。而对于字节流,没有报文界限。2 KB 数据到达接收方后,根本无法分辨它是作为一个 2 KB 报文,还是作为两个 1 KB 的报文,还是作为 2 048 个单字节报文发送的。如果在网络上传送一本书,把每页作为分离的报文送去照相制版时,保留报文的界限也许很重要。然而作为一个终端在远程分时系统上登录时,从终端到计算机的字节流就能满足需求。

因此,对某些应用而言,由确认引起的延迟是不可接受的,如数字化的声音传输。电话用户宁可听到线路上的一点杂音,或不时混淆的话语。也不喜欢等待确认造成的延迟。同样,在传输电影时,错了几个像索却无伤大雅,但是电影突然停顿以等待纠正传输错误却是很令人恼火的。

并不是所有的应用程序都需要连接。例如,电子邮件越来越普及,电子垃圾邮件泛滥成灾。垃圾邮件的发送者可能不希望仅为了发送一封垃圾邮件而去经历建立和拆除连接的麻烦。百分之百的可靠性也没有必要,特别是如果要多花钱时更没必要。这里所需要的仅是发送一个报文。只要到达的可能性很大就行了,不需要保证一定做到。不可靠的(即无确认)无连接的服务通常被称做数据报服务。电报服务与此相似,它也不向发送者发回可确认信息。

在另一种情况下,为了发一个短报文,既希望免除建立连接的麻烦,又要求确保信息可靠时,可以选用有确认的数据报服务。这很像寄出的一封挂号信又要求回执一样。当收到回执时,寄信人有绝对的把握信件已到达目的地而没有丢失在途中。

还有一种服务。即问答服务(request-reply service)。使用这种服务时,发送者传送一个询问数据报,应答数据报则包含回答的答案。例如向图书馆询问是否有计算机网络方面的教材就属于此类情况。问答服务通常被用于实现客户机/服务器模式下的通信:客户发出一个请求,服务器做出响应。

表 1-1 总结了上述服务的各种形式。

表 1-1 服务类型及例子

连接类型	服务类型	应用例子	连接类型	服务类型	应用例子
面向连接的服务	可靠的报文流	页码序列	无连接的服务	不可靠的数据连接	电子垃圾邮件
	可靠的字节流	远程登录		有确认的数据流	挂号信
	不可靠的连接	数字化的声音		问答	数据查询

1.6.4 常见计算机网络体系结构及其比较

1. OSI/RM 参考模型

随着网络技术的进步和各种网络产品的出现,一个现实问题摆在人们面前:这就是对未来产品公司或广大用户来说都希望解决不同系统的互连问题。在此背景下,1977 年,ISO 专门建立了一个委员会,考虑到联网方便和灵活性等要求。提出了一种不基于特定机型、操作系统或公司的网络体系结构，即OSI/RM。OSI定义了异种机互连的标准框架，为连接分散的"开放"系统提供了基础。这里的"开放"表示任何两个遵守OSI标准的系统可以进行互连。"系统"指计算机、外部设备和终端等。

OSI/RM采用7层模型的体系结构，如图1-11所示，从下到上依次为：物理层（Physical Layer）；数据链路层（Data Link Layer）；网络层（Network Layer）；传输层（Transport Layer）；会话层（Session Layer）；表示层（Presentation Layer）；应用层（Application Layer）。

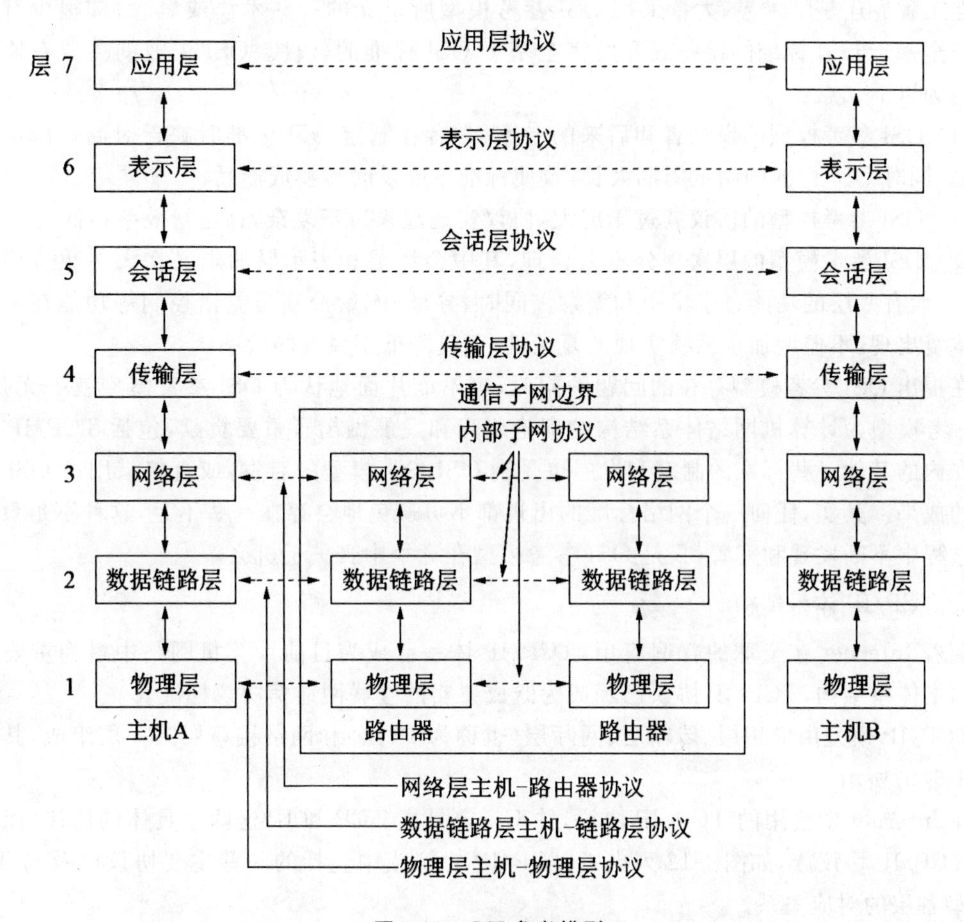

图1-11　OSI参考模型

从图中可见，整个开放系统环境由作为信源和信宿的端开放系统及若干通信子网的结点（也称为中继开放系统）通过物理介质连接构成。这些相当于资源子网中的主机和通信子网中的接口报文处理机（Interface Message Processor，IMP）。只有在主机中才可能需要包含所有7层的功能。而在通信子网中的IMP一般只需要最低三层甚至只要最低两层的功能就可以了。例如，图1-11中表示的路由器就只包括低三层协议功能。

OSI参考模型的分层结构对不同的层次定义了不同的功能和所提供的不同的服务，每个层次均为网上的任意两台设备进行通信做数据准备，其中每一层都与相邻的上下层之间进行通信、协调工作，为上层提供一定的服务，将上层传来的数据和控制信息经过再处理后传递到下层，一直到最底层（物理层）通过传输介质传到网上；每两个层次之间通过接口相连，每个层次与上下层次的通信均通过接口传至对方，每个层次都建立在下一层的标准和活动上。分层结构的优点就是每一层次有各自的功能，相互之间有明确的分工，这种结构便于理解和接受；而且当网络出现传输故障时，可以通过分析，判断问题出在哪一层，然后在与该层相关的硬件或软件中确定故障点，可以方便迅速地解决问题。

在20世纪90年代初之前，OSI的确有一统天下的架势，甚至有学者指出"OSI模型及其协议将会统领整个世界，从而把所有其他技术和标准都排除出局"。然而，在20世纪90年代中后期，TCP/IP和OSI参考模型之间的竞争以Internet的成功和OSI的失败而结束。今天，无论在工程界还是学术界，大量采用OSI参考模型所定义的一些术语或概念，却很少有厂商生产完全基于OSI标准的设备或开发完全基于OSI标准的软件。OSI失败的主要有原因可以归纳为以下几点：

(1) OSI参考模型的设计者和后来的专家、学者在制定OSI标准时缺乏对商业应用的充分考虑，同时OSI标准的制定周期太长，致使标准未能及时转换成产品；

(2) OSI参考模型的协议族过于庞大，协议实现起来过于复杂，且运行效率很低；

(3) OSI参考模型的层次划分不太合理，其中会话层和表示层的定义在大多数应用中很少用到，而有些层的功能过于集中和繁杂。同时，寻址、流量控制与差错控制等功能在多个层次中重复出现，不但增加了系统实现的复杂性，而且降低了系统的效率。

在提出OSI参考模型存在的问题的同时，也不能片面地认为OSI参考模型就一无是处。OSI参考模型为计算机网络体系结构的理论研究和发展做出了重要贡献，包括TCP/IP体系结构在内的其他一些标准的制定和发展也受到OSI参考模型的启发，或直接借用了OSI参考模型的成果。其实，任何一个网络标准的出现都不可避免地会存在一些不足，这种不足只能在应用过程中不断发现和完善，只是OSI参考模型在竞争中丧失了机会。

2. **TCP/IP体系结构**

随着Internet在全球的普遍应用，TCP/IP体系已成为目前计算机网络中最为重要和典型的网络体系结构，TCP/IP协议已经成为既成事实的互联网通信协议标准。

TCP/IP模型由应用层、传输层、网际层(也称为IP层)和网络接口层共4层组成，其结构如图1-9(b)所示。

在Internet中使用的TCP/IP协议，并不一定是指TCP和IP这两个具体的协议，而是指整个TCP/IP协议族，如图1-12列出了TCP/IP协议族中包括的一些主要协议以及与TCP/IP模型各层的对应关系。

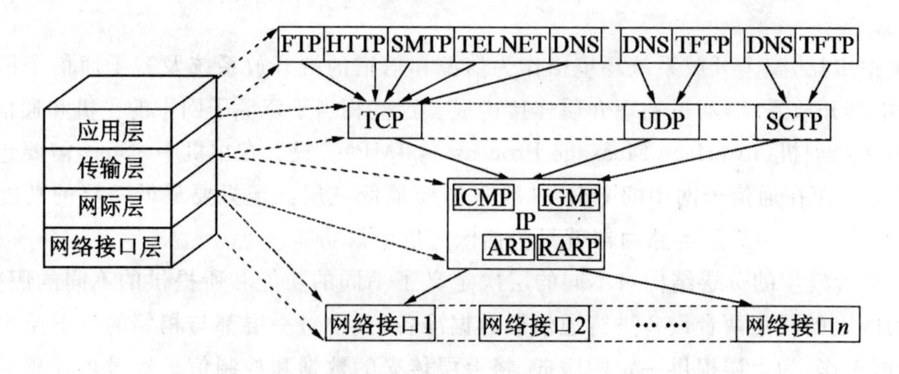

图1-12 TCP/IP体系中的主要协议及与各层的对应关系

如图 1-12 所示的是典型的上下两头大而中间小的沙漏计时器形状的 TCP/IP 协议族，位于上下两头的应用层和网络接口层都有很多协议，而中间的网际层最小，应用层的各种协议在中间后都包裹到 IP 协议中，网络接口层根据所使用网络技术的不同提供了多种网络接口通道，负责数据的接收和发送。这种很像沙漏计时器形状的 TCP/IP 协议族表明：TCP/IP 协议可以为各式各样的应用提供服务（所谓的 everything over IP），同时 TCP/IP 协议也允许 IP 协议在各式各样的网络构成的互联网上运行（所谓的 IP over everything）。正因为如此，因特网才会发展到今天的这种全球规模。从图 1-12 不难看出 IP 协议在因特网中的核心作用。

TCP/IP 模型与 OSI 参考模型之间的相似之处表现为：

(1)都使用分层结构。

(2)都有应用层，但服务的范围不同。

(3)都有传输层，其实现功能相似。

(4)都有网络层（在 TCP/IP 模型中为网际层），其实现功能相似。

(5)都使用的是分组（包）交换，而不是具有物理链路的电路交换技术。

OSI 参考模型与 TCP/IP 模型之间的不同之处表现为：

(1) TCP/IP 模型将 OSI 参考模型中的表示层和会话层都包括到了应用层。

(2) TCP/IP 模型将 OSI 参考模型中的数据链路层和物理层都包括到了同一层，即网络接口层。

(3) TCP/IP 模型虽然分层较少，但并不简单；而 OSI 参考模型虽然分层较多，但容易开发和排除故障。

(4) TCP/IP 模型是伴随着互联网的发展而得以发展和完善的，虽然目前 TCP/IP 模型中的协议被互联网广泛应用，但 TCP/IP 模型并不是网络设计的标准模型；虽然 OSI 参考模型是目前网络设计所遵循的标准模型，但是现实的网络系统并没有真正建立在 OSI 参考模型上。

3. 适用于学习需要的五层模型

由于 TCP/IP 模型的网络接口层没有提供具体的内容，而是直接借用了 OSI 参考模型的物理层和数据链路层，如果将两者结合就会形成如图 1-9(c)所示的五层模型。在平时的计算机网络学习、研究和工程应用中，以及在 TCP/IP 网络中一般也不直接使用网络接口层，而是将其细分为物理层和数据链路层。

需要说明的是：如图 1-9(c)所示的五层模型只是为了便于教学和读者对计算机网络体系结构的理解提出来的，并没有用于具体的网络中。

现在结合因特网的情况，自上而下地、非常简要地介绍一下各层的主要功能。实际上，只有认真学习完本书各章的协议后才能真正弄清各层的作用。

(1)应用层（application layer）：应用层是体系结构中的最高层，直接为用户的应用进程提供服务。这里的进程就是指正在运行的程序。在因特网中的应用层协议很多，如支持万维网应用的 HTTP 协议，支持电子邮件的 SMTP 协议，支持文件传送的 FTP 协议等等。

(2)运输层（transport layer）：运输层的任务就是负责向两个主机中进程之间的通信提供服务。由于一个主机可同时运行多个进程，因此运输层有复用和分用的功能。复用就是多个应用层进程可同时使用下面运输层的服务，分用则是运输层把收到的信息分别交付给上面应用层中的相应的进程。

运输层主要使用以下两种协议：

①传输控制协议 TCP(Transmission Control Protocol)——面向连接的,数据传输的单位是报文段(segment),能够提供可靠的交付。

②用户数据报协议 UDP(User Datagram Protocol)——无连接的,数据传输的单位是用户数据报,不保证提供可靠的交付,只能提供“尽最大努力交付(best-effort delivery)”。

(3)网络层(network layer):网络层负责为分组交换网上的不同主机提供通信服务。在发送数据时,网络层把运输层产生的报文段或用户数据报封装成分组或包进行传送。在 TCP/IP 体系中,由于网络层使用 IP 协议,因此分组也叫作 IP 数据报,或简称为数据报。本书把“分组”和“数据报”作为同义词使用。

请注意:不要将运输层的“用户数据报 UDP”和网络层的“IP 数据报”弄混。

还有一点也请注意:无论在哪一层传送的数据单元,习惯上都可笼统地用“分组”来表示。在阅读国外文献时,特别要注意 packet(分组或包)往往是作为任何一层传送的数据单元的同义词。

网络层的另一个任务就是要选择合适的路由,使源主机运输层所传下来的分组,能够通过网络中的路由器找到目的主机。这里要强调指出,网络层中的“网络”二字,已不是我们通常谈到的具体的网络,而是在计算机网络体系结构模型中的专用名词。

对于由广播信道构成的分组交换网,路由选择的问题很简单,因此这种网络的网络层非常简单,甚至可以没有。因特网是一个很大的互联网,它由大量的异构(heterogeneous)网络通过路由器(router)相互连接起来。因特网主要的网络层协议是无连接的网际协议 IP (Internet Protocol)和许多种路由选择协议,因此因特网的网络层也叫做网际层或 IP 层。在本书中,网络层、网际层和 IP 层都是同义语。

(4)数据链路层(data link layer):常简称为链路层。我们知道,两个主机之间的数据传输,总是在一段一段的链路上传送的,也就是说,在两个相邻结点之间(主机和路由器之间或两个路由器之间)传送数据是直接传送的(点对点)。这时就需要使用专门的链路层的协议。在两个相邻结点之间传送数据时,数据链路层将网络层交下来的 IP 数据报组装成帧(framing),在两个相邻结点间的链路上“透明”地传送帧(frame)中的数据。每一帧包括数据和必要的控制信息(如同步信息、地址信息、差错控制等)。典型的帧长是几百字节到一千多字节。

“透明”是一个很重要的术语。“在数据链路层透明传送数据”表示无论什么样的比特组合的数据都能够通过这个数据链路层。因此,对所传送的数据来说,这些数据就“看不见”数据链路层。或者说,数据链路层对这些数据来说是透明的。在接收数据时,控制信息使接收端能够知道一个帧从哪个比特开始和到哪个比特结束。这样,数据链路层在收到一个帧后,就可从中提取出数据部分,上交给网络层。控制信息还使接收端能够检测到所收到的帧中有无差错。如发现有差错,数据链路层就简单地丢弃这个出了差错的帧,以免继续传送下去白白浪费网络资源。如果需要改正错误,就由运输层的 TCP 协议来完成。

(5)物理层(physical layer)在物理层上所传数据的单位是比特。物理层的任务就是透明地传送比特流。也就是说,发送方发送 1(或 0)时,接收方应当收到 1(或 0)而不是 0 (或 1)。因此物理层要考虑用多大的电压代表“1”或“0”,以及接收方如何识别出发送方所发送的比特。物理层还要确定连接电缆的插头应当有多少根引脚以及各条引脚应如何连接。当然,哪几个比特代表什么意思,则不是物理层所要管的。请注意,传递信息所利用的一些物理媒体,如双绞线、同轴电缆、光缆、无线信道等,并不在物理层协议之内而是在物理层协议的下面。因此也有人把物理媒体当做第 0 层。

图 1-13 说明的是应用进程的数据在各层之间的传递过程中所经历的变化。这里为简单起见，假定两个主机是直接相连的。假定主机 1 的应用进程 AP_1 向主机 2 的应用进程 AP_2 传送数据。AP_1 先将其数据交给本主机的第 5 层（应用层）。第 5 层加上必要的控制信息 H_5 就变成了下一层的数据单元。第 4 层（传输层）收到这个数据单元后，加上本层的控制信息 H_4 一起再交给第 3 层（网络层），成为第 3 层的数据单元。依此类推。不过到了第 2 层（数据链路层）后，控制信息分成两部分，分别加到本层数据单元的首部（H_2）和尾部（T_2），而第 1 层（物理层）由于是比特流的传送，所以不再加上控制信息。请注意，传送比特流时应从首部开始传送。当这一串的比特流离开主机 1 经网络的物理媒体传送到目的站主机 2 时，就从主机 2 的第 1 层依次上升到第 5 层。每一层根据控制信息进行必要的操作，然后将控制信息剥去，将该层剩下的数据单元上交给更高的一层。最后，把应用进程 AP_1 发送的数据交给目的站的应用进程 AP_2。

虽然应用进程数据要经过如图 1-13 所示的复杂过程才能送到终点的应用进程，但这些复杂过程对用户来说，却都被屏蔽掉了，以致应用进程 AP_1 觉得好像是直接把数据交给了应用进程 AP_2。同理，任何两个同样的层次（例如在两个系统的第 4 层）之间，也好像如同图 1-13 中的水平虚线所示的那样，将数据（即数据单元加上控制信息）通过水平虚线直接传递给对方。

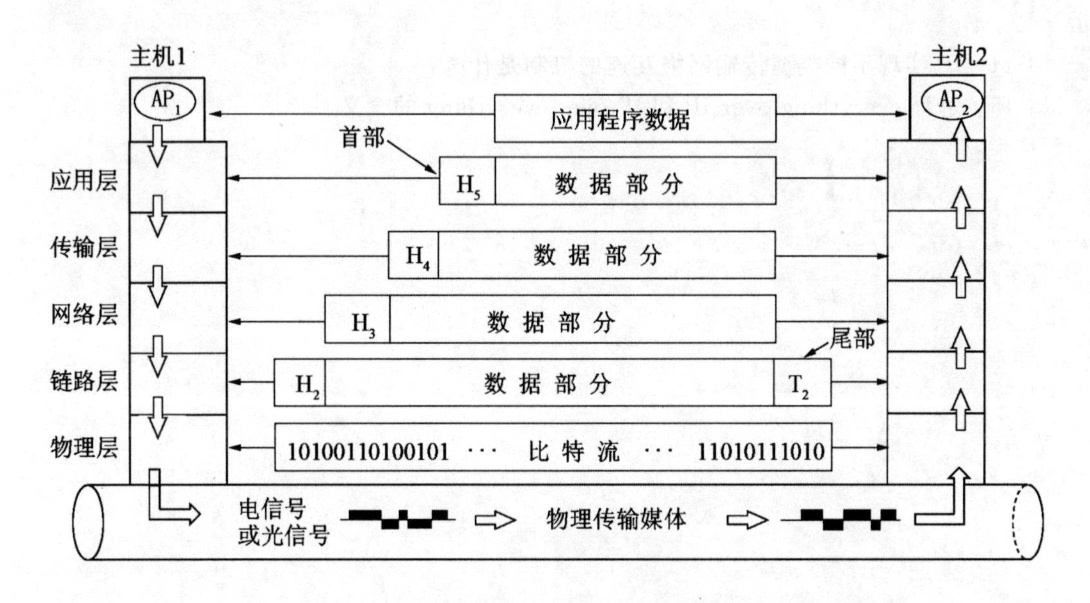

图 1-13　数据在各层之间的传递过程

习　题

1-01　“三网融合”中的“三网”分别是指哪三个网络？为什么说“三网融合”后计算机网络将扮演更加重要的角色？

1-02　简述计算机网络的概念、分类和主要的性能指标。

1-03　在计算机网络理论学习和工程实践中，网络拓扑结构发挥着什么作用？试分析比较总线型、星型和环型三种基本网络拓扑结构的工作模式；并比较相互之间的不同。

1-04　计算机网络体系为什么要使用分层模型？试分析分层模型中协议、接口、实体、服务的概念。

1-05　协议和服务有什么关系？

1-06　什么是计算机网络的体系结构？两个最著名的计算机网络体系结构是什么？它们发展的结果如何？

1-07　试分析比较 OSI 七层模型与 TCP/IP 四层模型之间的关系，并说明在竞争中为什么 TCP/IP 标准会胜出，而 OSI 标准会失败。

1-08　为什么 TCP/IP 体系结构不设置物理层和链路层而改为网络接口层？网络接口层的功能是什么？

1-09　简述五层网络体系结构各层的主要功能。

1-10　数据为什么必须逐层增加控制信息？从应用层提供的数据到物理层传输的比特流或字节流的封装过程是怎样的？

1-11　封装是逐层增加首部这种控制信息，相对比较容易，而封装过程的相反操作是分离出每一层的结构，它有什么难度？

1-12　参照图 1-13，描述 TCP/IP 网络中数据的传输过程。

1-13　什么是 ISP？它分为哪几个级别？说明各级 ISP 网络如何组成 Internet，并画图表示。

1-14　IP 实现不同类型传输网络互连的机制是什么？

1-15　解释 everything over IP 和 IP over everything 的含义。

第二章　物理层

物理层(physical layer)是所有分层模型的最底层，主要实现在传输介质上透明传输由0和1组成的比特(bit)流，为数据链路层提供数据传输服务。本章在对物理层基本概念讨论的基础上，对数据通信的基本概念、传输介质类型与特点、多路复用技术、同步数字体系与接入技术的基本概念进行系统讨论。

2.1　物理层概述

2.1.1　物理层的概念

物理层考虑的是在连接各个节点(计算机和网络设备)的传输介质上如何传输比特流，而不去关心连接各个节点的具体物理设备。这样做的好处是尽量屏蔽种类繁多的不同设备和传输介质之间的差异，使物理层的上层(数据链路层)感觉不到这些差异的存在。这样，就可使数据链路层只需要考虑如何完成本层的协议和服务，而不必考虑网络具体的传输媒体是什么。因此，物理层需要解决以下的问题：

(1)实现位操作。在物理层的实体之间，数据是以串行方式按比特传输的，系统必须通过行之有效的方法保障由0和1组成的数字比特流的发出、传送和接收，并保证发送方所发出的信号的正确性以及发送方与接收方信号的一致性。

(2)数据信号的传输。因为数据以比特的形式在实体之间以串行方式进行传输，所以采用何种传输方式，传输速率是多大，传输持续时间有多长，如何解决传输中信号的失真等，这些问题必须在物理层反映出来，并且得到很好的解决。

(3)接口规范。数据信号在实体之间传输时，发送方和接收方都要遵循相同的标准，如接口中每个引脚的规格、功能和作用等。

(4)信号传输规程。在信号的传输过程中，需要对传输的整个过程和事件发生的顺序进行合理的安排和处理，这里的规程即协议。

2.1.2　物理层的特性

可以将物理层的主要任务描述为确定与传输媒体的接口有关的一些特性，主要有以下几种。

1.机械特性

机械特性是指连接各种实体的连接接口特性，其中包括以下的几个方面：

(1)接口的形状、大小。

(2)接口引脚的个数、功能、规格，以及引脚的分布。

(3)相应传输介质的参数和特性。

图2-1所示的是部分常用连接器的接口形状。

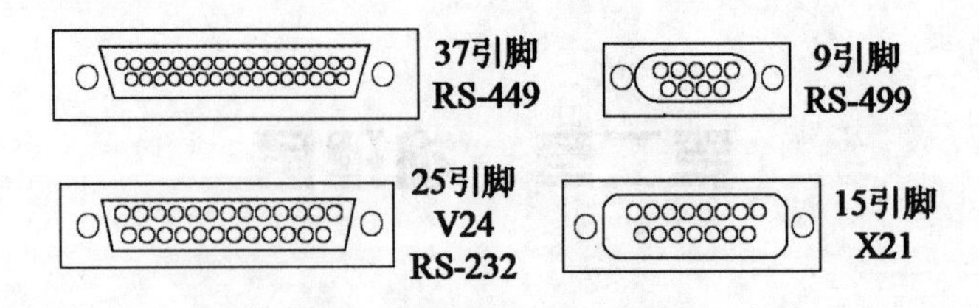

图 2-1 部分连接器示意图

2. 电气特性

电气特性规定了线路连接方式、适用元件、传输速率、信号电平、电缆长度和阻抗。主要解决和处理以下的问题：

(1)信号产生。如何将 0 和 1 转换成信号，其中包括各种调制和解调方式。

(2)传输速率。对系统中数据的传输速率和调制速率进行测算。传输速率决定了传输距离。

(3)信号传输。常采用移频键控和移相键控技术。在信号传输过程中，常常出现信号失真，导致发出和接收到的信号不一致。因此，必须采取相应的措施优化通信线路。

(4)编码。物理层的编码是指字符和报文的组装，可采用多种编码方式，如最常使用的 ASCII 编码。在信号传输过程中，系统需要对字符进行控制，能够从比特流中区分和提取出字符或报文。

3. 功能特性

功能特性主要反映接口电路的功能，确定物理接口中每条线路的用途。功能特性主要由 CCITT 规定，功能特性标准主要包括接口线功能规定方法和接口线功能分类两方面的内容。

(1)接口线功能规定方法。分为每条接口线一个功能和每条接口线具有多个功能两种类型。

(2)接口线功能分类。可分为数据、控制、定时和接地 4 类。

另外，接口线命名方法有 3 种：用阿拉伯数字命名、用英文字母组合命名和用英文缩写命名。例如，在 EIA RS-232-C 中用 AB 表示地线，而在 CCITT V. 24 中用 102 表示地线。

4. 规程特性

规程特性反映了利用接口进行传输比特流的全过程以及事件发生的可能顺序，它涉及信号传输方式。规程特性主要包括以下几个方面：

(1)接口。接口与传输过程以及传输过程中各事件执行的顺序有关。

(2)传输方式。主要包括单工、半双工和全双工。

(3)传输过程及事件发生执行的先后顺序。

2.2 数据通信基础

计算机网络中传输的信息都是数字数据，所有计算机之间的通信是数据通信。数据通信和电话网中的语音通信不同，也和无线电广播通信不同，它有自身的规律和特点。当今数据通信已经发展成一门独立的学科，要完整、准确、系统地阐述它，是这方面专著的任务。本节主要讲述与计算机网络密切相关的数据通信基础知识。

2.2.1 数据通信模型

通信就是将数据从一个地方传送到另一个地方的过程。如图 2-2 所示,一个完整的通信模型可划分为三大部分,即源系统(或发送端、发送方)、传输系统(或传输网络)和目的系统(或接收端、接收方)。

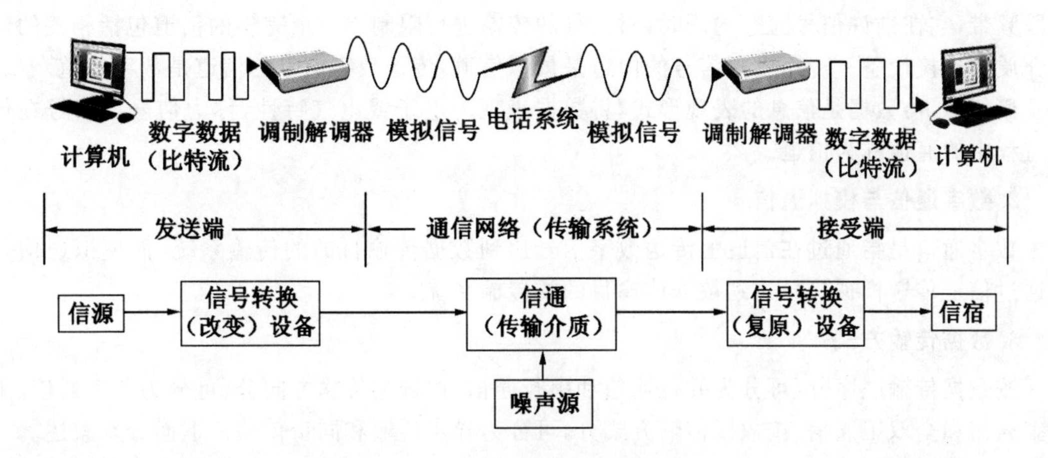

图 2-2 一个典型的通信模型

源系统一般包括以下两个部分:

源点:源点设备产生要传输的数据,例如,从 PC 机的键盘输入汉字,PC 机产生输出的数字比特流。源点又称为源站,或信源。

发送器:通常源点生成的数字比特流要通过发送器编码后才能够在传输系统中进行传输。典型的发送器就是调制器。现在很多 PC 机使用内置的调制解调器(包含调制器和解调器),用户在 PC 机外面看不见调制解调器。

目的系统一般也包括以下两个部分:

接收器:接收传输系统传送过来的信号,并把它转换为能够被目的设备处理的信息。典型的接收器就是解调器,它把来自传输线路上的模拟信号进行解调,提取出在发送端置入的消息,还原出发送端产生的数字比特流。

终点:终点设备从接收器获取传送来的数字比特流,然后把信息输出(例如,把汉字在 PC 机屏幕上显示出来)。终点又称为目的站,或信宿。

在源系统和目的系统之间的传输系统可能是简单的传输线,也可以是连接在源系统和目的系统之间的复杂网络系统。

2.2.2 数据通信相关概念

下面我们介绍一些在数据通信系统中使用的一些常用术语。

1. 信息、数据、信号和信道

通信的目的是传送信息。如话音、文字、图像等都是信息。数据是运送信息的实体。信号则是数据的电气的或电磁的表现。

根据信号中代表消息的参数的取值方式不同,信号可分为两大类:

(1)模拟信号,或连续信号——代表信息的参数的取值是连续的。

(2)数字信号,或离散信号——代表信息的参数的取值是离散的。在使用时间域(或简称为时域)的波形表示数字信号时,则代表不同离散数值的基本波形就称为码元。在使用二进制编码时,只有两种不同的码元,一种代表0状态而另一种代表1状态。

在通信系统中,各种信号都要通过传输介质才能从一端传输到另一端,信道就是通信双方以传输介质为基础的信号传递通道。从微观上讲,信道是指信号在通过传输介质时所占用的一段频带,它在准许信号通过的同时,对信号的传输进行限制。一个完整的信道包括相关的传输介质和连接设备。传输模拟信号的信道是模拟信道,传送数字信号的信道是数字信道。

概括地讲:数据是信息的表现形式,将数据表现为电子或电气特性,称为信号。信号在传输过程中的通道称为信道。

2. 数字通信与模拟通信

数字通信是指通过在信道上传送数字信号达到数据传输目的的传输系统,而模拟通信是指通过信道传送模拟信号达到数据传输目的的传输系统。

3. 数据传输方式

按数据传输顺序分,可分为并行通信和串行通信;按数据传输方向分,可分为单工通信、半双工通信和全双工通信;按数据传输方式分,可分为异步传输和同步传输。下面分别叙述。

(1)并行传输与串行传输

并行传输(parallel transmission)就是多个数据位同时在设备之间进行传输,就像多车道高速公路上行驶的汽车一样,如图2-3(左)所示。串行传输(serial transmission)中只有一条数据传输线,任一时刻只能传输1位二进制数,如图2-3(右)所示。在这种传输方式中,一个字符的ASCII代码必须排成一列,然后一个接一个地在数据传输线上传输。

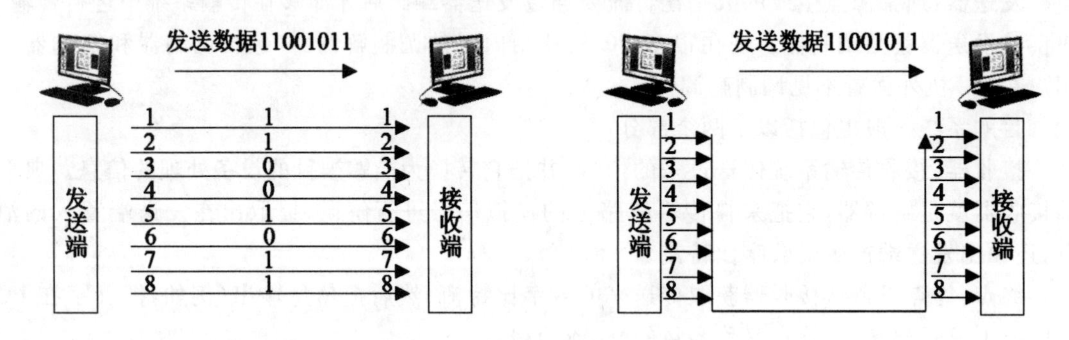

图2-3　并行传输和串行传输

(2)单工、全双工和半双工通信

单工通信是指只能有一个方向的通信而没有反方向的交互。无线电广播或有线电广播以及电视广播就属于这种类型。

半双工通信是指通信的双方都可以发送信息,但不能双方同时发送(当然也就不能同时接收)。这种通信方式是一方发送另一方接收,过一段时间后再反过来。

全双工通信是指通信的双方可以同时发送和接收信息。

单向通信只需要一条信道,而双向同时通信则都需要两条信道(每个方向各一条)。显然,双向同时通信的传输效率最高。

(3)同步传输与异步传输

在通信过程中，发送方和接收方必须在时间上保持一致才能准确地传输数据，这就叫做同步。在传送由多个码元组成的字符，或由多个字符组成的数据块时，通信双方也要就信号的起、止时间取得一致，这种同步对应了两种传输方式：同步传输和异步传输。

同步传输(synchronous transmission)也称同步通信，它采用的是位同步(即按位同步)技术，以固定的时钟频率来串行发送数字信号。在同步传输技术中，字符之间有一个固定的时间间隔，这个时间间隔由数字时钟确定，各字符中没有起始位和停止位。同步传输技术又分为外同步和自同步两种。

外同步就是发送端在发送数之前先向接收端发送一串用来进行同步的时钟脉冲，接收端在收到同步信号后对其进行频率锁定，然后以同步频率为准接收数据。很显然，在外同步传输中，接收端是利用外部设备(发送端)在发送具体信号前事先发送过来的信号频率来确定自己的工作频率，并将其锁定在同步频率上，所以称为外同步。

自同步就是发送端在发送数据时将时钟脉冲作为同步信号包含在数据流中同时传送给接收端，接收端从数据流中辨别同步信号，再据此接收数据。在自同步传输中，接收端是从接收到的信号波形中获得同步信号，所以称为自同步。比如后面我们讲到的曼彻斯特编码及差分曼彻斯特编码的数字信号，都是将数据信号和同步信号包含在同一个数据流中，在传输数据的同时，也将时钟同步信号传输给对方。这是因为在曼彻斯特编码和差分曼彻斯特编码中，表示每个代码的信号都由两部分组成，在代码信号的中间都会发生一次翻转，这个翻转电平就是同步信号。

异步传输(asynchronous transmission)也称异步通信，它采用的是“群”同步的技术。在这种技术中，根据一定的规则，数据被分成不同的群，每一个群的大小是不确定的，也就是说每个群所包含的数据量是不确定的。它要求发送端与接收端在一个群内必须保持同步，发送端在数据(群)的前面加上起始位，在数据的后面加上停止位，如图 2-4 所示。接收端通过识别起始位和停止位来接收数据，群内的数据一般不再带同步信息。

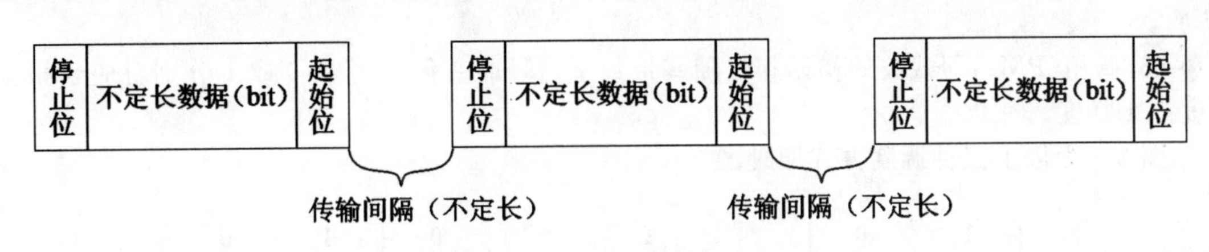

图 2-4 异步传输的数据组成

在异步传输中，每个群是独立的，可以以不同的传输速率进行发送。另外，当不需要传输字符时不需要收发时间同步。所以，在异步传输中每一个字符本身包括了本字符的同步信息，不需要在线路两端设置专门的同步设备，因此实现同步简单。但由于每传输一个字符都要添加附加信息(开始位和停止位)，所以增加了传输的开销，降低了传输效率。

4. 基带传输、频带传输与 PCM 调制

数字数据使用数字传输信号进行传输即基带传输。基带即基本频带，指未经调制(频率变换)的信号所占用的频带，即数字数据转换的数字传输信号所固有的频带，其频谱一般从 0 开始。基带传输一般使用了传输媒体的整个频带范围。

将数字数据变换为数字传输信号的过程称为编码，逆过程称为解码。这种编码称为线路编码或信道编码，有别于我们前面提到的信源编码。

线路编码采用一定的编码方式设计合理码型，可以带来以下好处。

(1)可以在传输信号中携带发送方的时钟信号,实现内同步

同步是数据通信中一个非常重要的问题。接收方要正确判接收到的接收信号的状态(高低电平或脉冲上下沿等),必须在合适的时刻去测试它,才能正确地还原发送方发出的比特流。

(2)可以提高数据传输速率,充分利用信道的传输能力

类似多级调制,合理的编码方式可以使编码后的1个码元携带多个比特的信息,从而提高了数据传输速率,充分地利用了信道的传输能力。

(3)可以消除传输信号中的直流分量

电信号的直流分量会造成传输线路的电压漂移和信号的畸变,而且难以在传输系统使用交流耦合器件、通过编码解码技术,可以有效地解决这一问题。

常用线路编码方式有很多种类型,本书就不专门介绍,在后续相关章节涉及时再做相应的介绍。

数字数据利用模拟信道的一段频带进行传输称为频带传输。直接利用模拟信道来传输数字信号必然会出现很大差错(失真),频带传输必须先将数字数据转换为模拟信号再进行传输。数字数据模拟化的方法称为调制,将已调制信号还原为原来的数字数据的过程称为解调。数据通信系统在发送端和接收端分别使用调制和解调功能。

因此,为实现信息的双工和半双工通信,双方均需要使用调制解调功能。实现调制与解调功能的设备称为调制解调器,在通信线路中一般是成对使用的。

调制一般使用一个正弦信号作为载波,用被传输的数字数据去调制它。调制改变了载波的特征参数以便携带数字数据。

最基本的调制方法有:

(1)调幅(AM),即载波的振幅随基带数字信号而变化。例如,0或1分别对应于无载波或有载波输出。

(2)调频(FM),即载波的频率随基带数字信号而变化。例如,0或1分别对应于频率为 f_1 或 f_2。

(3)调相(PM),即载波的初始相位随基带数字信号而变化。例如,0或1分别对应于相位0度或180度。

图2-5为以上三种调制方式原理图。

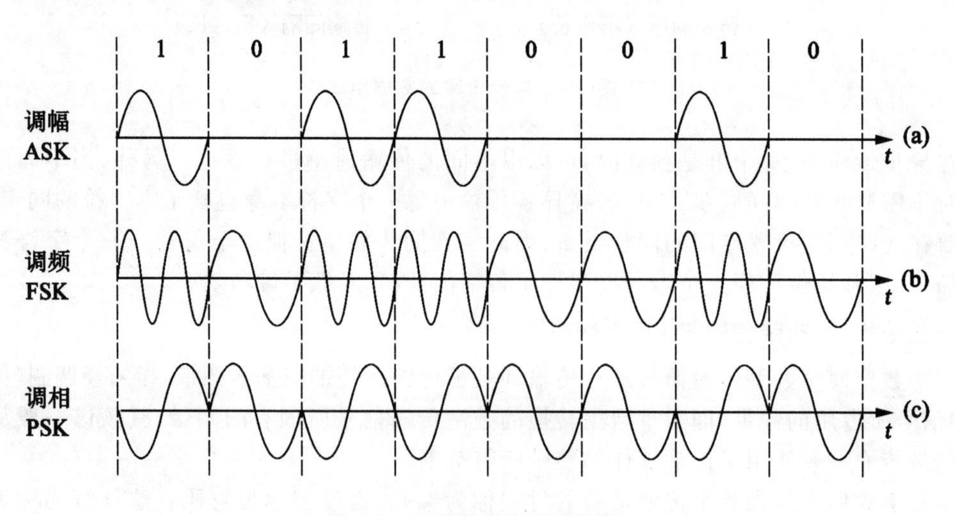

图2-5　三种调制方式原理图

为了达到更高的信息传输速率，必须采用技术上更为复杂的多元制的振幅相位混合调制方法。例如，正交振幅调制 QAM(Quadrature Amplitude Modulation)。

基带传输本质上数字数据转换成数字信号，频带传输是数字数据转换成模拟信号，除此两种形式以后，还有一种模拟数据需要转换成数字信号传输的方式。

模拟数据数字化的常用方法称为脉冲代码调制(Pulse Code Modulation，PCM)，PCM 的处理过程可以分为 3 个阶段：采样、量化和编码。采样即每隔一个固定的时间间隔对模拟信号进行一次取样，使其变成离散的脉冲。这种采样的脉冲信号的值不一定能和编码后的码值空间的某一个码值相对应，因此还要进行量化。把量化后的数值表示成二进制数，这个过程称为编码。

如图 2-6 所示，假设报模拟信号的强度(纵轴)划分为 4 个等级：00，01，10，11。确定每个(横轴)采样点上，模拟信号(纵轴)取值落在上述 4 个区间的哪一个，就用区间的数值来代替，如图中的波形，经采样后就表示为数字信号：00 01 10 11 11 11 10 01 00。PCM 是现代数字电话系统的基础。编码解码器每秒采样 8 000 次，即 125 μs/次，根据采样定理，这已足够捕获和恢复 4 kHz 电话信道带宽的信息。

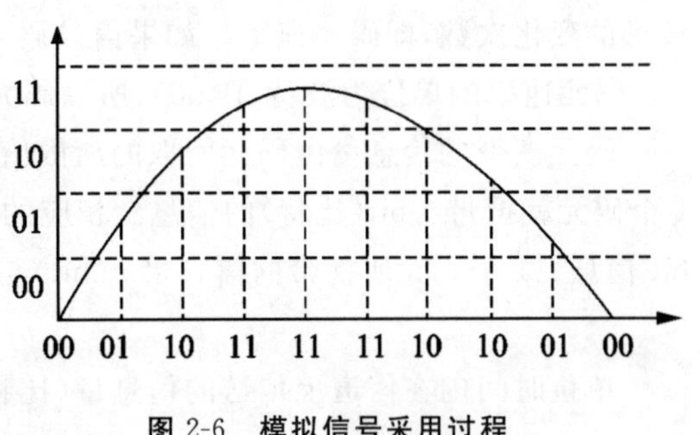

图 2-6　模拟信号采用过程

图 2-7 为以上三种类型信号转换示意图。

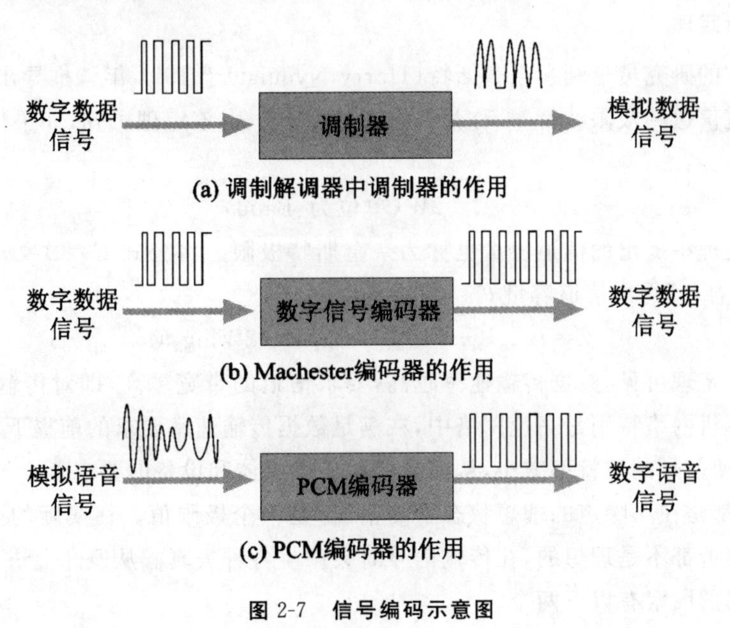

图 2-7　信号编码示意图

2.2.3　信道特性

1. 带宽与速率

带宽是指通信信道的容量。信道带宽也分为模拟信道带宽和数字信道带宽两种。模拟信道的带宽如图 2-8 所示，信道带宽 $W=f_2-f_1$，其中 f_1 是信道能通过的最低频率，而 f_2 是信道能通过的最高频率，两者都是由信道的物理特征决定的。

例如，在传统的通信线路上传输电话信号时所需要的带宽是 3.1 kHz(从 300 Hz 到 3.4 kHz)。当组成通信信道的通信电路形式后，信道的带宽就已确定了。为了减小信号在传输过程中的失真，信道要有足够的带宽。

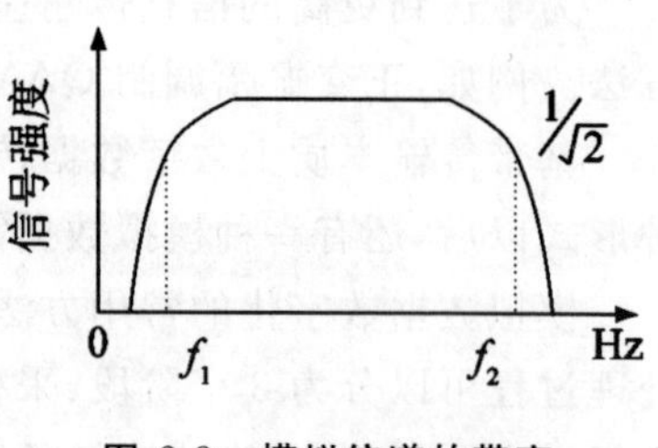

图 2-8 模拟信道的带宽

与模拟信道不同，数字信道是一种离散信道，它只能传输取离散值的数字信号。数字信道的带宽决定了信道中不失真地传输脉冲序列时的最高速率。一个数字脉冲称为一个码元，这样就可以用单位时间内通信信道信信道所传输的码元个数来表示单位时间内信号波形的变化次数，即码元速率。如果信号码元的宽度(传输时间)为 T 秒，则码元速率 $B=1/T$。码元速率的单位为波特(Baud)，所以码元速率也称为波特率。

码元携带的信息量由码元所取的离散值的数量来确定。如果 1 个码元取 2 个离散值，则 1 个码元就携带 1 bit(比特)的信息。相应的如果 1 个码元取 4 个离散值，则 1 个码元便携带 2 bit 信息。1 个码元所携带的信息量 n(bit)与码元所取的离散值 M 之间的关系为：

$$n=\log_2 M \tag{2.1}$$

单位时间内在信道上传送的信息量(比特数)称为数据速率或速率(用 R 表示)。

$$R=B\times n \tag{2.2}$$

当波特率 B 确定时，如果要提高速率，就需要用 1 个码元携带更多的比特数。

2. 奈奎斯特定理

贝尔实验室的研究员亨利·奈奎斯特(Harry Nyquist)于 1924 年就推导出了在无噪声的情况下有限带宽信道的极限波特率，称为奈奎斯特定理。由该定理可知，如果信道带宽为 W，则最大码元速率为：

$$B_{\max}=2W(\text{单位为:Baud}) \tag{2.3}$$

奈奎斯特定理中提出的信道容量也称为奈奎斯特极限。将公式 $R=B\times n$ 与奈奎斯特定理 $B_{\max}=2W$ 结合，便得出信道容量 C：

$$C=B_{\max}\times n=B_{\max}\times\log_2 M=2W\log_2 M \tag{2.4}$$

由奈奎斯特定理可见，数据传输速率越高，要求信道的带宽越高，即对传输媒体和设备的要求越高。计算机网络特别是高速网络中，在满足数据传输速率要求的前提下，要寻求巧妙合适的编码方式，使信号的波特率减小，从而降低对传输媒体和设备的要求。

当然，这些都是在无噪声的理想状态下的情况，是一个极限值。在实际的通信网络中，因为任何实际的信道都不是理想的，在传输信号时会产生各种失真。从概念上讲，限制码元在信道上的传输速率的因素有以下两个。

(1)信道能够通过的频率范围

具体的信道所能通过的频率范围总是有限的。信号中的许多高频分量往往不能通过信道。在任何信道中，码元传输的速率是有上限的，传输速率超过此上限，就会出现严重的码间串扰的问题，使接收端对码元的判决(即识别)成为不可能。

如果信道的频带越宽，也就是能够通过的信号高频分量越多，那么就可以用更高的速率传送码元而不出现码间串扰。

(2)信噪比

噪声存在于所有的电子设备和通信信道中。由于噪声是随机产生的,它的瞬时值有时会很大。因此噪声会使接收端对码元的判决产生错误(1 判决为 0 或 0 判决为 1)。但噪声的影响是相对的。如果信号相对较强,那么噪声的影响就相对较小。因此,信噪比就很重要。所谓信噪比就是信号的平均功率和噪声的平均功率之比,常记为 S/N,并用分贝(dB)作为度量单位。即:

$$\text{信噪比(dB)} = 10\log_{10}(S/N)\text{(dB)} \tag{2.5}$$

例如,当 $S/N=10$ 时,信噪比为 10 dB,而当 $S/N=1000$ 时,信噪比为 30 dB。

3. 香农定理

在 1948 年,信息论的创始人香农(Shannon)推导出了著名的香农公式。香农公式指出:信道的极限信息传输速率 C 是:

$$C=W10\log_2\left(1+\frac{S}{N}\right)\text{(b/s)} \tag{2.6}$$

式中,W 为信道的带宽(以 Hz 为单位);S 为信道内所传信号的平均功率;N 为信道内部的高斯噪声功率。

香农公式表明,信道的带宽或信道中的信噪比越大,信息的极限传输速率就越高。香农公式指出了信息传输速率的上限。香农公式的意义在于:只要信息传输速率低于信道的极限信息传输速率,就一定可以找到某种办法来实现无差错的传输。

从以上所讲的不难看出,对于频带宽度已确定的信道,如果信噪比不能再提高了,并且码元传输速率也达到了上限值,那么还有什么办法提高信息的传输速率呢?这就是用编码的方法让每一个码元携带更多比特的信息量。

2.3　传输介质

计算机网络的硬件部分除了计算机本身以外,还要有用于连接这些计算机的通信线路和通信设备,即数据通信系统。其中,通信线路是指数据通信系统中发送器和接收器之间的物理路径,它是传输数据的物理基础。

通信线路分为有线和无线两大类,对应于有线传输与无线传输。有线通信线路由有线传输介质及其介质连接部件组成。有线传输介质有双绞线、同轴电缆和光纤。无线通信线路是指利用地球空间和外层空间作为传播电磁波的通路。由于信号频谱和传输技术的不同,无线传输的主要方式包括无线电传输、地面微波通信、卫星通信、红外线通信和激光通信等。现在比较流行的使用方式为:局域网由双绞线连接到桌面,光纤作为通信干线,卫星通信用于跨国界传输。

2.3.1　双绞线

双绞线(Twisted Pair,TP)是最常用的一种传输介质,它由两条具有绝缘保护层的铜导线相互绞合而成。把两条铜导线按一定的密度绞合在一起,可增强双绞线的抗电磁干扰能力。一对双绞线形成一条通信链路。在双绞线中可传输模拟信号和数字信号。双绞线通常有非屏蔽式和屏蔽式两种。

1. 非屏蔽双绞线 UTP

把一对或多对双绞线组合在一起，并用塑料套装，组成双绞线电缆。这种采用塑料套装的双绞线电缆称为非屏蔽双绞线，如图 2-9 所示。用于计算机网络中的 UTP 不同于其他类型的双绞线，其阻抗为 100 Ω，线缆外径大约 4.3 mm。通常使用一种称之为 RJ-45 的 8 针连接器，与 UTP 连接构成 UTP 电缆。常用的 UTP 有 3 类、4 类、5 类和超 5 类，6 类等形式。

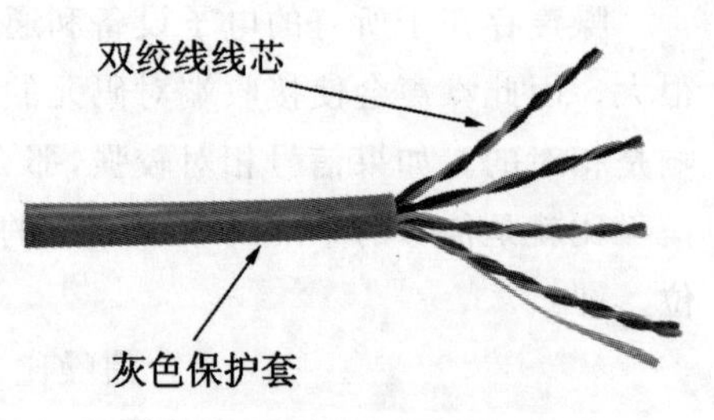

图 2-9　非屏蔽双绞线 UTP

UTP 具有成本低、重量轻、尺寸小、易弯曲、易安装、阻燃性好、适于结构化综合布线等优点，因此，在一般的局域网建设中被普遍采用。但它也存在传输时有电磁辐射、容易被窃听的缺点，所以，在少数信息保密级别要求高的场合，还须采取一些辅助屏蔽措施。

2. 屏蔽双绞线 STP

采用铝箔套管或铜丝编织层套装双绞线就构成了屏蔽式双绞线。STP 有 3 类和 5 类两种形式，有 150 Ω 阻抗和 200 Ω 阻抗两种规格。屏蔽式双绞线具有抗电磁干扰能力强、传输质量高等优点，但它也存在接地要求高、安装复杂、弯曲半径大、成本高的缺点，尤其是如果安装不规范，实际效果会更差。因此，屏蔽式双绞线的实际应用并不普遍。

2.3.2　同轴电缆

同轴电缆由圆柱形金属网导体（外导体）及其所包围的单根金属芯线（内导体）组成，外导体与内导体之间由绝缘材料隔开，外导体外部也是一层绝缘保护套。同轴电缆有粗缆和细缆之分，图 2-10 所示为细同轴电缆段。

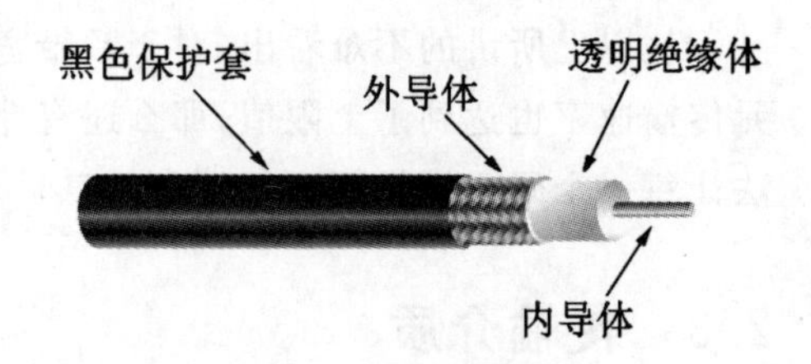

图 2-10　细同轴电缆

粗缆传输距离较远，适用于比较大型的局域网。它的传输衰耗小，标准传输距离长，可靠性高。由于粗缆在安装时不需要切断电缆，因此，可以根据需要灵活调整计算机接入网络的位置。但使用粗缆时必须安装收发器和收发器电缆，安装难度大，总体成本高。而细缆由于功率损耗较大，一般传输距离不超过 185 m。细缆安装比较简单，造价低，但安装时要切断电缆，电缆两端要装上网络连接头(BNC)，然后，连接在 T 型连接器两端。所以，当接头多时容易出现接触不良，这是细缆局域网中最常见的故障之一。

同轴电缆有两种基本类型，基带同轴电缆和宽带同轴电缆。基带同轴电缆一般只用来传输数据，不使用 Modem，因此较宽带同轴电缆经济，适合传输距离较短、速度要求较低的局域网。基带同轴电缆的外导体是用铜做成网状的，特性阻抗为 50 Ω(型号为 RG-8、RG-58 等)。宽带同轴电缆传输速率较高，距离较远，但成本较高。它不仅能传输数据，还可以传输图像和语音信号。宽带同轴电缆的特性阻抗为 75 Ω(如 RG-59 等)。

无论是由粗同轴电缆还是细同轴电缆构成的计算机局域网络都是总线结构，即一根电缆上连接多台计算机，所有计算机竞争使用同一电缆。这种拓扑结构适合于计算机较密集的环境，但当总线上某一触点发生故障时，会串联影响到整根电缆所连接的计算机，故障的诊断和恢复也很麻烦。目前，在局域网组网中，同轴电缆已经不再使用，而大量使用非屏蔽双绞线或光缆。

2.3.3 光 纤

光导纤维(Optical Fiber,简称光纤)是目前发展最为迅速、应用广泛的传输介质。它是一种能够传输光束的、细而柔软的通信媒体。光纤通常是由石英玻璃拉成细丝,由纤芯和包层构成的双层通信圆柱体,其结构一般是由双层的同心圆柱体组成,中心部分为纤芯。常用的多模纤芯直径为 62 μm,纤芯以外的部分为包层,一般直径为 125 μm。

分析光在光纤中传输的理论一般有两种:射线理论和模式理论。射线理论是把光看作射线,引用几何光学中反射和折射原理解释光在光纤中传播的物理现象。模式理论则把光波当作电磁波,把光纤看作光波导,用电磁场分布的模式来解释光在光纤中的传播现象。这种理论相同于微波波导理论,但光纤属于介质波导,与金属波导管有区别。模式理论比较复杂,一般用射线理论来解释光在光纤中的传输。光纤的纤芯用来传导光波,包层有较低的折射率。当光线从高折射率的介质射向低折射率的介质时,其折射角将大于入射角。因此,如果折射角足够大,就会出现全反射,光线碰到包层时就会折射回纤芯,这个过程不断重复,光线就会沿着光纤传输下去,如图 2-11 所示。光纤就是利用这一原理传输信息的。

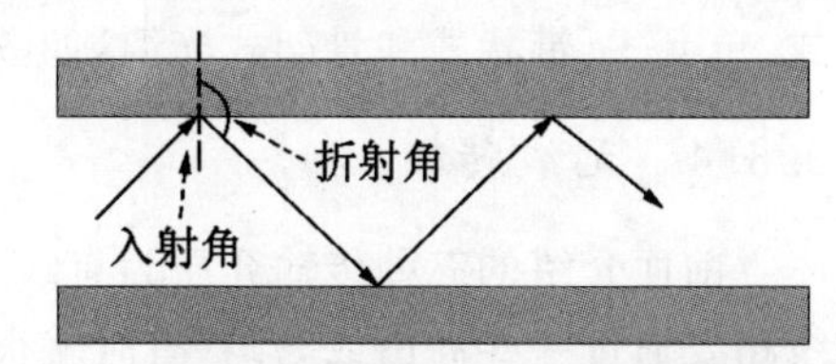

图 2-11 光波在纤芯中的传输

在光纤中,只要射入光纤的光线的入射角大于某一临界角度,就可以产生全反射,因此可存在许多角度入射的光线在一条光纤中传输,这种光纤称为多模光纤。但若光纤的直径减小到只能传输一种模式的光波,则光纤就像一个波导一样,可使得光线一直向前传播,而不会有多次反射,这样的光纤称为单模光纤。单模光纤在色散、效率及传输距离等方面都要优于多模光纤。图 2-12 是光在多模光纤和单模光纤中的传输示意图,表 2-1 列出了两者的特征对比。

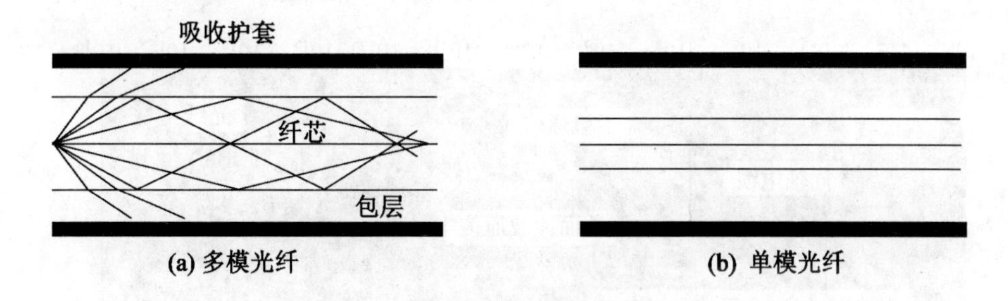

图 2-12 多模光纤和单模光纤

表 2-1 单模光纤和多模光纤特性对比表

单模光纤	多模光纤
用于高速率,长距离	用于低速率,短距离
成本高	成本低
窄芯线,需要激光源	宽芯线,聚光好
耗损极小,效率高	耗损大,效率低

光纤有很多优点：频带宽、传输速率高、传输距离远、抗冲击和电磁干扰性能好、数据保密性好、损耗和误码率低、体积小和重量轻等。但它也存在连接和分支困难、工艺和技术要求高、需配备光/电转换设备、单向传输等缺点。由于光纤是单向传输的，要实现双向传输就需要两根光纤或一根光纤上有两个频段。

因为光纤本身脆弱，易断裂，直接与外界接触易于产生接触伤痕，甚至被折断。因此在实际通信线路中，一般都是把多根光纤组合在一起形成不同结构形式的光缆。随着通信事业的不断发展，光缆的应用越来越广，种类也越来越多。按用途分，可有中继光缆、海底光缆、用户光缆、局内光缆，此外还有专用光缆、军用光缆等；按结构区分，有层绞式、单元式、带状式和骨架式光缆，如图 2-13 所示。

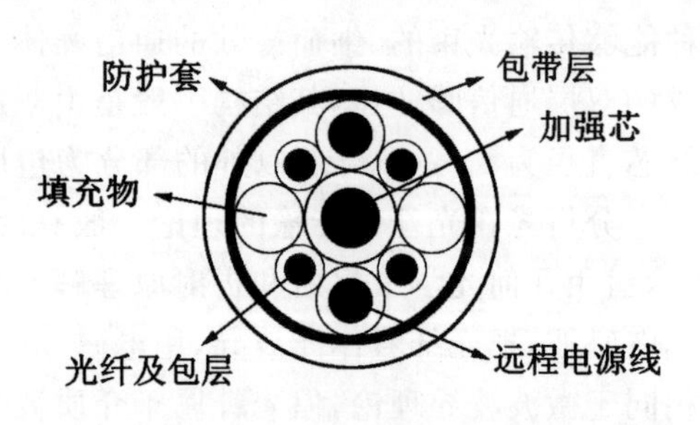

图 2-13　四芯光缆剖面图

2.3.4　无线传输

前面介绍的三种传输介质为有线传输介质，而对应的传输属于有线传输。但是，如果通信线路要通过一些高山或岛屿，有时就很难施工，这时使用无线传输进行通信就成为必然。无线传输主要包括无线电传输、地面微波通信、卫星通信、红外线和激光通信等，各种无线传输对应的电磁波谱范围如图 2-14 所示。其中，地面微波通信和卫星通信使用的主要波段是微波波段，因而卫星通信也称卫星微波通信。

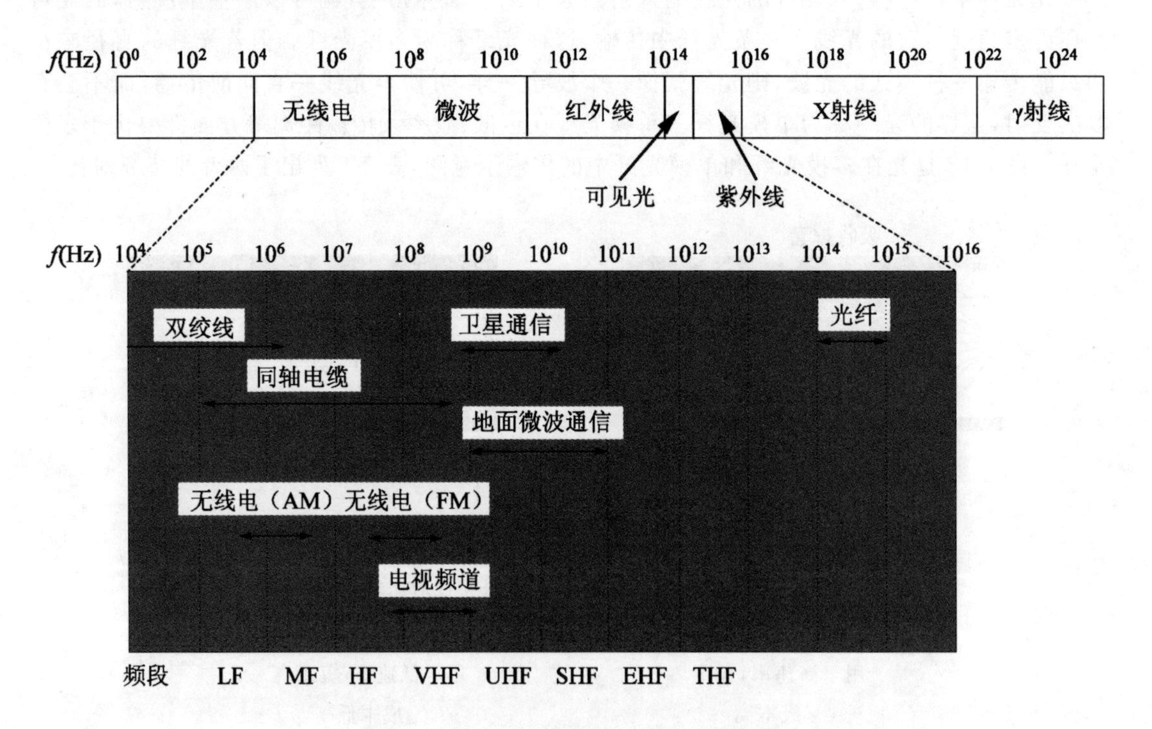

图 2-14　各通信类型使用的电磁波谱范围

不同的通信类型使用的电磁波的频率也不相同，图 2-14 给出了电磁波谱与通信类型的关系。从图中所示的电磁波谱中可以看出，按照频率由低向高排列，不同频率的电磁波可以分为无线电，微波，红外线，可见光，紫外线，X射线和射线。目前，用于通信的主要有无线电、微波、红外线与可见光。国际电信联盟ITU根据不同的频率(或波长)，将不同的波段进行了划分与命名，无线电的频率与带宽的对应关系如表2-2所示。不同的传输介质可以传输不同频率的信号。例如，普通双绞线可以传输低频与中频信号，同轴电缆可以传输低频到特高频信号，光纤可以传输可见光信号。由双绞线、同轴电缆与光纤作为传输介质的通信系统，一般只用于固定物体之间的通信。

表 2-2　无线电频率与带宽的对应关系

频段划分	低频 (LF)	中频 (MF)	高频 (HF)	甚高频 (VHF)	特高频 (UHF)	超高频 (SHF)	极高频 (EHF)
频率范围	30～300 kHz	300～3 MHz	3～30 MHz	30～300 MHz	300 MHz～3 GHz	3～30 GHz	>30 GHz

目前，计算机网络的无线通信主要方式有：地面微波通信、卫星通信、红外线通信和激光通信。

1. 地面微波通信

地面微波通信常用于电缆(或光缆)铺设不便的特殊地理环境或作为地面传输系统的备份和补充。地面微波通信在数据通信中占有重要地位。

微波是一种频率很高的电磁波，其频率范围为300 MHz～300 GHz，地面微波通信主要使用的是2～40 GHz的频率范围。地面微波一般沿直线传输。由于地球表面为曲面，所以，微波在地面的传输距离有限，一般为40～60 km。但这个传输距离与微波的发射天线的高度有关，天线越高传输距离就越远。为了实现远距离传输，就要在微波信道的两个端点之间建立若干个中继站，中继站把前一个站点送来的信号经过放大后再传输到下一站。经过这样的多个中继站点的“接力”，信息就被从发送端传输到接收端，如图2-15所示。

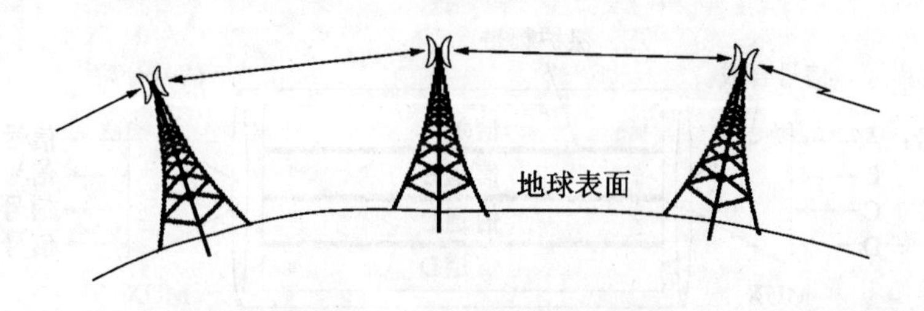

图 2-15　微波地面中继通信

微波通信具有频带宽、信道容量大、初建费用低、建设速度快、应用范围广等优点，其缺点是保密性能差、抗干扰性能差，两微波站天线间不能被建筑物遮挡。这种通信方式逐渐被很多计算机网络所采用，有时在大型互联网中与有线介质混用。

2. 卫星通信

卫星通信实际上是使用人造地球卫星作为中继器来转发信号的，它使用的波段也是微波。通信卫星通常被定位在几万千米高空，因此，卫星作为中继器可使信息的传输距离很远(几千至上万千米)。例如，每个同步卫星可覆盖地球的三分之一表面。卫星通信已被广泛用于远程计算机网络中。如国内很多证券公司显示的证券行情都是通过VSAT接收的卫星通信广播信息。而证券的交易信息则是通过延迟小的数字数据网DDN专线或分组交换网进行转发的。

卫星通信具有通信容量极大、传输距离远、可靠性高、一次性投资大、传输距离与成本无关等特点。

3. 红外线和激光通信

应用于计算机网络的无线通信除地面微波及卫星通信外，还有红外线和激光通信等。红外线和激光通信的收发设备必须处于视线范围内，均有很强的方向性，因此，防窃取能力强。但由于它们的频率太高，波长太短，不能穿透固体物质，且对环境因素（如天气）较为敏感，因而，只能在室内和近距离使用。

2.4 信道复用技术

信道复用技术也称为多路复用技术，它通过一个复用器在信道的一端将多路信号“合并”到一起，在另一端利用分成器再进行“拆分”，还原成一个个单一的原始信号，它数据通信中的基本技术。下面首先前单介绍各种信道复用技术，然后介绍基于 TDM 技术的基带传输系统——PDH 和 SDH。

2.4.1 频分复用

频分复用(Frequency Division Multiplexing，FDM)是在一条传输介质上使用多个频率不同的模拟载波信号进行多路传输，每一个载波信号形成一个信道。每个子信道形成一个子通路，分配给用户使用。频分复用的特点是：每个用户终端的数据通过专门分配给它的子信道传输，在用户没有数据传输时，其他的用户不能使用此信道；另外，各个子信道的中心频率不相重合，子信道之间留有一定宽度的隔离频带（保护频带），如图 2-16 所示。

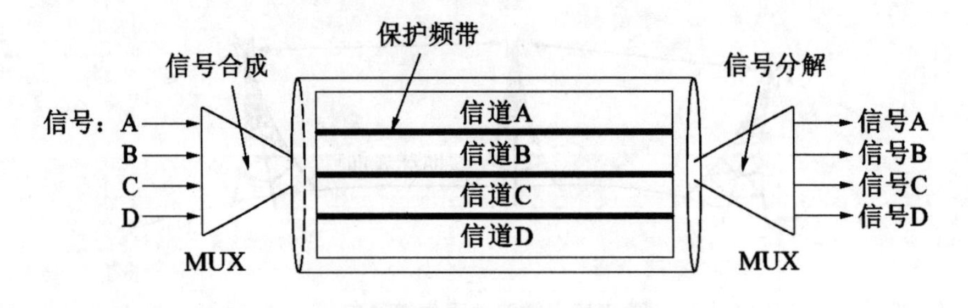

图 2-16 频分复用

频分复用适用于模拟信号的频分传输，主要用于无线电广播系统、电话系统和 CATV 系统。例如，一根 CATV 系统电缆的带宽大约为 500 MHz，可同时传送 80 个频道的电视节目，每个频道 6 MHz 的带宽中又进一步划分为声音子通道、视频子通道及彩色子通道。每个频带两边都留有一定的保护频带，防止相互串扰。FDM 也应用于宽带局域网中。

2.4.2 时分复用

时分复用(Time Division Multiplexing，TDM)是将时间划分为等长的片，然后各子通道按时间片轮流占用整个信道的带宽。时间片的大小可以按一次传送一位、一个字节或一个固定大小的数据块所需要的时间确定。和频分复用一样，时分复用也是将许多输入合并在一起来发送。但由于时分复用技术主要用于数字信号，所以与频分复用把信号合成一个单一的复杂信号的做法不同，时分复用保持了信号物理上的独立性，而逻辑上把它们合并在一起。按照子通道动态利用情况的不同，时分复用又分为同步时分复用和异步时分复用两种。

1. 同步时分复用

同步时分复用传输采用固定分配信道的技术。在同步时分传输中，整个传输时间划分为固定大小的时间片，每个时间片称为一个时分复用帧(TDM 帧)。每一个时分复用的用户在每一个 TDM 帧中占有固定序列的时隙，即将每一个 TDM 帧的时隙以固定方式预先分配给各路数字信号。图 2-17 中显示了将一个 TDM 帧中划分为 4 个时隙时的时分复用方式，每一个时隙对应一个用户或一个数字信号，分别用 A、B、C 和 D 显示。由此可见，一个用户所占用的时隙是周期性出现的(其周期为 TDM 帧的长度)，所有用户在不同时间占用同样的频带宽度。

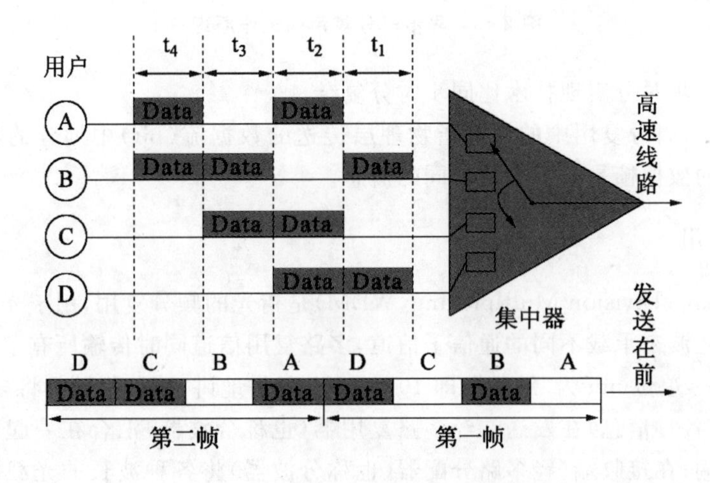

图 2-17 同步时分复用的工作原理

同步时分复用中，不论用户是否有数据要发送，都要占用一个时隙，但实际上所有用户不会在每一个时隙都有数据输入(例如在键盘上输入数据或浏览信息时)，所以时隙的利用较低。但同步时分复用技术上比较简单与成熟，有利于数字信号的传输。

2. 异步时分复用

同步时分复用是一种普通的时分复用技术。在同步时分复用中，由于数据发送的突发性，当一个用户在占有了子信道时，不一定有数据要发送，这样就会产生信道的空闲，降低了信道的利用率。而异步时分复用正好解决了这一问题。异步时分复用也称统计时分复用或智能时分复用，它能够动态地按需分配时隙，避免出现空闲时隙而造成时隙的浪费。在异步时分复用中，将 MUX 称为集中器或智能集中器，图 2-18 所示的是异步时分复用的工作原理。

在异步时分复用传输中，每一个帧中的时隙数应小于同时连接到集中器上的用户数。每一个用户有数据时就直接发往集中器的缓冲中，然后集中器按顺序依次扫描缓冲中的数据，将缓冲中的数据放入帧中，对没有数据的缓冲就直接跳过去。当一个帧填满后，就发送出去。也就是说，在异步时分复用中，时隙不是固定分配的，所以异步时分复用可提高线路的利用率。

与同步时分复用不同的是，由于在异步时分复用中帧中的时隙并不是固定分配给每一个用户的，因此在每一个时隙中还必须附加用户的地址信息，以便使接收端的集中器可以按地址

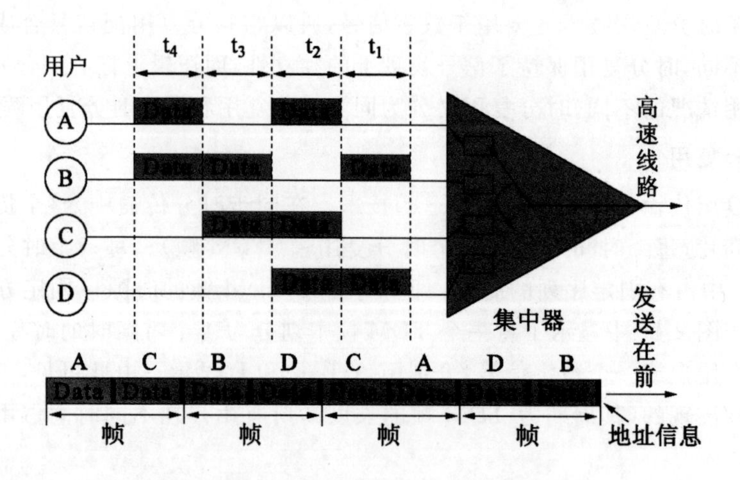

图 2-18　异步时分复用的工作原理

信息分送数据。异步时分实现技术比同步时分复杂。

需要说明的是:时分复用中的帧是指物理层传送的数据流(bit)中划分的帧(或数据块),与数据链路层中的数据帧是两个完全不同的概念。

2.4.3　波分复用

波分复用(Wave Division Multiplexing,WDM)是指光的频分复用,用于光纤通信中,它是指用不同波长的光波来承载不同的通信子信道,多路复用信道同时传输所有子信道的波长,如图 2-19 所示(其中,单位 nm 为"纳米",即 10^{-9} m)。通俗地讲,波分复用是将多种不同波长的光载波信号(携带各种信息)在发送端经多路复用器(也称合波器)汇合在一起,并耦合到同一根光纤中进行传输;在接收端,经多路分配器(也称分波器)将各种波长的光载波分离,然后由光接收机作进一步处理以恢复原信号。这种在同一根光纤中同时传输多种不同波长光信号的技术,称为波分复用。

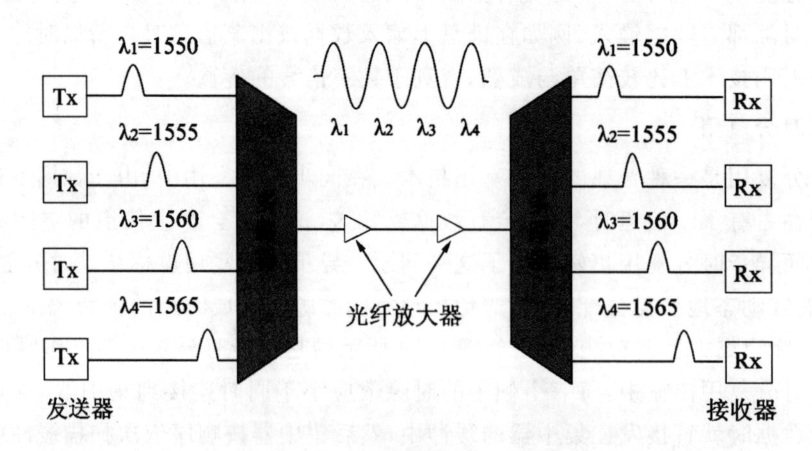

图 2-19　波分多路复用的工作原理

WDM 技术中,同一个波段中通道间隔较小的波分多路复用称为密集波分复用(Dense WDM,DWDM)。由于波段中通道间隔较小,因而 DWDM 可以在一根光纤上传输更多路的光波。ITU-T 建议的光波之间的间隔是 0.8 nm,还可更小。目前的 DWDM 一般使用 1.55 μm 的波段。DWDM 更适合用于 Internet 长距离主干网。

稀疏波分复用(Coarse WDM,CWDM)是低成本的 WDM,光波分布的更稀疏,ITU-T 建议的光波间隔是 20 nm。CWDM 降低了对波长的窗口要求,以比 DWDM 系统宽得多的波长范围(1.26～1.62 μm)进行波分复用,从而降低了对激光器、复用器和解复用器的要求,使系统成本下降。CWDM 可用于 MAN,在 20 km 以下有较高的性价比。

2.4.4　码分复用

码分复用是另一种共享信道的方法。实际上,人们更常用的名词是码分多址 CDMA(Code Division Multiple Access)。每一个用户可以在同样的时间使用同样的频带进行通信。由于各用户使用经过特殊挑选的不同码型,因此各用户之间不会造成干扰。码分复用最初是用于军事通信,因为这种系统发送的信号有很强的抗干扰能力,其频谱类似于白噪声,不易被敌人发现。随着技术的进步,CDMA 设备的价格和体积都大幅度下降,因而现在已广泛使用在民用的移动通信中,特别是在无线局域网中。采用 CDMA 可提高通信的话音质量和数据传输的可靠性,减少干扰对通信的影响,增大通信系统的容量(是使用 GSM 的 4～5 倍),降低手机的平均发射功率等等。下面简述其工作原理。

在 CDMA 中,每一个比特时间再划分为 m 个短的间隔,称为码片(chip)。通常 m 的值是 64 或 128。在下面的原理性说明中,为了画图简单起见,我们设 m 为 8。

使用 CDMA 的每一个站被指派一个唯一的 m bit 码片序列。一个站如果要发送比特 1,则发送它自己的 m bit 码片序列。如果要发送比特 0,则发送该码片序列的二进制反码。例如,指派给 S 站的 8 bit 码片序列是 00011011。当 S 发送比特 1 时,它就发送序列 00011011,而当 S 发送比特 0 时,就发送 11100100。为了方便,我们按惯例将码片中的 0 写为−1,将 1 写为+1。因此 S 站的码片序列是(−1−1−1+1+1−1+1+1)。

现假定 s 站要发送信息的数据率为 b b/s。由于每一个比特要转换成 m 个比特的码片,因此 S 站实际上发送的数据率提高到 mb b/s,同时 S 站所占用的频带宽度也提高到原来数值的 m 倍。这就使得 CDMA 成为一种扩频方式通信。

CDMA 系统的一个重要特点就是这种体制给每一个站分配的码片序列不仅必须各不相同,并且还必须互相正交。在实用的系统中是使用伪随机码序列。

用数学公式可以很清楚地表示码片序列的这种正交关系。令向量 S 表示站 S 的码片向量,再令 T 表示其他任何站的码片向量。两个不同站的码片序列正交,就是向量 S 和 T 的规格化内积都是 0:

$$S \cdot T = \frac{1}{m}\sum_{i=1}^{m} S_i T_i = 0 \tag{2.7}$$

例如,向量 S 为(−1−1−1+1+1−1+1+1),同时设向量 T 为(−1−1+1−1+1+1+1−1),这相当于 T 站的码片序列为 00101110。将向量 S 和 T 的各分量值代入(2.7)式就可看出这两个码片序列是正交的。不仅如此,向量 S 和各站码片反码的向量的内积也是 0。另外一点也很重要,即任何一个码片向量和该码片向量自己的规格化内积都是 1。

$$S \cdot S = \frac{1}{m}\sum_{i=1}^{m} S_i S_i = \frac{1}{m}\sum_{i=1}^{m} S_i^2 = \frac{1}{m}\sum_{i=1}^{m} (\pm 1)^2 = 1 \tag{2.8}$$

而一个码片向量和该码片反码的向量的规格化内积值是−1。这从(2.8)式可以很清楚地看出，因为求和的各项都变成了－1。

现在假定在一个CDMA系统中有很多站都在相互通信，每一个站所发送的是数据比特和本站的码片序列的乘积，因而是本站的码片序列（相当于发送比特1）和该码片序列的二进制反码（相当于发送比特0）的组合序列，或什么也不发送（相当于没有数据发送）。我们还假定所有的站所发送的码片序列都是同步的，即所有的码片序列都在同一个时刻开始。利用全球定位系统GPS就不难做到这点。

现假定有一个X站要接收S站发送的数据。X站就必须知道S站所特有的码片序列。X站使用它得到的码片向量S与接收到的未知信号进行求内积的运算。X站接收到的信号是各个站发送的码片序列之和。根据上面的公式(2.7)和(2.8)，再根据叠加原理（假定各种信号经过信道到达接收端是叠加的关系），那么求内积得到的结果是所有其他站的信号都被过滤掉（其内积的相关项都是0），而只剩下S站发送的信号。当S站发送比特1时，在X站计算内积的结果是＋1，当S站发送比特0时，内积的结果是－1。

图2-20是CDMA的工作原理。设S站要发送的数据是110三个码元。再设CDMA将每一个码元扩展为8个码片，而S站选择的码片序列为（－1－1－1＋1＋1－1＋1＋1）。S站发送的扩频信号为S_X。我们应当注意到，S站发送的扩频信号S_X中，只包含互为反码的两种码片序列。T站选择的码片序列为（－1－1＋1－1＋1＋1＋1－1），T站也发送110三个码元，而T站的扩频信号为T_x。因所有的站都使用相同的频率，因此每一个站都能够收到所有的站发送的扩频信号。对于我们的例子，所有的站收到的都是叠加的信号S_X+T_x。

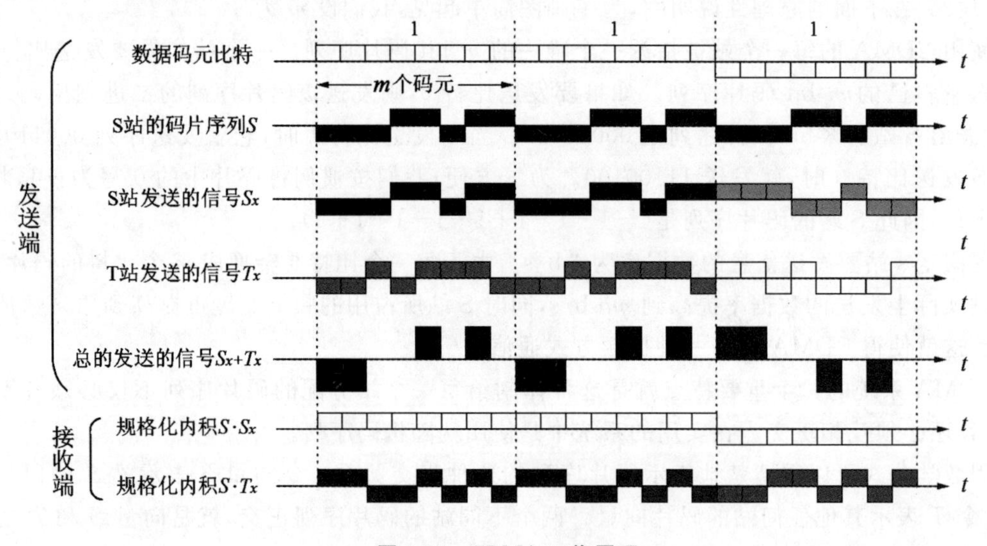

图2-20　CDMA工作原理

当接收站打算收S站发送的信号时，就用S站的码片序列与收到的信号求规格化内积。这相当于分别计算$S \cdot S_X$和$S \cdot T_X$。显然，$S \cdot S_X$就是S站发送的数据比特，因为在计算规格化内积时，按(2.7)式相加的各项，或者都是＋1，或者都是－1；而$S \cdot T_X$一定是零，因为相加的8项中的＋1和－1各占一半，因此总和一定是零。

2.4.5　准同步数字系列PDH与同步数字系列SDH

准同步数字系列（Plesiochronous Digital Hierarchy，PDH）和同步数字系列（Synchronous Digital Hierarchy，SDH）都是使用TDM技术的基带传输系统，对应OSI的物理层。它们的原

设计主要用于电话系统的数字干线,也可作为计算机网络的底层传输网。

1. 准同步数字系列(PDH)

在 PDH 系统中,多个结点的信号常常复用到一起以更高的速率传输,如果复用设备输入的码流速率都有差异,处理起来也相当棘手,这时希望网络的所有结点有统一的基准时钟,这称为网同步。网同步一般使用两种方式:

(1)准同步。网络内各结点的定时时钟信号互相独立,各结点采用频率相同的高精度时钟工作,但频率不可能完全一致,只是接近同步状态,故称准同步。准同步适用于各种规模和结构的网络,各网之间相互平等,易于实现,但各结点必须使用成本高的高精度时钟。

(2)主从同步。使用分级的定时时钟系统,主结点使用最高一级时钟,称为基准参考时钟(PRC)。铯原子钟常作为基准参考时钟,长期频率偏离小于 10^{-11}。基准参考时钟信号通过传输链路传送到网络的各个从结点,各从结点将本地时钟的频率锁定在基准参考时钟频率,从而实现网内各结点之间的时钟同步。

PDH 系统采用准同步方式。

CCITT 推荐了两类 PDH,北美和日本采用 T 系列(也称为 T 载波,T-carrier),是以1.544 Mb/s(称为 T1 速率)的 PCM 24 路系统作为一次群(基群)的数字复用系列。欧洲、前苏联和中国等采用 E 系列,是以 2.048 Mb/s(称为 E1 速率)的 PCM 30/32 路系统作为一次群的数字复用系列。

如图 2-21 所示,T1 由 24 个多路复用的话音通道组成。24 路模拟话音信号以 125 μs 为周期被轮回采样,在 1 个周期内每路被采样 1 次;采样信号流被送给编码解码器编码;每个通道按顺序在输出流中插入 8 比特。其中,7 比特为数据,1 比特为信令信号,用于控制。这样,每个通道有 7×8 000=56 kb/s 的数据传输,还有 1×8 000=8 kb/s 的信令传输。

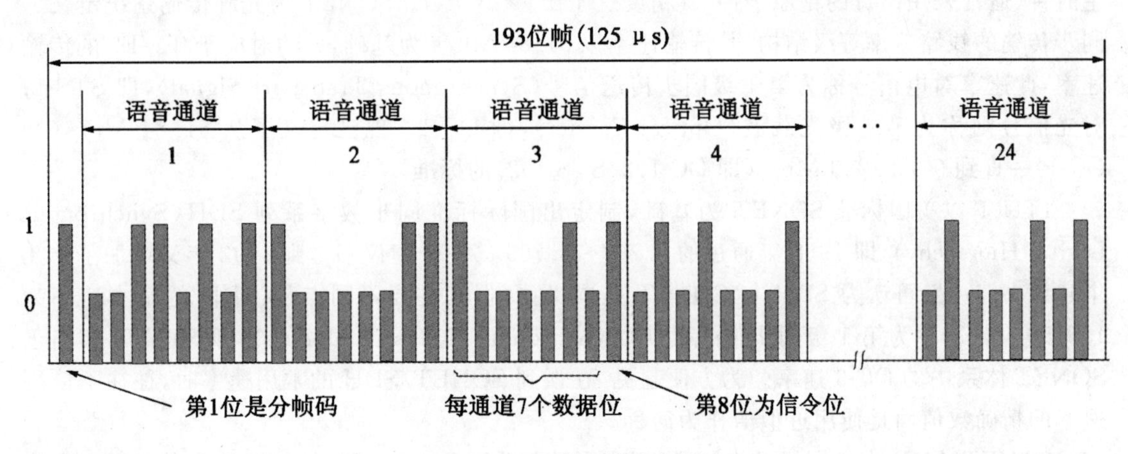

图 2-21　T1 的时分复用帧

T1 的一个帧分为 24 个时隙,每个时隙 8 比特,每帧有 8×24=192 比特,再加上 1 比特用于分帧,这就构成一个 193 比特的 T1 帧,这样就可计算出 T1 的传输速率为:

$$193\text{b} \div 125\mu\text{s} = 1.544\ \text{Mb/s}$$

分帧比特用于帧同步,它的模式是 0101010101…,接收方不断地检测以保持同步。模拟用户不会接收它,它对应于 4 000 Hz 的正弦波,会被滤掉。

E 系列的一次群 E1 将 32 个 8 比特信号封装在 125 μs 的帧中,30 个通道用于数据,两个通道用于信令。

实际的 T 系列和 E 系列的通信线路可以使用铜缆、光缆，跨越海洋时可使用卫星传输。

TDM 允许多个一次群 T1、E1 进一步复用。每级速率是前一级的若干倍再加上一些辅助信号。PDH 的数字复用系列高次群的话路数和数据传输速率汇总于表 2-3。

表 2-3　PDH 的数字复用系列高次群的话路数(路)和速率(Mb/s)

地区	参数	一次群(基群)	二次群	三次群	四次群	五次群
北美	符号	T1	T2	T3	T4	
	话路数	24	96＝24×4	672＝96×7	4032＝672×6	
	数据率	1.544	6.312	44.736	274.176	
欧洲等	符号	E1	E2	E3	E4	E5
	话路数	30	120＝30×4	480＝120×4	1920＝480×4	7680＝1920×4
	数据率	2.048	8.448	34.368	139.264	565.148

由表 2-3 可知，PDH 的 T 系列和 E 系列数据传输速率标准不统一，这样国际范围的高速数据传输就不易实现。PDH 采用准同步方式，必须使用复杂的码元插入方法才能补偿由于频率不准确而造成的定时误差，这给数字信号的复用和解复用带来很多麻烦。PDH 向更高群次发展在技术上有很大的难度。

2. **同步数字系列(SDH)**

为了解决上述问题，美国在 1988 年首先推出了一个数字传输标准，叫做同步光纤网 SONET(Synchronous Optical Network)。整个的同步网络的各级时钟都来自一个非常精确的主时钟(通常采用昂贵的铯原子钟，其精度优于$\pm1\times10^{-11}$)。SONET 为光纤传输系统定义了同步传输的线路速率等级结构，其传输速率以 51.84 Mb/s 为基础，大约对应于 T3/E3 的传输速率，此速率对电信号称为第 1 级同步传送信号(Synchronous Transport Signal)，即 STS-1；对光信号则称为第 1 级光载波(Optical Carrier)，即 OC-1。现已定义了从 51.84 Mb/s(即 OC-1)一直到 9 953.280 Mb/s(即 OC-192/STS-192)的标准。

ITU-T 以美国标准 SONET 为基础，制定出国际标准同步数字系列 SDH(Synchronous Digital Hierarchy)，即 1988 年通过的 6.707～6.709 等三个建议书。到 1992 年又增加了十几个建议书。一般可认为 SDH 与 SONET 是同义词，但其主要不同点是：SDH 的基本速率为 155.52 Mb/s，称为第 1 级同步传递模块(Synchronous Transfer Module)，即 STM-1，相当于 SONET 体系中的 OC-3 速率。为方便起见，在谈到 SONET/SDH 的常用速率时，往往不使用速率的精确数值而是使用近似值作为简称。

SONET/SDH 定义了标准光信号，规定了波长为 1 310 nm 和 1 550 nm 的激光源。在物理层为宽带接口使用了帧技术以传递信息，为数字信号的复用和操作过程定义了帧结构。

SONET 标准定义了四个光接口层(见图 2-22)。这虽然在概念上有点像 OSI 参考模型，但 SONET 自身只对应于 OSI 的物理层。SONET 的层次自下而上为：

· 光子层(Photonic Layer)处理跨越光缆的比特传送，并负责进行同步传送信号 STS 的电信号和光载波 OC 的光信号之间的转换。在此层由电光转换器进行通信。

· 段层(Section Layer)在光缆上传送 STS-N 帧，有成帧和差错检测功能。

· 线路层(Line Layer)负责路径层的同步和复用，以及交换的自动保护。

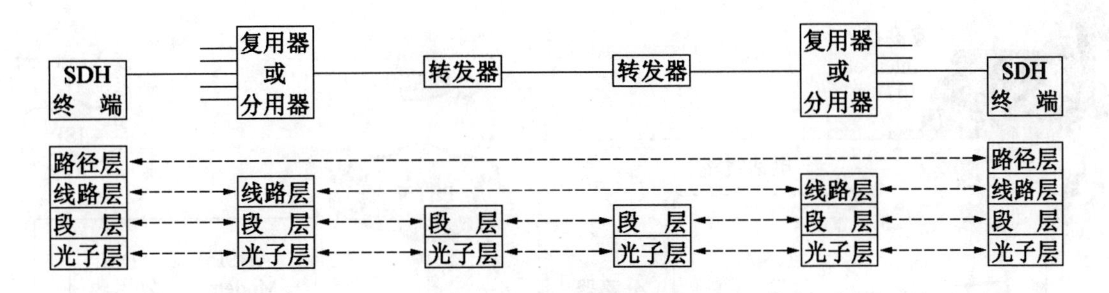

图 2-22　SONET 的体系结构

· 路径层(Path Layer)处理路径端接设备 PTE(Path Terminating Element)之间的业务的传输，这里 PTE 是具有 SONET 能力的交换机。路径层还具有与非 SONET 网络的接口。

其中，光子层和段层是必须要有的，但线路层和路径层是可供选择的。

SDH 的帧结构是一种块状帧，其基本信号是 STM-1，更高的等级是用 N 个 STM-1 复用组成 STM-N。如 4 个 STM-1 构成 STM-4，16 个 STM-1 构成 STM-16。SDH 简化了复用和分用技术，需要时可直接接入到低速支路，而不经过高速到低速的逐级分用，上下电路方便。SDH 采用自愈混合环形网结构，并与数字交接系统 DACS(Digital Access and Cross-connect System)结合使用，可使网络按预定方式重新组配，避免了耗资的人工操作，因而大大提高了通信网的灵活性和可靠性。光纤信道的带宽充裕，因此 SDH 可在其帧结构中使用较多的比特用于管理，这就大大增强了通信网的运行、维护、监控和管理功能。

SONET/SDH 标准的制定，使北美、日本和欧洲这三个地区三种不同的数字传输体制在 STM-1 等级上获得了统一。各国都同意将这一速率以及在此基础上的更高的数字传输速率作为国际标准。这是第一次真正实现了数字传输体制上的世界性标准。现在 SONET/SDH 标准已成为公认的新一代理想的传输网体制，因而对世界电信网络的发展具有重大的意义。SDH 标准也适合于微波和卫星传输的技术体制。

2.5　接入技术

2.5.1　xDSL 技术

xDSL 技术就是用数字技术对现有的模拟电话用户线进行改造，使它能够承载宽带业务。虽然标准模拟电话信号的频带被限制在 300～3 400 kHz 的范围内，但用户线本身实际可通过的信号频率仍然超过 1 MHz。因此 xDSL 技术就把 0～4 kHz 低端频谱留给传统电话使用，而把原来没有被利用的高端频谱留给用户上网使用。DSL 就是数字用户线(Digital Subscriber Line)的缩写。而 DSL 的前缀 x 则表示在数字用户线上实现的不同宽带方案。

由于家庭用户主要是通过 ISP 从 Internet 下载文档，而向 Internet 发送信息的数据量不会很大。如果将从 Internet 下载文档的信道称为下行信道，将向 Internet 发送信息的信道称为上行信道，那么家庭用户需要的下行信道与上行信道的带宽是不对称的，因此非对称数字用户线 ADSL 技术很快就在家庭计算机联网中得到了广泛的应用。下面仅对 ADSL 进行简单介绍。

图 2-23 给出了家庭使用 ADSL 接入 Internet 的结构示意图。

ADSL 技术的特点主要表现在以下几个方面。

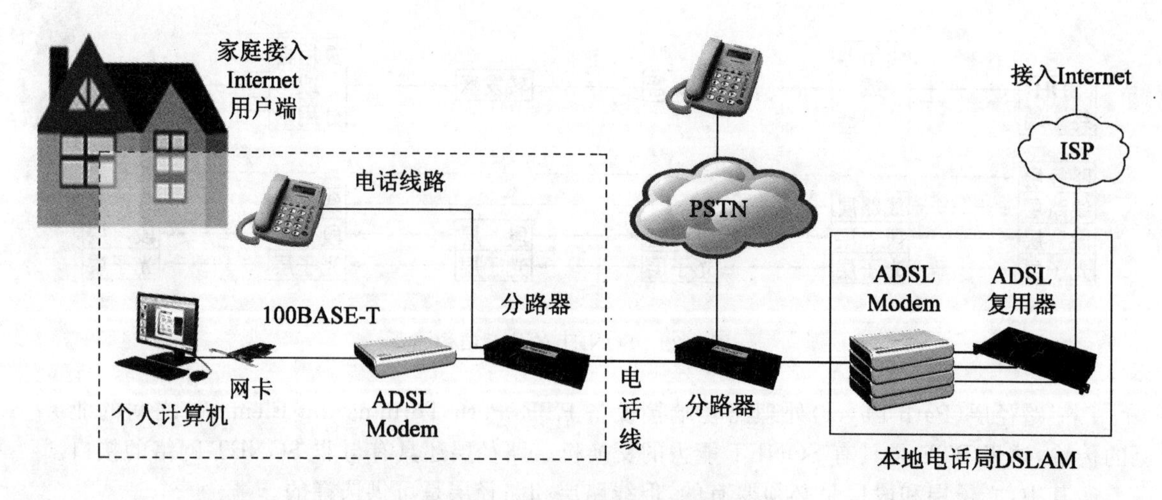

图 2-23　ADSL 接入结构示意图

(1) ADSL 在电话线上同时提供电话与 Internet 接入服务

ADSL 可以在现有的用户电话线上通过传统的电话交换网，以不干扰传统模拟电话业务为前提，同时能够提供高速数字业务。数据业务包括 Internet 在线访问、远程办公、视频点播等。由于用户不需要专门为获得 ADSL 服务而重新铺设电缆，因此运营商在推广 ADSL 技术时用户端的投资相当小，推广容易。

(2) ADSL 提供的非对称带宽特性

ADSL 系统在电话线路上划分出三个信道：语音信道、上行信道与下行信道。ADSL 在电话线路上为不同信道划分的带宽如图 2-24 所示。在 5 千米的范围内，上行信道的速率为 16～640 Kbps，下行信道的速率为 1.5～9.0 Mbps。用户可以根据需要选择上行速率和下行速率。

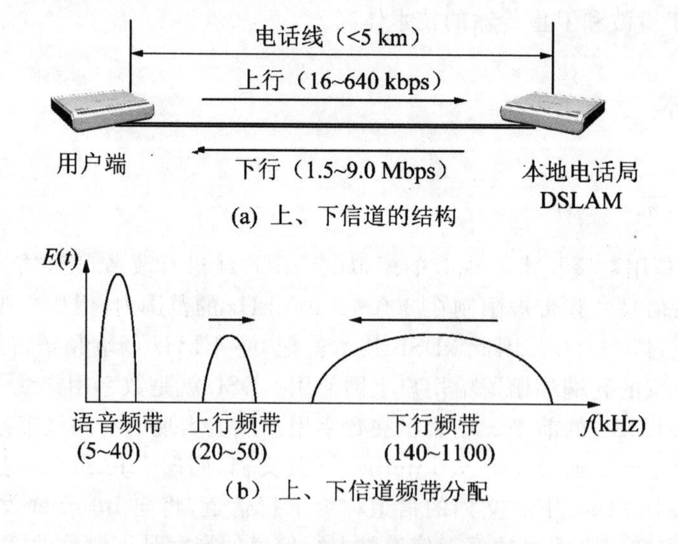

图 2-24　ADSL 带宽分配示意图

(3)ADSL 用户端结构

ADSL 用户端的分路器(splitter)实际上是一组滤波器，其中低通滤波器将低于 4 000 Hz 的语音信号传送到电话机，高通滤波器将计算机传输的数据信号传送到 ADSL Modem。家庭用户的个人计算机通过 Ethernet 网卡、100 Base-T 非屏蔽双绞线与 ADSL Modem 连接。

ADSL Modem 将用户计算机发送的数据信号通过上行信道发送；接收从下行信道传输计算机的数据信号。ADSL Modem 不但具有调制解调的作用，同时兼有网桥和路由器的功能。

ADSL Modem 又称接入端单元 ATU(Access Termination Unit)。由于 ADSL 调制解调器必须成对使用，因此在电话端局(或远端站)用的 ADSL 调制解调器分别记为 ATU-C（C 代表端局 Central Office)和 ATU-R（R 代表远端 Remote)。

(4)本地电话局端结构

本地电话局入口同样可以用分路器将语音信号直接接入电话交换机，实现正常的电话功能。多路计算机的数据信号由 ADSL 复用器处理。

ADSL 最大的好处就是可以利用现有电话网中的用户线，不需要重新布线。到 2006 年 3 月为止，全世界的 ADSL 用户已超过 1.5 亿。

最后我们要指出，ADSL 是借助于在用户线两端安装的 ADSL 调制解调器(即 ATU-R 和 ATU-C)对数字信号进行了调制，使得调制后的数字信号的频谱适合在原来的用户线上传输。用户线本身并没有发生变化。但给用户的感觉是：加上 ADSL 调制解调器的用户线好像能够直接把用户 PC 机产生的数字信号传送到远方的 ISP。正因为这样，原来的用户线加上两端的调制解调器就变成了可以传送数字信号的数字用户线 DSL。

ADSL 标准是物理层的协议标准。1992 年底，ANSI TIE 1.4 工作组研究了带宽为 6 Mbps 的视频点播的 ADSL 标准。但是到了 1997 年，ADSL 应用重点从视频点播转向宽带 Internet 接入时，研究的目标是 1.5 Mbps～9 Mbps 的 ADSL 标准。现在 ITU-T 已颁布了更高速率的 ADSL 标准。例如，ADSL2(G.992.3 和 G.992.4)和 ADSL2＋(G.992.5)，它们都称为第二代 ADSL。目前已开始被许多 ISP 采用和投入运营。第二代 ADSL 改进的地方主要是：

(1)通过提高调制效率得到了更高的数据率。例如，ADSL2 要求至少应支持下行 8 Mb/s，上行 800 kb/s 的速率。而 ADSL2＋则将频谱范围从 1.1 MHz 扩展至 2.2 MHz(相应的子信道数目也增多了)，下行速率可达 16 Mb/s(最大传输速率可达 25 Mb/s)，而上行速率可达 800 kb/s。

(2)采用了无缝速率自适应技术 SRA(Seamless Rate Adaptation)，可在运营中不中断通信和不产生误码的情况下，根据线路的实时状况，自适应地调整数据率。

(3)改善了线路质量评测和故障定位功能，这对提高网络的运行维护水平具有非常重要的意义。

2.5.2 HFC 接入技术

1. 光纤同轴电缆混合网的研究背景与技术特征

与电话交换网一样，有线电视网络(CATV)也是一种覆盖面、应用广泛的传输网络，被视为解决 Internet 宽带接入"最后一千米"问题的最佳方案。

20 世纪 60 年代到 70 年代的有线电视网络技术只能提供单向的广播业务，那时的网络以简单共享同轴电缆的分支状或树状拓扑结构组建。随着交互式视频点播、数字电视技术的推广，用户点播与电视节目播放必须使用双向传输的信道，因此产业界对有线电视网络进行了大规模的双向传输改造。光纤同轴电缆混合网(Hybrid Fiber Coax，HFC)就是在这样的背景下产生的。图 2-25 给出了 HFC 结构示意图。

要理解 HFC 技术特征，需要注意以下几个问题。

(1) HFC 技术的本质是用光纤取代有线电视网络中的干线同轴电缆，光纤接到居民小区

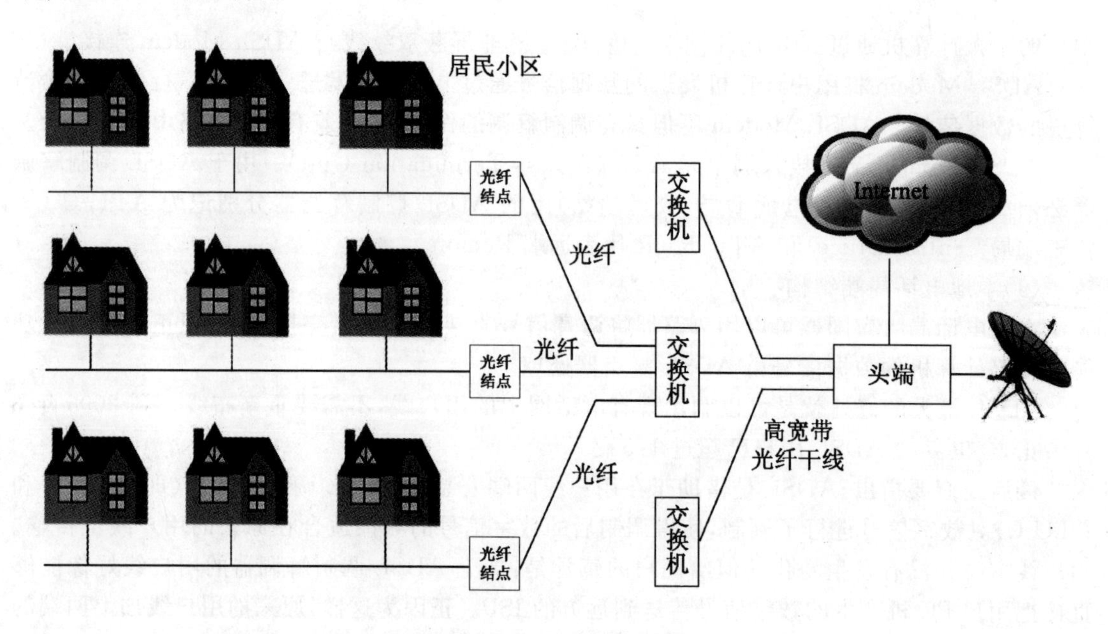

图 2-25 HFC 结构示意图

的光纤节点之后，小区内部接入用户家庭仍然使用同轴电缆，这样就形成了光纤与同轴电缆混合使用的传输网络。传输网络形成以头端为中心的星状结构。

(2)在光纤传输线路上采用波分复用的方法，形成上行和下行信道，在保证正常电视节目播放与交互式视频点播 VOD 节目服务的同时，为家庭用户计算机接入 Internet 提供服务。

(3)从头端向用户传输的信道称为“下行信道”，从用户向头端传输的信道称为“上行信道”。下行信道又需要进一步分为传输电视节目的下行信道与传输计算机数据信号的下行信道。

(4)我国的有线电视网的覆盖面很广，通过对有线电视网络的双向传输改造，可以为很多的家庭宽带接入 Internet 提供一种经济、便捷的方法。因此，HFC 已成为一种极具竞争力的宽带接入技术。

2. **HFC 接入技术的特点**

HFC 接入工作原理如图 2-26 所示。

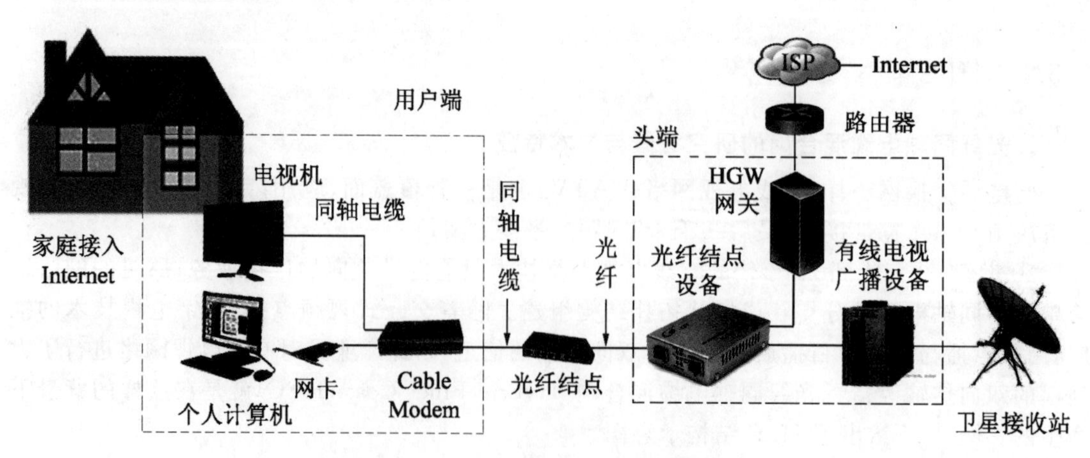

图 2-26 HFC 接入工作原理示意图

要理解 HFC 接入工作原理，需要注意以下几个问题。

(1) HFC 下行信道与上行信道频段划分有多种方案，既有下行信道与上行信道带宽相同的对称结构，也有下行信道与上行信道带宽不同的非对称结构。图 2-27 给出了典型的 HFC 非对称的下行信道与上行信道频段划分方案示意图。

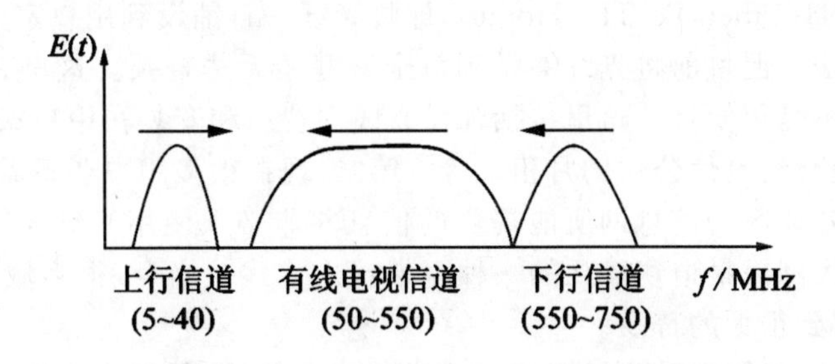

图 2-27　HFC 下行信道与上行信道频段的划分

(2)用户端。用户端的电视机与计算机分别接到线缆调制解调器 Cable Modem。Cable Modem 与入户的同轴电缆连接。Cable Modem 将下行有线电视信道传输的电视节目传送到电视机；将下行数据信道传输的数据传送到计算机；将上行数据信道传输的数据传送到头端。

(3)头端。HFC 系统的头端又称为“电缆调制解调器终端系统”。一般的文献中仍然沿用传统有线电视系统“头端”的名称。

头端的光纤节点设备对外连接高带宽主干光纤，对内连接有线广播设备与连接计算机网络的 HFC 网关(HFC Gateway，HGW)。有线广播设备实现交互式电视点播与电视节目播放。HGW 完成 HFC 系统与计算机网络系统的互连，为接入 HFC 的计算机提供访问 Internet 服务。

(4)小区光纤节点将光纤干线和同轴电缆相互连接。光纤节点通过同轴电缆下引线可以为几千个用户服务。HFC 采用非对称的传输速率，上行信道采用 QPSK 编码方式，速率最高可以达到 10 Mbps。下行信道采用 QAM-64 编码方式时，速率最高可以达到 36 Mbps，减去各种开销之后的有效净荷能够达到 27 Mbps。

(5) HFC 对上行信道与下行信道的管理是不相同的。由于下行信道只有一个头端，因此下行信道是无竞争的。上行信道是由连接到同一个同轴电缆的多个 Cable Modem 共享。如果是 10 个用户共同使用，则每个用户可以平均获得 1 Mbps 的带宽，因此上行信道属于有竞争的信道。图 2-28 给出了 HFC 的上行信道与下行信道工作示意图。

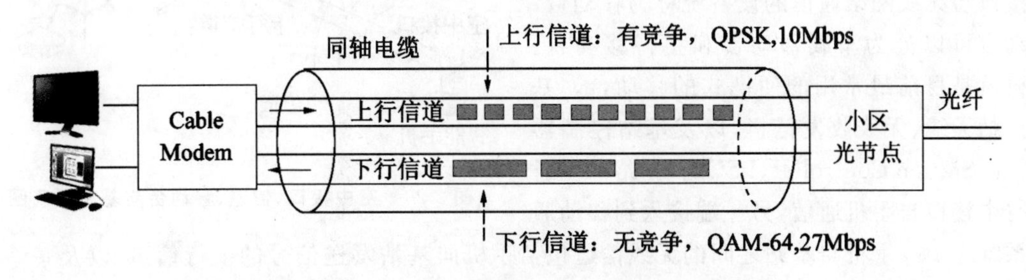

图 2-28　HFC 上行信道与下行信道工作示意图

2.5.3 FTTx 技术

除了上述的 xDSL 和 HFC 技术外，FTTX(即光纤到……)也是一种实现宽带居民接入网的方案。这里字母 x 可代表不同的意思。

光纤到户 FTTH(Fiber To The Home)，即将光纤一直铺设到用户家庭，这可能是居民接入网最后的解决方法。但目前将光纤铺设到每个家庭还无法普及。这里有两个问题。第一、光纤到户的费用还不是很便宜。这里包括铺设光缆的费用和安装在用户家中的光端机等接口设备的费用，以及应交给电信公司的月租费等。第二、现在很多用户还不需要使用这样大的带宽。目前因特网或各地区的信息网所能提供的信息并非必须使用光纤才行。因此 FTTH 可能在目前还不是广大网民最迫切需要的一种宽带接入方式。当今，很多城市都在进行三网融合试点，光纤入户得到很大的普及。

考虑中的 FTTH 将使用时分复用的方式进行双向传输，数据率为 155 Mb/s。对于上行信道需要有合适的 MAC 协议解决用户共享信道的问题。

当一幢大楼有较多用户需要使用宽带业务时，可采用光纤到大楼 FTTB(Fiber To The Building)方案。光纤进入大楼后就转换为电信号，然后用电缆或双绞线分配到各用户。这种方案可支持大中型企业、商业或大公司高速率的宽带业务需求。它比 FTTH 要经济些。

但现在比较流行的是光纤到路边 FTTC(Fiber To The Curb)。从路边到各个用户可使用星形结构的双绞线作为传输媒体。这可以根据具体的条件分批分阶段地实现最后的光纤到家的最后目标。FTTC 的传输速率为 155 Mb/s。FTTC 与交换局之间的接口采用 ITU-T 制定的接口标准 V5。

FTTX 还有许多其他种类，如光纤到办公室(Office)FTTO，光纤到邻区(Neighbor)FTTN，光纤到门户(Door)FTTD，光纤到楼层(Floor)FTTF，光纤到小区(Zone)FTTZ。

总之，光纤直接接入已经成为很多用户首选的方案。

2.5.4 移动接入技术

1. 空中接口与 3G/4G 标准

移动通信的主要概念是：接口、信道、移动台与基站。图 2-29 是空中接口、信道、移动台与基站概念的示意图。无线通信中手机与基站通信的接口称为“空中接口”。所有通过空中接口与无线网络通信的设备统称为移动台。移动台可以分为车载移动台和手持移动台。手机就是目前最常用的便携式的移动台。基站包括天线、无线收发信机，以及基站控制器(Basic Station Controller，BSC)。基站一端通过空中接口与手机通信，另一端接入到移动通信系统之中。手机与基站之间的无线信道包括手机向基站发送信号的上行信道，以及基站向手机发送信号的下行信道。上行信道与下行信道的频段是不相同的。例如，目前使用的 2G 的 GSM 移动通信中，上行信道与下行信道的频段可以分别采用 935～960 MHz 与 890～915 MHz。

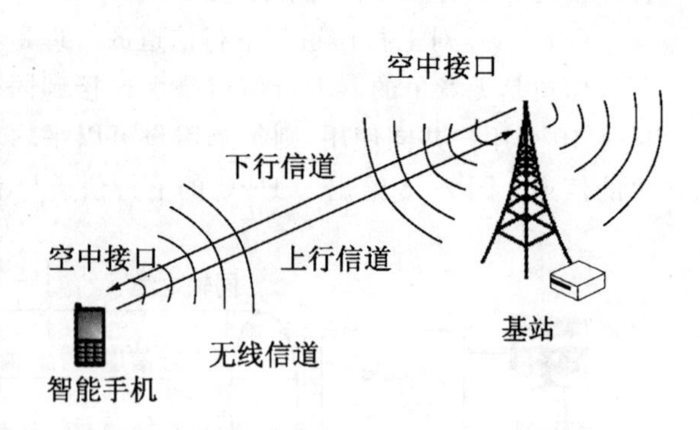

图 2-29 空中接口、信道、移动台与基站示意图

需要注意的是:基站与手机之间是通过广播方式、点一多点方式连接的,一个基站需要通过多个空中接口接收多个手机的信号。空中接口标准就是用于标识移动台,控制多个移动台对基站访问的通信协议。3G/4G 主要是指不同的空中接口标准。2000 年 5 月,国际电信联盟 ITU 正式公布 3G 标准——IMT-2000 标准,我国提交的时分同步码分多址(TD-SCDMA)正式成为国际标准,与欧洲宽带码分多址(WCDMA)、美国的码分多址(CDMA2000)标准一起成为 3G 主流的三大标准之一。

2. 移动通信系统接入 Internet 基本工作原理

图 2-30 给出了移动通信系统结构与基本工作原理示意图。移动通信系统是由移动终端、接入网与核心交换网三部分组成。核心交换网也称为核心网,它是由移动交换中心(Mobil Switching Center,MSC)的移动交换机,归属位置寄存器(Home Location Register,HLR)、访问位置寄存器(Visited Location Register,VLR)与鉴权中心(Authentication Center,AUC)服务器组成。基站与移动交换机一般通过光纤连接。

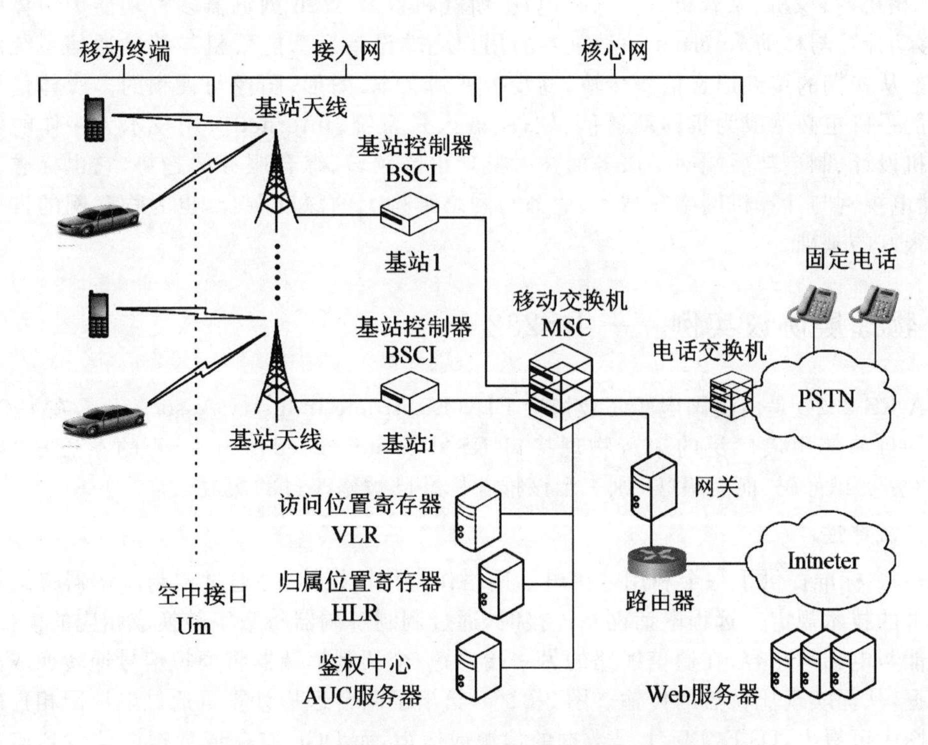

图 2-30　移动通信系统的基本工作原理示意图

每个地区的移动通信系统都是由地区移动交换中心的移动交换机(MSC)、归属位置寄存器(HLR)、访问位置寄存器(VLR)与鉴权中心(AUC)服务器组成。

归属位置寄存器(HLR)存储着在本地入网主机的所有重要的信息,如手机号码、国际用户识别码、申请的业务类型,漫游位置信息等。而访问位置寄存器(VLR)是个动态的数据库,它存储着所有漫游到本地移动通信网络的外地手机的号码、当前位置、状态与业务信息。例如,作者的手机是在天津移动公司入的网,那么作者手机的所有重要信息全部存储在天津移动公司的归属位置寄存器(HLR)中。

如果作者漫游到北京移动公司下属的基站 i 覆盖的范围内。作者在北京使用手机时,基站i的天线就可以接收到作者手机的服务请求信号。那么,基站i的基站控制器设备在接到服务请求之后首先是为这次通话分配一个通信信道,同时将手机的服务请求发送到北京移动交换中心(MSC)的移动交换机。如果作者是希望接通北京大学一位老师的手机,那么北京移动交换中心的移动交换机(MSC)通过归属位置寄存器(HLR)查找被叫手机当前的位置信息,根据当前手机的位置信息,将呼叫信号发送到手机所处的小区基站,由该基站的天线向这位老师的手机发出振铃信号。这位老师听到振铃信号之后,就可以与作者直接通话了。如果作者是希望访问一个搜索引擎,那么北京移动交换中心(MSC)的移动交换机在接收到用户访问Internet搜索引擎网站的请求之后,可以通过移动交换机与Internet连接的网关,提交用户搜索请求;再将搜索引擎返回的查询转发到用户手机。无线通信系统通过鉴权中心可以对手机的合法性进行验证,对无线信道上传输的数据进行加密、解密处理。

移动手机接入对于三网融合是一个重要的推进。智能手机集中地体现出Internet数字终端设备的概念、技术发展与演变。目前,智能手机已经不是一种简单的通话工具,而是集电话、PDA、照相机、摄像机、录音机、收音机、电视、游戏机以及Web浏览器多种功能为一体的消费品,是移动计算与移动Internet一种重要的用户终端设备。智能手机与移动通信系统的信号传输已经从初期的单纯语音信号传输,逐步扩展到文本、图形、图像与视频的多媒体信号的传输。智能手机也必然成为集移动通信、软件、嵌入式系统、Internet应用技术为一体的电子产品。手机设计、制造与后端网络服务的技术呈现出跨领域、综合服务的趋势,它也标志着电信网、广播电视网与计算机网络在技术、业务与网络结构上的深度融合,也为物联网的推广应用打下了很好的基础。

2.6 物理层协议实例——RS232

EIA RS-232C是由美国电子工业协会EIA(Electronic Industry Association)在1969年颁布的一种目前使用最广泛的串行物理接口RS(Recommended Standard)的意思是“推荐标准”,232是标识号码,而后缀“C”则表示该推荐标准已被修改过的次数。

1. 机械特性

RS-232标准提供了一个利用公用电话网络作为传输媒体,并通过调制解调器将远程设备连接起来的技术规定。远程电话网相连接时,通过调制解调器将数字转换成相应的模拟信号,以使其能与电话网相容;在通信线路的另一端,另一个调制解调器将模拟信号逆转换成相应的数字数据,从而实现比特流的传输。图2-31(a)给出了两台远程计算机通过电话网相连的结构图。从图中可看出,DTE实际上是数据的信源或信宿,而DCE则完成数据由信源到信宿的传输任务。RS-232C标准接口只控制DTE与DCE之间的通信,与连接在两个DCE之间的电话网没有直接的关系。

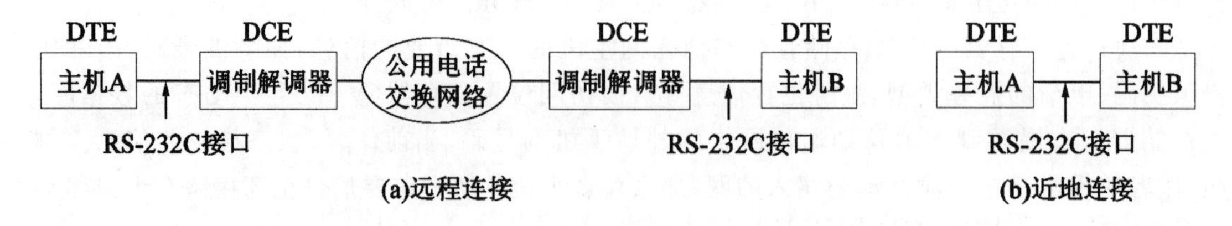

图2-31 RS-232C的远程连接和近地连接

RS-232C 标准接口也可以如图 2-31(b)所示用于直接连接两台近地设备,此时既不使用电话网也不使用调制解调器。由于这两种设备必须分别以 DTE 和 DCE 方式成对出现才符合 RS-232C 标准接口的要求,所以在这种情况下要借助于一种采用交叉跳接信号线方法的连接电缆,使得连接在电缆两端的 DTE 通过电缆看对方都好像是 DCE 一样,从而满足 RS-232C 接口需要 DTE-DCE 成对使用的要求。这根连接电缆也称作零调制解调器(Null Modem)。

RS-232-C 关于机械特性的要求,规定使用 DB-25 插针和插孔(现在也使用 DB-15 和 DB-9 等类型的插针和插孔),插孔用于 DCE 方面,插针用于 DTE 方面。

2. **电气特性**

RS-232-C 关于电气信号特性的要求,规定逻辑"1"的电平为低于－3 V,而逻辑"0"的电平为高于＋3 V,在 RS-232-C 连接器任一针上的信号可为下列状态中的任一状态:

- 空(SPACE)/标记(MARK)。
- 开(ON)/关(OFF)。
- 逻辑 0/逻辑 1。

值得注意的是,RS-232-C 采用负逻辑,即负电压表示逻辑 1、MARK 和 OFF,正电压表示 0、SPACE 和 ON,信号电压是相对于信号地而言的,－3 V～＋3 V。电压范围不确定的过渡区域。为了表示一个逻辑 1 或 MARK 条件,驱动器必须提供－5～－15 V 之间的电压。为了表示一个逻辑 0 或 SPACE 条件,驱动器必须给出＋5～＋15 V 之间的电压,标准留出了 2 V 的余地,以防噪声和传输衰减。

RS-232C 电平高达＋15 V 和－15 V,较之 0～5 V 的电平来说具有更强的抗干扰能力。但是,即使用这样的电平,若两设备利用 RS-232C 接口直接相连(即不使用调制解调器),它们的最大距离也仅约 15 m,而且由于电平较高、通信速率反而能受影响。RS-232C 接口的通信速率≪20 Kbps(标准速率有 150、300、600、1 200、2 400、4 800、9 600、19 200 bps 等几档)。

3. **功能特性**

RS-232C 的功能特性定义了 25 芯标准连接器中的 20 根信号线,其中 2 根地线、4 根数据线、11 根控制线、3 根定时信号线、剩下的 5 根线做备用或未定义。表 2-4 给出了其中最常用的 10 根信号的功能特性。RS-232C 的连接见图 2-32(括号中的数字为针号)。

表 2-4　RS-232C 功能特性

引脚号	信号线	功能说明	信号线型	连接方向
1	AA	保护地线(GND)	地线	
2	BA	发送数据(TD)	数据	DCE
3	BB	接收数据(RD)	数据	DTE
4	CA	请求发送(RTS)	控制	DCE
5	CB	清除发送(CTS)	控制	DTE
6	BB	数据设备就绪(DSR)	控制	DTE
7	AB	信号地线(Sig. GND)	地线	
8	CF	载波检测(CD)	控制	DTE
20	CD	数据终端就绪(DTR)	控制	DCE
22	CE	振铃指示(RI)	控制	DTE

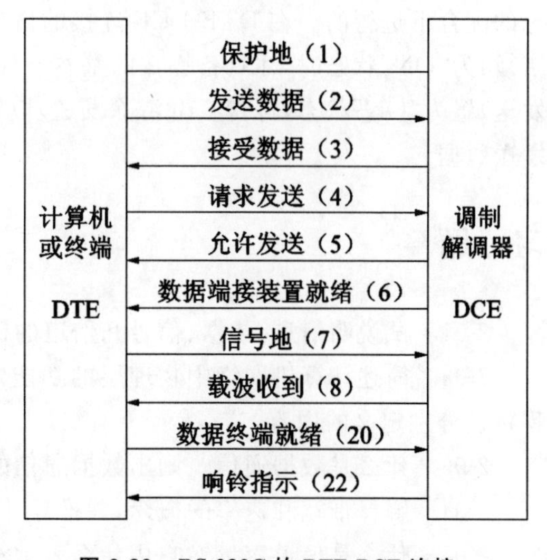

图 2-32　RS-232C 的 DTE-DCE 连接

DB-9 接口功能特性如表 2-5 所示。

表 2-5　针串口功能一览表

针脚	功能	针脚	功能
1	载波检测	6	数据准备完成
2	接收数据	7	发送请求
3	发送数据	8	发送清除
4	数据终端准备完成	9	振铃指示
5	信号地线		

若两台 DTE 设备，如两台计算机在近距离直接连接，则可采用图 2-33 的方法，图中(a)为完整型连接，(b)为简单型连接。

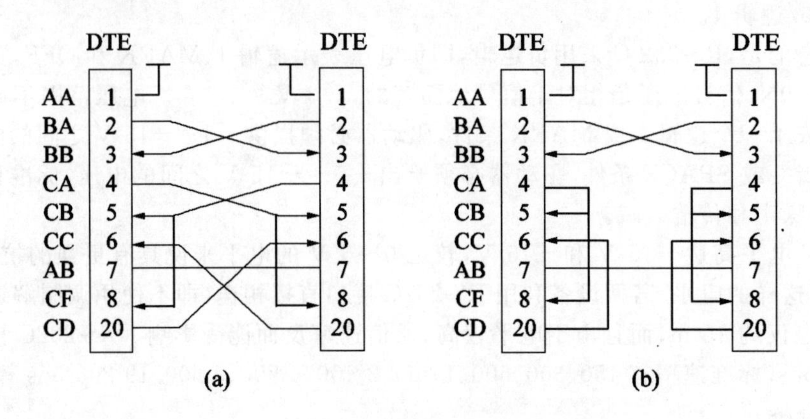

图 2-33　RS-232C 的 DTE-DTE 连接

4. **规程特性**

RS-232C 的工作过程是在各根控制信号线有序的“ON”(逻辑“0”)和“OFF”(逻辑“1”)状态的配合下进行的。在 DTE-DCE 连接的情况下，只有 CD(数据终端就绪)和 CC(数据设备就绪)均为“ON”状态时，才具备操作的基本条件：此后，若 DTE 要发送数据，则须先将 CA(请求发送)置为“ON”状态，等待 CB(清除发送)应答信号为“ON”状态后，才能在 BA(发送数据)上发送数据。

习　题

2-01　试说明信息、数据、信号和信道的概念，并指出其相互之间的关系。

2-02　简述计算机网络中物理层的功能定位，并说明机制特性、电气特性、功能特性和规程特性分别定义的内容。

2-03　什么是数据通信？画出数据通信的结构模型，简要叙述各个部分的功能。

2-04　解释带宽和速率的概念，并推导计算机网络中带宽和速率的计算方法。

2-05　什么是信道容量？它用什么表示？

2-06　叙述奈奎斯特准则和香农定理，它们表示了什么意义？

2-07　结合实际应用，分析单工、半双工和全双工通信的原理及应用特点。

2-08　在计算机网络中，信道复用的优势是什么？并分析频分复用、时分复用(包括同步时分复用和异步时分复用)、波分复用的工作原理和应用特点。

2-09　什么是频带传输和基带传输？它们各采用哪种信道复用方式？什么是调制和解调？其目的是什么？有几种调制方式？

2-10　试分析同步传输和异步传输的不同和应用特点。

2-11　数字数据在使用基带传输方式传输前为什么还要编码？

2-12　什么是位同步？有哪些位同步方式？

2-13　数据传输速率和码元传输速率之间的关系是什么？

2-14　如果用－3 V、－1 V、1 V 和 3 V 共 4 种电平表示不同的码元状态，对于 4000 baud 的信号传输速率，数据传输速率可以达到多少？如果使用 8 种码元状态呢？

2-15　对于一条带宽为 200 MHz 的通信线路，如果信噪比为 30 dB，其最高数据传输速率能达到多少？如果信噪比为 20 dB 呢？

2-16　信道复用的目的是什么？说出几种常用的信道复用的方式。

2-17　什么是 PCM？目的是什么？它分哪几个步骤？

2-18　UTP 是什么意思？目前主要分为几类？它们的带宽是多少？目前 100 Mb/s 的以太网主要使用哪种 UTP 布线？

2-19　光纤分为哪两种？它们传播光脉冲的方式有什么不同？

2-20　计算：电话系统的最高频率为 3.4 kHz，PCM 制式规定每秒采样 8 000 次，每个样本量化为 256 个等级，试计算 PCM 语音编码的标准速率。

2-21　为什么电话的数字传输系统中很多时间间隔都为 125 μs？

2-22　描述并比较 TDM 和 STDM。

2-23　在 T1 和 E1 中，125 μs 的时间间隔内如何进行 TDM 复用？T1、E1 和 STS-1 的数据传输速率是多少？写出推导过程。

2-24　什么是 WDM？什么是 DWDM？什么是 CWDM？

2-25　什么是非对称数字用户线 ADSL 技术？为什么称为非对称？它在一根电话线上划分几个信道？

2-26　典型 ADSL 接入网络主要包括什么设备？它们的作用是什么？

2-27　综合分析 SDH 和 SONET 两个标准之间的关系，说明 STS-1 的帧结构及 SDH 的复用过程。

2-28　试分析，使用 xDSL 技术后如何在同一路电话线上同时进行语音通信和数据。

2-29　xDSL 和 HFC 等接入方式相比，FTTx 接入网技术有何特点？并分析 FTTx 接入网的组成及其功能。

第三章 数据链路层

数据链路层属于计算机网络的低层。数据链路层使用的信道主要有以下两种类型：

(1)点对点信道。这种信道使用一对一的点对点通信方式。在这种信道上最常用的点对点协议 PPP。

(2)广播信道。这种信道使用一对多的广播通信方式,因此过程比较复杂。广播信道上连接的主机很多,因此必须使用专用的共享信道协议来协调这些主机的数据发送。局域网使用的就是广播信道。

设立数据链路层的主要目的是将有差错的物理线路变为对网络层无差错的数据链路。数据链路层为网络层提供的服务主要表现在:正确传输网络层数据;屏蔽物理层所采用传输技术的差异。

由于数据链路层的存在,网络层不需要知道物理层具体采用了哪种传输介质与通信设备;是采用模拟通信方法,还是采用数字通信方法。只要接口条件与功能不变,物理层所采用的传输介质与通信技术的变化对网络层不会产生影响。

3.1 数据链路层基本概念

3.1.1 数据链路

所谓链路就是从一个结点到相邻结点的一段物理线路,而中间没有任何其他的交换结点。在进行数据通信时,两个计算机之间的通信路径往往要经过许多段这样的链路。可见链路只是一条路径的组成部分。

数据链路则是另一个概念。这是因为当需要在一条线路上传送数据时,除了必须有一条物理线路外,还必须有一些必要的通信协议来控制这些数据的传输(这将在后面几节讨论)。若把实现这些协议的硬件和软件加到链路上,就构成了数据链路。现在最常用的方法是使用网络适配器(如拨号上网使用拨号适配器,以及通过以太网上网使用的局域网适配器)来实现这些协议的硬件和软件。一般的适配器都包括了数据链路层和物理层这两层的功能。

也有人采用另外的术语,就是把链路分为物理链路和逻辑链路。物理链路就是上面所说的链路,而逻辑链路就是上面的数据链路,就是物理链路加上必要的通信协议。

图 3-1 上部表示 H_1 向 H_2 发送数据,中间经过了 3 个数据链路,分别是 $H_1 \rightarrow R_1$、$R_1 \rightarrow R_2$ 和 $R_2 \rightarrow H_2$。其中,$R_1 \rightarrow R_2$ 是两个路由器间的点对点链路。另外两个是 LAN(如以太网)链路,属于广播链路,使用以太网的数据链路层协议。

图 3-1 下部的实曲线箭头表示实际的数据流动。在每个链路上,发送站的数据链路层将上层的数据封装成帧,通过物理层发送出去,接收站负责接收帧。图 3-1 下部的虚线箭头表示数据链路层上虚拟的帧传输,数据链路层的协议只作用在每个独立的链路上。

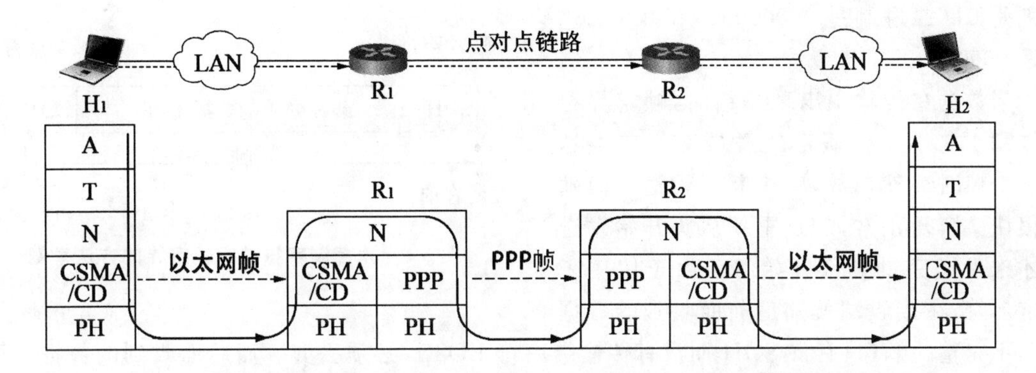

图 3-1　数据链路层负责在单个链路上的发送和接收结点之间传送的帧

3.1.2　成帧与帧同步

数据链路层把网络层交下来的数据构成帧送到链路上，以及把接收到的帧中的数据取出并上交给网络层。在因特网中，网络层协议数据单元就是 IP 数据报(简称数据报、分组或包)。

封装成帧就是在一段数据的前后分别添加首部和尾部，这样就构成了一个帧。接收端在收到物理层上交的比特流后，就能根据首部和尾部的标记，从收到的比特流中识别帧的开始和结束。图 3-2 表示用帧首部和帧尾部封装成帧的一般概念。我们知道，分组交换的一个重要概念就是：所有在因特网上传送的数据都是以分组(即 IP 数据报)为传送单位。网络层的 IP 数据报传送到数据链路层就成为帧的数据部分。在帧的数据部分的前面和后面分别添加上首部和尾部，构成了一个完整的帧。因此，帧长等于数据部分的长度加上帧首部和帧尾部的长度，而首部和尾部的一个重要作用就是进行帧定界(即确定帧的界限)。此外，首部和尾部还包括许多必要的控制信息。在发送帧时，是从帧首部开始发送。各种数据链路层协议都要对帧首部和帧尾部的格式有明确的规定。显然，为了提高帧的传输效率，应当使帧的数据部分长度尽可能大于首部和尾部的长度。同时，为了提高帧的传输效率，每一种链路层协议都规定了帧的数据部分的长度上限——最大传送单元 MTU(Maximum Transfer Unit)。图 3-2 给出了帧的首部和尾部的位置，以及帧的数据部分与 MTU 的关系。

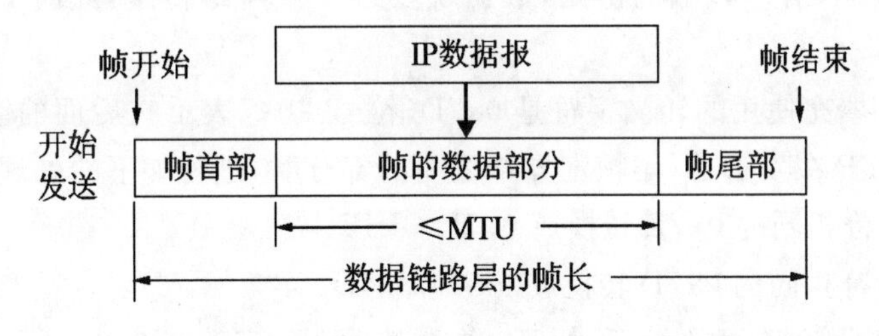

图 3-2　用帧首部和帧尾部进行封装成帧

当数据是由可打印的 ASCII 码组成的文本文件时，帧定界可以使用特殊的帧定界符。我们知道，ASCII 码是 7 位编码，一共可组合成 128 个不同的 ASCII 码，其中可打印的有 95 个，而不可打印的控制字符有 33 个。图 3-3 的例子可说明帧定界的概念。控制字符 SOH(Start Of Header)放在一帧的最前面，表示帧的首部开始。另一个控制字符 EOT(End Of Transmission)表示帧的结束。请注意，SOH 和 EOT 都是控制字符的名称。它们的十六进制编码分别是 01(二进制是 00000001)和 04(二进制是 00000100)。

当数据在传输中出现差错时,帧定界符的作用更加明显。假定发送端在尚未发送完一个帧时突然出故障,中断了发送。但随后很快又恢复正常,于是重新从头开始发送刚才未发送完的帧部开始符。由于使用了帧定界符,在接收端就知道前面收到的数据是个不完整的帧(只有首 SOH 而没有传输结束符 EOT),必须丢弃。而后面收到的数据有明确的帧定界符(SOH 和 EOT),因此这是一个完整的帧,应当收下。

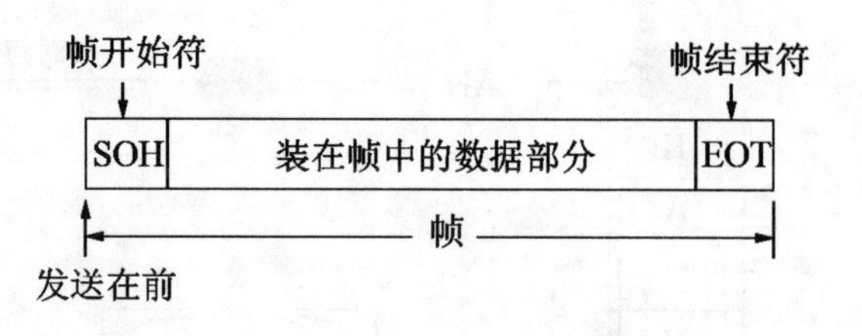

图 3-3　用控制字符进行帧定界的方法举例

3.1.3　透明传输

在帧的传输过程中,必须保证两点:一是不管所传数据是什么样的比特组合,都应该能够在链路上传输;二是当所传数据中的比特组合正好与某一控制信息完全相同时,必须能够采取适当的措施,使接收方能够辨认出其是数据还是某种控制信息。

当同时实现以上两点时,才能够保证数据链路层的传输是透明的。

实现透明传输,可以用以下两种方法:

(1)对用户数据中与帧定界符一样的字符或比特模式进行变换,使之与帧定界符不一样,然后再进行封装;接收方则进行逆变换。对字符和比特模式的变换方式分别称为字节填充和比特填充。

①字节填充

字节填充也称字符填充,基本方法是发送方数据链路层在数据中与帧定界符一样的字符前插入一个转义字符,如果数据中出现了转义字符,在其前面也插入一个转义字符,接收方数据链路层删除转义字符后上交网络层。

下面以 PPP 协议为例说明字节填充的方法。PPP 协议可以在多种类型的链路上运行,其中一种常用场合是住宅用户计算机通过 RS-232 和 Modem 拨号连接公共交换电话网进行 Internet 接入。这是一种异步传输的链路,数据块要逐个字符地传送,此时 PPP 协议使用字节填充。

PPP 协议字节填充使用的转义字符是 0x7D(符号“0x”表示它后面的字符是用十六进制表示的),发送方 PPP 在发送首、尾帧定界符之间的部分时,进行如下的处理:

a. 将与帧定界符相同的 0x7E 转换成 0x7D,0x5E;

b. 将与转义字符相同的 0x7D 转换成 0x7D,0x5D。

接收方 PPP 接收帧时,删除字符 0x7D,并将其后面的字符与 0x20 进行异或运算,还原成原来的字符 0x7E 或 0x7D。

另外,对于 Modem 使用的控制字符(ASCII 码中控制字符的数值小于 0x20),PPP 也做类似的转换处理。否则,Modem 可能把它当成控制字符引起误操作。

②比特填充

比特填充方式的发送方,在发送首、尾帧定界符之间的比特流时,对与帧定界符相同的比特模式进行变换,插入额外的比特,从而变成与帧定界符不同的形式。

下面仍以 PPP 协议为例说明比特填充的方法。PPP 协议的另一种常用的场合是由路由器和点对点连接而成 Internet 的一些主干，路由器之间的链路可以是 SONET/SDH 等传输系统，一个数据块的一连串比特是连续发送的，此时 PPP 使用比特填充。

PPP 协议规定首部的第一个字段和尾部的第二个字段都是标志字段 F(Flag)，规定为 0x7E(十六进制的 7E 的二进制表示是 01111110)。标志字段表示一个帧的开始或结束。在发送数据过程中，当遇到连续 5 个 1 时，插入一个 0，在接收过程，遇到了 5 个连续的 1 时，去掉后边的 0，恢复为发送前的状态。因为插入的比特是 0，所以称为零比特填充。

比特填充可以由硬件实现，快速方便。

(2)采用特殊的帧定界符，它在用户数据和帧检验序列中根本不可能出现。

如果能够找到用户数据中根本不可能出现的编码作为特殊的帧定界符，显然就非常简单直接地实现了透明传输。以下是几个例子。

目前使用最广的 100 Mb/s 的 100 BaseTX 以太网采用 4B/5B-MLT3 两级编码，用 5 个比特编码来传送 4 位比特的数据。4B 码有 16 种组合，而 5B 码则有 32 种组合，选用其中 16 种组合作为数据码，而多余的 16 种可以选做控制码，包括特殊的帧定界符。

IEEE 802.3 以太网帧不使用帧结束定界符，当总线上传输信号(以太网中称为载波)消失，信道空闲，就判断一帧结束。此处载波消失也可视为特殊的帧定界符。

3.2　差错控制技术

3.2.1　差错产生的原因和差错类型

我们将通过物理线路传输之后接收数据与发送数据不一致的现象称为传输差错(简称差错)。例如：1 可能会变成 0，而 0 也可能变成 1，这就叫做比特差错。比特差错是传输差错中的一种。本小节所说的"差错"，如无特殊说明，就是指"比特差错"。在一段时间内，传输错误的比特占所传输比特总数的比率称为误码率 BER(Bit Error Rate)。例如，误码率为 10^{-10} 时，表示平均每传送 10^{10} 个比特就会出现一个比特的差错。

热噪声(简称为"噪声")是差错产生的主要原因。物理线路的噪声分为两类：热噪声和冲击噪声。其中，热噪声是出传输介质导体的电子热运动产生的。热噪声的特点是：时刻存在，幅度较小，强度与频率无关，但是频谱很宽。热噪声是一种随机的噪声，由热噪声引起的差错是一种随机差错。

冲击噪声是由外界电磁干扰引起的。与热噪声相比，冲击噪声的幅度比较大，它是引起传输差错的主要原因。冲击噪声持续时间与数据传输中每比特的发送时间相比可能较长，因此冲击噪声引起的相邻多个数据位出错呈突发性。冲击噪声引起的传输差错是一种突发差错。引起突发差错比特位的长度称为突发长度。通信过程中产生的传输差错是由随机差错与突发差错共同构成的。

3.2.2　检错码和纠错码

误码率与信噪比有很大的关系。如果设法提高信噪比，就可以使误码率减小。实际的通信链路并非理想的，它不可能使误码率下降到零。因此，为了保证数据传输的可靠性，在计算机网络传输数据时，必须采用各种差错控制措施。

在计算机通信中，研究检测与纠正比特流传输错误的方法称为“差错控制”。差错控制的目的是减少物理线路的传输错误，目前还不可能做到检测和校正所有的差错。人们在设计差错控制方法时提出以下两种策略。

(1)第一种策略是采用纠错码。纠错码为每个传输单元加上足够多的冗余信息，以便接收端能够发现，并能够自动纠正传输差错。

(2)第二种策略采用检错码。检错码为每个传输单元加上一定的冗余信息，接收端可以根据这些冗余信息发现传输差错，但是不能确定是哪一位或哪些位出错，并且自己不能够自动纠正传输差错。

纠错码方法虽然有优越之处，但是实现起来困难，在一般的通信场合不易采用。检错码方法虽然需要通过重传机制达到纠错目的，但是工作原理简单，实现起来容易，因此得到了广泛的使用。

3.2.3　循环冗余校验码

循环冗余编码 CRC(Cyclic Redundancy Code)是应用最广泛的检错码编码方法，又称为多项式码。它具有检错能力强与实现容易的特点。

1. CRC 的基本工作原理

CRC 检错方法的工作原理可以从发送端与接收端两个方面进行描述。

(1)双方预先商定的一个(不可约)k 阶生成多项式 $G(x)$。

(2)发送端将发送数据比特序列当作一个多项式 $f(x)$，将 $f(x)$ 乘 x^k，然后用生成多项式 $G(x)$来除，求得一个余数多项式 $R(x)$：

$$f(x) * x^k = Q(x)G(x) + R(x)$$

将余数多项式加到数据多项式之后，实际上把 $f(x) * x^k + R(x)$一起发送到接收端。

(3)接收端把接收到的比特序列也看为另一个多项式 $f'(x)$，并用同样的生成多项式 $G(x)$去除，如果余数为 0，表示传输无差错；否则，表示传输有差错。出现差错时，通知发送端重传数据，直至正确为止。

CRC 生成多项式 $G(x)$由协议来规定，$G(x)$的结构及检错效果是经过严格的数学分析与实验后确定的。目前，已有多种生成多项式列入国际标准，比如：

CRC-16：$G(x) = x^{16} + x^{15} + x^2 + 1$

CRC-CCITT：$G(x) = x^{16} + x^{12} + x^5 + 1$

CRC-32：$G(x) = x^{32} + x^{26} + x^{23} + x^{22} + x^{16} + x^{12} + x^{11} + x^{10} + x^8 + x^7 + x^5 + x^4 + x^2 + x + 1$

其中，CRC-32 广泛应用于局域网的差错检测中。

2. CRC 检错计算举例

实际的 CRC 校验码生成是采用二进制的模 2 算法(即减法不借位、加法不进位)计算出来的，这是一种异或操作。下面通过一些例子来进一步解释 CRC 的基本工作原理。假设：

(1)设约定的生成多项式为 $G(x) = x^4 + x + 1$，其二进制表示为 10011，共 5 位，其中 $k = 4$。

(2)假设要发送数据序列的二进制为 101011(即 $f(x)$)，共 6 位。

(3)在要发送的数据后面加 4 个 0(生成 $f(x) * x^k$)，二进制表示为 1010110000，共 10 位。

(4)用生成多项式的二进制表示 10011 去除乘积 1010110000，按模 2 算法求得余数比特序列为 0100(注意余数一定是 k 位的)。计算过程如下：

```
            101100
      ____________
10011/1010110000
      10011
      ----------
       11010
       10011
      ----------
         10010
         10011
      ----------
           0100   余数
```

(5)将余数添加到要发送的数据后面，得到真正要发送的数据的比特流：1010110100，其中下划线部分为原始数据，上画线部分为 CRC 校验码。

(6)接收端在接收到带 CRC 校验码的数据后，如果数据在传输过程中没有出错，将一定能够被相同的生成多项式 $G(x)$ 除尽：

```
            101100
      ____________
10011/1010110100
      10011
      ----------
       11010
       10011
      ----------
         10011
         10011
      ----------
            00   余数为0
```

如果数据在传输中出现错误，生成多项式 $G(x)$ 去除后得到的结果肯定不为 0。

3. **CRC 的检错能力**

CRC 校验码的检错能力很强，它除了能够检查出离散错外，还能够检查出突发错。突发错是指在接收的二进制比特流中突然出现连续的几位或更多位数的错误。CRC 校验码具有以下检错能力。

(1)能检测出全部单个错误；

(2)能检测出全部随机二位错误；

(3)能检测出全部奇数个错误；

(4)能检测出全部长度小于 k 位的突发错误；

(5)能以$[1-(1/2)^{k-1}]$概率检测出长度为$(k+1)$位的突发性错误。

举例来说，如果生成多项式的最高次方 $k=16$，CRC 校验码能够检查出小于或等于 16 位的所有突发错，并能以 $1-(1/2)^{16-1}\approx 99.997\%$的概率检查出长度为 17 位的突发错，漏检概率为 0.003%。

顺便说一下，循环冗余检验 CRC 和帧检验序列 FCS 并不是同一个概念。CRC 是一种检错方法，而 FCS 是添加在数据后面的冗余码。在检错方法上可以选用 CRC，但也可不选用 CRC。

CRC 可以由硬件快速计算。

3.3 数据链路控制

3.3.1 数据链路控制的基本思想

一条可靠的数据链路应该满足以下两个条件：

①传输的任何数据，既不会出现差错也不会丢失；

②不管发送方以多快的速率发送数据，接收方总能够来得及接收、处理并把数据上交主机。也就是接收方有足够的接收缓存和处理速度。

但实际应用的数据链路并不能满足上述条件。如果第①个条件不满足，就必须进行差错控制；如果第②个条件不满足就必须进行流量控制。

差错控制使得链路传输出现差错时得到补救。主要有两种差错发生，一是帧丢失，即一个数据帧未能到达接收端；二是帧损坏，例如其中有几位数据出错。差错控制的基本方式是反馈重传机制。

流量控制用来保证发送数据在任何情况下都不会“淹没”接收方的接收缓存(接收缓存溢出)，从而不会丢失数据，而且还应使传输达到理想的吞吐率。由接收方根据其接收缓存的状况来控制发送方的数据流量是流量控制的基本思想。实现流量控制的一个重要方法是滑动窗口机制。

3.3.2 数据链路控制的基本机制

1. 反馈重传机制

差错控制的常用方法是反馈重传机制，也称确认——重传机制，也是数据链路控制的一个基本机制。接收方对接收到的数据进行差错检验后，以某种方式向发送方反馈差错状况，称为确认，发送方根据确认信息对出现传输差错的帧进行重传。

反馈重传机制包括下面两步。

(1)接收方反馈确认信息

确认方式包括多种：

①正确认或肯定确认。接收方收到一个经检验无错的帧后，返回一个正确认。正确认简称为确认，记为 ACK(ACKnowledgement)。

②累计确认。接收方可以收到多个连续且正确的数据帧以后，才只对最后一个帧发回一个 ACK，称为累计确认。累计确认表明该帧及其以前所有的帧均已正确地收到。

③捎带确认。在双向数据传输情况下，将确认信息放在自己的数据帧的首部字段中捎带发送给对方。累计确认和捎带确认都可提高传输效率。

④负确认。接收方收到一个有差错的帧后，返回一个对此帧的 NAK(Negative ACKnowledgement，NAK)。

(2)发送方重传差错帧

常用的重传方式包括以下两种：

①超时重传。发送方在发送完一帧时即启动一个重传定时器，若由它设定的重传时间到且未收到反馈的确认信息，则重传此帧。这是经常采用的重传方式。为了重传，发送方必须保存一个已发出的数据帧的副本。

②负确认重传。发送方收到接收方对一个帧的 NAK，重传此帧。

反馈重传机制对出差错数据帧的重传是自动进行的，因此这种控制机制称为自动请求重传 ARQ。根据反馈重传方式的不同，可以分为停等 ARQ、回退-N ARQ 和选择重传 ARQ。

实际上，ARQ 既使用了反馈重传机制对传输过程进行差错控制，也同时使用了滑动窗口机制进行流量控制，从而保证数据链路层实现可靠的数据传输。

2. 滑动窗口机制

滑动窗口是数据链路控制的一个基本机制，发送方和接收方分别设置发送窗口和接收窗口，数据传输过程中在接收方的控制下向前滑动，从而对数据传输流量进行控制。

发送窗口用来对发送方进行流量控制，落在窗口内的帧是可以连续发送的，其大小 WT 指明在收到对方 ACK 之前发送方最多可以发送多少个帧。

接收窗口控制哪些帧可以接收，只有到达帧的序号落在接收窗口之内时才可以被接收，否则将被丢弃。一般，当接收方收到一个有序且无差错的帧后，接收窗口向前滑动，准备接收下一帧，并向发送方发出一个 ACK。

当发送方收到接收方的 ACK 后，发送窗口才能向前滑动，滑动的长度取决于接收方确认的序号。向前滑动后，又有新的待发帧落入发送窗口，可以被发送。

可见，接收方的 ACK 作为授权发送方发送数据的凭证，接收方可以根据自己的接收能力来控制确认的发送时机，从而实现对传输流量的控制。

下面以图 3-4 为例说明滑动窗口机制。假设发送序号用 3 比特来编码，即发送序号可以有从 0～7 的 8 个不同的序号。又设发送窗口 $W_T=5$，发送方滑动窗口工作过程如图 3-4 所示。

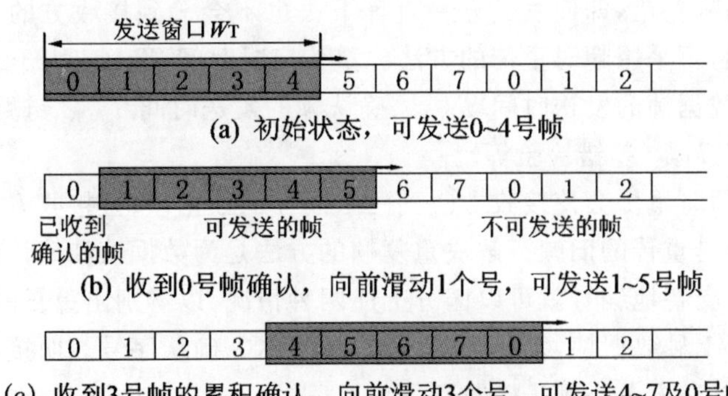

图 3-4　发送方的滑动窗口

(1)初始状态如图 3-4(a)所示。发送窗口内共有从 0～4 的 5 个序号，这些帧现在可以连续发送，而 5 号及以后的帧是不能发送的。若发送方发送完了窗口内全部 5 个帧，仍未收到接收方的 ACK，就必须停止发送。

(2)收到了接收方对 0 号帧的确认 ACK1，发送窗口向前滑动 1 个序号，如图 3-4(b)所示。现在 5 号帧已进入到发送窗口之内，可以发送。

(3)在这以后，假设又收到对 3 号帧的累计确认 ACK4，说明接收方又正确地收到了 1～3 号帧，于是发送窗口又可再向前移动 3 个序号，那么 6 号、7 号和 0 号帧又进入发送窗口，它们也可以发送，如图 3-4(c)所示。

可见，图 3-4 中发送窗口左边的数据帧是已经发送并得到确认的帧；窗口内是可以发送的帧，包括已经发送但未得到确认的帧和尚未发送的帧；窗口的右边是不可以发送的数据帧。

滑动窗口机制中，为控制传输流量可以设置合适大小的 W_T，一般不超过接收方接收缓存的大小，这样发送的数据就不容易淹没接收缓存。还可以使用可变滑动窗口，由接收方根据目前可用接收缓存的大小动态改变 W_T，在 TCP 流量控制中就使用这种方式。

3.3.3 自动请求重传(ARQ)

1. 停等 ARQ

(1)停等 ARQ 工作机制

停等 ARQ 的基本思想是在发送方发出一个数据帧后停下来不再发送，等待接收方的 ACK 到达，ACK 到达后才发送下一帧。

停等 ARQ 实际上也使用了滑动窗口技术，它的发送窗口大小是 $W_T=1$，接收窗口大小也是 1，因此，在发送出去一个数据帧后，停止发送，等待接收方的 ACK。

停等 ARQ 要处理传输中可能出现的以下 3 种传输差错：

①接收方收到了发来的数据帧，但检测出收到的帧有差错。

②发送方发出的数据帧丢失，接收方收不到，发送方不可能收到 ACK。

③接收方收到正确的数据帧，但发出的 ACK 丢失，发送方也不可能收到 ACK。

对于差错①，接收方丢弃此帧，并可以考虑采取下面两种方式进行重传：

a. 负确认重传。但如果 NAK 丢失，发送方将收不到 NAK，又有新的问题。

b. 发送方超时重传。

对于②和③这两种差错，即使发送方一直等下去也不会等到接收方的 ACK，这样就会出现死锁。要解决死锁，可采用超时重传的方法。重传定时时间 T_{OUT} 应大于一个帧的正常往返传输时间，主要包括数据帧的发送时间 T_{DATA}、确认帧的发送时间 T_{ACK}、链路的往返传播时延，以及必要的处理时间 T_{PRO}(差错检验等)。

但对于差错③，超时重传会使接收方收到两个同样的数据帧，且接收方无法识别后者是一个数据不同的新帧还是重传的旧帧。解决重复帧的方法是为数据帧和确认帧编上序号。对于停等 ARQ，用 0 和 1 交替地编号就可以区分上述两种情况，以辨别出重复的数据帧而丢弃之。接收方正确地收到 0/1 号数据帧，发回确认 ACK1/ACK0，确认序号表明接收方期望收到的下一个序号，同时告诉发送方上一帧正确收到。

ARQ 采用超时重传的方式，并对 ACK 编号。对于传输差错①，接收方将不发送 ACK。这样，以上 3 种传输差错问题都可以解决。

(2)停等 ARQ 示例

图 3-5 是一个停等 ARQ 的例子。例子中包括了正常发送和确认、发送数据帧丢失和 ACK 丢失等情况。图中的水平方向表示了发送站 A 和接收站 B 之间的距离，垂直方向为时间，向下是时间增长方向。表示数据帧和确认帧传播的带箭头水平线都向下倾斜，反映了传播时延。实际上，发送的数据帧和确认帧在垂直方向上都应该有一定的宽度，在图右侧的局部放大图中可清楚地看到，其大小反映了它们的发送时间 T_{DATA} 和 T_{ACK}，发送时间与帧长度成正比，与发送的比特率成反比。

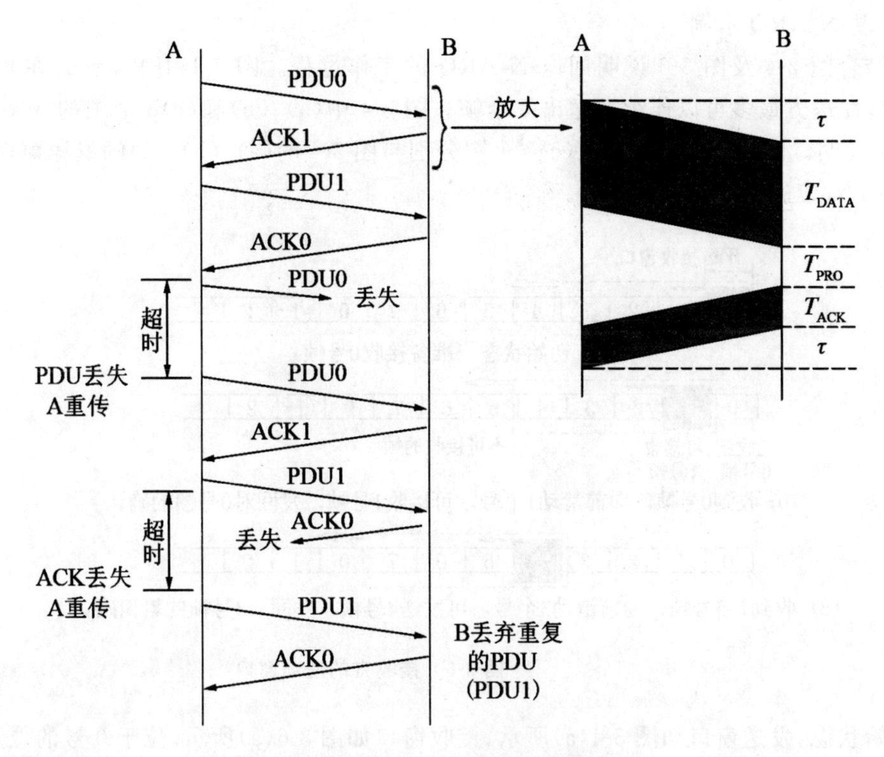

图 3-5　停等 ARQ 传输过程示例

2. 回退-N ARQ

(1) 回退-N ARQ 工作机制

回退-N ARQ 是对停等 ARQ 的改进。回退-N ARQ 也使用滑动窗口机制，但发送窗口 $W_T>1$，发送方在每收到一个 ACK 之前不必等待，可以连续地发送窗口内的多个帧，如果这时收到接收方发回的 ACK，窗口进行相应滑动，继续发送后续进入窗口的帧，因此这种方式也称为连续 ARQ。与停等 ARQ 相比，连续 ARQ 减少了等待时间，提高了传输的吞吐量和传输效率。

回退-N ARQ 也使用超时重传机制。对于发送的每一帧设置重传定时器，发送方发出一个帧之后启动该定时器。若因发送帧丢失、出现传输差错或 ACK 丢失使定时器超时仍未收到 ACK，则要重传此帧，而且还必须重传此帧后面所有的已发帧（不管这些帧是否有传输差错），这正是这种机制称为回退-N ARQ 的原因。

当每收到一次失序（out-of-order）的数据帧时，接收方都应重传上次已发送过的 ACK，这可弥补上次已发送的 ACK 可能发生的丢失。

对于接收的有差错或失序的帧，回退-N ARQ 还可以使用 NAK，指明期望发送方重传帧的序号，而不必等到重传定时器到时，这样可以减少回退重传的帧数，提高传输的效率。如果 NAK 丢失，重传定时器将启动重传。

回退-N ARQ 中，接收方的接收窗口 $W_R=1$，也就是说，接收方不保存失序的帧。前面的帧丢失时，发送方还要重传这些失序的帧。一般，当接收方收到一个有序且无差错的帧后，接收窗口向前滑动，准备接收下一帧，并向发送方发出一个 ACK。为了提高效率，接收方也可以使用累计确认的方式。

(2)回退-N ARQ 示例

下面结合图 3-4 及图 3-6 说明回退-N ARQ 的工作过程。图 3-4 中 $W_T=5$,在收到对方 ACK 之前,发送方最多可以连续发送出 5 个帧。图 3-4 中(a)、(b)和(c)3 个图的状态已在 3.3.2 小节中说明。图 3-6 的(a)、(b)、(c)3 个图分别与图 3-4 的(a)、(b)、(c)的发送窗口的状态相对应,表示对应的接收窗口的状态。

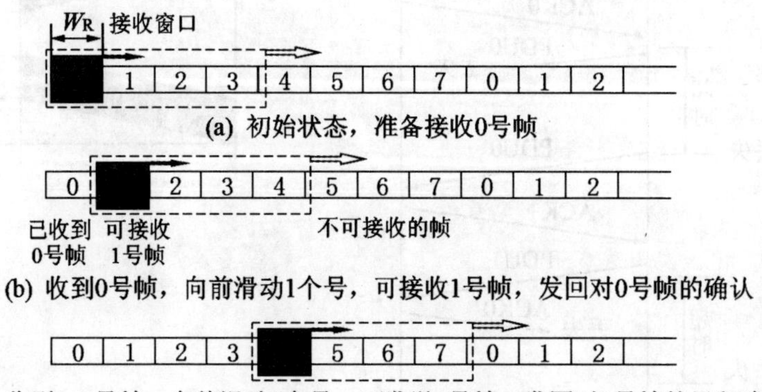

WR 接收窗口
1 2 3 4 5 6 7 0 1 2
(a) 初始状态，准备接收0号帧
0 2 3 4 5 6 7 0 1 2
已收到 0号帧
可接收 1号帧
不可接收的帧
(b) 收到0号帧，向前滑动1个号，可接收1号帧，发回对0号帧的确认
0 1 2 3 5 6 7 0 1 2
(c) 收到1~3号帧，向前滑动3个号，可发送4号帧，发回对3号帧的累积确认

图 3-6　接收方的滑动窗口

①初始状态,发送窗口如图 3-4(a)所示;接收窗口如图 3-6(a)所示,位于 0 号的位置,准备接收 0 号帧。之后,发送方发出窗口内的 5 个帧。灰色实心方框为回退-N ARQ,虚线方框为选择重传 ARQ。

②接收方收到 0 号帧后,接收窗口向前移动一个序号,如图 3-6(b)所示,准备接收 1 号帧,同时向发送方发出对 0 号帧的确认 ACK1,使得发送方的发送窗口向前滑动了 1 个序号,如图 3-4(b)所示。

③接收方收到了 1 号帧,接收窗口滑动到 2 号位置;又收到 2 号帧,窗口滑动到 3 号位置;又收到 3 号帧,接收窗口滑动到 4 号位置,如图 3-6(c)所示。此时向发送方发出了对 3 号帧的累计确认 ACK4(表明包括序号为 3 及前面的帧已正确接收)。接收方收到 ACK4 后,发送窗口向前滑动了 3 个序号,如图 3-4(c)所示。

图 3-4 及图 3-6 所示的过程是正常发送和接收的情形。如果发送方发送的数据帧丢失、出错或接收方 ACK 帧丢失等,都会引发重传的过程。我们接着上述例子继续说明。

④假设发送方目前进行到图 3-4(c)所示的状态,发送窗口内有 4～7 号和 0 号帧,而且发出了 4～7 号帧,但可惜的是其中的 4 号帧丢失了。接收方的接收窗口将不再向前滑动,停留在图 3-6(c)的状态,后面接收的失序的 5、6、7 号帧将被丢弃,且当接收方每收到一次失序的数据帧(5、6、7 号帧),都重复发送一次已发送过的 ACK4。

⑤因为 4 号帧丢失,接收方不可能发回 ACK5,使得发送方 4 号帧的重传定时器到时,于是要重传 4 号帧。此时发送方不仅要重传丢失的 4 号帧,而且还要重传其后已发出的 5、6、7 号帧。

图 3-4 及图 3-6 表示了回退-N ARQ 滑动窗口的工作过程,发、送双方各种帧的传输过程如图 3- 7 所示,图 3-7 中所示的是一个双工链路。

(3)回退-N ARQ 发送窗口的限制

回退-N ARQ 对发送窗口的大小是有限制的,如果帧的序号用 n 比特编号,则发送窗口

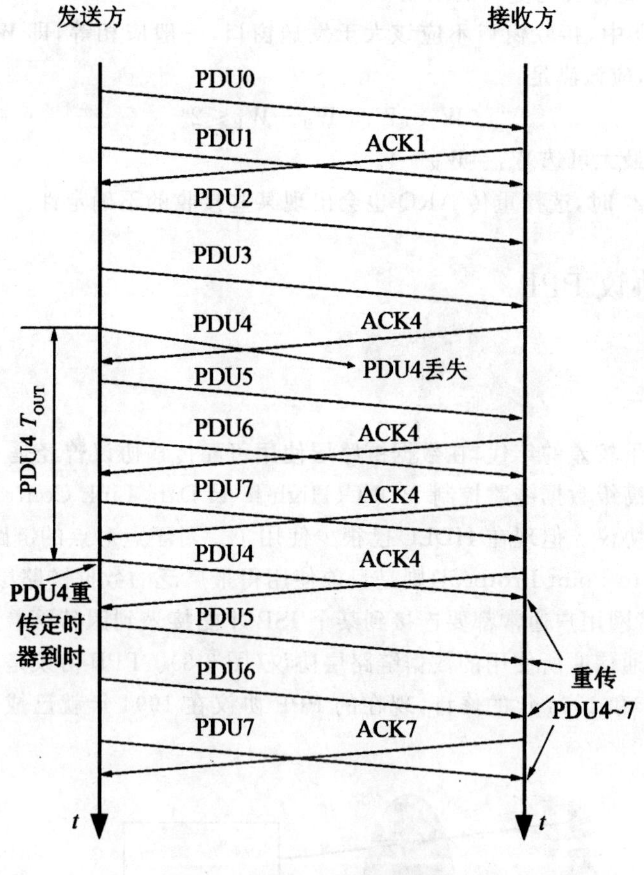

图 3-7　回退-N ARQ 接收窗口

W_T 应满足式(3.1)。

$$W_T \leqslant 2^n - 1 = \text{序号总数} - 1 \tag{3.1}$$

例如，若 $n=3$，序号总数为 8，则要求 $W_T \leqslant 7$。当 $W_T \geqslant 2^n$ 时，回退-N ARQ 将会出现某些接收的不确定性。读者可自行分析。

3. **选择重传** ARQ

(1)选择重传 ARQ 的工作机制

选择重传 ARQ 也是一种连续 ARQ，在回退-N ARQ 机制的基础上作了如下两点改进：

①接收窗口 $W_R > 1$，这样可以接收和保存正确到达的失序的帧。

②出现差错时只重传出错的帧，后续正确到达的帧不再重传，提高了信道的利用率。

仍以图 3-6 为例，选择重传 ARQ 的接收窗口(虚线框)大小 $W_R=4$。在图 3-6(c)中，有 4～7 共 4 个序号落入接收窗口。即使 4 号帧丢失，后续接收的 5、6 和 7 号帧若检验无差错也要保存，而且每收到一次失序的帧，都重发一次 ACK4。待发送方 4 号帧的重传定时器到时，重传 4 号帧。接收方收到了正确的 4 号帧后，发出对 7 号帧的累计确认 ACK0，接收窗口也同时向前滑动 4 个号。可见，选择重传 ARQ 需要接收方设置一定容量的缓存空间。

选择重传 ARQ 也可以使用 NAK，接收帧有错误或失序时，指明期望发送方重传帧的序号。

(2)选择重传 ARQ 发送窗口的限制

选择重传 ARQ 中,接收窗口不应该大于发送窗口,一般应相等,即 $W_T = W_R$。而且用 n 个比特对帧编号时,应该满足:

$$W_T \leqslant W_R,\ W_T + W_R \leqslant 2^n \tag{3.2}$$

例如 $n=3$ 时,最大可选 $W_T = W_R = 4$。

当 $W_T + W_R > 2^n$ 时,选择重传 ARQ 也会出现某些接收的不确定性。

3.4 点对点协议 PPP

3.4.1 PPP 概述

在通信线路质量较差的年代,在数据链路层使用可靠传输协议曾经是一种好办法。因此,能实现可靠传输的高级数据链路控制 HDLC(High-level Data Link Control)就成为当时比较流行的数据链路层协议。但现在 HDLC 已很少使用了。对于点对点的链路,简单得多的点对点协议 PPP(Point-to-Point Protocol)则是目前使用得最广泛的数据链路层协议。

我们知道,因特网用户通常都要连接到某个 ISP 才能接入到因特网。PPP 协议就是用户计算机和 ISP 进行通信时所使用的数据链路层协议(图 3-8)。PPP 协议是 IETF 在 1992 年制定的。经过 1993 年和 1994 年的修订,现在的 PPP 协议在 1994 年就已成为因特网的正式标准 RFC 1661。

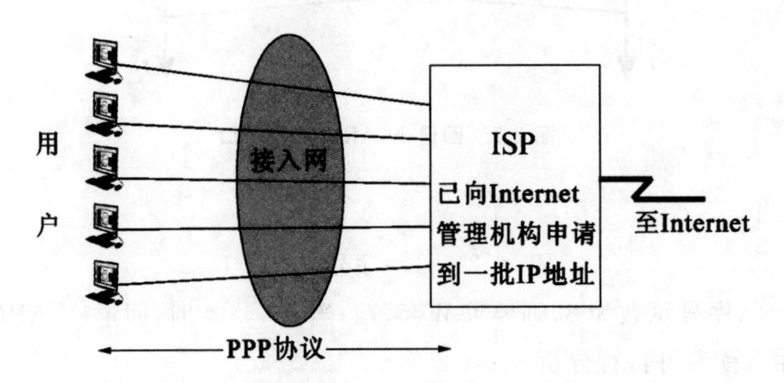

图 3-8 用户到 ISP 的链路使用 PPP 协议

随着带宽接入的普及,大多数用户都采用局域以太网、ADSL、HFC 等接入方式。早期的用户拨号接入使用 PPP,而现在广泛使用的以太网等环境不适合于 PPP。将 PPP 应用于以太网环境,称为 PPPoE(PPP over Ethernet) RFC 2516。这是 PPP 协议能够适应多种类型链路的一个典型例子。PPPoE 是为宽带上网的主机使用的链路层协议。这个协议把 PPP 帧再封装在以太网帧中(当然还要增加一些能够识别各用户的功能)。宽带上网时由于数据传输速率较高,因此可以让多个连接在以太网上的用户共享一条到 ISP 的宽带链路。现在,即使是只有一个用户利用 ADSL 进行宽带上网(并不和其他人共享到 ISP 的宽带链路),也是使用 PPPoE 协议。

PPP 协议由三部分组成:

(1)一个将 IP 分组封装到串行链路的方法。PPP 既支持异步链路,也支持面向比特型的同步链路。

(2)一个链路控制协议 LCP(Link Control Protocol)。LCP 是一个用来建立、配置和测试数据链路连接的协议。

(3)一套网络控制协议 NCP(Network Control Protocol)。NCP 提供了一种协商网络层选项的方法,其中每一个网络层协议(如 IP、IPX、DECnet、AppleTalk 等)对应一个 NCP。

实际应用中的 PPP 还包括认证协议。认证协议主要负责对用户身份的认证,以确定用户身份的真实性和合法性。PPP 中使用的认证协议主要有口令验证协议 PAP(Password Authentication Protocol)和挑战-握手验证协议 CHAP(Challenge-Handshake Authentication Protocol)。

PPP 协议的特点主要有以下几点。

(1)在物理层只支持点-点线路连接,不支持点-多点连接;只支持全双工通信,不支持单工与半双工通信;可以支持异步通信或同步通信。

(2)在数据链路层,实现 PPP 数据帧的组帧、传输与拆帧,CRC 校验的功能;不使用帧序号,不提供流量控制功能。

(3)由于 PPP 协议针对 Internet 接入应用,因此 PPP 协议通过链路控制协议 LCP 来建立、配置、管理和测试数据链路连接;通过网络控制协议 NCP 来建立和配置不同的网络层协议。

(4)PPP 协议可以用于用户计算机通过 Modem 与电话线路接入,也可以用于通过 ADSL Modem 与电话线路接入,以及 HFC 传输网中 Cable Modem 与同轴电缆接入,也可以用于光纤接入。在网络层,PPP 协议除了支持 IP 之外,也可以支持 NetWare IPX 等多种协议。

(5)PPP 协议已经广泛应用于主机-路由器、路由器-路由器的连接。

3.4.2 PPP 的工作过程

一个典型的 PPP 链路建立过程分为三个阶段:PPP 链路创建阶段、认证阶段和网络协商阶段。PPP 的完整通信过程如图 3-9 所示。

1. 创建 PPP 链路

由 LCP 负责创建链路。在这个阶段,将对基本的通信方式进行选择。链路两端设备通过 LCP 向对方发送配置信息报文。一旦一个配置成功信息包被发送且被接收,就完成了交换,进入了 LCP 开启状态。

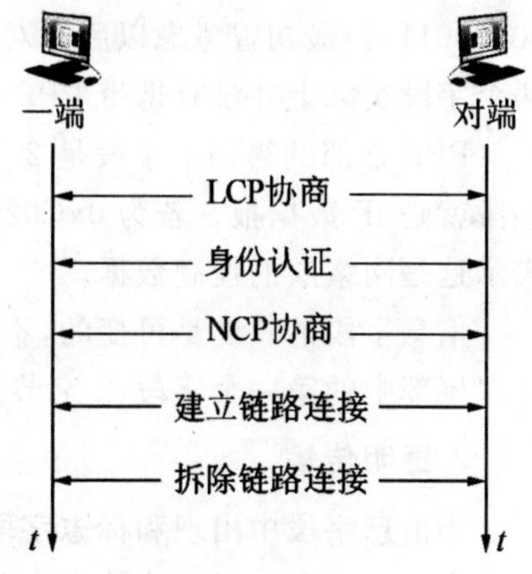

图 3-9 PPP 的通信过程

2. 用户认证

在用户认证阶段,只有链路控制协议、认证协议和链路质量监视协议的报文(Packets)是被允许的。在该阶段里接收到的其他的报文必须被静静地丢弃,只允许传送 LCP 协议的分组、鉴别协议的分组以及监测链路质量的分组。若使用口令鉴别协议 PAP,则需要发起通信的一方发送身份标识符和口令。系统可允许用户重试若干次。如果需要有更好的安全性,则可使用更加复杂的口令握手鉴别协议 CHAP。若鉴别身份失败,则转到“链路终止”(Link Terminate)状态。若鉴别成功,则进入“网络层协议”状态。

3. 调用网络层协议

认证阶段完成之后，PPP 将调用在链路创建阶段(阶段 1)选定的各种网络控制协议(NCP)。选定的 NCP 解决 PPP 链路之上的高层协议问题。例如，在该阶段 IP 控制协议(IPCP)可以向拨入用户分配动态 IP 地址。

通过以上三个阶段后，一条完整的 PPP 链路就建立起来了。不过，在 PPP 标准中未提供用户认证过程。

3.4.3 PPP 的帧格式与透明传输

1. PPP 的帧格式

PPP 的帧格式如图 3-10 所示。PPP 帧的首部和尾部分别为四个字段和两个字段。

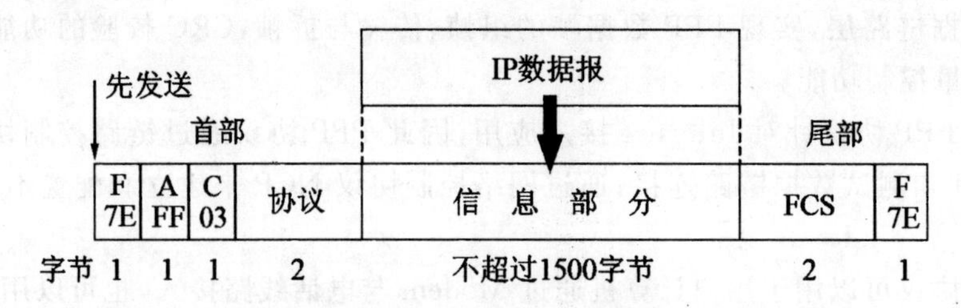

图 3-10 PPP 帧的格式

首部的第一个字段和尾部的第二个字段都是标志字段 F(Flag)，规定为 0x7E(符号“0x”表示它后面的字符是用十六进制表示的。十六进制的 7E 的二进制表示是 01111110。标志字段表示一个帧的开始或结束。因此标志字段就是 PPP 帧的定界符。连续两帧之间只需要用一个标志字段。如果出现连续两个标志字段，就表示这是一个空帧，应当丢弃。

首部中的地址字段 A 规定为 0xFF(即 11111111)，控制字段 C 规定为 0x03(即 00000011)。最初曾考虑以后再对这两个字段的值进行其他定义，但至今也没有给出。可见这两个字段实际上并没有携带 PPP 帧的信息。

PPP 首部的第四个字段是 2 字节的协议字段。当协议字段为 0x0021 时，PPP 帧的信息字段就是 IP 数据报。若为 0xC021，则信息字段是 PPP 链路控制协议 LCP 的数据，而 0x8021 表示这是网络层的控制数据。

信息字段的长度是可变的，不超过 1 500 字节。

尾部中的第一个字段(2 字节)是使用 CRC 的帧检验序列 FCS。

2. 透明传输

当信息字段中出现和标志字段一样的比特(0x7E)组合时，就必须采取一些措施使这种形式上和标志字段一样的比特组合不出现在信息字段中。

当 PPP 使用异步传输时，它把转义符定义为 0x7D，并使用字节填充实现透明传输。PPP 协议用在 SONET/SDH 链路时，是使用同步传输(一连串的比特连续传送)而不是异步传输(逐个字符地传送)。在这种情况下，PPP 协议采用零比特填充方法来实现透明传输。具体规则已在 3.1.3 节举例说明。

3.5　局域网技术

在计算机网络发展过程中，为了更有效、清晰地描述数据链路层的功能定位，将数据链路层划分为介质访问控制（Medium Access Control，MAC）子层和逻辑链路控制（Logical Link Control，LLC）子层。与接入到传输媒体有关的内容都放在MAC子层，而LLC子层则与传输媒体无关，不管采用何种传输媒体和MAC子层的局域网对LLC子层来说都是透明的（见图3-11所示）。

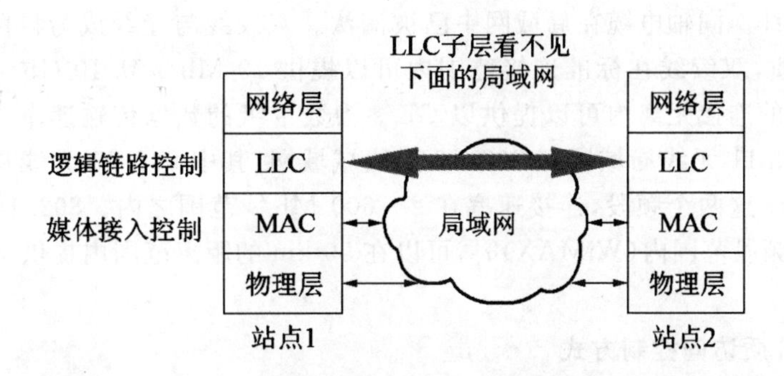

图3-11　局域网对LLC子层透明示意图

此设计架构在早期IEEE 802局域网中发挥了重要作用。然而到了20世纪90年代后，激烈竞争的局域网市场逐渐明朗。以太网在局域网市场中已取得了垄断地位，并且几乎成为了局域网的代名词。由于因特网发展很快而TCP/IP体经常使用的局域网只剩下DIX Ethemet V2而不是IEEE 802.3标准中的局域网，因此现在EEE 802委员会制定的逻辑链路控制子层LLC（即IEEE 802.2标准）的作用已经消失了，很多厂商生产的适配器上就仅装有MAC协议而没有LLC协议。本章在介绍以太网时就不再考虑LLC子层。这样对以太网工作原理的讨论会更加简洁。

3.5.1　影响局域网性能的主要因素

传统的局域网是共享介质的通信系统，共享介质的信道分配技术是局域网的核心技术，而这一技术又与网络的拓扑结构和传输介质的类型相关。因此，拓扑结构、传输介质和介质访问控制方式决定了各种局域网的数据类型、数据传输速率、通信效率等特点，也决定了局域网的具体应用。

1. 局域网的拓扑结构

局域网的拓扑结构主要分为总线型、环型和星型三种，已在本书第1章进行了介绍。在早期的局域网中，由于大量使用同轴电缆，所以主要采用总线型网络拓扑。总线型网络拓扑的特点是：结构简单，实现容易，组网成本低廉。但在总线型拓扑中由于所有节点共享同一条总线，在发送数据时很容易使不同站点之间产生冲突（collision），必须解决多个站点同时访问总线时的介质访问控制问题。受介质访问控制方式的限制，总线型网络提供的带宽一般不超过10 Mb/s，而且网络的连接规模较小。总线型拓扑结构目前已很少使用。

环型拓扑结构是共享介质局域网的另一种组网方式。在环型拓扑网络中，位于封闭环上的所有站点共享同一条物理环通道，所以环型网络也必须解决介质访问控制问题。目前，一些局域网的主干网采用环型拓扑结构，整网全部采用环型拓扑的局域网较少。星型拓扑结构是目前局域网中广泛采用的一种组网方式。采用星型拓扑结构的网络，其物理拓扑结构属于星型，但其逻辑拓扑结构既可以是星型，也可以是总线型或环型。当逻辑拓扑结构也为星型时，位于网络中心节点的设备为局域网交换机，这种局域网为交换式局域网；当逻辑拓扑结构为总线型时，位于网络中心节点的设备为物理层的集线器，属于共享介质的局域网，即共享式局域网；当逻辑拓扑结构为环型时，属于共享介质的环型网络。

2. 局域网的传输介质

局域网中的传输介质主要分为有导向和无导向两类。其中，有导向传输介质主要有同轴电缆、双绞线和光纤。同轴电缆在局域网中已被淘汰。双绞线与光纤成为目前局域网布线的两类主要传输介质，双绞线在标准连接范围内可以提供 10 Mb/s 到 10 Gb/s 的数据传输速率，而光纤在更长的连接距离内可以提供以 Gb/s 为数量级的数据传输速率。无导向传输介质主要应用于 802.11 无线局域网和 802.16 无线城域网，其中 802.11 无线局域网一般采用 2.4 GHz 和 5 GHz 这两个频段，连接速率在 2～600 Mb/s 范围之内。802.16 无线城域网工作在 2～11 GHz 频段范围内(WiMAX)时，可以在 50 km 的距离范围内提供 75 Mb/s 的数据传输速率。

3. 局域网的介质访问控制方式

在网络通信过程中，信道分配是一项重要的技术。例如，在第 2 章介绍的时分复用、频分复用、波分复用等技术都是非常优秀且广泛使用的信道分配技术，但这些技术的实现成本较高，不适合于局域网环境中使用。

从共享通信介质的信道分配方法来看，时分复用、频分复用、波分复用等都属于静态划分信道的方式，多应用于点对点式广播网。而广播式局域网采用动态介质接入控制方式，其特点是多个用户共享同一条通信道。根据共享信道的特点，系统为用户分配信道一般采用以下两种方式：

(1)随机接入。随机接入的特点是所有用户共享同一个信道并随机发送数据，这时只要有两个或两个以上的用户同时或在限定的时间以内发送信息就会产生冲突(也称为“碰撞”)，冲突产生后会导致所有信息发送的失败。以太网采用 CSMA/CD 解决冲突问题。

(2)受控接入。受控接入是指用户虽然共享同一个信道，但不能随机地发送信息，每一个用户在发送信息之前都要遵循一定的控制规程。受控接入的典型代表是令牌网，令牌网通过称为“令牌”的特殊帧来决定信道的使用权。令牌网虽然是一个共享信道的网络，但是在一个网络中仅有一个令牌，每一个用户在发送信息之前首先要获得令牌，否则无权发送。令牌的唯一性决定了在广播式网络中不会出现冲突。

属于随机接入的以太网将重点讨论。受控接入则由于目前在局域网中使用得较少，本书不再讨论。

3.5.2 数字信号编码

数字信号的编码就是将二进制数字数据用不同的高低电平来表示，从而形成矩形脉冲电信号。传统以太网采用曼彻斯特编码，而差分曼彻斯特编码主要用于 IEEE 802.5 令牌环等局域网中。

1. 曼彻斯特编码

曼彻斯特编码就是把一个单位脉冲一分为二(即将一个码元一分为二)，如果在前半个单位脉冲时间内信号为高电平，将在这个单位脉冲时间的中间发生翻转，跳到低电平，则此信号的值就表示 1；反之，如果在前半个单位脉冲时间内，信号为低电平，那么在这一单位脉冲时间的中间将发生电平翻转，跳到高电平，此时信号的值就表示 0，如图 3-12(a)所示。这种翻转允许接收设备的时钟与发送设备的时钟保持一致，对接收端提取位同步信号是非常有利的。曼彻斯特编码的缺点是需要双倍的带宽。

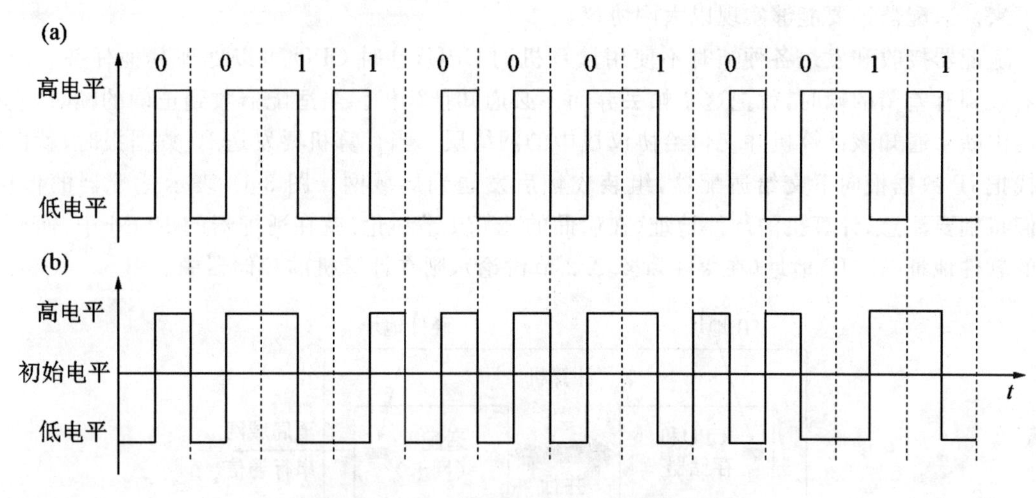

图 3-12　曼彻斯特编码和差分曼彻斯特编码

2. **差分曼彻斯特编码**

差分曼彻斯特编码技术类似于曼彻斯特编码，不过，差分曼彻斯特编码的取样时间位于每一个单位脉冲的起始边界，如果信号在起始边界有翻转就表示 0，如果信号在起始边界无翻转就表示 1，如图 3-12(b)所示。

差分曼彻斯特编码的特点总结如下：

(1)在每一个位(bit)发送时间的正中间，电平必须翻转一次。

(2)发送 0 或发送 1，必须在发送每一个位的初始时间进行判断，判断的依据是前一个电平的后半部分和下一个要发送的数字。当发送 0 时，下一个电平与上一个电平的后半部分相反，即必须进行电平的翻转；而发送 1 时，保持下一个电平与上一个电平相同，不进行电平的翻转。

具体实现时，一般用 0.85 V 的正电压表示高电平，用－0.85 V 的低电压表示低电平。与曼彻斯特编码相比，差分曼彻斯特编码需要更加复杂的设备，但提供了更好的抗干扰能力。

3.5.3　适配器的作用

首先我们从一般的概念上讨论一下计算机是怎样连接到局域网上的。

计算机与外界局域网的连接是通过通信适配器。适配器本来是在主机箱内插入的一块网络接口板(或者是在笔记本电脑中插入一块 PCMCIA 卡)。这种接口板又称为网络接口卡 NIC (Network Interface Card)或简称为“网卡”。由于较新的计算机主板上已经嵌入这种适配器，不使用单独的网卡了，因此本书使用适配器这个更准确的术语。在适配器上面装有处理器和存储器(包括 RAM 和 ROM)。适配器和局域网之间的通信是通过电缆或双绞线以串行传输方式进行的，而适配器和计算机之间的通信则是通过计算机主板上的 I/O 总线以并行传输方式进行的。因此,适配器的一个重要功能就是要进行数据串行传输和并行传输的转换。由于网络上的数据率和计算机总线上的数据率并不相同,因此在适配器中必须装有对数据进行缓存的存储芯片。若在主板上插入适配器时,还必须把管理该适配器的设备驱动程序安装在计算机的操作系统中。这个驱动程序以后就会告诉适配器,应当从存储器的什么位置上把多长的数据块发送到局域网,或者应当在存储器的什么位置上把局域网传送过来的数据块存储下来。适配器还要能够实现以太网协议。

适配器接收和发送各种帧时不使用计算机的CPU,这时CPU可以处理其他任务。当适配器收到有差错的帧时,就把这个帧丢弃而不必通知计算机。当适配器收到正确的帧时,它就使用中断来通知该计算机并交付给协议栈中的网络层。当计算机要发送IP数据报时,就由协议栈把IP数据报向下交给适配器,组装成帧后发送到局域网。图3-13表示适配器的作用。我们特别要注意,计算机的硬件地址(在后面的3.6.1节讨论)就在适配器的ROM中,而计算机的软件地址——IP地址(在第4章4.2.2节讨论),则在计算机的存储器中。

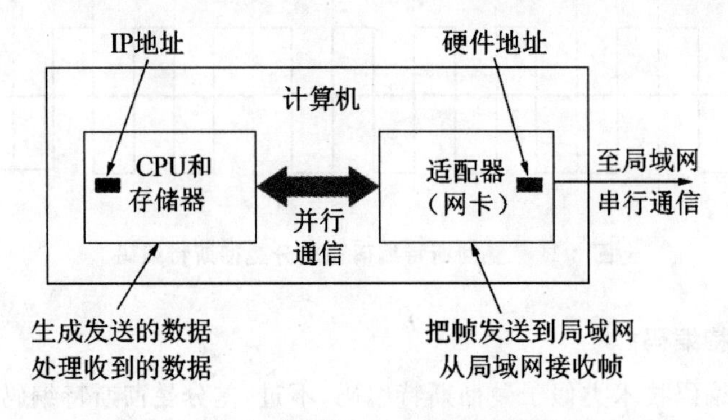

图 3-13　计算机通过适配器和局域网进行通信

3.5.4　CSMA/CD协议

在局域网中CSMA/CD协议是一个非常重要的协议。最早的局域网使用随机接入方式,即任何一台计算机有信息要发送时就直接发送,而不管网络中是否有其他的计算机正在发送数据,这种网络可以称为一种"无政府主义"状态的网络,显然其效率是非常低下的。为了解决随机接入存在的问题,在以太网中使用了CSMA/CD协议。CSMA/CD是在CSMA协议的基础上发展起来的。

1. 载波监听多路访问(CSMA)

1971年,夏威夷大学的研究人员提出了载波监听多路访问(Carrier Sense Multiple Access,CSMA)协议,又称为载波侦听多点访问协议。CSMA协议是在ALOHA协议(最早出现的一种随机接入协议)的基础上发展而来的,是一种随机接入方式。"载波监听"是指当发送站点在向网络发送数据之前先要监听网络上是否有其他站点正在传输数据,如果有,则继续监听,如果没有,则开始向网络发送帧。CSMA采用的是"讲前先听"(listen before talk)的方式。"多路访问"是指有多个发送或接收站点同时连在网络上时,能同时检测通信信道,当信道空闲时任何一个站点都可以发送数据。CSMA的策略为:如果信道空闲,决定是否立即发送;如果信道忙,选择监听方式。

在CSMA中,即使信道空闲,如果立即发送也会存在冲突。其中,一种情况是远端站刚开始发送，载波信号还未传到近端的站点，这时如果两个站点同时发送，便会产生冲突；另一种情况是，虽然暂时没有站点发送，但正好两个站点同时开始监听，如果两个站点都立即发送，也会发生冲突。为了尽量减少冲突的发生，按不同的策略 CSMA 又分为三种不同的类型：断续式 CSMA、1-持续式 CSMA 和 p-持续式 CSMA，区别如表 3-1 所示。

表 3-1 中所列的三种 CSMA 可以根据在冲突发生后所采取的策略分为非坚持 CSMA 和坚持 CSMA 两类。其中非坚持 CSMA 的特点是一旦监听到信道忙就马上延迟一个随机时间后再重新监听，即断续式 CSMA；而坚持 CSMA 的特点是在监听到信道忙时，仍然坚持监听下去，直到监听到信道空闲为止。其中，坚持 CSMA 也可以分为两种策略：一种是一旦监听到信道空闲就立即发送，即 1-持续式 CSMA；另一种是当监听到信道空闲时，就以概率 p 发送数据，而以概率$(1-p)$延迟一段时间(此时间为两个节点之间数据传输所需要的时间)后重新监听信道，即 p-持续式 CSMA。

表 3-1　三种 CSMA 方式的区别

方　式	说　明	区　别
断续式 CSMA (Non-Persistent CSMA)	(1)发送站点在监听到网络空闲时立即发送数据； (2)当网络忙时等待一段时间后再对网络进行监听，直到网络空闲时重复第(1)步	断续式监听的等待时间是随机的，当网络忙时等待发送的多个站点的等待时间各不相同，因此也就尽量避免了冲突
1-持续式 CSMA (1-Persistent CSMA)	(1)发送站点在监听到网络空闲时立即发送数据； (2)当网络忙时，对网络持续监听，直到网络空闲时重复第(1)步	持续监听，当网络空时立即发送数据，减少了时间是果有多个站点同时准备发送数据时会在网络空闲时同时发送数而产生冲突
p-持续式 CSMA (p-Persistent CSMA)	(1)发送站点在监听到网络空闲时以概率 $p(0<p<1)$发送数据，以概率$(1-p)$延时一个时间片段，重复第(1)步； (2)当网络忙时，对网络持续监听，直到网络空闲时重复第(1)步	是上述两种方式的折中方式，试图将时间浪费和数据冲突减到最少

2. 载波监听多路访问/冲突检测(CSMA/CD)

CSMA/CD 是目前以太网中使用的一种网络访问协议，是在 CSMA 协议的基础上发展起来的，也是一种随机访问协议。CSMA/CD(Carrier Sense Multiple Access/Collision Detection)协议不仅保留了 CSMA 协议"讲前先听"的功能，而且增加了一项"边讲边听"(listen while talk)的功能，即 CD——在发送过程中同时进行冲突检测。CSMA/CD 的特点是：监听到信道空闲就发送数据帧，并继续监听下去；如监听到发生了冲突，则立即放弃正在发送的数据帧。

CSMA 只能减小冲突发生的概率，而不能完全避免冲突的发生。为了尽量减小冲突发生的概率，出现了 CSMA/CD 协议。其工作原理是：

(1)在发送数据期间同时进行接收，并把接收的数据与发送站点中存储的数据进行逐位(bit)的对比。

(2)如果对比结果一致，说明没有冲突发生，重复步骤(1)。

(3)如果对比结果不一致，说明冲突发生，立即停止发送，并发送一个干扰信号，使所有站点都停止发送。

(4)发送干扰信号后,等待一段随机时间,重新进行监听,再试着进入(1)。

实现冲突检测的方法有多种,其中在发送数据期间同时进行接收和对比是常见的一种。另外,还有一种最简单的办法是比较接收到的信号的电压值。例如,在基带传输中,当信道上有两个信号进行叠加时,其电压的幅度要比正常的大 1 倍,这时就可以认为发生了冲突;另外,当采用曼彻斯特编码和差分曼彻斯特编码时,正常的电平翻转发生在表示每个二进制位流的正中间,而如果此翻转点出现错位,说明冲突发生。

如图 3-14(a)所示的是采用 CSMA/CD 协议的总线型网络拓扑。假设总线一端的站点 A 正在向另一端的站点 B 发送数据帧,同时站点 B 在站点 A 发送数据后的某一时刻也要发送数据,于是开始监听信道。如果站点 A 发送的数据还未到达站点 B,则站点 B 发现信道空闲,便开始发送。这时,如果站点 B 开始发送数据的时刻与站点 A 开始发送数据时刻的时间差小于站点 A 到站点 B 的单程端到端传输时延时,则会发生冲突,如图 3-14(b)所示。当站点 A 和站点 B 得知冲突发生时,便立即停止数据的发送,同时各自向网络发送一个干扰信号。

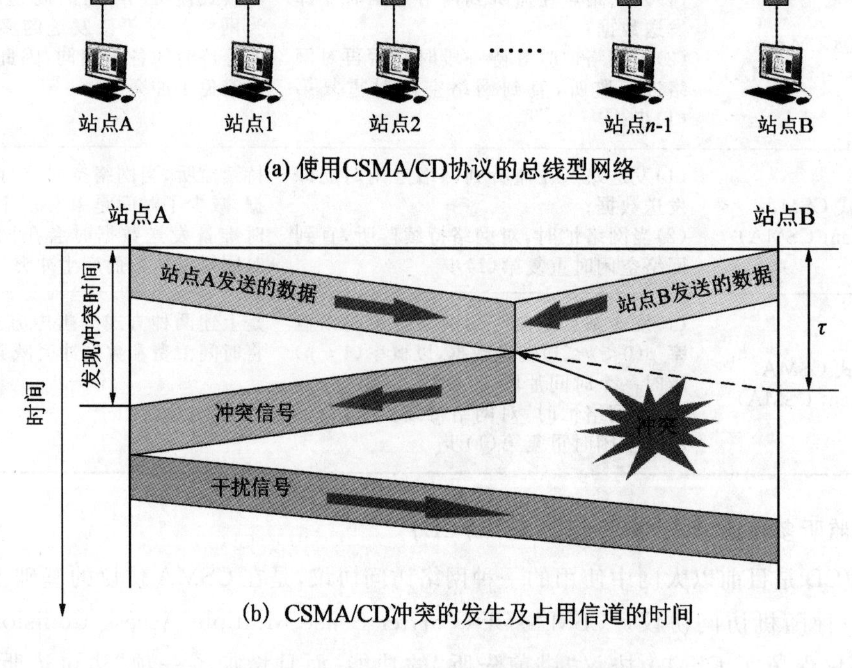

图 3-14　CSMA/CD 协议的冲突发生示意图

从图 3-14(b)可以看出,如果当站点 A 开始发送数据后,站点 B 立即发送,则冲突的发现时间最小,其值为 τ;如果当站点 A 发送的数据就要达到站点 B 时,站点 B 开始发送数据,则冲突的发现时间最大,其值为 2τ。

与 CSMA 对应,CSMA/CD 也可分为三种:断续式 CSMA/CD、1-持续式 CSMA/CD 和 p-持续式 CSMA/CD。

3. 二进制指数退避算法

当站点发现冲突后便会发送一个干扰信号,然后后退(退避)一段时间再重新发送。后退时间的多少对网络的稳定性起着十分重要的作用,这时可以使用二进制指数退避算法来决定后退时间(重传数据的时延)。

按照二进制指数退避算法,后退时延的取值范围与重传次数之间形成二进制指数关系。其基本工作原理为:先确定基本退避时间(如 2τ),再定义 k=Min[重传次数,10],然后从正整数集合{0,1,2,…,2^k-1}中随机取出一个数,记为 r。重传所需的后退时延就是 r 倍的基本退避时间(如 2τ)。具体来说:

(1)如果一个站点发生了第 1 次冲突,则是 $k=1$,r 可随机从集合[0,1]中取得,然后在 r 倍的基本退避时间后再重试。

(2)如果这一站点发生了第 2 次冲突,则 $k=2$,r 可随机从集合[0,1,2,3]中取得,然后在 r 倍的基本退避时间后再重试。

(3)如果这一站点发生了第 3 次冲突,则 $k=3$,r 可随机从集合[0,1,2,3,4,5,6,7]中取得,然后在 r 倍的基本退避时间后再重试。

(4)以此类推,一般情况下,当发生了第 16 次冲突后,仍然不能成功时,则放弃该数据的重传。

在二进制指数退避算法中,由于时延随重传次数的增加而增大,所以即使是使用了 1-持续式 CSMA/CD 方式,这个网络仍然是稳定的。

显然,在使用 CSMA/CD 协议时,一个站不可能同时进行发送和接收。因此使用 CSMA/CD 协议的以太网不可能进行全双工通信而只能进行双向交替通信(半双工通信)。

4. 与 CSMA/CD 相关的概念

(1)争用期

以太网的端到端往返时间 2τ(τ 是以太网单程端到端传播时延)为争用期,它是一个很重要的参数。争用期又称为碰撞窗口。这是因为一个站在发送完数据后,只有通过争用期的"考验",即经过争用期这段时间还没有检测到碰撞,才能肯定这次发送不会发生碰撞。

为了规范以太网的冲突检测,定义了时槽(time slot,或时隙)为最长以太网的端到端的往返时间。这样,各种长度的网络,发送数据后在 1 个时槽内都可以检测到是否发生冲突。

(2)帧间间隙(Inter Frame Gap,IFG)

若站点发送的数据量大需连续发送多个帧时,它传送每一帧时都需使用 CSMA/CD,这保证了所有站点对信道的公平竞争。

在连续发送的两帧之间,站点需等待一个 IFG,IFG 为以太网接口提供了帧接收之间的恢复时间。IFG 设计为 96 位时,10 Mb/s、100 Mb/s 和 1 000 Mb/s 以太网 IFG 分别为 9.6 μs、0.96 μs 和 0.096 μs。实际上,在执行 CSMA/CD 流程的第②步时,当站点监听到信道空闲,还要继续等待一个 IFG,若此时信道仍然空闲才能发送数据。

(3)最小帧长

以太网的时槽定为 512 位时,在此期间发送站要进行冲突检测,自己必须仍在发送数据。这就要求以太网最小帧长度为 512 位,即 64 个字节。那么,以太网帧数据字段的最小长度应为 46 个字节。当数据段长度小于 46 个字节,应加填充字段补足,否则不能正常进行冲突检测。

(4)冲突碎片

CSMA/CD 检测到冲突后就停止发送数据并发送阻塞信号,这些已发送的不完整数据称为冲突碎片。由于 CSMA/CD 的冲突只能发生在 512 位时的范围之内,因此冲突碎片的长度小于 512 比特。

(5)冲突域

冲突域指一个 CSMA/CD 以太网区域,同一个冲突域中的两个或多个站点同时发送数据就会产生冲突,CSMA/CD 在冲突域内能正常进行冲突检测,超出冲突域就不能正常工作。

以太网 64 字节及以上的帧,在一个冲突域内可以保证正常地进行冲突检测。若网络跨距超过冲突域的允许范围,信号的往返传播时延超过了冲突窗口,就不能保证能够正常地进行冲突检测了。因此,冲突域限制了 CSMA/CD 以太网的最大网络跨距。

显然,时槽长度和冲突域的最大网络跨距是相对应的。为了保证任何一个节点在发送一帧的过程中都能够检测到冲突,就要求发送一个最短帧的时间都要超过冲突窗口的时间。如果最短帧长度为 L_{min}。,主机发送速率为 S,发送短帧需要的时间为 L_{min}/S。冲突窗口值为 $2D/V$(D 为最大网络跨距,V 为传播速度)。要求发送一个最短帧的时间都要超过冲突窗口的时间,即

$$L_{min}/S \geqslant 2D/V \tag{3.3}$$

那么,总线长度与最小帧长度、发送速率之间的关系为

$$D \leqslant VL_{min}/2S \tag{3.4}$$

我们可以根据总线长度、发送速率与电磁波传播速度,估算出最小帧长度。

电信号通过电缆传播会产生衰减,衰减程度与电缆的长度成正比,因此,单段电缆不允许很长,相应以太网上的主机之间的距离不能太远(例如,10BASE-T 以太网的两个主机之间的距离不超过 200 米),否则主机发送的信号经过铜线的传输就会衰减到使 CSMA/CD 协议无法正常工作。在过去广泛使用粗缆或细缆以太网时,常使用工作在物理层的转发器(或中继器)来扩展以太网的地理覆盖范围。中继器是一个物理层设备,它的功能是将衰减后的电信号再生,即放大和同步。这样,两个网段可以用一个转发器连接起来,扩大了最大网络跨距。

现在,扩展主机和集线器之间的距离的一种简单方法就是使用光纤(通常是一对光纤)和一对光纤调制解调器,如图 3-15 所示。

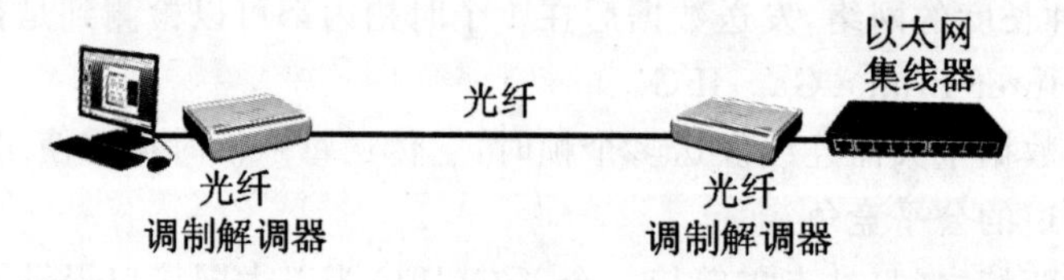

图 3-15　主机使用光纤和一对光纤调制解调器连接到集线器

光纤调制解调器的作用就是进行电信号和光信号的转换。由于光纤带来的时延很小,且带宽很高,因此使用这种方法可以很容易地使主机和几公里以外的集线器相连接。

3.6　以太网

3.6.1　传统以太网

1. 以太网概述

以太网有两重含义:狭义的以太网是指 10 Mb/s 以太网,有 DIX V2 和 IEEE 802.3 两个标准规范;广义的以太网是指采用相同的帧结构、使用 CSMA/CD 介质访问控制方式、使用曼

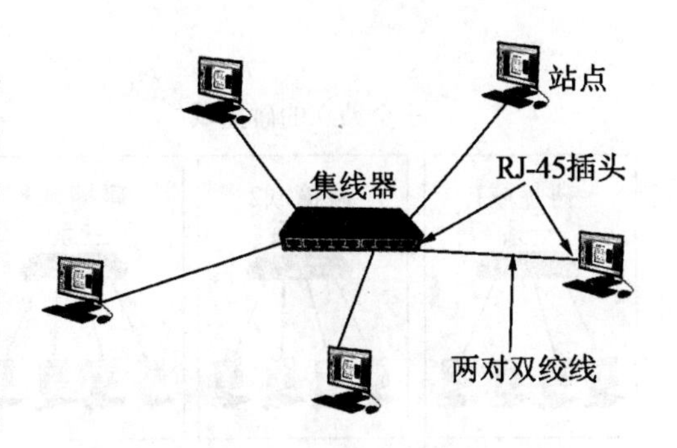

图 3-16　使用集线器的双绞线以太网

彻斯特编码技术的广播式网络。传统以太网最初是使用粗同轴电缆，后来演进到使用比较便宜的细同轴电缆，最后发展为使用更灵活的双绞线。这种以太网采用星形拓扑，在星形的中心则增加了一种可靠性非常高的设备，叫做集线器(Hub)，如图3-16所示。双绞线以太网总是和集线器配合使用的。每个站需要用两对无屏蔽双绞线(做在一根电缆内)，分别用于发送和接收。双绞线的两端使用RJ-45 插头。由于集线器使用了大规模集成电路芯片，因此集线器的可靠性就大大提高了。比如，1990 年 IEEE 制定出星形以太网 10BASE-T 的标准 802. 3i(“10”代表 10 Mb/s 的数据率，BASE 表示连接线上的信号是基带信号，T 代表双绞线)。

10BASE-T 以太网的每个站到集线器的距离不超过 100 m。这种性价比很高的 10BASE-T 双绞线以太网的出现，是局域网发展史上的一个非常重要的里程碑，它为以太网在局域网中的统治地位奠定了牢固的基础。由于使用双绞线电缆的以太网价格便宜和使用方便，因此粗缆和细缆以太网现在都已成为历史，并已从市场上消失了。

集线器的一些特点如下：

(1)从表面上看，使用集线器的局域网在物理上是一个星型网，但由于集线器是使用电子器件来模拟实际电缆线的工作，因此整个系统仍像一个传统以太网那样运行。也就是说，使用集线器的以太网在逻辑上仍是一个总线网，各站共享逻辑上的总线，使用的还是 CSMA/CD 协议(更具体些，是各站中的适配器执行 CSMA/CD 协议)。网络中的各站必须竞争对传输媒体的控制，并且在同一时刻至多只允许一个站发送数据。因此这种 10BASE-T 以太网又称为星型总线或盒中总线。

(2)一个集线器有许多接口，例如 8 至 16 个，每个接口通过 RJ-45 插头(与电话机使用的插头 RJ-11 相似，但略大一些)用两对双绞线与一个工作站上的适配器相连(这种插座可连接 4 对双绞线，实际上 10BASE-T 只用 2 对，即发送和接收各使用一对双绞线)。因此，一个集线器很像一个多接口的转发器。

(3)集线器工作在物理层，它的每个接口仅仅简单地转发比特，即收到 1 就转发 1，收到 0 就转发 0，不进行碰撞检测。若两个接口同时有信号输入(即发生碰撞)，那么所有的接口都将收不到正确的帧。

(4)集线器采用了专门的芯片，进行自适应串音回波抵消。这样就可使接口转发出去的较强信号不致对该接口接收到的较弱信号产生干扰(这种干扰即近端串音)。每个比特在转发之前还要进行再生整形并重新定时。

如果使用多个集线器，就可以连接成覆盖更大范围的多级星型结构的以太网。例如，一个学院的三个系各有一个 10BASE-T 以太网(图 3-17(a))，可通过一个主干集线器把各系的以太网连接起来，成为一个更大的以太网(图 3-17(b))。

这样做可以有以下两个好处。第一，使这个学院不同系的以太网上的计算机能够进行跨系的通信。第二，扩大了以太网覆盖的地理范围。

但这种多级结构的集线器以太网也带来了一些缺点。

(1)如图 3-17(a)所示的例子，在三个系的以太网互连起来之前，每一个系的 10BASE-T

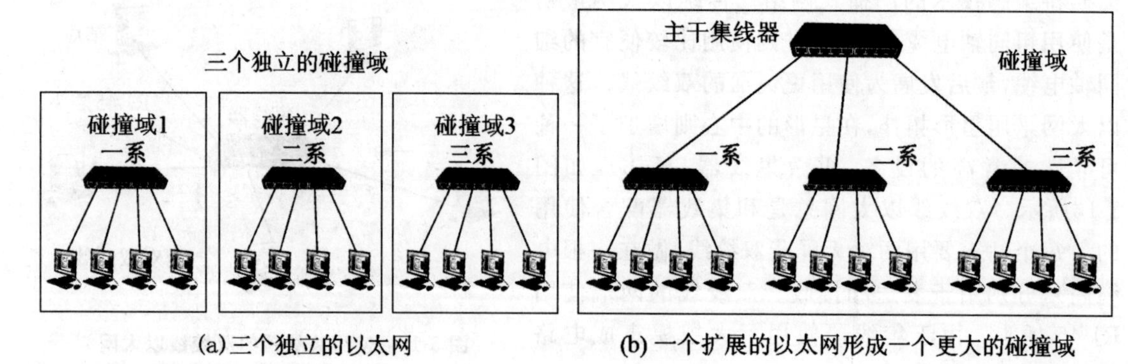

(a)三个独立的以太网　　(b)一个扩展的以太网形成一个更大的碰撞域

图 3-17　用多个集线器连成更大的以太网

以太网是一个独立的冲突域，即在任一时刻，在每一个冲突域中只能有一个站在发送数据。每一个系的以太网的最大吞吐量是 10 Mb/s，一个系里的所有节点共享 10 Mb/s 带宽。如果一个系有 10 台计算机联网，每台计算机分配到的带宽就只有 10M/10＝1M。联网的计算机越多，每台计算机分配到的带宽就越少。三个不联通的系总的最大吞吐量共有 30 Mb/s，但如果把三个系的以太网通过集线器互连起来后就把三个冲突域变成一个更大的冲突域（范围扩大到三个系），如图 3-17(b)所示，而这时的最大吞吐量仍然是一个系的吞吐量 10 Mb/s，每台计算机分配到的带宽就更少了。这就是说，当某个系的两个站在通信时所传送的数据会通过所有的集线器进行转发，使得其他系的内部在这时都不能通信（一发送数据就会碰撞）。

(2)如果不同的系使用不同的以太网技术（如数据率不同），那么就不可能用集线器将它们互联起来。如果在图 3-17 中，一个系使用 10 Mb/s 的适配器，而另外两个系使用 10/100 Mb/s 的适配器，那么用集线器连接起来后，大家都只能工作在 10 Mb/s 的速率。集线器基本上是个多接口（即多端口）的转发器，它并不能把帧进行缓存。

IEEE 802.3 标准还可使用光纤作为传输媒体，相应的标准是 10BASE-F 系列，F 代表光纤。它主要用作集线器之间的远程连接。

2. 以太网 MAC 的硬件地址

在局域网中，硬件地址又称为物理地址或 MAC 地址（因为这种地址用在 MAC 帧中）。IEEE802 标准为局域网规定了一种 48 位的全球地址（一般都简称为“地址”），是指局域网上的每一台计算机中固化在适配器的 ROM 中的地址。因此：

(1)假定连接在局域网上的一台计算机的适配器坏了而我们更换了一个新的适配器，那么这台计算机的局域网的“地址”也就改变了，虽然这台计算机的地理位置一点也没有变化，所接入的局域网也没有任何改变。

(2)假定我们把位于南京的某局域网上的一台笔记本电脑携带到北京，并连接在北京的某局域网上。虽然这台电脑的地理位置改变了，但只要电脑中的适配器不变，那么该电脑在北京的局域网中的“地址”仍然和它在南京的局域网中的“地址”一样。

由此可见，局域网上的某个主机的“地址”根本不能告诉我们这台主机位于什么地方。因此，严格地讲，局域网的“地址”应当是每一个站的“名字”或标识符。不过计算机的名字通常都是比较适合人记忆的不太长的字符串，而这种 48 位二进制的“地址”却很不像一般计算机的名字。现在人们还是习惯于把这种48位的“名字”称为“地址”。本书也采用这种习惯用法，尽管这种说法并不太严格。

请注意，如果连接在局域网上的主机或路由器安装有多个适配器，那么这样的主机或路由器就有多个“地址”。更准确些说，这种48位“地址”应当是某个接口的标识符。

在制定局域网的地址标准时，首先遇到的问题就是应当用多少位来表示一个网络的地址字段。为了减少不必要的开销，地址字段的长度应当尽可能地短些。起初人们觉得用两个字节(共16位)表示地址就够了，因为这一共可表示6万多个地址。但是，由于局域网的迅速发展，而处在不同地点的局域网之间又经常需要交换信息，这就希望在各地的局域网中的站具有互不相同的物理地址。为了使用户在买到适配器并把机器连到局域网后马上就能工作，而不需要等待网络管理员给他先分配一个地址，IEEE 802标准规定MAC地址字段可采用6字节(48位)或2字节(16位)这两种中的一种。6字节地址字段对局部范围内使用的局域网的确是太长了，但是由于6字节的地址字段可使全世界所有的局域网适配器都具有不相同的地址，因此现在的局域网适配器实际上使用的都是6字节MAC地址。

为了统一管理Ethernet的物理地址，保证每块Ethernet网卡的地址是唯一的，不会出现重复。IEEE注册管理委员会为每个网卡生产商分配Ethernet物理地址的前三字节，即公司标识，也称为机构唯一标识符。后面三字节由网卡的厂商自行分配。当网卡生产商获得一个前三个字节地址分配权后，它可以生产的网卡数量是2^{24}(16 777 216)块。例如，IEEE分配给某个公司的Ethernet物理地址前三字节可能有多个，其中一个是020100。标准的表示方法是在两个十六进制数之间用一个连字符隔开，即为02-01-00；该公司可以给它生产的每块Ethernet网卡分配一个后三字节地址值，假如编号为2A-10-C3。则这块Ethernet网卡的物理地址应该是02-01-00-2A-10-C3，也可以写为0201002A10C3。

IEEE规定地址字段的第一字节的最低位为I/G位。I/G表示Individual/Group。当I/G位为0时，地址字段表示一个单个站地址。当I/G位为1时表示组地址，用来进行多播(以前曾译为组播)。因此，IEEE只分配地址字段前三个字节中的23位。当I/G位分别为0和1时，一个地址块可分别生成2^{24}个单个站地址和2^{24}个组地址。需要指出，有的书把上述最低位写为“第一位”，但“第一”的定义是含糊不清的。这是因为在地址记法中有两种标准：第一种记法是把每一字节的最低位写在最左边(最左边的最低位是第一位)。IEEE802.3标准就采用这种记法。第二种记法是把每一字节的最高位写在最左边(最左边的最高位是第一位)。在发送数据时，两种记法都是按照字节的顺序发送，但每一个字节中先发送哪一位则不同：第一种记法先发送最低位，第二种记法先发送最高位。

IEEE还考虑到可能有人并不愿意向IEEE的RA购买机构标识符。为此，IEEE把地址字段第1字节的最低第二位规定为G/L位，表示Global/Local。当G/L位为1时是全球管理(保证在全球没有相同的地址)，厂商向IEEE购买的机构标识符都属于全球管理。当地址字段的G/L位为0时是本地管理，这时用户可任意分配网络上的地址。采用2字节地址字段时全都是本地管理。但应当指出，以太网几乎不使用这个G/L位。图3-18给出了关于全局管理/本地管理(G/L)位与单播/多播(I/G)位的示意图。图中物理地址是02-01-00-2A-10-C3的二进制写法是按照IEEE 802.3规定，将每一个字节的最低位写在最左边。

这样，在全球管理时，对每一个站的地址可用46位的二进制数字来表示(最低位为0和最

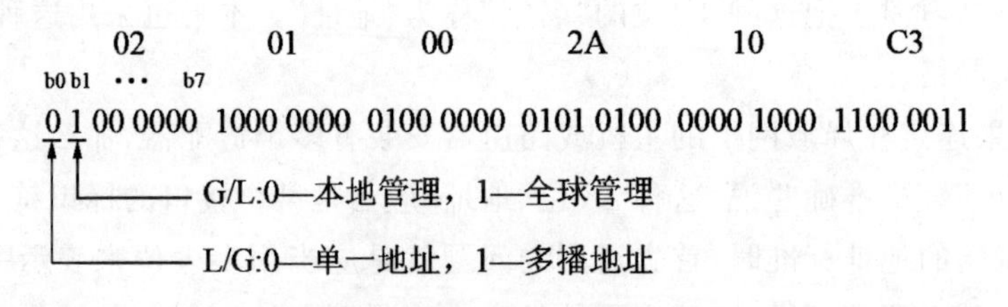

图 3-18 G/L 位与 I/G 位的规定

低第 2 位为 1 时)。剩下的 46 位组成的地址空间可以有 2^{46} 个地址,已经超过 70 万亿个,可保证世界上的每一个适配器都可有一个唯一的地址。

当路由器通过适配器连接到局域网时,适配器上的硬件地址就用来标志路由器的某个接口。路由器如果同时连接到两个网络上,那么它就需要两个适配器和两个硬件地址。

我们知道适配器有过滤功能。但适配器从网络上每收到一个 MAC 帧就先用硬件检查 MAC 帧中的目的地址。如果是发往本站的帧则收下,然后再进行其他的处理。否则就将此帧丢弃,不再进行其他的处理。这样做就不浪费主机的处理机和内存资源。这里"发往本站的帧"包括以下三种帧:

(1)单播(unicast)帧(一对一),即收到的帧的 MAC 地址与本站的硬件地址相同。

(2)广播(broadcast)帧(一对全体),即发送给本局域网上所有站点的帧(全 1 地址)。

(3)多播(multicast)帧(一对多),即发送给本局域网上一部分站点的帧。

所有的适配器都至少应当能够识别前两种帧,即能够识别单播和广播地址。有的适配器可用编程方法识别多播地址。当操作系统启动时,它就把适配器初始化,使适配器能够识别某些多播地址。显然,只有目的地址才能使用广播地址和多播地址。

以太网适配器还可设置为一种特殊的工作方式,即混杂方式。工作 在混杂方式的适配器只要"听到"有帧在以太网上传输就都悄悄地接收下来,而不管这些帧是发往哪个站。请注意,这样做实际上是"窃听"其他站点的通信而并不中断其他站点的通信。网络上的黑客(hacker 或 cracker)常利用这种方法非法获取网上用户的口令。因此,以太网上的用户不愿意网络上有工作在混杂方式的适配器。

但混杂方式有时却非常有用。例如,网络维护和管理人员需要用这种方式来监视和分析以太网上的流量,以便找出提高网络性能的具体措施。有一种很有用的网络工具叫做嗅探器(Sniffer)就使用了设置为混杂方式的网络适配器。此外,这种嗅探器还可帮助学习网络的人员更好地理解各种网络协议的工作原理。因此,混杂方式就像一把双刃剑,是利是弊要看你怎样使用它。

3. MAC 帧的格式

常用的以太网 MAC 帧格式有两种标准,一种是 DIX Ethernet V2 标准(即以太网 V2 标准),另一种是 IEEE 的 802.3 标准。这里只介绍使用得最多的以太网 V2 的 MAC 帧格式(图 3-19)。图中假定网络层使用的是 IP 协议。实际上使用其他的协议也是可以的。

以太网 V2 的 MAC 帧较为简单,由五个字段组成。前两个字段分别为 6 字节长的目的地址和源地址字段。第三个字段是 2 字节的类型字段,用来标志上一层使用的是什么协议,以便把收到的 MAC 帧的数据上交给上一层的这个协议。例如,当类型字段的值是 0x0800 时,就表示上层使用的是 IP 数据报。第四个字段是数据字段,其长度在 46 到 1500 字节之间(46

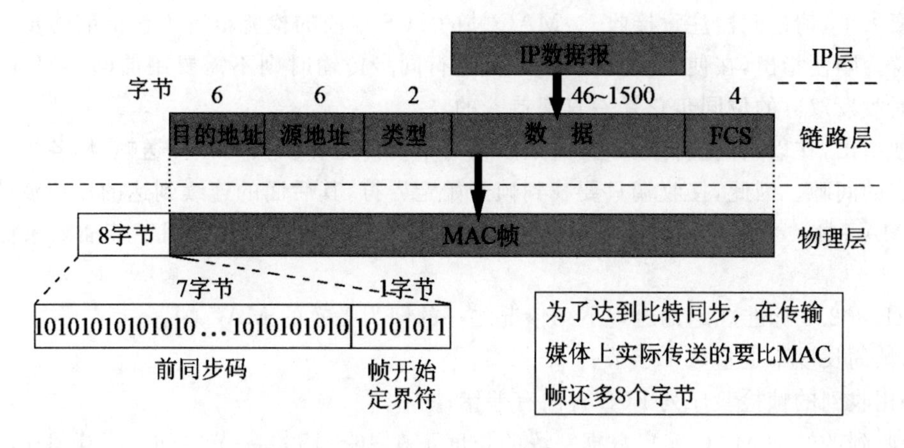

图 3-19 **以太网** V2 **的** MAC **帧格式**

字节是这样得出的：最小长度 64 字节减去 18 字节的首部和尾部就得出数据字段的最小长度）。最后一个字段是 4 字节的帧检验序列 FCS(使用 CRC 检验)。当传输媒体的误码率为 1×10^{-8}时，MAC 子层可使未检测到的差错小于 1×10^{-14}。

这里我们要指出，在以太网 V2 的 MAC 帧格式中，其首部并没有一个帧长度（或数据长度）字段。那么，MAC 子层又怎样知道从接收到的以太网帧中取出多少字节的数据交付给上一层协议呢？我们在前面讲述图 3-13 的曼彻斯特编码时已经讲过，这种曼彻斯特编码的一个重要特点就是：在曼彻斯特编码的每一个码元（不管码元是 1 或 0）的正中间一定有一次电压的转换（从高到低或从低到高）。当发送方把一个以太网帧发送完毕后，就不再发送其他码元了（既不发送 1，也不发送 0）。因此，发送方网络适配器的接口上的电压也就不再变化了。这样，接收方就可以很容易地找到以太网帧的结束位置。在这个位置往前数 4 字节（FCS 字段长度是 4 字节），就能确定数据字段的结束位置。

当数据字段的长度小于 46 字节时，MAC 子层就会在数据字段的后面加入一个整数字节的填充字段，以保证以太网的 MAC 帧长不小于 64 字节。我们应当注意到，MAC 帧的首部并没有指出数据字段的长度是多少。在有填充字段的情况下，接收端的 MAC 子层在剥去首部和尾部后就把数据字段和填充字段一起交给上层协议。现在的问题是：上层协议如何知道填充字段的长度呢？（IP 层要丢弃没有用处的填充字段）。可见，上层协议必须具有识别有效的数据字段长度的功能。我们知道，当上层使用 IP 协议时，其首部就有一个“总长度”字段。因此，“总长度”加上填充字段的长度，应当等于 MAC 帧数据字段的长度。例如，当 IP 数据报的总长度为 42 字节时，填充字段共有 4 字节。当 MAC 帧把 46 字节的数据上交给 IP 层后，IP 层就把其中最后 4 字节的填充字段丢弃。

从图 3-20 可看出，在传输媒体上实际传送的要比 MAC 帧还多 8 个字节。这是因为当一个站在刚开始接收 MAC 帧时，由于适配器的时钟尚未与到达的比特流达成同步，因此 MAC 帧的最前面的若干位就无法接收，结果使整个的 MAC 成为无用的帧。为了接收端迅速实现位同步，从 MAC 子层向下传到物理层时还要在帧的前面插入 8 字节（由硬件生成），它由两个字段构成。第一个字段是 7 个字节的前同步码（1 和 0 交替码），它的作用是使接收端的适配器在接收 MAC 帧时能够迅速调整其时钟频率，使它和发送端的时钟同步，也就是“实现位同步”（位同步就是比特同步的意思）。第二个字段是帧开始定界符，定义为 10101011。它的前六位的作用和前同步码一样，最后的两个连续的 1 就是告诉接收端适配器：“MAC 帧的信息马上就要来了，请适配器注意接收”。MAC 帧的 FCS 字段的检验范围不包括前同步码和帧开始定界符。顺便指出，在使用 SONET/SDH 进行同步传输时则不需要用前同步码，因为在同步传输时收发双方的位同步总是一直保持着的。

顺便指出，在以太网上传送数据时是以帧为单位传送。以太网在传送帧时，各帧之间还必须有一定的间隙。因此，接收端只要找到帧开始定界符，其后面的连续到达的比特流就都属于同一个 MAC 帧。可见以太网不需要使用帧结束定界符，也不需要使用字节插入来保证透明传输。

IEEE 802.3 标准规定凡出现下列情况之一的即为无效的 MAC 帧：

(1)帧的长度不是整数个字节；

(2)用收到的帧检验序列 FCS 查出有差错；

(3)收到的帧的 MAC 客户数据字段的长度不在 46～1500 字节之间。考虑到 MAC 帧首部和尾部的长度共有 18 字节，可以得出有效的 MAC 帧长度为 64～1518 字节之间。

对于检查出的无效 MAC 帧就简单地丢弃。以太网不负责重传丢弃的帧。

最后要提一下，IEEE 802.3 标准规定的 MAC 帧格式与上面所讲的以太网 V2 MAC 帧格式的区别就是两个地方。

第一、IEEE 8023 规定的 MAC 帧的第三个字段是“长度/类型”。当这个字段值大于 0x0600 时(相当于十进制的 1536)，就表示“类型”。这样的帧和以太网 V2 MAC 帧完全一样。只有当这个字段值小于 0x0600 时才表示“长度”，即 MAC 帧的数据部分长度。显然，在这种情况下，若数据字段的长度与长度字段的值不一致时，则该帧为无效的 MAC 帧。实际上，前面我们已经讲过，由于以太网采用了曼彻斯特编码，长度字段并无实际意义。

第二、当“长度/类型”字段值小于 0x0600 时，数据字段必须装入上面的 LLC 子层的 LLC 帧。由于现在广泛使用的局域网只有以太网，因此 LLC 帧已经失去了原来的意义。现在市场上流行的都是以太网 V2 的 Mac 帧，但大家也常常把它称为 IEEE 802.3 标准的 MAC 帧。

4. 以太网的信道利用率

下面我们讨论一下以太网的信道利用率。

假定一个 10 Mb/s 以太网同时有 10 个站在工作，那么每一个站所能发送数据的平均速率似乎应当是总数据率的 1/10(即 1 Mb/s)。其实不然，因为多个站在以太网上同时工作就可能会发生碰撞。当发生碰撞时，信道资源实际上是被浪费了。因此，当扣除碰撞所造成的信道损失后，以太网总的信道利用率并不能达到 100%。图 3-20 是以太网的信道被占用的情况的例子。一个站在发送帧时出现了碰撞。经过一个争用期 2τ 后(τ 是以太网单程端到端传播时延)，可能又出现了碰撞。这样经过若干个争用期后，一个站发送成功了。假定发送帧需要的时间是 T_0。它等于帧长(bit)除以发送速率(10 Mb/s)。

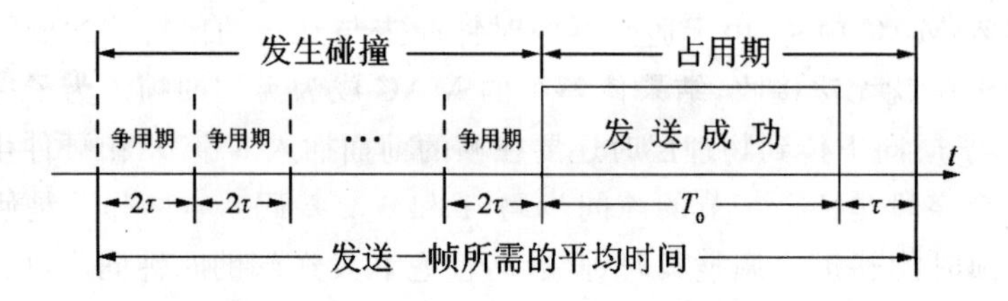

图 3-20　以太网的信道被占用的情况

我们应当注意到，成功发送一个帧需要占用信道的时间是 $T_0+\tau$，比这个帧的发送时间要多一个单程端到端时延 τ。这是因为当一个站发送完最后一个比特时，这个比特还要在以太网上传播。在最极端的情况下，发送站在传输媒体的一端，而比特在媒体上传输到另一端所需的时间是 τ。因此，必须在经过时间 $T_0+\tau$ 后以太网的媒体才完全进入空闲状态，才能允许其他站发送数据。

从图 3-20 可看出，要提高以太网的信道利用率，就必须减小 τ 与 T_0 之比。在以太网中定义了参数 a，它是以太网单程端到端时延 τ 与帧的发送时间 T_0 之比：

$$\alpha=\frac{\tau}{T_0} \tag{3.5}$$

当 $\alpha\to 0$ 时，表示只要一发生碰撞，就立即可以检测出来，并立即停止发送，因而信道资源被浪费的时间非常非常少。反之，参数 a 越大，表明争用期所占的比例增大，这就使得每发生一次碰撞就浪费了不少的信道资源，使得信道利用率明显降低。因此，以太网的参数 a 的值应当尽可能小些。从(3.5)式可看出，这就要求(3.5)式分子 τ 的数值要小些，而分母 T_0 数值要大些。这就是说，当数据率一定时，以太网的连线的长度受到限制(否则 τ 的数值会太大)，同时以太网的帧长不能太短(否则 T_0 的值会太小，使 a 值太大)。

现在考虑一种理想化的情况。假定以太网上的各站发送数据都不会产生碰撞(这显然已经不是 CSMA/CD，而是需要使用一种特殊的调度方法)，并且能够非常有效地利用网络的传输资源，即总线一旦空闲就有某一个站立即发送数据。这样，发送一帧占用线路的时间是 $T_0+\tau$，而帧本身的发送时间是 T_0。于是我们可计算出极限信道利用率 S_{max} 为：

$$S_{max}=\frac{T_0}{T_0+\tau}=\frac{1}{1+a} \tag{3.6}$$

(3.6)式的意义是：虽然实际的以太网不可能有这样高的极限信道利用率，但(3.6)式指出了只有当参数 a 远小于 1 才能得到尽可能高的极限信道利用率。反之，若参数 a 远大于 1(即每发生一次碰撞，就要浪费了相对较多的传输数据的时间)，则极限信道利用率就远小于 1，而这时实际的信道利用率就更小了。

3.6.2　交换式以太网

共享到交换是以太网技术发展的必然选择。由于传统的以太网是共享信道的，不可避免地要产生冲突，而且冲突会随着接入计算机数量的增大而增大。冲突的产生导致了网络效率的下降。在以太网中，为了尽可能地减少网络冲突，提高网络运行效率，人们提出了交换式以太网技术。局域网交换技术放弃了传统的位于物理层的集线器来广播数据，而是使用工作于数据链路层的交换机来实现点对点的通信。

在星型网络中，交换式局域网不需要改变网络中的其他硬件(包括网络传输介质和网卡)，只需要用交换机替换共享式 hub，就可以实现从共享到交换的升级。交换式局域网同时提供了多个通道，比传统的共享式 hub 提供更多的带宽。在传统以太网中，中央节点是一个 Hub，集线器是一个被动装置，它仅仅复制从源端口接收的数据流，然后分发(广播)到其他所有端口。而在交换式以太网中，位于中央节点的交换机可以识别目标地址并将数据帧转发到目的端口。这就意味着在交换式以太网中，只要彼此的目的站点不同，多个站点便可以同时发送数据而不产生冲突，端口之间的数据传输不再受到 CSMA/CD 的约束，从而使网络的带宽得以成倍的增长。另外，传统以太网采用半双工模式，而交换式以太网采用全双工模式。

很明显,交换式局域网的工作基础是局域网交换机。从功能上讲,以太网交换机是一个多端口的网桥,所以本节从网桥讲起,介绍交换机换机的工作原理,进一步掌握交换式以太网的工作特点。

1. 网桥

网桥一般有两个端口,连接两个网段。每个端口有一块网卡,有自己的 MAC 子层和物理层。图 3-21(a)是网桥工作原理示例,端口 1 与网段 A 相连,端口 2 则连接到网段 B。

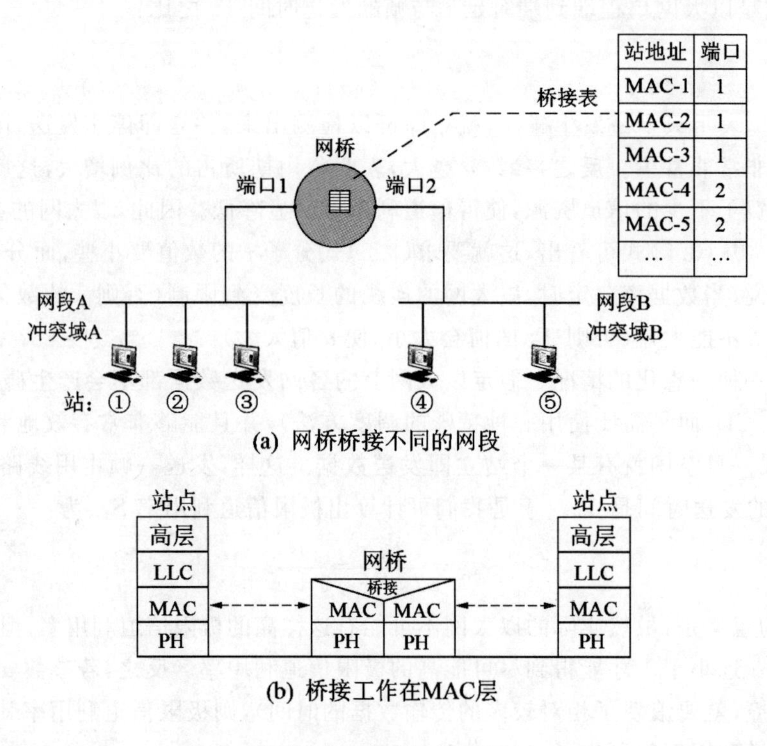

图 3-21 网桥工作原理

网桥工作在数据链路层的 MAC 子层,其基本功能是在不同 LAN 网段之间转发帧,转发中不修改帧的源地址。网桥从端口接收所连接的网段上传输的帧,先存于缓存中。若此帧未出现传输差错而且目的站属于其他网段,根据目的地址通过查找存有端口-MAC 地址映射的桥接表,找到对应的转发端口,将帧从该端口发送出去;否则,就丢弃此帧。而在同一个网段中通信的帧,网桥不进行转发。

设网段 A 的 3 个站①、②和③的 MAC 地址分别为 MAC-1、MAC-2 和 MAC-3,而网段 B 的两个站④和⑤的 MAC 地址分别为 MAC-4 和 MAC-5。若端口 1 收到站①发给站④的帧,目的地址为 MAC-4,查找桥接表后知道 MAC-4 所在网段连接在端口 2,属于向不同的网段上传输的帧,若此帧没有传输差错,就端口 2 转发到网段 B。若网桥的端口 1 收到站①发给站②的帧,根据桥接表知道此帧属于同一网段上传输的帧,网桥就不转发,将它丢弃。

网桥和中继器、集线器都能扩展局域网,但网桥工作在更高的层次,主要特点是:

(1)工作在 MAC 子层。见图 3-21(b)所示,网桥要检查帧的 MAC 地址,并据此查找桥接表,进行帧的转发。

(2)进行帧过滤减少了通信量。同一个网段上各工作站之间的通信量不会经过网桥传到

LAN 的其他网段上去，仅局限于本网段之内。

(3)隔离了冲突域，扩大了网络跨距。帧过滤功能使得由网桥连接的以太网的不同网段上同时传送数据时不会产生冲突。例如，图 3-21(a)网段 A 上的站①和网段 B 上的站④同时发送数据，站①发给站③，站④发给站②，则帧分别在网段 A 和 B 上传送，不会冲突。可见，网桥每个端口所连接的网段各属于一个独立的冲突域。图 3-21(a)中的网段 A 和 B，就被分隔为两个独立的冲突域，使整个网络跨距不受以太网冲突域最大跨距的限制。

(4)可连接不同类型的 LAN。中继器和集线器只能连接同一类型的 LAN，而网桥可以连接不同类型的 LAN，例如以太网、令牌总线网和令牌环网等。这种网桥要复杂一些，它需要进行帧格式的转换。

当然，网桥也有一些缺点，例如：

(1)由于网桥对接收的帧要先存储和查找转发表，然后才转发，而转发之前，还必须执行 CSMA/CD 算法(发生碰撞时要退避)，这就增加了时延。

(2)在 MAC 子层并没有流量控制功能。当网络上的负荷很重时，网桥中的缓存的存储空间可能不够而发生溢出，以致产生帧丢失的现象。

(3)网桥不能隔断广播，所以只适合于用户数不太多(不超过几百个)和通信量不太大的以太网，否则时还会因传播过多的广播信息而产生网络拥塞。广播信息可以从一个网段通过交换机传播到另一个网段，这就是所谓的广播风暴。

2. 透明网桥

常用的以太网网桥是透明网桥，其标准是 1990 年的 IEEE 802.1D 或 ISO 8802.1D。透明网桥是由网桥自己来决定路由选择，而 LAN 上的各个站都不介入路由选择。透明的意思是 LAN 上的每个站不需知道(也不知道)所发送的帧将经过哪几个网桥。透明网桥上电后就可以工作，无需管理人员干预，属于即插即用设备。

网桥是依据网桥中的桥接表做出路由选择决定的。一个透明网桥刚刚连接到 LAN 上时，其初始的桥接表是空的。显然，此时网桥暂时还无法做出转发决策。此时网桥若收到一个帧，就采用洪泛法转发它，即向除上游端口(接收此帧的端口)以外的所有端口转发。这样进行下去就一定可以使该帧到达其目的站。

网桥在转发过程中通过学习将其桥接表逐步建立起来，学习的方法是逆向学习法。例如，图 3-21(a)的情况，假定网桥收到从端口 1 发来的帧，从帧中得知源站的地址为 MAC-1。于是，网桥就可以推论出，在相反的方向上，只要以后收到发往目的地址 MAC-1 的帧，就应当由端口 1 转发出去。于是就将地址 MAC-1 和端口 1 作为一个表项登记在桥接表中，如图 3-21(a)中桥接表的第 1 行所示。这样，在转发过程中通过学习就把桥接表逐步建立起来。

LAN 的拓扑可能会发生变化。为了使桥接表能动态地反映出网络的最新拓扑，可以在登记一个表项时将帧到达网桥的时间也记录下来。网桥中的软件周期性地扫描桥接表，只要是在规定的时间(如几分钟)之前登记的表项，则予以清除，重新学习。

3. 以太网交换机

交换机(2 层交换机)本质上是一个多口网桥，工作在 MAC 子层。交换机也通过学习生成并维护一个包含端口-MAC 地址映射的交换表，并根据交换表进行帧的转发。

交换机的多个端口可以并行地工作，可以同时接收从不同端口上发来的信息帧，又能将信息帧转发到许多其他端口上。这一过程展示在图 3-22(a)和(b)中，从图中可以看出，从端口

A、B、C 和 D 发来的帧同时分别传到端口 F、E、G 和 H。交换机和网桥一样，可以避免发生在集线器中那种多个站点同时发送时产生的冲突。

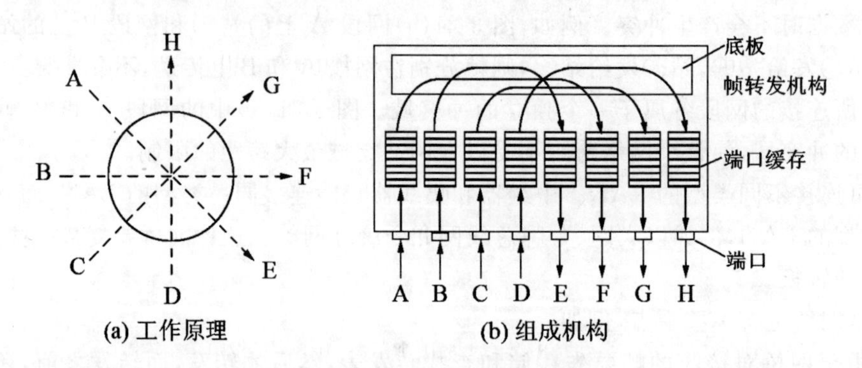

(a) 工作原理 (b) 组成机构

图 3-22 交换机结构与交换过程

交换机体系结构如图 3-22(b)所示，由 4 个基本部分组成：端口、端口缓存、帧转发机构和底板体系，底板也称母板。

(1)端口

端口用来连接计算机，速率有 10 Mb/s、100 Mb/s 和 1 000 Mb/s 等，支持不同的数据传输速率，端口类型视具体产品设计而定。

(2)端口缓存

端口缓存提供缓冲能力，特别是在同时具有不同速率的端口时，交换机的缓存会起很大作用。由高速的端口向低速端口转发数据，必须有足够的缓冲能力。

(3)帧转发机构

帧转发机构在端口之间转发信息。有 3 种类型的交换机转发机构：

①存储转发交换。在数帧发送到一个端口之前先全部存储在内部缓存中，交换机的延迟时间等于整个帧的传输时间。存储转发类型交换机要进行差错检验，能滤掉传输有问题的帧。

②直通交换。查看到帧的目的地址就立即转发，因此帧几乎可以立即转发出去，从而使延迟时间大大缩短。但它把目的地址有效的所有信息帧全部转发出去，包括有差错的帧，不进行差错检验。

③无碎片交换。结合上述两种类型交换机的优点，其做法是只查看暂存帧的前 64 字节，如果是有冲突的帧，冲突碎片小于 64 字节，就立即舍弃，否则就转发。它不进行差错检验，无法查出有差错的帧。转发的效率和速度上是前两种方式的折中。

如果要求高的速度和低的等待延迟，则直通型交换机是最好的选择类型；如果需要好的效率，则存储转发类型较好；而改进直通型是一折中的选择。

(4)底板体系结构

底板体系结构是交换机内部的电子线路，在端口之间进行快速数据交换，有总线交换结构、共享内存交换结构和矩阵交换结构等不同形式。

交换机的底板传输速率可以决定它支持的并发交叉连接的能力和进行广播式传输的能力。一个 48 端口的 100 Mb/s 交换机最多可支持 24 个交叉连接，它的底板传输速率至少应该有 24×100 Mb/s＝2 400 Mb/s。当某端口接收的帧在端口-地址表中找不到时，它要把该帧广播输出到其他所有的端口，交换机应该有 48×100 Mb/s＝ 4 800 Mb/s 的底板传输速率。

一个小规模的工作组级交换式以太网可以由 1 台交换机连接若干台计算机组成。大规模的交换式以太网通常将交换机划分为几个层次连接,使网络结构更加合理。例如,可以由低到高分为接入层、汇聚层和核心层 3 个层次。接入层交换机供用户计算机接入使用,若干台接入到一台汇聚层交换机,汇聚网络流量,若干台汇聚层交换机再接入一台核心层交换机,核心层交换机连接成主干网。总结交换式以太网的特点如下:

(1)突破了共享带宽的限制,增大了网络带宽;

(2)隔离了冲突域,增大了网络跨距;

(3)处于一个广播域,可能产生广播风暴。

3.6.3 虚拟局域网

VLAN(Virtual LAN)不是一个新型的网络,只是给用户提供的一种网络服务。

VLAN 建立在交换式网络的基础之上,主要的交换设备是以太网交换机。在像交换式以太网这样的支持 VLAN 的网络上,使用 VLAN 技术将网络从逻辑上划分出一个个与地理位置无关的子集,每个子集构成一个 VLAN。一个站点的广播帧只能发送到同一个 VLAN 中的其他站点,不管它们在什么物理位置,而其他 VLAN 中的站点则接收不到该广播帧。因此,VLAN 是由一些交换机连接的以太网网段构成的与物理连接和地理位置无关的逻辑工作组,是一个广播域,一个 VLAN 的广播风暴不会影响到其他的 VLAN。

图 3-23 是一个 VLAN 的示例,两个交换机和多台计算机组成了交换式以太网,并划分了 3 个 VLAN:VLAN1、VLAN2 和 VLAN3,分别包含 7、6 和 3 台计机。

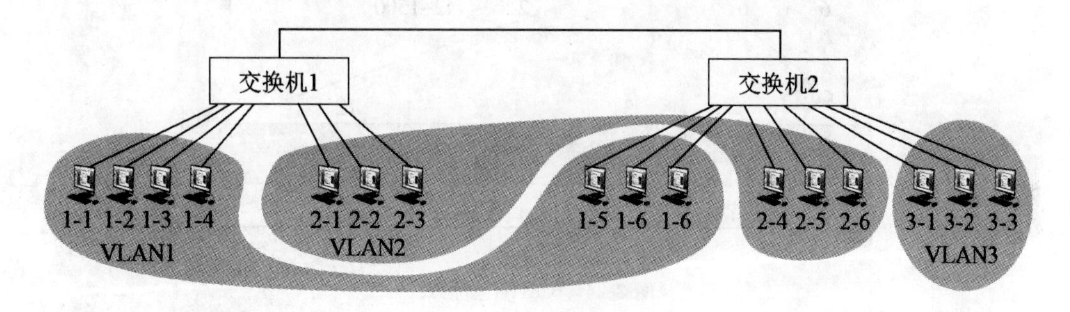

图 3-23 VLAN 示例

VLAN 比一般的 LAN 有更好的安全性。可以通过划分 VLAN 进行 VLAN 之间的信息隔离,禁止访问 VLAN 中的某些应用等。例如,一个行政单位的网络可以基于下属职能部门(人事部、财务部等)划分若干个 VLAN,以限制对某些部门内部信息的访问。

VLAN 的划分可以控制通信流量,提高网络带宽利用率。日常的通信流量大部分限制在 VLAN 内部,减少不必要的广播数据在网络上传播,使得网络带宽得到有效利用。

VLAN 的划分主要有以下几种方式。

(1)基于端口。基于交换机的端口进行 VLAN 的划分是最常用的方法,端口的逻辑划分就对应了 VLAN 的划分。基于端口划分也允许跨越多个交换机的不同端口进行划分。这种划分方法简单、安全、实用,应用广泛。

任何一个联网设备,只要接入同一个端口,它就自然成为该端口所属 VLAN 的成员。但这种划分难于解决设备移动和变更的问题。当工作站从一个交换端口移动到另一个交换端口时,需要改变 VLAN 的设置。另外,也不能使一个端口的设备划分到多个 VLAN 中。

(2)基于 MAC 地址。按 MAC 地址的不同组合来划分 VLAN,一个 VLAN 实际上是一组 MAC 地址的集合，多个集合就是多个 VLAN。

这种划分方式解决了按端口划分难于解决的设备移动问题，因为 MAC 地址是全球唯一的，计算机等设备移动之后 MAC 地址不变，所属 VLAN 也不变。另外，一个 MAC 可以对应多个 VLAN。

这种方式中，MAC 地址最初必须被网络管理员手工配置到至少一个 VLAN 中，在大规模的网络中，增加了管理的复杂性。

(3)基于协议。可以基于协议类型(如 IP 或 IPX)或网络地址即 IP 子网号(subnet-id)进行划分，可在第 3 层上实现 VLAN。

IEEE 802.3ac 标准定义了 VLAN 帧格式，对以太网帧进行了修改。VLAN 帧中携带一个 VLAN 标记(Tag)，4 字节，插入到以太网帧的源地址和长度/类型字段之间。LAN 标记是一个“插入性”的标记，当插入或去掉时必须重新计算 CRC 检验值，而且帧长度也应加 4 或减 4。

为了容纳 VLAN 标记，IEEE 802.3 以太网帧长度也作了相应修改，最大帧长由 1 518 字节扩大到 1 522 字节，它只适用于 VLAN 帧，其他以太网帧的最大帧长仍是 1518 字节。

图 3-24 是 VLAN 的帧格式。插入性的 VLAN 标记分为两个字段：

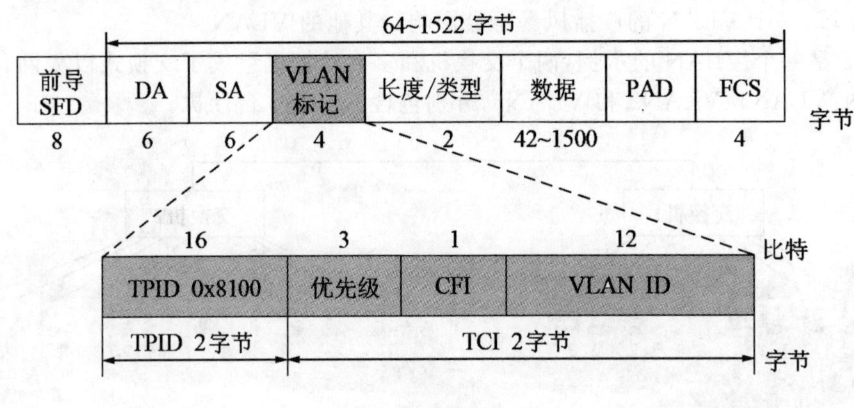

图 3-24　VLAN 帧格式

① TPID(Tag Protocol Identifier)。标记协议标识符，2 个字节，是一个全局赋予的 VLAN 以太网类型，其值为 0x8100。

② TCI(Tag Control Information)。标记控制信息，2 字节，它分为 3 个字段。3 比特的用户优先级 0-7 级，0 级最高，允许以太网支持服务级别的概念。1 比特的规范格式指示器 CFI，以太网不使用这一位，置为 0；置 1 时表示以太网帧封装令牌环帧。其余 12 比特作为 VLAN 标识符(VLAN Identifier，VID)用于标识某个 VLAN。范围 0～4095，0 表示空 VLAN，不含 VID 信息；4095(0xFFF)保留未用；1 为基于端口方式中 VLAN 号的默认值。

3.7　高速以太网

速率达到或超过 100 Mb/s 的以太网称为高速以太网。下面简单介绍几种高速以太网技术。

3.7.1　100BASE-T 以太网

100BASE-T 是在双绞线上传送 100 Mb/s 基带信号的星型拓扑以太网，仍使用 IEEE 802.3 的 CSMA/CD 协议，它又称为快速以太网(Fast Ethernet)。用户只要更换一张适配器，再配上一个 100 Mb/s 的集线器，就可很方便地由 10BASE-T 以太网直接升级到 100 Mb/s，而不必改变网络的拓扑结构。所有在 10BASE-T 上的应用软件和网络软件都可保持不变。100BASE-T 的适配器有很强的自适应性，能够自动识别 10 Mb/s 和 100 Mb/s 。

1995 年 IEEE 已把 100BASE-T 的快速以太网定为正式标准，其代号为 IEEE 802.3u，是对现行的 IEEE 802.3 标准的补充。快速以太网的标准得到了所有的主流网络厂商的支持。

100BASE-T 可使用交换式集线器提供很好的服务质量，可在全双工方式下工作而无冲突发生。因此，CSMA/CD 协议对全双工方式工作的快速以太网是不起作用的(但在半双工方式工作时则一定要使用 CSMA/CD 协议)。可能读者会问，不使用 CSMA/CD 协议为什么还能够叫作以太网呢？这是因为快速以太网使用的 MAC 帧格式仍然是 IEEE 802.3 标准规定的帧格式。

然而 IEEE 802.3u 的标准未包括对同轴电缆的支持。这意味着想从细缆以太网升级到快速以太网的用户必须重新布线。因此，现在 10/100 Mb/s 以太网都是使用无屏蔽双绞线布线。

100 Mb/s 以太网的新标准改动了原 10 Mb/s 以太网的某些规定。这里最主要的原因是要在数据发送速率提高时使参数 a 仍保持不变(或保持为较小的数值)。在 3.6.1 节已经给出了参数 a 的公式，可以看出，当数据率提高到 10 倍时，为了保持参数 a 不变，可以将帧长也增大到 10 倍，也可以将网络电缆长度减小到原有数值的十分之一。

在 100 Mb/s 的以太网中采用的方法是保持最短帧长不变，但把一个网段的最大电缆长度减小到 100 m。但最短帧长仍为 64 字节，即 512 比特。因此 100 Mb/s 以太网的争用期是 5.12，帧间最小间隔现在是 0.96，都是 10 Mb/s 以太网的 1/10。

100 Mb/s 以太网的新标准还规定了以下三种不同的物理层标准：

(1)100BASE-TX 使用两对 UTP 5 类线或屏蔽双绞线 STP，其中一对用于发送，另一对用于接收。

(2)100BASE-FX 使用两根光纤，其中一根用于发送，另一根用于接收。

在标准中把上述的 100BASE-TX 和 100BASE-FX 合在一起称为 100BASE-X。

(3)100BASE-T4 使用 4 对 UTP 3 类线或 5 类线，这是为已使用 UTP 3 类线的大量用户而设计的。它使用 3 对线同时传送数据(每一对线以 Mb/s 的速率传送数据)，用 1 对线作为碰撞检测的接收信道。

3.7.2　吉比特以太网

1996 年夏季吉比特以太网(又称为千兆以太网)的产品已经问市。IEEE 在 1997 年通过了吉比特以太网的标准 802.3z，它在 1998 年成为了正式标准。

吉比特以太网的标准 IEEE 802.3z 有以下几个特点：

(1)允许在 1 Gb/s 下全双工和半双工两种方式工作。

(2)使用 IEEE 802.3 协议规定的帧格式。

(3)在半双工方式下使用 CSMA/CD 协议(全双工方式不需要使用 CSMA/CD 协议)。

(4)与 10BASE-T 和 100BASE-T 技术向后兼容。

吉比特以太网可用作现有网络的主干网,也可在高带宽(高速率)的应用场合中(如医疗图像或 CAD 的图形等)用来连接工作站和服务器。

吉比特以太网的物理层使用两种成熟的技术:一种来自现有的以太网,另一种则是 ANSI 制定的光纤通道 FC (Fiber Channel)。采用成熟技术能大大缩短吉比特以太网标准的开发时间。

吉比特以太网的物理层共有以下两个标准:

(1) 1000BASE-X(IEEE 802.3z 标准)

1000BASE-X 标准是基于光纤通道的物理层,即 FC-0 和 FC-1。使用的媒体有三种:

· 1000BASE-SX,SX 表示短波长(使用 850 nm 激光器)。使用纤芯直径为 62.5 μm 和 50 μm 的多模光纤时,传输距离分别为 275 m 和 550 m。

· 1000BASE-LX,LX 表示长波长(使用 1300 nm 激光器)。使用纤芯直径为 62.5 μm 和 50 μm 的多模光纤时,传输距离分别为 550 m 和 220 m。使用纤芯直径为 10 μm 时,传输距离为 5 km。

· 1000BASE-CX,CX 表示铜线。使用两对短距离的屏蔽双绞线电缆,传输距离为 25 m。

(2) 1000BASE-T(802.3ab 标准)

1000BASE-T 是使用 4 对 UTP 5 类线,传送距离为 100 m。

吉比特以太网工作在半双工方式时,就必须进行碰撞检测。由于数据率提高了,因此只有减小最大电缆长度或增大帧的最小长度,才能使参数保持为较小的数值。若将吉比以太网最大电缆长度减小到 10 m,那么网络的实际价值就大大减小。而若将最短帧长提高到 640 字节,则在发送短数据时开销又嫌太大。因此,吉比特以太网仍然保持一个网段的最大长度为 100 m,但采用了“载波延伸”的办法,使最短帧长仍为 64 字节(这样可以保持兼容性),同时将争用期增大为 512 字节。凡发送的 MAC 帧长不足 512 字节时,就用一些特殊字符填充在帧的后面,使 MAC 帧的发送长度增大到 512 字节,这对有效载荷并无影响。接收端在收到以太网的 MAC 帧后,要把所填充的特殊字符删除后才向高层交付。当原来仅以字节长的短帧填充到 512 字节时,所填充的 448 字节就造成很大的开销。

为此,吉比特以太网还增加一种功能称为分组突发。这就是当很多短帧要发送时,第一个短帧要采用上面所说的载波延伸的方法进行填充。但随后的一些短帧则可一个接一个地发送,它们之间只需留有必要的帧间最小间隔即可。这样就形成一串分组的突发,直到达到 1500 字节或稍多一些为止。当吉比特以太网工作在全双工方式时(即通信双方可同时进行发送和接收数据),不使用载波延伸和分组突发。

吉比特以太网交换机可以直接与多个图形工作站相连。也可用作百兆以太网的主干网,与百兆比特或吉比特集线器相连,然后再和大型服务器连接在一起。图 3-25 是吉比特以太网的一种配置举例。

3.7.3 10 吉比特以太网

10 吉比特以太网(10GE 或万兆以太网)的标准由 IEEE 802.3ae 委员会进行制定的正式标准已在 2002 年 6 月完成。

10GE 并非将吉比特以太网的速率简单地提高到 10 倍。这里有许多技术上的问题要解决。下面是 10GE 的主要特点。

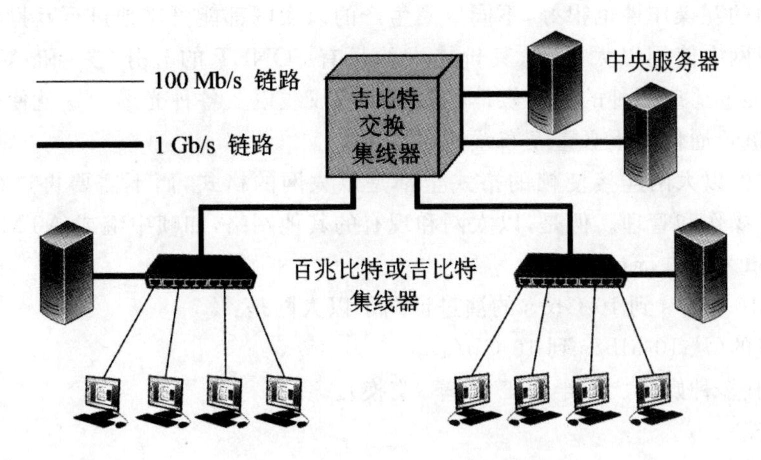

图 3-25　吉比特以太网的配置举例

10GE 的帧格式与 10 Mb/s、100 Mb/s 和 1 Gb/s 以太网的帧格式完全相同。10GE 还保留了 802.3 标准规定的以太网最小和最大帧长。这就使用户在将其已有的以太网进行升级时，仍能和较低速率的以太网很方便地通信。

由于数据率很高，10GE 不再使用铜线而只使用光纤作为传输媒体。它使用长距离（超过 40 km）的光收发器与单模光纤接口，以便能够工作在广域网和城域网的范围。10GE 也可使用较便宜的多模光纤，但传输距离为 65～300 m。

10GE 只工作在全双工方式，因此不存在争用问题，也不使用 CSMA/CD 协议。这就使得 10GE 的传输距离不再受进行碰撞检测的限制而大大提高了。

吉比特以太网的物理层可以使用已有的光纤通道的技术，而 10GE 的物理层则是新开发的。10GE 有两种不同的物理层：

(1)局域网物理层 LAN PHY。局域网物理层的数据率是 10.000 Gb/s（这表示是精确的 10 Gb/s），因此一个 10GE 交换机可以支持正好 10 个吉比特以太网接口。

(2)可选的广域网物理层 WAN PHY。广域网物理层具有另一种数据率，这是为了和所谓的“10 Gb/s”的 SONET/SDH（即 OC-192/STM-64）相连接。我们知道，OC-192/STM-64 的数据率并非精确的 10 Gb/s 而是 9.95328 Gb/s。在去掉帧首部的开销后，其有效载荷的数据率是 9.58464 Gb/s。因此，为了使 10GE 的帧能够插入到 OC-192/STM-64 帧的有效载荷中，就要使用可选的广域网物理层，其数据率为 9.95328 Gb/s。反之，SONET/SDH 的“10 Gb/s”速率不可能支持 10 GE 以太网的接口，而只是能够与 SONET/SDH 相连接。

需要注意的是，10GE 并没有 SONET/SDH 的同步接口而只有异步的以太网接口。因此，10GE 在和 SONET/SDH 连接时，出于经济上的考虑，它只是具有 SONET/SDH 的某些特性，如 OC-192 的链路速率、SONET/SDH 的组帧格式等，但 WAN PHY 与 SONET/SDH 并不是全部都兼容的。例如，10GE 没有 TDM 的支持，没有使用分层的精确时钟，也没有完整的网络管理功能。

由于 10GE 的出现，以太网的工作范围已经从局域网（校园网、企业网）扩大到城域网和广域网，从而实现了端到端的以太网传输。这种工作方式的好处是：

(1)以太网是一种经过实践证明的成熟技术，无论是因特网服务提供者 ISP 还是端用户都很愿意使用以太网。当然对 ISP 来说，使用以太网还需要在更大的范围进行试验。

(2)以太网的互操作性也很好,不同厂商生产的以太网都能可靠地进行互操作。

(3)在广域网中使用以太网时,其价格大约只有 SONET 的五分之一和 ATM 的十分之一。以太网还能够适应多种的传输媒体,如铜缆、双绞线以及各种光缆。这就使具有不同传输媒体的用户在进行通信时不必重新布线。

(4)端到端的以太网连接使帧的格式全都是以太网的格式,而不需要再进行帧的格式转换,这就简化了操作和管理。但是,以太网和现有的其他网络,如帧中继或 ATM 网络,仍然需要有相应的接口才能进行互连。

以太网从 10 Mb/s 到 10 Gb/s 的演进证明了以太网是:

(1)可扩展的(从 10 Mb/s 到 10 Gb/s)。

(2)灵活的(多种媒体、全/半双工、共享/交换)。

(3)易于安装。

(4)稳健性好。

3.8 无线局域网

传统意义上的局域网,其各类网络设备被网络连线所禁锢,无法实现可移动的网络通信。随着便携式计算机等可移动通信工具的广泛应用,计算机网络又面临着新的要求,无线局域网 WLAN(Wireless LAN)在这种情况下应运而生。无线局域网克服了传统网络的不足,实现了可移动的数据交换,为局域网开辟了一个崭新的技术和应用领域,它的产生,真正体现了通信系统的 5W(Whoever,Whenever,Wherever,Whomever,Whatever)特点。

3.8.1 IEEE 802.11 WLAN

IEEE 802.11 WLAN 是目前最有影响的 WLAN。1997 年 IEEE 制定了 WLAN 的协议标准 IEEE 802.11,它提供了物理层和 MAC 子层的规范,国际标准化组织 ISO 也接纳了这一标准,标准号为 ISO 8802-11。后来又出现了 IEEE 802.11a、802.11b、802.11g 和 802.11n 持更高的速率,它们的 MAC 层和 IEEE 802.11 是一样的。

1. IEEE 802.11 WLAN 网络组成

IEEE 802.11 WLAN 的最小组件称为基本服务集 BSS(Basic Service Set)。一个 BSS 包括一个基站和若干个移动站,它们共享 BSS 内的无线传输媒体。基站也称为接入点 AP(Access Point)。BSS 有一个标识,可以用 AP 的 MAC 地址表示。一个 BSS 所覆盖的范围称为基本服务区 BSA(Basic Service Area),通常有 100 米左右。BSA 内的移动站可以直接相互通信。

一个 BSS 可以是独立的,也可以通过接入点 AP 连接到一个分配系统 DS(Distribution System)。DS 是一个有线或无线的主干 LAN,最常用 802.3 以太网。在同时具有有线和无线网络的情况下,AP 可以通过标准的以太网电缆与传统的有线以太网相连,作为无线网络和有线网络的连接点。这样,BSS 中的移动站点就可以通过 AP 访问 DS 连接的主机。多个 BSS 通过 DS 连接就构成了扩展服务集 ESS(Extended Service Set)。ESS 还可为无线用户提供到 Internet 的访问。IEEE 802.11 WLAN 的网络结构如图 3-26 所示。

无线局域网不管采取哪种结构类型,当任意两个无线节点(无线站点或 AP)之间通信前,必须首先建立两者之间的关联,关联是无线节点之间发现、识别、请求和接受的过程。例如,一

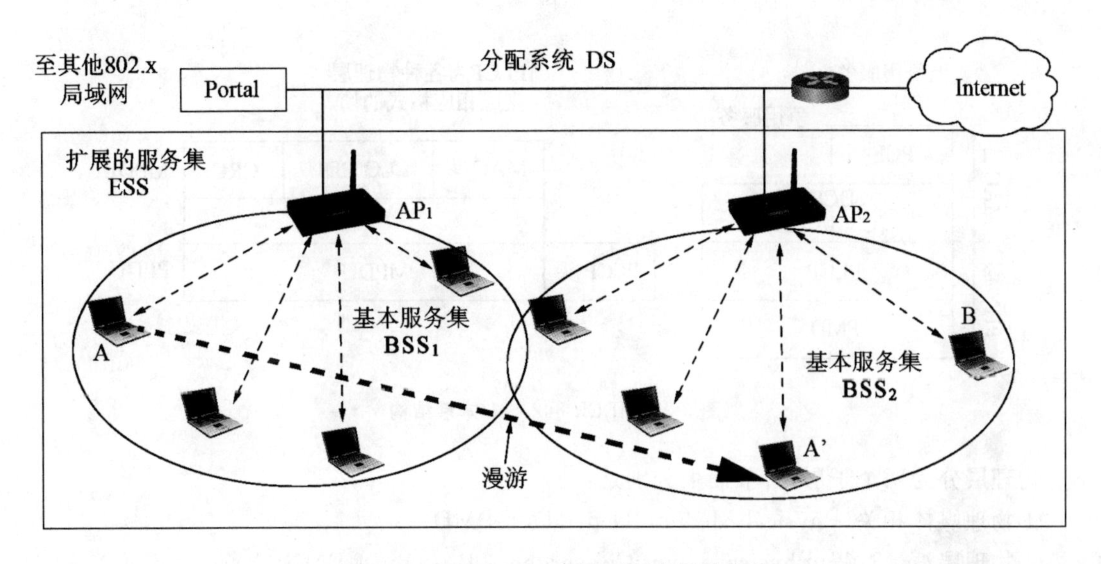

图 3-26　IEEE 802.11 WLAN 的网络结构

个移动站若要加入到一个基本服务集 BSS，就必须先选择一个接入点 AP，并与此接入点建立关联（association）。建立关联就表示这个移动站加入了选定的 AP 所属的子网，并和这个接入点 AP 之间创建了一个虚拟线路。只有关联的 AP 才向这个移动站发送数据帧，而这个移动站也只有通过关联的 AP 才能向其他站点发送数据帧。这和手机开机后必须和某个基站建立关联的概念是相似的。

此后，这个移动站就和选定的 AP 互相使用 802.11 关联协议进行对话。移动站点还要向该 AP 鉴别自身。在关联阶段过后，移动站点要通过关联的 AP 向该子网发送 DHCP 发现报文以获取 IP 地址，此后，因特网中的其他部分就把这个移动站当作该 AP 子网中的一台主机。

若移动站使用重建关联（reassociation）服务，就可把这种关联转移到另一个接入点。当使用分离（dissociation）服务时，就可终止这种关联。

移动站与接入点建立关联的方法有两种。一种是被动扫描，即移动站等待接收接入站周期性发出的（例如每秒 10 次或 100 次）信标帧。信标帧中包含有若干系统参数（如服务集标识符 SSID 以及支持的速率等）。另一种是主动扫描，即移动站主动发出探测请求帧，然后等待从接入点发回的探测响应帧（probe response frame）。

现在许多地方，如办公室、机场、快餐店、旅馆、购物中心等都能够向公众提供有偿或无偿接入 Wi-Fi 的服务。这样的地点就叫做热点。由许多热点和接入点 AP 连接起来的区域叫做热区。热点也就是公众无线入网点。由于无线信道的使用日益增多，因此现在也出现了无线因特网服务提供者 WISP（Wireless Internet Service Provider）这一名词。用户可以通过无线信道接入到 WISP，然后再经过无线信道接入到因特网。

IEEE 802.11 还支持另一种结构的 WLAN，称为自组网络（ad hoc network），其中的移动节点直接相互通信，不需要 AP，如同图 3-26 中没有 AP 的 BSS。

2. IEEE 802.11 WLAN **体系结构**

（1）层次结构

IEEE 802.11 WLAN 协议定义了物理层和媒体接入控制 MAC 层，它们在 IEEE 802 LAN/RM 的 LLC 层之下。IEEE 802. 11 体系结构如图 3-27 所示。

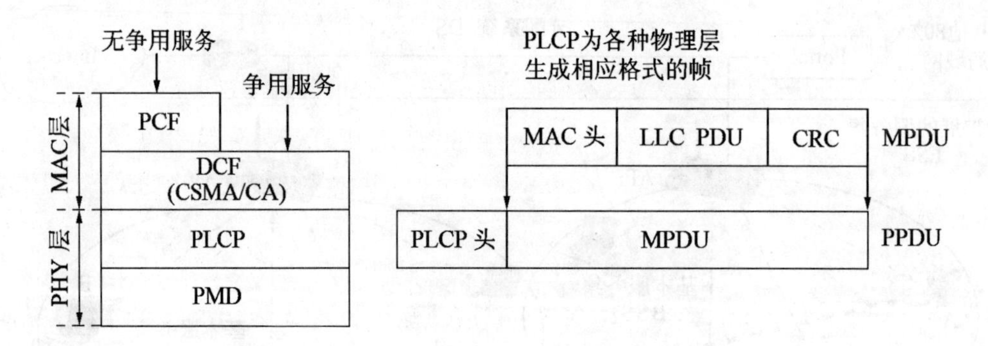

图 3-27 IEEE 802.11 体系结构

物理层分为两个子层,自下而上分别是:

①物理媒体相关(Physical Medium Dependent,PMD)。

②物理层汇聚过程(Physical Layer Convergence Procedure,PLCP)。

MAC 层也定义了两个子层:

①分布协调功能(Distributed Coordination Function,DCF)。

②点协调功能(Point Coordination Function,PCF)(PCF 位于 DCF 之上)。

(2)各层功能

①PMD 直接面向无线媒体,主要功能为:

· 检查媒体状态实现载波侦听。

· 进行数据编码和调制。

· 通过无线信道进行信号的发送和接收。

②PLCP 的主要功能为:

· 为各种物理层生成相应格式的帧。为 MAC 层协议数据单元 MPDU 附加字段,字段中包含特定物理层发送和接收所需的信息,组成 PLCP 层协议数据单元 PPDU。PLCP 降低了 MAC 层对 PMD 层的依赖程度。

· 进行载波监听信号的分析,发出信道评价信号。无线传输中信号衰减和干扰因素比有线情况严重,载波监听困难。如果无线接口监听检测到传输的比特或者接收的载波信号强度超过了规定的阈值,PLCP 就发出信道评价信号。可以采用这两种方式的结合,效果更好。

③DCF 向上提供争用服务,各个结点通过竞争得到发送权。DCF 使用一种带冲突避免的 CSMA 协议,称为 CSMA/CA(CSMA with Collision Avoidance)。DCF 是基本的媒体接入方法,所有的移动站点都要求支持 DCF,自组网络站点只使用 DCF。

④PCF 使用集中控制方式,向上提供无争用服务。集中控制在 AP 上实现,用类似轮询的方法使各个结点得到发送权。PCF 一般用于对时间敏感的业务。

(3)移动站通过 AP 接入以太网的协议结构

移动站通过 AP 访问有线 DS 上的主机的协议结构如图 3-28 所示。BSS 中的移动站点有无线网络接口,支持 802.11 物理层和 MAC 子层;802.3 以太网上的主机使用 802.3 物理层和 MAC 子层;接入点 AP 像一个网桥,有一个无线网络接口和一个有线网络接口,支持这两种类型的物理层和 MAC 子层,在它们之间中继 LLC 帧。

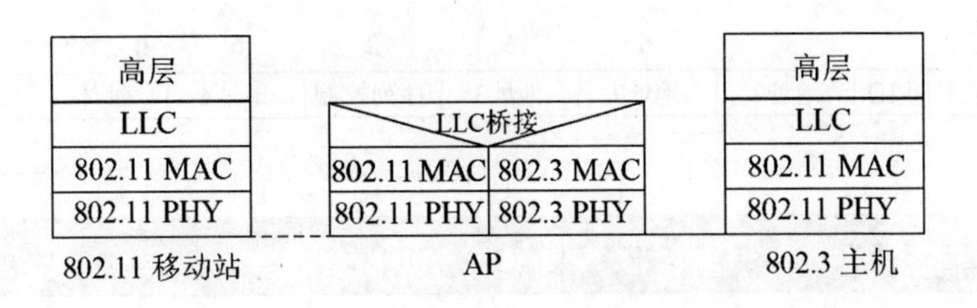

图 3-28　移动站通过 AP 接入以太网的协议结构

3.8.2　无线局域网物理层

1997 年，IEEE 802.11 标准规定了在物理层上允许三种传输技术：红外线、直接序列扩频(DSSS)和跳频扩频(FHSS)。其中，直接序列扩频和跳频扩频统属于扩频工作方式，工作在 2.4 GHz 的 ISM 频段，提供的传输速率分别为 1 Mb/s 或 2 Mb/s。之后 IEEE 又陆续发布了多个改进版本，包括 1999 年 IEEE 802.11a 和 IEEE 802.11b。其中 IEEE 802.11a 定义了一个在 5 GHz ISM 频段上提供 54 Mb/s 传输速率的物理层规范，而 IEEE 802.11b 定义了一个在 2.4 GHz ISM 频段上提供 11 Mb/s 传输速率的物理层范围。2003 年 IEEE 802.11g 标准发布，可以在 2.4 GHz 的 ISM 频段上达到 54 Mb/s 的传输速率。而于 2008 年 10 月发布的 IEEE 802.11n 标准其传输速率为 100～600 Mb/s之间，采用智能天线等传输新技术，使无线网络的传输距离可以达到数公里。采用独特的双频段工作模式(同时支持 2.4 GHz 和 5 GHz 两个工作频段)，确保与之前的 IEEE 802.11a/b/g 等标准兼容。

由于无线局域网的物理层操作涉及无线通信领域的大量技术，所以本节不对其相关的技术进行描述，感兴趣的读者可参阅相关的技术文档。

3.8.3　无线局域网 MAC 层帧和帧格式

1. 三种类型的帧

(1)管理帧。实现站点和 AP 间的通信管理，建立关联、越区切换和认证等，主要包括：

- 探测请求/响应帧，信标帧；
- 关联请求/响应帧、重关联请求/响应帧、去关联帧；
- 认证/解除认证帧等。

(2)控制帧。为数据发送提供辅助的握手联络功能，主要有：

- 请求发送帧(Request To Send，RTS)；
- 允许发送帧(Clear To Send，CTS)；
- 确认帧(ACK)；
- 节能轮询帧等。

(3)数据帧。用于发送数据。

2. 数据帧

各种 MAC 帧均包含帧头 Header、帧体 Frame Body 和 CRC 检验码具体帧格式有所不同。数据帧的格式如图 3-29 所示，帧体前面的字段为帧头。

①帧控制。分为以下字段：

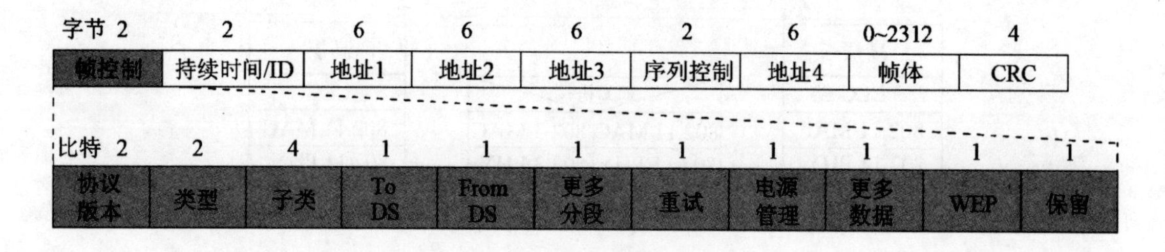

图 3-29　MAC 数据帧的帧格式

- 协议版本。当前为 00。
- 类型和子类。注明帧的功能，如类型包括“管理”/“控制”；子类：“关联请求”/“ACK”。
- To DS。为“1”代表 BSS 中的站点传给 DS 的数据帧。
- From DS。为“1”代表 DS 传给 BSS 中的站点的数据帧。
- 更多分段。为“1”代表该帧后边有其他分段。
- 重试。为“1”代表重传的帧。
- 电源管理。表示电源的工作模式，休眠/唤醒状态。
- 更多数据。当站点处于休眠模式，AP 通知它，还有缓存的数据帧要传送给它。
- WEP。有线等效保密(Wired Equivalent Privacy，WEP)协议是一种数据加密算法，使用该算法加密的帧其值为 1。

②持续时间/ID。一般表示媒体接入持续时间，提供网络分配向量(NAV)。一个例外是在节能轮询帧中表示站点的 ID。

③地址字段。4 个地址都是 6 字节的 IEEE 802 MAC 地址，可以是单/组/广播地址。根据帧控制字段的 To DS 和 From DS 的取值，4 个地址表示不同的含义。

④序号控制。表示帧的序号空间(12 bit)和帧的分段顺序号(4 bit)。802.11 支持帧的分段与重组，虽然这会带来额外开销，但在无线传输存在较大干扰或发送拥挤的情况下，因干扰或冲突损坏短的分段而重传比重传损坏的长帧可能更划算。同一帧的各个分段，有相同的帧序号和不同的段序号。

⑤帧体。包含要传输的数据，0～2 312 字节。

⑥CRC 码。循环冗余校检码，用于差错检验。

3. 管理帧和控制帧

管理帧的格式比数据帧较简单，控制帧的格式更简单。

3.8.4　无线局域网 MAC 层协议

1. 无线信道的特点

WLAN 使用无线电波作为传输的共享媒体，有以下特点可以影响媒体接入控制方式。

(1)一跳与多跳问题

如图 3-30(a)所示，Ethernet 中节点 A 向节点 G 发送数据帧，只需要通过总线广播出去，其他节点也可以接收到数据帧。如果目的地址与自己的地址不匹配就丢弃，只有节点 G 接收该帧。Ethernet 的 MAC 层通过 CSMA/CD 算法来解决多节点争用共享总线的问题。而无线局域网中如果节点 A 向节点 G 发送数据帧，它就需要通过如图 3-30(b)所示的节点 B、D、J、F 的多跳转发。因此无线局域网的 MAC 层解决的是多跳转发过程中共享无线信道的争用问题。

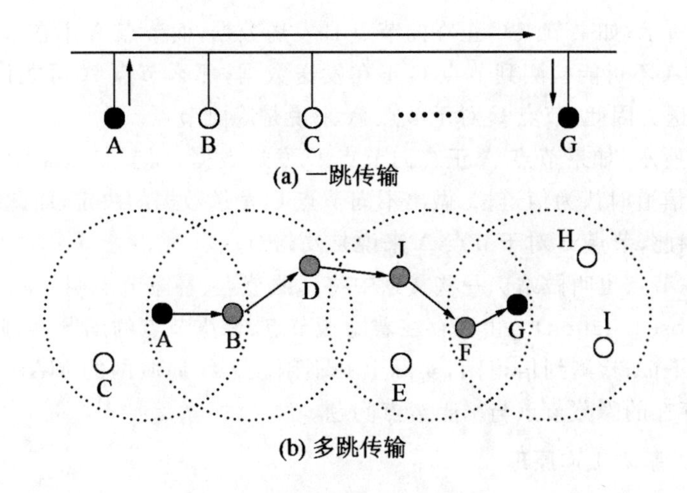

图 3-30　一跳与多跳示意图

(2)多对节点通信的相互影响问题

在无线通信中，实现两个节点之间的正常通信需要满足两个基本条件：一是发送信号频率在接收机接收频带之内；二是在接收机位置能够接收的发送信号功率大于接收机的接收灵敏度。如图 3-31 所示，在节点 A 覆盖范围内的节点只有 B、C；在节点 B 覆盖范围内的节点只有 A、D。节点 A 与节点 B 之间的通信、节点 F 与节点 G 之间的通信互不干扰。因此，在无线局域网中允许多对互不干扰的节点之间同时通信。这个问题在 Ethernet 中也是没有的。无线局域网的 MAC 层协议要解决多对节点同时通信时存在的干扰与信道争用问题。

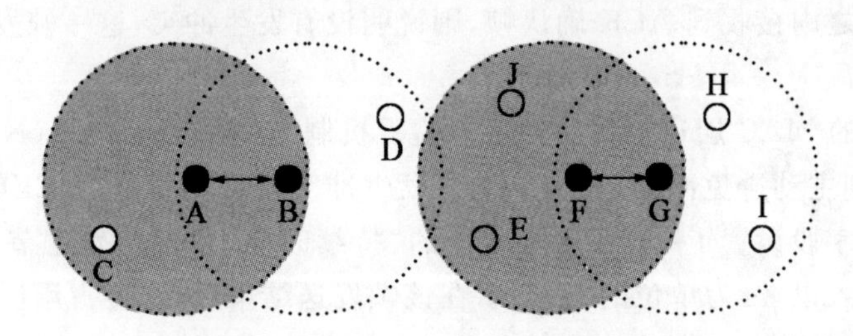

图 3-31　多对主机同时通信示意图

(3)隐藏节点与暴露节点问题

如图 3-32 所示，由于无线信号发送与接收过程中存在着干扰与信道争用问题，因此就会出现隐藏节点和暴露节点问题。

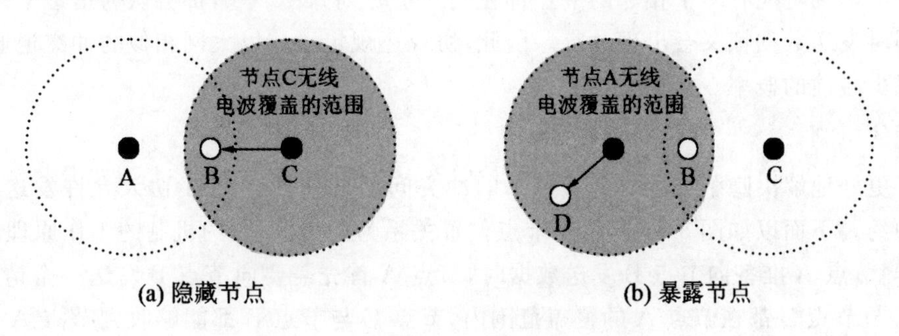

图 3-32　隐藏节点和暴露节点示意图

如图 3-32(a)所示，如果节点 C 正在向节点 B 发送数据，而节点 A 不在节点 C 无线电波覆盖范围之内，节点 A 不可能检测到节点 C 正在发送数据，那么节点 A 可能做出错误的判断：信道空闲，可以发送。因此，节点 C 对于节点 A 来说是隐藏节点。

如图 3-32(b)所示，如果节点 A 正在向节点 D 发送数据，而节点 B 希望给节点 C 发送数据，节点 B 在检测信道时认为信道忙，做出不向节点 C 发送数据的决定，而此时节点 C 没有发生或接收数据。因此，节点 B 对于节点 A 来说是暴露节点。

在无线通信中节点也叫做站。一些文献中将隐藏节点、暴露节点叫做隐藏站(hidden station)、暴露站(exposed station)。由于存在着隐藏节点、暴露节点的问题，因此会出现：检测到信道忙，实际上并不忙；检测到信道闲，实际上并不闲。无线局域网的 MAC 层协议必须解决多对主机通信中存在的隐藏节点与暴露节点问题。

2. CSMA/CA 基本工作原理

由于在无线通信中存在隐藏节点和暴露节点问题，以太网的 MAC 层所采用的 CSMA/CD 算法不适合来解决多个无线节点争用共享总线的问题。

IEEE 802.11 标准 MAC 层设计了 CSMA/CA 协议来尽可能地减小冲突发生的概率。CSMA/CA 基本模式的工作原理可以总结为：信道监听、推迟发送、冲突退避。

(1)信道监听

CSMA/CA 要求物理层执行信道载波监听功能。当确定信道空闲时，源节点在等待一个间隔时间后，信道仍然空闲则发送一帧。发送结束后，源节点等待接收 ACK 确认帧。目的节点在收到正确的数据帧后，也等待一个间隔时间后，向发送节点发出 ACK 确认帧。如果发送节点在规定的时间之内接收到 ACK 确认帧，则说明没有发生冲突，这一帧发送成功。

(2)推迟发送

IEEE 802.11 的 MAC 层还采用一种虚拟监听机制与网络分配向量(NAV)，实现对使用情况的预测，以达到主动避免冲突，进一步减少发生冲突概率的目的。IEEE 802.11 的 MAC 层在帧头的第 2 个字段设置了一个长度为 2B 的“持续时间”字段。发送节点在发出一帧时，同时在该字段内填入以 μs 为单位的值，表示在该帧发送结束后，还要占用信道多长的时间(包括目的主机的确认时间)。网中其他节点收到正在信道传播数据帧的“持续时间”通知后，如果该值大于自己的 NAV 值，就根据接收的持续时间字段值来修改自己的 NAV 值。NAV 作为一个计时器，随着时间推移递减，只要 NAV 不为 0，节点就认为信道忙，不发送数据帧。

(3)冲突退避

由于考虑到可能有多个相邻的节点都在同一个时刻 NAV=0，都会认为信道空闲后，这时多节点同时发送数据帧又会出现冲突。因此，协议还规定了与以太网相似的冲突退避算法，以进一步减少碰撞的概率。

3. 预约机制

为了更好地解决隐蔽或暴露节点带来的冲突问题，IEEE 802.11 协议允许发送节点对信道进行预约。下面以如图 3-33 所示的节点位置关系为例，说明预约机制的工作原理。

(1)当节点 A 准备向节点 B 发送数据时，节点 A 首先需要向节点 B 发送一个请求帧。由于节点 C 与节点 B 都在节点 A 的覆盖范围内，节点 C 与节点 B 都能够收到节点 A 发送的请求帧。

(2)节点 B 在接收到节点 A 发送的请求帧之后，如果同意节点 A 的发送请求，就会向节点

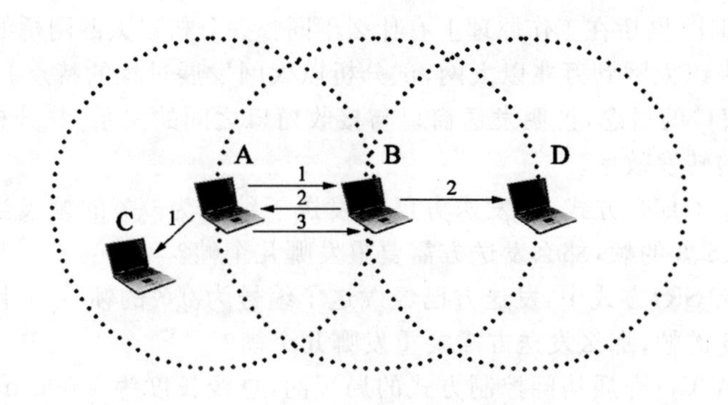

图 3-33　预约机制示意图

1. A 向 B 发送一个请求帧，通报准备发送多少分组；
2. B 向周围通告要多少时间接收数据；
3. A 向 B 发送预订个数的分组，C，D 在预约的时间内不向 A 或 B 发送分组

A 返回一个允许发送的确认帧。

(3)节点 A 在收到确认帧后，可以发送数据帧，并启动一个 ACK 计时器。节点 B 在正确接收数据帧之后，向节点 A 发送 ACK 帧，并结束接收过程。如果 ACK 帧在节点 A 的 ACK 计时器预定的时间内收到，节点 A 结束这次数据帧发送过程。如果在 ACK 计时器预定的时间内没有收到 ACK 帧，节点 A 重启数据帧发送过程。

(4)节点 C 在节点 A 的覆盖范围内，根据接收到的请求帧，估算出 A 与 B 通信过程所需要的时间，设定好自己的等待时间。

(5)节点 D 不在节点 A 的覆盖范围内，但可以收到节点 B 发送的确认帧，知道已经有节点在共享的无线信道上发送数据，并根据确认帧提供的信息，估算自己需要等待的时间。

需要注意的是，NAV 值并不需要发送出去，只是用来协调主机发送时间。通过设定 NAV 值来达到预约节点发送时间的方法，可以主动避免冲突的发生，进一步减少冲突发生的概率。

习　题

3-01　简述数据链路层的概念，并分析当在信道中比特流传输出现差错时应该如何处理？

3-02　试分析检错码机制与纠错码机制之间的区别，并说明为什么在计算机网络中可使用检错码机制，而不使用纠错码机制。

3-03　为什么说 LLC 子层提供的是一种透明的服务？

3-04　联系 PPP，分析 PPPoE 的工作原理和应用特点。

3-05　传输介质、网络拓扑结构和介质访问控制方式对局域网有何影响？试举例说明。

3-06　计算：要发送数据的二进制表示为 100011，CRC 生成多项式的二进制表荧示为 1011。假设数据在信道中传输时没有出现错误，计算数据发送端和接收端 CRC 校验的实现过程。

3-07　以太网全部采用了曼彻斯特编码技术，试分析曼彻斯特编码技术的特点。

3-08　以 CSMA 协议为基础，分析 CSMA/CD 协议的工作原理。

3-09　CSMA/CD 协议能够解决以太网的冲突吗？试分析说明。

3-10　什么是 VLAN？它对以太网功能的扩展发挥着什么作用？

3-11　以图 3-23 为例，分析 VLAN 的工作原理和应用特点。

3-12　与集线器相比,网桥在工作原理上有什么不同?并分析以太网网桥的具体工作过程。

3-13　从10 Mb/s以太网到万兆以太网,试分析以太网发展过程的特点。

3-14　解释滑动窗口的概念,说明发送窗口与接收窗口之间的关系,并分析如何利用滑动窗口技术提高数据帧的转发效率。

3-15　在后退重传(GBN)方式中,发送方已经发送了编号为0-7的帧。当计时器超时之时,只收到编号0、2、4、5、6的帧,那么发送方需要重发哪几个帧?

3-16　在选择重传(SR)方式中,发送方已经发送了编号为0-7的帧。当计时器超时之时,只收到编号0、2、4、5、6的帧,那么发送方需要重发哪几个帧?

3-17　采用CSMA/CD介质访问控制方式的局域网,总线长度为1 000 m,数据传输速率为10 Mbps,电磁波在总线传输介质中的传播速度为2×10^8 m。计算:最小帧长度应该为多少?

3-18　采用CSMA/CD介质访问控制方式的局域网,总线是一条完整的同轴电缆,数据传输速率为1 Gbps,电磁波在总线传输介质中的传播速度为2×10^8 m。计算:如果最小帧长度减少800 bit,那么最远的两台主机之间的距离至少为多少米?

3-19　主机A连接在总线长度为1 000 m的局域网总线的一端,局域网介质访问控制方式为CSMA/CD,发送速率为100 Mbps。电磁波在总线传输介质中的传播速度为2×10^8 m。如果主机A最先发送帧,并且在检测出冲突发生的时候还有数据要发送。请回答:

(1)主机A检测到冲突需要多长时间?

(2)当检测到冲突的时候,主机A已经发送多少位的数据?

3-20　无线局域网都由哪几部分组成?无线局域网中的固定基础设施对网络的性能有何影响?接入点AP是否就是无线局域网中的固定基础设施?

3-21　Wi-Fi与无线局域网WLAN是否为同义词?请简单说明一下。

3-22　服务集标识符SSID与基本服务集标识符BSSID有什么区别?

3-23　在无线局域网中的关联(association)的作用是什么?

3-24　无线局域网的物理层主要有哪几种?

3-25　无线局域网的MAC协议有哪些特点?为什么在无线局域网中不能使用CSMA/CD协议而必须使用CSMA/CA协议?

3-26　为什么无线局域网的站点在发送数据帧时,即使检测到信道空闲也仍然要等待一小段时间?为什么在发送数据帧的过程中不像以太网那样继续对信道进行检测?

3-27　结合隐蔽站问题和暴露站问题说明RTS帧和CTS帧的作用。RTS/CTS是强制使用还是选择使用?请说明理由。

3-28　为什么在无线局域网上发送数据帧后要对方必须发回确认帧,而以太网就不需要对方发回确认帧?

3-29　无线局域网的MAC协议中的SIFS、PIFS和DIFS的作用是什么?

3-30　试解释无线局域网中的名词:BSS, ESS, AP, BSA, DCF, PCF和NAV。

3-31　冻结退避计时器剩余时间的做法是为了使协议对所有站点更加公平。请进一步解释。为什么某站点在发送第一帧之前,若检测到信道空闲就可在等待时间DIES后立即发送出去,但在收到对第一帧的确认后并打算发送下一帧时,就必须执行退避算法?

3-32　无线局域网的MAC帧为什么要使用四个地址字段?请用简单的例子说明地址3的作用。

3-33　试比较IEEE 802.3和IEEE 802.11局域网,找出它们之间的主要区别。

第四章　网络层

本章在物理层与数据链路层讨论的基础上，将系统地介绍网络层的基本概念、网络层的功能、IP 协议族以及网络互联、路由选择与路由器等基本概念。

4.1　网络层基本概念

网络层关注的是如何将数据分组从源端机器经选定的路由送到目的端机器。网络层使用了数据链路层的服务，同时为传输层的端到端传输连接提供服务。为了实现这个目标，网络层必须具有下面功能。

4.1.1　网络层要实现的功能

(1)首先要识别网络中的各个通讯实体(寻址问题)；

(2)要决定为上面的传输层提供什么样的服务，进而牵涉到分组通过中间节点所采用的方式(交换方式)；

(3)了解网络的拓扑结构；分组从一个输入线路进入路由器，如何选择哪个输出线路传送出去，必须有恰当的路由选择算法(路由表与路由选择)；

(4)网络层还必须仔细选择下一个路由器，避免某些通信线路和路由器负载过重，而其他线路和路由器空闲(拥塞问题)；

(5)网络上不同的数据通信网络在硬件与软件方面都有所不同，存在很大的差异性。网络层要隐藏所有底层网络细节的不同，实现异构网络中任意两台计算机之间的通信(网络互连)。

在本章，我们将讨论所有这些问题，并主要结合 Internet 及其网络层协议(IP)来深入探讨。

4.1.2　网络层提供的服务

根据不同的传输要求，网络层向传输层提供两种服务：有连接的服务与无连接的服务，两种服务之间的差别主要是将分组的排序、差错控制、流量控制等复杂功能放在何处。在有连接的服务中，主机认为由物理层、链路层和网络层组成的通信子网是可靠的，从而将以上这些复杂的功能置于网络层(通信子网)中；而在无连接服务中，主机认为通信子网是不可靠的，从而将以上复杂的功能置于传输层(主机)中。

1. 有(面向)连接的服务

在发送数据包之前，必须首先建立起一条从源端到目标端之间的路径。这个连接称为虚电路，它类似于电话系统中建立的物理电路，对应的网络称为虚电路网络。建立虚电路的目的是避免为每个要发送的数据包都选择一条新路径(图 4-1)。这样，当建立一个连接时，从源机器到目标机器之间的一条路径就被当作这个连接的一部分确定了下来，并且保存在这些中间路由器的路由表中。所有需要在这个连接上通过的流量都使用这条路径，这与电话系统的工作方式完全一致。与电话系统的电路交换方式不同的是，每一条链路可以同时容纳多条虚电路存在，如果出现多个虚电路同时使用一段链路时，没有来得及传输的分组会在路由器缓存队列中排队，引起延误情况。当连接被释放之后，虚电路也随之消失。在有连接的服务中，每个数据包都包含一个标识符，指明了它属于哪一条虚电路。

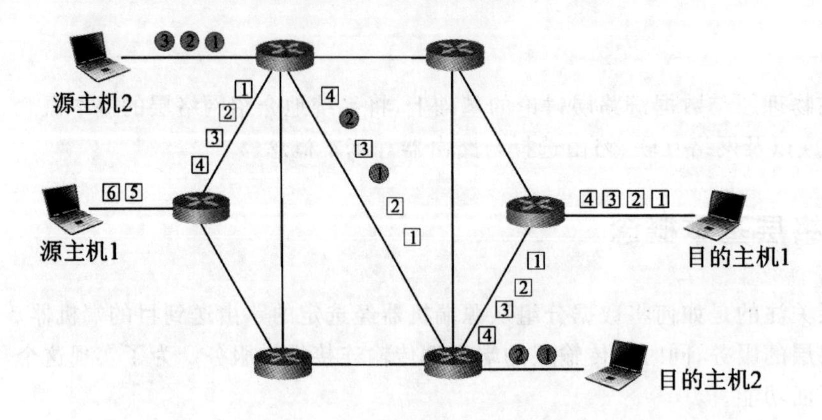

图 4-1　有连接的服务——虚电路

2. 无连接的服务

如果通信子网提供的是无连接的服务，那么，所有的数据包都要标注接收方的地址，然后被独立地注入网络中，并且每个数据包独立路由，不需要提前建立任何连接(图 4-2)。数据包通常称为数据报，对应的网络称为数据报网络。在数据报网络中，不需要建立电路，但每一个路由器都需要执行一个更为复杂的查找过程以便找到目标表项。因为数据报网络的目标地址具备全局意义，所以，数据报网络所用的目标地址比虚电路网络所用的电路号要长。因为一个长序列数据包的传输路径可以在序列传输的中途改变，数据报网络还允许路由器平衡网络流量。

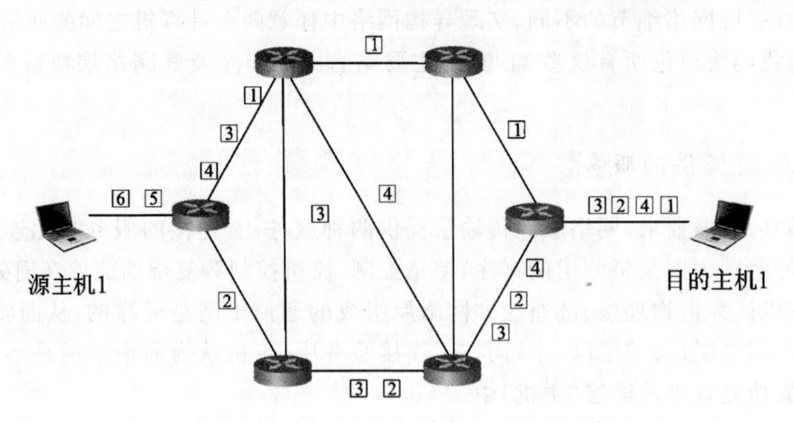

图 4-2　无连接的服务——数据报

4.2　IPv4 协议

Internet 使用的 TCP/IP 协议族在网络层使用的是 IP 协议。IP 协议被定义为不可靠，尽最大努力交付,无连接的分组交付系统。这种服务不能保证交付(但这并不意味着可以任意丢弃分组),分组可能会丢失、重复或乱序,但服务检测不到这些情况,也不会通知发送方或接收方。当前使用较多的是该协议的第4个版本,通常用IPv4代表,但新一代IP协议——IPv6协议正在普及推广中,我们将在第七章详细讨论它。

IP协议定义了在整个TCP/IP互联网中使用的数据传送基本单元(IP数据报)、IP软件完成的转发功能,同时还规定了主机和路由器应当如何处理分组、何时及如何产生差错报文,以及在什么情况下可以丢弃分组等。图4-3说明了TCP/IP协议的层次关系(包括网络层、传输层和应用层),可以看出,IP协议是互联网当中最基本的组成部分。

<table>
<tr><td colspan="2">应用层协议</td></tr>
<tr><td>TCP</td><td>UDP</td></tr>
<tr><td colspan="2">IP
ICMP　IGMP　　ARP　RARP</td></tr>
<tr><td colspan="2">链路层</td></tr>
<tr><td colspan="2">物理层</td></tr>
</table>

图4-3　TCP/IP协议层次关系

4.2.1　IPv4分组结构

图4-4给出了IPv4分组的结构。IPv4分组由两个部分组成:分组头和数据。分组头有时也称为“首部”,其长度是可变的。人们习惯用4字节为基本单元表示分组头字段。图中分组头的每行宽度是4个字节,前5行是每个分组头中必须有的字段,第6行开始的是选项字段,因此IPv4分组头的基本长度是20字节。如果加上最长的40字节的选项,则IPv4分组头最大长度为60字节。

<table>
<tr><td>版本(4)</td><td>包头长度(4)</td><td>服务类型与优先级(8)</td><td colspan="4">数据包总长(16)</td></tr>
<tr><td colspan="3" rowspan="2">标识位(16,同一主机的那一个报文)</td><td colspan="3">标志位</td><td rowspan="2">分段偏移(13,分段的起始位置)</td></tr>
<tr><td>X</td><td>DF</td><td>MF</td></tr>
<tr><td colspan="2">生存时间(8)</td><td>协议(8)</td><td colspan="4">分组头校验和(16)</td></tr>
<tr><td colspan="7">源主机IP地址(32)</td></tr>
<tr><td colspan="7">目的主机IP地址(32)</td></tr>
<tr><td colspan="7">选项(n*32)</td></tr>
<tr><td colspan="7">数据区……</td></tr>
</table>

图4-4　IPv4分组格式

(1)版本字段(4位)

表示所使用的网络层IP协议的版本号。版本字段值为4,表示IPv4;版本字段值为6,表示IPv6。IP软件在处理理该分组之前必须检查版本号,以便正确解释分组的内容。

(2)分组头长度(4位)

定义了以4字节为一个单位的分组头的长度,它的最少值为5(代表分组头的固定部分,即5×4=20字节),最大值为15。如果大于5,表示除了固定部分外,还有选项字段。同时,选项的长度都是4个字节(32 bit)的整数倍。如果选项实质内容不足4字节的整数倍,则“添0”补齐。

(3)服务类型(8位)

用于指示路由器如何处理该分组,目前基本不使用该字段,一般8位都置0。

(4)总长度(16位)

定义以字节为单位的分组总长度,它是分组头长度与数据长度之和。它表示的IP分组最大长度为65 535字节,IP分组中包含的高层协议数据长度等于分组的总长度减去分组头长度。

(5)标识(16 位)

如果源主机要发送一个大的数据报文,则需要把报文分割为多个 IP 分组才能发送完毕。这些分组包含同样的标识值。目标主机根据分组中的标识位可以确定一个新到达的分组属于哪一个数据报文,以便在目的主机重新组装该大数据报文。

(6)标志(3 位)

第一位未使用置"0"。

第二位 DF(Do not Fragment)表示是否允许中间路由器对分组进行分段。DF=1,表示路由器不能对分组分段。如果分组的长度超过下一线路允许发送的最大容量,又不可以分段,那么这个分组只能被路由器丢弃,并要用 ICMP 差错报文向源主机报告。DF=0,表示可以分段。

第三位为"更多的分片"(More Fragment,MF)。MF=1 表示接收的分组不是同一个数据报文(标识位相同)的最后一个分组,MF=0 表示接收的是同一数据报文的最后一个分组。

(7)片偏移字段(13 位)

片偏移字段值表示该分组的数据部分在整个数据报文中的相对位置。片偏移值是以 8 字节为单位来计数。

(8)生存时间(time-to-live,TTL,8 位)

IP 分组从源主机到达目的主机的传输延迟是不确定的。如果路由器的路由表出现错误,可能会造成分组在网络中循环、无休止地流动。为了避免这种情况出现,IPv4 协议设计了生存时间 TTL 字段,用来设定分组在 Internet 中的"寿命",它通常是用转发分组的路由器跳数(hop)来度量。生存时间 TTL 的初始值由源主机设置,每经过一个路由器转发之后,TTL 值减 1。当一个分组的 TTL 值为 0 时,路由器丢弃该分组并发送 ICMP 报文通知源主机。

(9)协议字段(8 位)

协议字段则是指使用 IP 的高层协议类型。如协议字段值为 6,表示 IP 分组的数据部分是按照 TCP 协议封装的上层(传输层)数据。表 4-1 给出了协议字段值所表示的高层协议类型。

表 4-1 协议字段值与所表示的高层协议

协议字段值	高层协议	协议字段值	高层协议
1	ICMP	14	TELNET
2	IGMP	17	UDP
6	TCP	41	IPv6
8	EGP	89	OSPF

(10)头校验和(header checksum,16 位)。

设置头校验和是为了保证分组头部的数据完整性。IP 分组只对分组头进行校验。

校验和计算方法 IP 分组头的校验和采取"二进制反码求和"算法。它的具体计算方法如下:

①将 IP 分组头每 16 位二进制为一段,把各段叠加起来进行求和计算,计算之前将校验和字段置 0。如最高位出现进位,则将进位加到结果的最低位。

②将最终求和结果取反,得校验和。计算结束后,将校验和放到分组头的校验字段。

校验和的检错能力不是很强,但是算法简洁,运算速度快。

(11、12)源地址与目的地址(32 位)

源地址与目的地址字段长度都是 32 位,分别表示发送分组的源主机与接收分组的目的主机的 IP 地址。在分组的整个传输过程中,无论采用什么样的传输路径或如何分片,源地址与目的地址始终保持不变。

(13)选项:

设置选项的主要目的是用于控制与测试,如源路由、记录路由、时间戳等。选项是由选项码、长度与选项数据三部分组成,如果用户使用的选项长度不是 4 字节的整数倍,需要添加填充位(补 0),补成 4 字节的整数倍;选项作为 IP 分组头的组成部分,所有实现 IP 的硬件或软件都应该能够处理它。

4.2.2　标准分类 IP 地址

众所周知,Internet 是由几千万台计算机互相连接而成的,而要确认网络上的每一台计算机,靠的就是能唯一标识该计算机的网络地址——IP 地址。大多数主机只需一个 IP 地址,但要注意的是,一个 IP 地址并不真正指向一台主机,而是指向一个网络接口,所以如果一台主机在两个网络上,它必须有两个网络接口,因而有两个 IP 地址。路由器有多个接口,从而需要多个 IP 地址。

IP 地址是一个 32 位的二进制地址,为了便于记忆,将它们分为 4 组,每组 8 位二进制,并转换为十进制,由小数点分开。每个部分的十进制数值范围是 0～255,如 210.34.0.1,这种书写方法叫做点数表示法。

1. IP 地址的分类

通过 IP 地址可确认 Internet 的任何一个网络和计算机,而要识别其他网络或其中的计算机,则是根据这些 IP 地址的分类来确定的。一般将 IP 地址按结点计算机所在网络规模的大小分为 A、B、C、D 和 E 五类,我们主要介绍 A、B 和 C 类地址。IP 地址是层次结构的地址,可分为 3 部分:类别标志、网络号和主机号。通常把类别标志和网络号合并称为网络号,即 IP 地可以认为是两层的层次结构,即(图 4-5):

IP 地址＝网络号＋主机号

(1) A 类地址

IP 地址中最高 1 位固定为“0”,表示 A 类网络,接下来用 7 位表示网络号,因此,A 类网络十进制 IP 地址的第一个值为 0～127,共有 128 个 A 类网络。最后 24 位表示主机号。主机号全 0 的 IP 地址表示该 A 类网络本身,称为网络号;主机号全 1 的 IP 地址表示该 A 类网内广播地址;其他主机号才可以分配给网络结点。一个 A 类网络有 $2^{24}-2$ 主机号(减 2 是除去主机号全 0 和全 1 的 2 个地址)。A 类地址分配给规模特别大的网络使用,特别是具有大量主机的大型网络。

(2) B 类地址

最高 2 位固定为“10”是 B 类网络的标志,用接下来的 14 位表示网络号。B 类网络十进制地址的第一个值为 128～191,共有 2^{14} 个 B 类网络。最低 16 位表示主机号,一个 B 类网络有 $2^{16}-2$ 个主机号。

(3) C 类地址

最高 3 位固定为“110”是 C 类网络标识,用接下来的 21 位表示网络号。C 类网络十进制地址的第一个值为 192～223。最低 8 位为主机号,C 类网络的主机号总数为 $2^{8}-2=254$。C 类地址分配给小型网络,如一般的局域网。

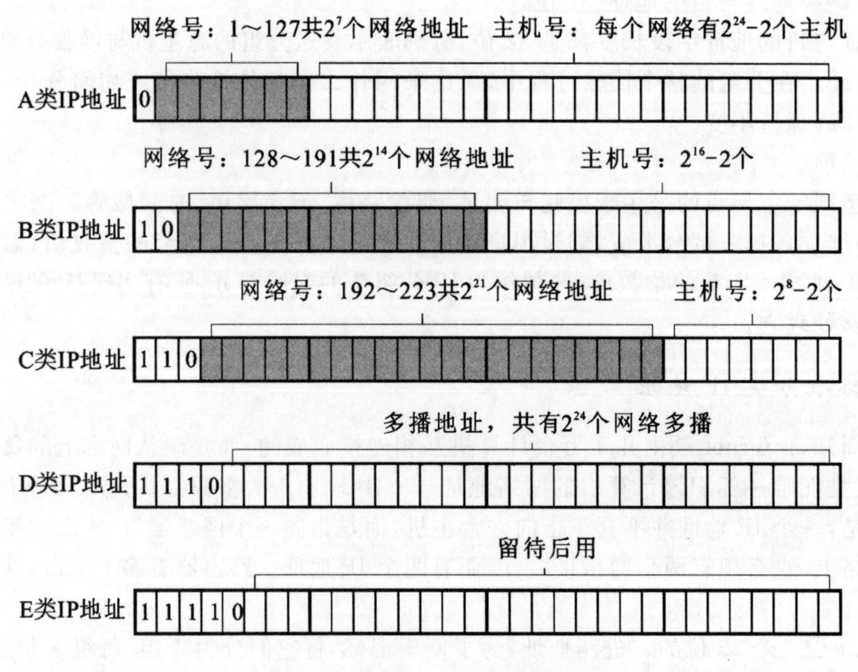

图 4-5　IP 地址各类地址分配图

2. 内部地址：

RFC1597 规定以下 IP 地址为 Intranet 内部地址：

一个 A 类地址：10.0.0.0(IP 地址范围从 10.0.0.0～10.255.255.255)

16 个 B 类地址：172.16.0.0～172.31.255.255(前后两个下划线提醒读者地址的起始变化范围)

256 个 C 类地址：192.168.0.0～192.168.255.255

企业如果没有分配到足够的 IP 地址，可以不用申请，自主使用这些内部地址，但 Internet 上的路由器不转发包含这些地址的 IP 分组。如果要和外部通信，IP 分组报头的内部地址必须通过防火墙内的 NAT(网络地址转换)功能转换为某个 Internet 的合法地址。

注意：(1)在每个网络中，主机号全 0 表示该网络的网络地址；主机号全 1 表示网络的广播地址，用做其他网络的主机向该网络的所有主机广播时的目的地址。

(2)当 32 位 IP 地址为全 0 时，表示本主机，但仅仅允许在主机启动时使用。这是因为启动时，主机尚不知道本机的 IP 地址。当 32 位 IP 地址为全 1 时，表示在本网进行广播，用做本网络的任何一台主机向同网络其他主机广播时的目的地址，也常用于初始化。

(3)127.X.Y.Z(只要 X，Y，Z 的组合构成一个合理的主机地址)作为回送地址。它用做目的地址时，分组被协议软件立刻送回，作为测试本机的网络接口是否正常之用。如 PING 127.0.0.1 时，如果没有目的 IP 的回音，就意味着本机的网络接口故障或网络接口的驱动程序出现问题了。

4.2.3　子网掩码，网络号(网络地址)，广播地址，主机号

IP 网络划分为 A 类、B 类和 C 类，其允许的主机数分别为 $2^{24}-2$，$2^{16}-2$ 和 254 台。但实际上，我们用到的网络并非正好这么大，如果更小，怎么办？如一个公司有 4 个部门，每个部门

需要不多于62个IP地址，为了方便管理，每个部门都要单独组成一个局域网。在这种要求下，每个部门都要单独分配一个至少是C类的网络地址(254个可用IP)，这就造成了IP地址的浪费。解决这个问题的办法是引入网络掩码，将一个大的网络划分为多个小的子网，每个子网分配给一个部门使用。例如，只需将一个C类地址划分为4个子网，每个子网具有64(−2)个IP地址，每个部门分配一个子网。这样，既可以满足各部门分别管理的目的，又减少了IP地址的浪费。

在4.2.2中说过，每个主机的32位二进制IP地址由网络地址与主机地址两个部分连接起来，即：

IP地址＝网络号＋主机号

子网划分就是将一个大网络分割为多个小的网络，实际上就是从主机号中借用若干个比特作为子网号，得到若干个子网号；而主机号也就相应减少了若干个比特，即减少了每个网络的主机数。实际上就是占用已有的主机地址来补充给子网络号，即以牺牲主机(个人)地址数为代价来换取所需的网络地址(集体)数。

子网位从主机号的最左边开始连续借用一到多位形成的。此时，IP地址为三级结构：

IP地址＝网络号＋子网号＋主机号　　(1)

如果借出一位，其取值有“0”和“1”两种选择，分别定义两个子网，但每个子网的IP地址数量是原来的1/2：

子网0:IP地址＝网络号＋$\underline{\text{子网0＋主机号}}$　　(2)

子网1:IP地址＝网络号＋$\underline{\text{子网1＋主机号}}$　　(3)

式(2)、(3)与式(1)相比网络号的长度与内容不变，而式(2)、(3)下划线部分的比特长度就是式(1)的主机号的比特长度。

如果从主机号中借出两位来编码子网号，其取值有“00”、“01”、“10”和“11”四种选择，分别定义4个子网，每个子网的IP地址数量是原来的1/4。如果按照早期的RFC950文档，子网号全0和全1的两个子网是不能使用的，即“00”与“11”子网不可用(若子网号编码位数为n，则可以获得子网数为2^n-2个，请读者考虑这是为什么?)。但随着无分类域间路由选择CIDR的广泛使用，现在全0和全1的子网号也可以使用了。所以，本书中的“00”和“11”子网也可以使用了，但是一定要注意路由器是否支持子网号为全0和全1的技术。

子网号在网外是不可见的，仅在子网内使用。为了反映有多少位用于表示子网号，采用了子网掩码。掩码也是4个字节(32位)，表示方法也是用圆点将它分开。在掩码对应于IP地址中的网络地址、子网号部分为“1”，对应于主机号部分为“0”。每类网络都有默认的子网掩码，如表4-2所示。

表4-2　各类IP地址的掩码

网络类别	子网掩码	
A	11111111.00000000.00000000.00000000	255.0.0.0
B	11111111.11111111.00000000.00000000	255.255.0.0
C	11111111.11111111.11111111.00000000	255.255.255.0

IP地址和子网掩码进行与操作可以获得IP地址的网络号(或网络号＋子网号)，从而计算出一个IP地址所属于的子网。所以，可以通过子网掩码是用来判断任意两台计算机的IP地址是否属于同一子网络。

通过子网划分,可使一个大组织单位中的每一个子单位使用一个恰当大小的子网,组成一个独立的局域网。这样可以:①提高地址利用率;②便于管理;③减少冲突与广播域。

(1)子网计算。

例 4.1 IP 地址为 192.100.50.131,掩码:255.255.255.0 (24 位 1 的掩码),计算该 IP 所属于的网络地址及主机号。

```
         11000000.01100100.00110010.10000011   192.100.50.131
与运算   11111111.11111111.11111111.00000000   255.255.255.0
网络地址:11000000.01100100.00110010.00000000   192.100.50.0
```

主机号由该 IP 地址的后 8 位计算:10000011=131。

例 4.2 IP 地址也是 192.100.50.131,但掩码为 255.255.255.128 (掩码的 1 个数由 24 位增加到 25 位),计算该 IP 所属于的网络地址,广播地址及主机号。

```
         11000000.01100100.00110010.10000011   192.100.50.131
与运算   11111111.11111111.11111111.10000000   255.255.255.128
网络地址:11000000.01100100.00110010.10000000   192.100.50.128
```

我们注意到,网络地址是一个网络中主机号全为 0 的地址(该网络的第一个 IP 地址)。广播地址则是一个网络中主机号全为 1 的地址(该网络的最后一个 IP 地址)。在例 4.2 中,网络地址为 192.100.50.128,广播地址为 192.100.50.255。主机号由该 IP 地址的后 7 位计算:0000011=3。

在阅读完接下来的内容后,读者就会明白,例 4.2 的网络实质上是由例 4.1 的网络划分为两个子网后的第 2 个子网。同样的 IP 地址在不同掩码下,它的网络号+子网号,主机号,广播地址是不同的。

4.2.4 子网划分

划分子网的方法是根据划分的子网数量,确定向主机号借位来实现的。在实现的时候有两种策略,一个是使用定长子网掩码,另一个是使用变长子网掩码。

(1)定长子网划分

所谓定长子网划分就是划分出来的各个子网包含的 IP 地址数都是相同的,掩码也都是相同的。

定长子网划分的步骤为:

①根据需要的子网数量决定从原来网络的主机号的前面部分,借出多少位来构成子网号位数,后面剩余的主机号位数即使构成每个子网的主机位数。或:

②根据最大子网(需要最多 IP 地址的子网络)的需要,从原网络的主机号的后面开始留下满足需要的主机位数(IP 地址数),前面剩余的主机号位数即构成每个子网的子网号位数。要注意的是,子网的数量只能是 2 的方幂(即 2,4,8,…)

③计算子网掩码。

④确定每个子网的地址范围。

下面以下面以一个 B 类地址为例说明利用定长子网掩码划分子网的方法,如表 4-3 所示。

通过上面的分析,可以看出,划分子网增加了灵活性,便于网络管理,但却减少了连接在网络上的主机数,也就是以牺牲主机数为代价的。

同理 A 类地址和 C 类地址的子网划分都可以用类似的表格列出。

表 4-3　B 类地址的子网划分选择

子网号的位数	子网掩码	子网数	每个子网的主机数
0(B 类网络)	255.255.0.0(标准掩码)	0	$2^{16}-2=65534$
1	255.255.128.0	$2^1=2$	$2^{15}-2=32766$
2	255.255.192.0	$2^2=4$	$2^{14}-2=16382$
3	255.255.224.0	$2^3=8$	$2^{13}-2=8190$
4	255.255.240.0	$2^4=16$	$2^{12}-2=4094$
5	255.255.248.0	$2^5=32$	$2^{11}-2=2046$
6	255.255.252.0	$2^6=64$	$2^{10}-2=1022$
7	255.255.254.0	$2^7=128$	$2^9-2=510$
8	255.255.255.0	$2^8=256$	$2^8-2=254$
9	255.255.255.128	$2^9=512$	$2^7-2=126$
10	255.255.255.192	$2^{10}=1024$	$2^6-2=62$
11	255.255.255.224	$2^{11}=2048$	$2^5-2=30$
12	255.255.255.240	$2^{12}=4096$	$2^4-2=14$
13	255.255.255.248	$2^{13}=8192$	$2^3-2=6$
14	255.255.255.252	$2^{14}=16384$	$2^2-2=2$

例 4.3　设分配到一个 C 类网络地址:210.34.18.0,掩码为 255.255.255.0。现要求划分为等长的 8 个子网,决定每个子网的掩码及可用的 IP 范围。

解:　需要 8 个子网,$8=2^3$。从原来的 8 位主机号中,借出前 3 位,子网的掩码中的 1 的个数从 24 为扩展为 27(255.255.255.<u>111</u>00000)。得到 8 个子网"000","001","010","011","100","101","110"和"111"。每个子网有 5 位主机号,共有 $2^5=32$ 个 IP 地址。每个子网的第 1 个 IP 作为本子网的网络地址,最后一个 IP 作为本子网的广播地址,故只有 30 个 IP 地址可以分配给主机使用。全部子网划分见表 4-4。

表 4-4　子网划分表

子网	IP 地址范围	子网掩码
1:000	210.34.18.0～210.34.18.31	255.255.255.224
2:001	210.34.18.32～210.34.18.63	255.255.255.224
3:010	210.34.18.64～210.34.18.95	255.255.255.224
4:011	210.34.18.96～210.34.18.127	255.255.255.224
5:100	210.34.18.128～210.34.18.159	255.255.255.224
6:101	210.34.18.160～210.34.18.191	255.255.255.224
7:110	210.34.18.192～210.34.18.223	255.255.255.224
8:111	210.34.18.224～210.34.18.255	255.255.255.224

(2)可变长度子网划分

所谓可变长子网划分,就是划分出来的各个子网所包含的 IP 地址数是不一样,相应的掩码也是不一样的。这种划分方法出来的子网,可以适合于不同大小的物理网络(网段),可进一步提高 IP 地址资源的利用率。

下面通过例子来说明变长子网划分的过程。

例 4.4　某公司分配到一个网络 172.16.248.0/22(这里/22 代表掩码中的"1"有 22 位，剩余部分为"0"，有 10 个主机位，下同。相应的掩码为 255.255.252.0)

公司共有下面的部门要分配 IP 地址：2 个营运总部各需要 220 个 IP；6 个分公司各需要 50 个 IP；3 个营业部各需要 25 个 IP。

要求每个部门一个子网，试决定其 IP 范围与掩码，剩余未分配的 IP 有多少？

解：　网络 172.16.248.0/22 共有 10 个主机位，共有 $2^{10}-2=1024-2$ 个可分配的 IP 地址。

如果用等长子网划分方法，先考虑子网数，共需要 11 个子网。至少要借出 4 个主机位作为子网号，得到 16 个子网，每个子网有 $2^{6}-2$ 个 IP 可用。但每个营运总部需要 220 个 IP，62 个 IP 的子网无法满足需要。

如果先考虑子网的大小，满足营运总部 220 个 IP 的需要，则至少要保留 8 位主机号，剩下两个主机位用来划分子网，可用借出 2 位主机位，得到 4 个子网。每个子网有 256－2 个主机，但没有办法给每个部门提供一个子网。

因此要考虑变长子网的划分方法，每个部门使用最合适大小的子网，子网大小规模不一定相同。

第一步：划分应先满足最大的子网：

最大子网为营运总部(220 个 IP)，主机位数至少为 8(子网主机数 256 个)，才能满足的需要。所以，把网络掩码中"1"的位数从 22 扩展为 24(借出 2 位主机号来编号子网)，剩余 8 位为主机位。共得到 4 个一级子网，每个子网有 256 个 IP，掩码为 255.255.255.0(表 4-5)。

表 4-5　四个一级子网划分

子网编号	IP 范围	掩码	IP 数目	分配单位
1:00	172.16.111110 00. ******** :172.16.248.0～255	255.255.255.0	256	营运总部 1
2:01	172.16.111110 01. ******** :172.16.249.0～255	255.255.255.0	256	营运总部 2
3:10	172.16.111110 10. ******** :172.16.250.0～255	255.255.255.0	256	待定
4:11	172.16.111110 11. ******** :172.16.251.0～255	255.255.255.0	256	待定

注：其中下划线部分为主机号借出构成的子网号，* 号为剩余的主机号，代表每个子网可以分配的 IP 范围；IP 范围栏内，"172.16.248.0～255"波浪号后面的地址省略了 IP 地址的前三节，即为"172.16.248.0～172.16.248.255"，下同。

将一级子网中的第 1、2(/24)子网分别分给 2 个营运总部(每个总部有 256－2 个可用 IP，满足需要)。

第二步：考虑分配需要 IP 数次大的 6 个分公司

从未分配的 3、4(/24)一级子网的主机位再借两位，每个一级子网划分为 4 个二级子网(/26)：

一级子网 3 划分为 3_1:00，3_2:01，3_3:10，3_4:11 四个二级子网。

一级子网 4 划分为 4_1:00，4_2:01，4_3:10，4_4:11 四个二级子网。

一共得到 8 个二级子网(/26)，每个二级子网有 64－2 个可用 IP(见表 4-6)，掩码为 255.255.255.192，其中前面 6 个分配给 6 个分公司。

表 4-6 8 个二级子网划分

子网编号	IP 范围	掩码	IP 数目	分配单位
3_1:00	172.16.11111010.00.********:172.16.250.0～63	255.255.255.192	64	分公司 1
3_2:01	172.16.11111010.01.********:172.16.250.64～127	255.255.255.192	64	分公司 2
3_3:10	172.16.11111010.10.********:172.16.250.128～191	255.255.255.192	64	分公司 3
3_4:11	172.16.11111010.11.********:172.16.250.192～255	255.255.255.192	64	分公司 4
4_1:00	172.16.11111011.00.********:172.16.251.0～63	255.255.255.192	64	分公司 5
4_2:01	172.16.11111011.01.********:172.16.251.64～127	255.255.255.192	64	分公司 6
4_3:10	172.16.11111011.10.********:172.16.251.128～191	255.255.255.192	64	待定
4_4:11	172.16.11111011.11.********:172.16.251.192～255	255.255.255.192	64	待定

注：下划线的数字位为二级子网新借出的主机位。

第三步：剩下未分配的两个二级子网(/26)都再借出 1 位主机位，各划分为 2 个三级子网(/27)。每个(/27)子网有 32－2 个可用 IP，掩码为 255.255.255.224。两个(/26)子网划分为 4 个(/27)子网，其中 3 个分配给 3 个营业部，剩余 1 个(/27)子网备用。全部地址划分见表 4-7。

表 4-7 公司 IP 地址划分

子网编号			IP 范围	掩码	IP 数目	分配单位
1:00			172.16.248.0～255	255.255.255.0	256	营运总部 1
2:01			172.16.249.0～255	255.255.255.0	256	营运总部 2
3:10	3_1:00		172.16.250.0～63	255.255.255.192	64	分公司 1
	3_2:01		172.16.250.64～127	255.255.255.192	64	分公司 2
	3_3:10		172.16.250.128～191	255.255.255.192	64	分公司 3
	3_4:11		172.16.250.192～255	255.255.255.192	64	分公司 4
4:11	4_1:00		172.16.251.0～63	255.255.255.192	64	分公司 5
	4_2:01		172.16.251.64～127	255.255.255.192	64	分公司 6
	4_3:10	4_3_10:0	172.16.251.128～159	255.255.255.224	32	营业部 1
		4_3_10:1	172.16.251.160～191	255.255.255.224	32	营业部 2
	4_4:11	4_4_11:0	172.16.251.192～223	255.255.255.224	32	营业部 3
		4_4_11:1	172.16.251.224～255	255.255.255.224	32	备用

4.2.5 无分类域间路由 CIDR

1987 年，RFC1009 就指明了在一个划分子网的网络中可同时使用几个不同的子网掩码。使用变长子网掩码 VLSM(Variable Length Subnet Mask)可进一步提高 IP 地址资源衰的利用率(见 4.2.4)。在 VLSM 的基础上又进一步研究出无分类编址方法，它的正式名字是无分类域间路由选择(Classless Inter-Domain Routing，CIDR)。CIDR 最主要的特点是消除了传统的 A 类、B 类和 C 类地址以及子网划分的概念，因而可以更加有效地分配 IPv4 的地址空间。

1. CIDR 的特点

CIDR 的思想是使用各种长度的“网络前缀”来代替分类地址中的网络号和子网号。IP 地址从三级编址(IP 地址＝网络号＋子网号＋主机号，使用子网掩码)又回到了两级编址，无分类的两级编址的记法是：IP 地址：：＝{＜网络前缀＞，＜主机号＞}。CIDR 还使用“斜线记法”,它又称为 CIDR 记法,即在 IP 地址后面加上一个斜线“/”,然后写上网络掩码比特 1 的个数)。例如,CIDR 地址 188.14.32.15/20,表示其网络前缀为 20,即 32 位 IP 地址中的前 20 位表示网络号,对应的掩码可以表示为 255.255.240.0(11111111.11111111.11110000.00000000,即前面 20 位为比特 1,后面剩余 12 位为比特 0)。

实际上,A、B、C 类网络就是 CIDR 的特例,即它们的网络前缀分别是 8、16 和 24。网络前缀越短,其地址块所包含的地址数就越多。如地址块 210.23.16.0/23,它表示的主机地址数为 2^9(主机号长度=32-网络前缀),可包含两个 C 类网络。而地址块 210.34.16.0/20 可表示的主机地址数为 2^{12},包含 16 个 C 类网络。

CIDR 不但消除了传统的 A、B、C 类地址和子网的概念,有效地利用了 IPv4 的地址空间,而且可以把网络前缀都相同的连续的 IP 地址组成“CIDR 地址块”。这个特点可以实现把多个连续的小网络聚合为一个更大的网络,减少了路由器中路由表的数目。

2. CIDR 实现路由聚合的方法

CIDR 的研究是在子网划分技术之后的事情,由于 B 类地址的缺乏,一些单位采用申请多个 C 类地址,采用适当的方式,使得这些 C 类地址聚合成一个地址,如 16 个 C 类地址聚合成一个地址,或者一个 ISP(Internet 服务提供商)的同一个连接点分配了一定数量的不同网络,希望这些网络能够聚合成一个网络地址,相应地在路由器上也不用登记多条路由记录,而是只用一条路由记录就可以表示这些网络。

实现聚合的步骤是:

(1)首先把 IP 地址从点分十进制转换成二进制。

(2)提取地址中相同部分(网络部分)。

(3)对每块地址聚合成一个地址,子网掩码值的计算:其中地址值相同部分的子网掩码为 1,不同部分的子网掩码为 0。

例 4.5　某个企业申请到 4 个 C 类地址,172.16.248.0/24,172.16.249.0/24,172.16.250.0/24,172.16.251.0/24,试把它合并为一个大的网络。

解:　在表 4-8 中分别把四个 C 类网络的网络地址写为二进制,其中上划线为公共部分,“*”号部分为网络的主机号部分,表中的最后一行为合并后的超网。

表 4-8　4 个 C 类网络合并为一个超网

C 类网络	IP 范围	掩 码	IP 数目
1:172.16.248.0~255	10101100.00010000.111110 $\overline{00}$. ********	255.255.255.0	256
2:172.16.249.0~255	10101100.00010000.111110 $\overline{01}$. ********	255.255.255.0	256
3:172.16.250.0~255	10101100.00010000.111110 $\overline{10}$. ********	255.255.255.0	256
4:172.16.251.0~255	10101100.00010000.111110 $\overline{11}$. ********	255.255.255.0	256
合并为一个超网	10101100.00010000.111110 **. ********	255.255.252.0	1024

在本例中,四个 C 类网络合并为一个超网 172.16.248.0/22,掩码为 255.255.252.0。有两点要注意的是:

①不是任何几个子网都可以合并为一个超网的,如下面 4 个 C 类网络:172.16.250.0/24,172.16.251.0/24,172.16.252.0/24,172.16.253.0/24,就不能合并为一个前缀为 22 的超网。聚合的大网络一定可以进行反方向的子网划分,分解还原为原来的几个小网络。实际上,在例 4.4 中就是把例 4.5 合并的超网,反向分解为 4 个/24 的子网。

② CIDR 的思想最初是基于标准的 C 类地址聚合提出的,但并不局限 C 类地址,可以把

聚合的思想扩展到对任何满足条件的子网地址聚合中。如例4.4中分配给营业部的两个小网络172.16.251.128/27,172.16.251.160/27(见表4-7的三级子网4_3_10:0和4_3_10:1)就可以聚合为一个大网络172.16.251.128/26。

4.3 路由选择算法

网络层的主要功能是将分组从源端机器送到目的端机器。如果源机器和目标机器处于不同的网络,分组就必须通过多个路由器转发,一步步地到达目的地。分组从一个线路进入后,路由器就要根据所采用的路由算法在多条输出线路中选择"最佳"的一条,这就是路由选择问题。

路由选择算法可分两大类:非自适应(静态)的和自适应(动态)的。非自适应算法不根据实测和估计的网络当前通信量和拓扑结构来路由选择。网络结点之间的路由是事先计算好的,在网络启动时就已设置到路由器中,或由人工在每个路由器上设置与更新。这一过程也称作静态路由选择。

自适应算法根据网络拓扑结构、通信量的变化来改变其路由选择。这一过程也称作动态路由选择。动态路由是网络中的路由器相互自动发送路由信息,通过路由选择算法动态建立与更新的。向量距离路由选择算法和链路状态路由选择算法就是常用的两种动态路由选择算法。

4.3.1 路由选择的基本概念

路由器是根据路由表来计算路由的。如果让每一台路由器都保存一张具有全网信息的路由表是不现实、不必要和低效的。同时,许多连接到Internet上的部门级网络在享用各种网络服务的同时,并不愿意让外界了解本单位的内部网络布局细节及采用何种路由选择协议等信息。因此,可以把Internet划分成许多较小的自治系统(Autonomous System,AS)(见图4-6),它实际上是将Internet分成了两层。第一层是自治系统内部的网络,第二层是自治系统外部的主干网络。自治系统内部的路由器完成自治系统中主机之间的分组交换;而整个自治系统又通过一个主干路由器连接到外部的主干网络。

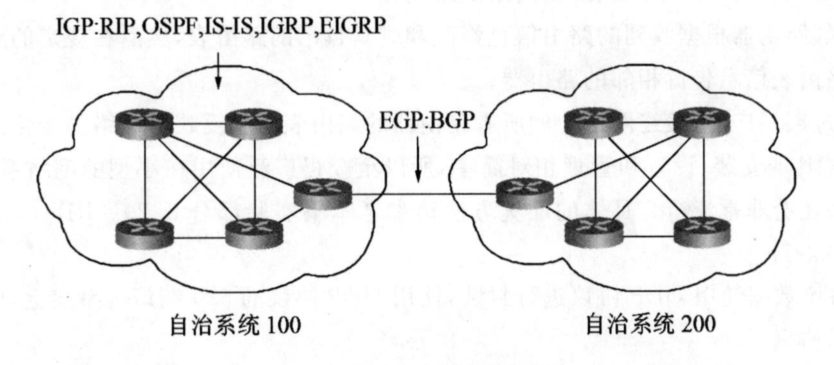

图4-6 自治系统的结构图

自治系统是在单一技术管理下的一组路由器,这些路由器使用同一种AS内部的路由选择协议和共同的度量以确定分组在AS内的路径,同时还使用一种AS之间的路由选择协议用以确定分组在AS之间的路由。这样一来，每个AS内部可以使用与其他AS不同的路由协议，具有较高的自主性。一般地，将自治系统内部使用的路由协议称之为内部网关协议（如RIP、OSPF)，把自治系统内部的路由选择称为域内路由选择；将自治系统之间使用的路由协议称之为外部网关协议（如BGP)，把自治系统之间的路由选择称为域间路由选择。

路由选择算法是网络层软件的一部分，负责确定所收到的分组应传送的外出线路。如果子网内部采用数据报，对收到的每一个分组都要重新作路由选择；如果子网内部采用虚电路，仅当建立一条新虚电路时，作一次路由选择决策。

以IP路由协议为例，在需要路由选择的设备中保存一张IP路由表，表中存储着有关可能的目的地址及怎样到达目的地址的信息。在转发IP数据报时，查询IP路由表，决定把数据报发往何处。IP路由表中仅保存相关的目的网络信息，而不保存具体的主机信息。

路由表仅指定从该路由器到目的地路径上的下一步，而该路由器并不知道到达目的地的完整路径，标准的IP路由表包含许多(N,R)或(N,M,R)对序偶，其中，N代表目的网络的IP地址；M代表网络掩码；R代表到目的网络N的路径上的“下一个”路由器的IP地址。

4.3.2 向量-距离路由选择算法

在向量距离算法中有两个基本的要素：一个为向量（到那里去，指当前路由器要到达目的网络)，另一个为距离（有多远，选择最佳路径的一种度量）。这两个要素构成了动态路由表的基本元素结构。最常用的向量距离路由协议为RIP协议，下面介绍其工作原理。

1. RIP协议

RIP要求网络中的每个路由器都要记录本路由器到其他网络的距离。从源站到目的站，要经过一连串路由器的数目，称为距离向量。RIP的距离也称跳数，每经过一个路由器跳数加1，RIP认为最佳的路径就是跳数最少，在RIP中规定最大跳数为15，也就是说最多通过15个路由器，如果跳数等于16，就是目的主机不可达，分组被丢弃。

2. RIP协议的工作原理

(1)路由器周期性地向其相邻路由器广播自己的路由表中的全部信息，用于通知相邻路由器，自己可以到达的网络以及到达该网络的距离；

(2)相邻路由器根据收到的路由信息修改和刷新自己的路由表，然后在规定的周期时间内把自己的路由表信息告诉相邻的路由器；

(3)通过层层广播，最终网络中的所有路由器的路由表都会反映了网络的变化。

因为RIP的安装、设置和管理相对简单，所以至今仍广泛使用在小型的网络系统中，可以预知它将来还会非常流行。具体的配置方法请参考本书实验部分8.20。RIP协议路由表更新示例见图4-7。

RIP协议数据使用UDP协议进行封装，使用UDP协议的520端口。事实上，RIP协议是一个应用层协议。

对于规模与变化较大的网络，使用链路状态算法比向量距离算法更适合。下面就对常用的链路状态算法——OSPF协议进行讨论。

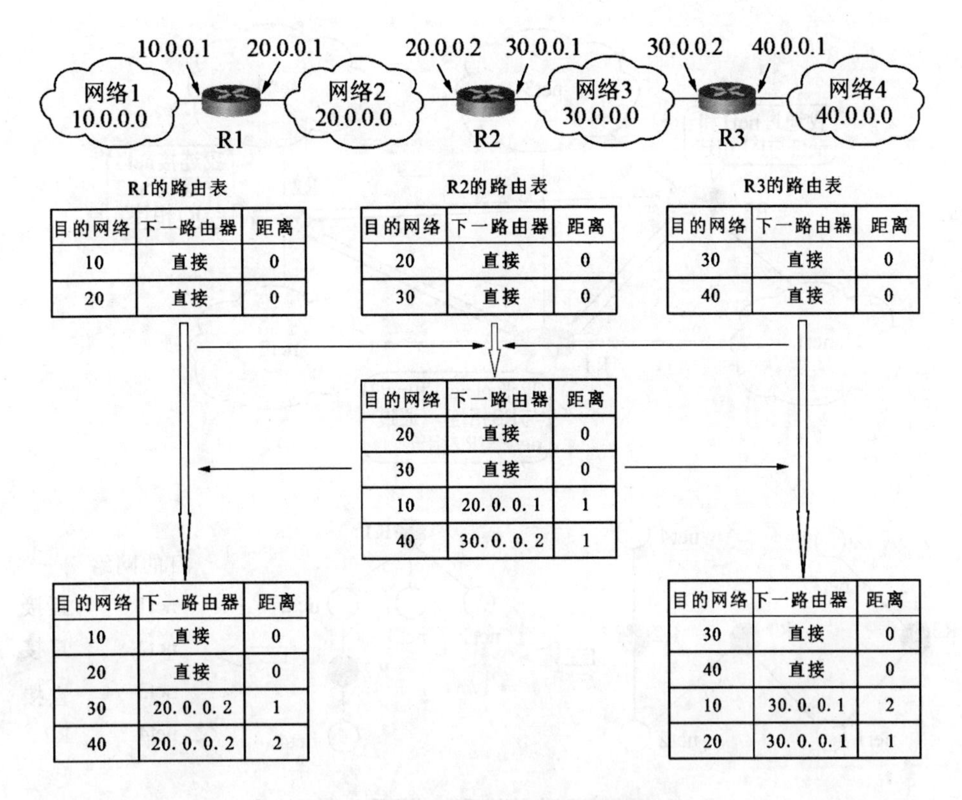

R1的路由表

目的网络	下一路由器	距离
10	直接	0
20	直接	0

R2的路由表

目的网络	下一路由器	距离
20	直接	0
30	直接	0

R3的路由表

目的网络	下一路由器	距离
30	直接	0
40	直接	0

目的网络	下一路由器	距离
20	直接	0
30	直接	0
10	20. 0. 0. 1	1
40	30. 0. 0. 2	1

目的网络	下一路由器	距离
10	直接	0
20	直接	0
30	20. 0. 0. 2	1
40	20. 0. 0. 2	2

目的网络	下一路由器	距离
30	直接	0
40	直接	0
10	30. 0. 0. 1	2
20	30. 0. 0. 1	1

图 4-7　RIP 协议路由表更新示例

4.3.3　链路状态(L-S)路由选择算法

开放最短路径优先协议(Open Shortest Path First，OSPF)，是一个基于链路状态算法的路由协议。OSPF 是为克服 RIP 的缺点于 1989 年开发出来的。OSPF 的原理很简单，但实现起来却较复杂。OSPF 协议是通过使用 Dijkstra 提出的最短路径算法 SPF 来工作的。OSPF 规定每个路由器保存一个链路状态数据库，实质上就是一张链路状态表，其中链路状态值(cost)一般设置为链路通断，用 1 表示链路是连通的，用∞表示链路不存在或者不通。

首先，路由器通过收到的其他路由器发送到链路状态信息，构建一个以本路由器为根的最短路径树，然后根据最短路径树来生成路由表。OSPF 的第二个版本 OSPF2 已成为互联网标准协议。事实上，Internet 上的路由协议基本上都是基于最短路径算法的，只是 OSPF 使用了所谓的“最短路径优先”的名称而已。链路状态算法的基本思想是：

(1)网络中的每台路由器在启动时首先获得相邻链路状态元素(开或断)，然后定期检查相邻链路状态是否发生变化。在相邻链路状态元素发生变化(开变断或断变开)时，路由器向网络上所有的路由器用泛洪法，广播链路状态广告 LSA(自己与相邻路由器的连接关系)；

(2)每台路由器累积收到的 LSA 后形成网络拓扑结构数据库，画出一张全网的拓扑结构图；

(3)利用画出的拓扑结构图和最短路径优先算法，计算自己到达各个网络的最短路径，得到路由表。

图 4-8 说明了其中的路由器 R1 是如何通过 OSPF 路由选择算法形成自己的路由表的。

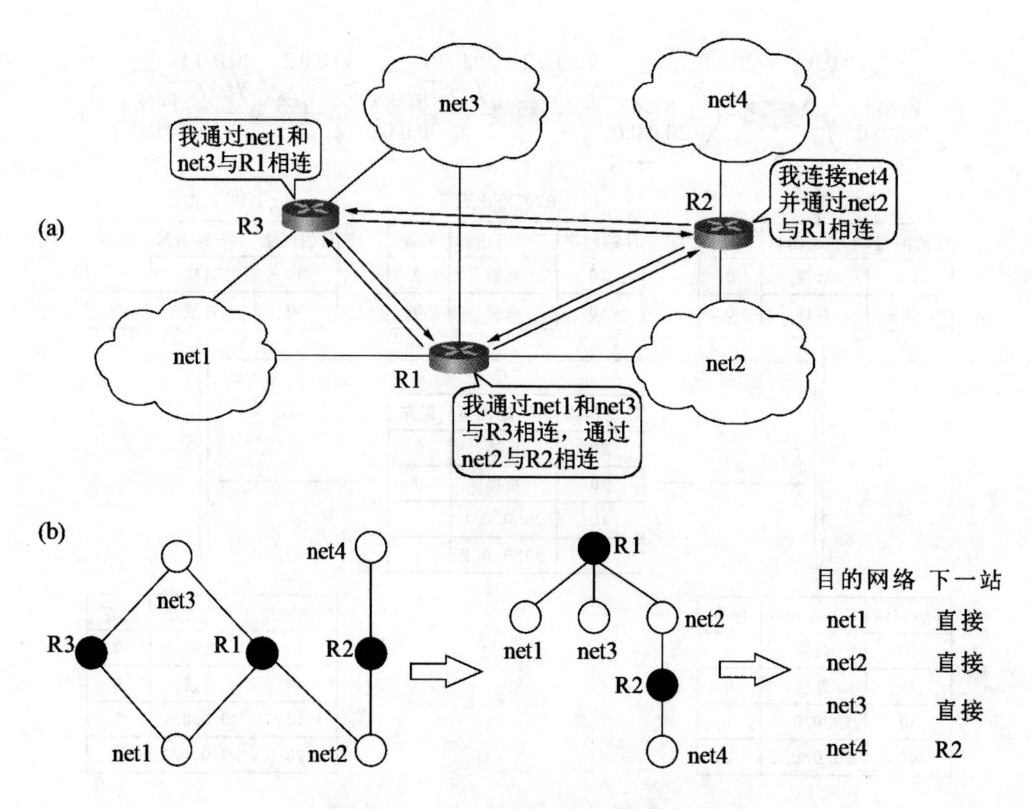

图 4-8　OSPF 路由协议通告过程及路由表计算

(a) 网络结构及 LSA 通告；(b) 路由器 R1 路由表计算

随着网络规模的不断增大,全网链路状态信息也会急剧增加,频繁的链路状态信息交换势必会给网络带来沉重甚至是不可接受的负担,同时也增大了计算工作量。为了能够让 OSPF 协议工作于大规模网络,OSPF 将一个自治系统 AS 再划分为若干个更小的范围,称为区域(area)。每一个区域都有一个 32 位的区域标识符,一般采用点分十进制记法表示。上层区域称为为主干区域(backbone area),标识符规定为 0.0.0.0,用来连通其他下层的区域。区域不能太大,通常在一个区域当中路由器的数目不超过 200 个。

区域划分的示例图如图 4-9 所示。划分区域后(如,主干区域 0.0.0.0,区域 0.0.0.1 和 0.0.0.2),泛洪法交换链路状态信息的范围将局限于每一个区域(如 0,0.0.1)而不是整个的自治系统,这就减少了整个网络上的通信量。相应地,每个路由器也只知道本区域的完整网络拓扑图,而不知道其他区域的网络拓扑情况。如果需要与其他区域中的路由器进行通信,必须借助于主干区域当中的路由器。在一个区域的边界把有关本区域的信息汇总起来发送到其他区域的路由器称之为区域边界路由器(如 R4,R7),区域边界路由器至少要有一个接口在主干区域中;在主干区域当中的路由器叫做主干路由器,主干路由器也可以同时是区域边界路由器。在图中的 R4 和 R7 都是区域边界路由器,R4、R7、R8、R9 和 R0 都是主干路由器。在主干区域内,还应专门有一个路由器负责与其他自治系统的信息交换,这个路由器叫做 AS 边界路由器(如 R0)。

OSPF 协议数据直接使用 IP 数据报进行封装,使用 IP 中的协议字段值是 89,称之为 OSPF 分组。这一点不同于 RIP 路由协议(RIP 使用 UDP 协议进行数据封装),从这一角度分析,OSPF 是网络层的协议。绝大多数资料都将路由协议放在网络层这一部分进行讲解,但需

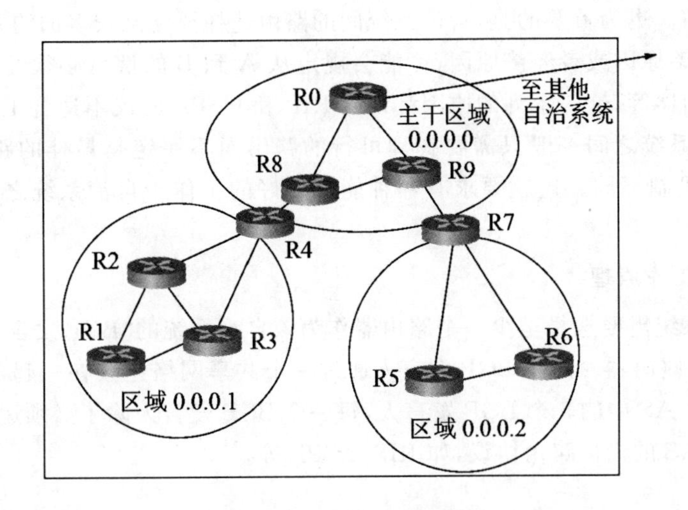

图 4-9 OSPF **划分的区域**

要明白,这并不意味着所有的路由协议都位于网络层当中。一些新型的路由协议,也有可能工作于应用层当中而非网络层。如果熟悉网络分层结构的话一定会有疑问,路由协议是工作在路由器当中的,而路由器明确是一种网络层设备,网络层的设备怎么会运行应用层的协议呢?实际上,路由器当中运行了相关的应用层进程,由这些进程负责路由协议数据的封装及处理。换言之,路由器当中加载了需要运行路由协议的应用层进程。这一点需要特别的注意。

向量距离算法定期将自己的路由表的全部(或部分)发送给与其相邻的每个路由器,其中许多并不是刷新所需要的信息,而且随着网络规模的扩大,信息经层层相邻路由器涌动式地传播,每台路由器最终能获得网络中其他所有目标网络的信息,并计算出相应的距离。

链路状态算法只是在某个路由器(开或断)状态发生时才发送 LSA 报文给全区域的路由器,它只是一个路由器的少量局部链路状态变化信息,而且 LSA 报文大小与网际规模的大小无关。

总之,(1)静态路由是由人工在路由器上设置与修改的;(2)向量距离算法是定时将全网路由器的情况告诉相邻的路由器;(3)链路状态算法是需要时将相邻路由器的变化情况告诉全网的路由器。

向量距离算法的优点是易于实现,但它不适应环境剧烈变化或大型的网际环境;链路状态算法比向量距离算法更适宜大规模网际和剧烈变化的网际环境。

在具体的路由器上如何配置 OSPF。可以参考本书实验部分 8.21。

4.3.4 外部网关协议

外部网关协议中的边界网关协议(BGP)是在 1989 年问世的,现今最新的版本是 BGP-4,已成为互联网草案标准协议。BGP 完成了 AS 之间的路由选择,可以说是现今整个互联网的支架。

这里首先需要说明一个问题,就是 AS 之间的路由可不可以使用内部网关协议(如 RIP、OSPF)呢?答案是否定的。RIP 和 OSPF 主要用于 AS 内部,在 AS 内部选择最佳路由。没有什么特别的限制性条件,也没有人为因素,只是依据相关路由信息和事先制定好路由策略寻找最佳路由。然而,Internet 是一个规模巨大、环境复杂的互联网,在 AS 之间进行路由选择是一件非常困难的事情。更为重要的是，自治系统间的路由选择要受到很多的约束限制，包括人为因素，比如因为政治原因或者经济原因，可能会规定从 A 到 B 的信息必须经由哪些路由器而不能经由哪些路由器等，这一系列的原因都说明 RIP 和 OSPF 协议不适合工作于自治系统之间。通常，在自治系统之间一般只需要找到可行的路由而不一定是最佳的路由，这也与 RIP 和 OSPF 的工作机制不同。这就要求有一种能够较好的工作于自治系统之间的外部网关协议。

1. BGP-4 **的工作原理**

每一个自治系统需要选择至少一个路由器作为该自治系统的"BGP 发言人"，BGP 发言人一般是 AS 的边界路由器。两个 BGP 发言人通过一个共享网络连接在一起，如图 4-10 所示。在图中画出了 4 个 AS 中的 5 个 BGP 发言人，每一个 BGP 发言人除了必须运行 BGP 协议外，也需要运行所在 AS 的内部路由协议，如 RIP、OSPF 等。

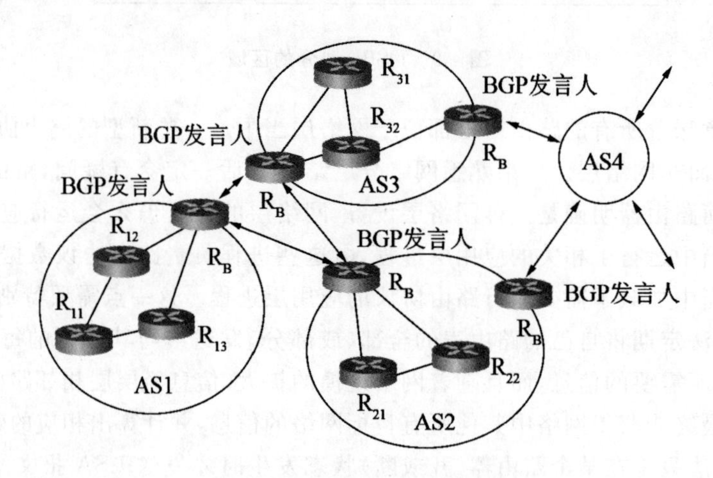

图 4-10　**网络与** BGP **发言人**

一个 BGP 发言人与其他自治系统中的 BGP 发言人要交换路由信息，就要先建立 TCP 连接（端口号为 179），然后在此连接上交换 BGP 报文以建立 BGP 会话，利用 BGP 会话交换路由信息。使用 TCP 连接能够提供可靠的服务，简化了路由选择协议，BGP 协议中不再使用差错控制和重传机制了。使用 TCP 连接交换路由信息的 2 个 BGP 发言人，彼此成为对方的邻站或对等站。

BGP 路由表类似于 RIP 的路由表，但 BGP 计算出的路由与 RIP 不同，RIP 只是指出下一跳地址，而 BGP 指明的是一条完整的路径，因此也将 BGP 这样的协议称之为路径向量协议。

2. BGP-4 **的工作过程**

在 BGP 刚刚运行时，BGP 的邻站要交换整个的 BGP 路由表。但以后只需要在发生变化时更新有变化的部分。这样做可以节省网络带宽和减少路由器的处理开销。具体的工作过程如下所述。

(1)当一个 BGP 发言人需要与另一个自治系统中的 BGP 发言人进行通信时，首先向其发送打开报文，对方进行确认后成为对等站（邻站），之后便可以相互发送路由信息。

(2)对等站（邻站）关系建立后，双方需要确认对方是存活的。为此，两个 BGP 发言人要周期性的交换保活报文（一般间隔为 30 秒）。保活报文只有 19 个字节长（仅含有 BGP 报文的通用首部)，不会给网络造成太大的开销。

(3)一个 BGP 发言人可以向对等站(邻站)发送更新报文，告知对方路由信息，同时也以撤销先前的路由。撤销路由可以一次撤销多条，但增加新路由时，每个更新报文只能增加一条。

(4)收到更新报文的 BGP 发言人更新路由信息，并将这些信息发送给自己的其他对等站(邻站)。

(5)每个 BGP 发言人根据自己保存的路由信息，为两个不同的 AS 之间确定一条可行路由。

4.4　网络层其他常用协议

4.4.1　网络地址转换 NAT

随着接入 Internet 的计算机数量的不断猛增，IPv4 地址资源也就愈加显得捉襟见肘。事实即使是拥有几百台计算机的大型局域网用户，当他们申请 IP 地址时，所分配到的地址也可能只有几个或十几个 IP 地址。显然，这样少的 IP 地址根本无法满足网络用户的需求，于是就产生了网络地址转换(NAT)技术。

选择合适大小规模(A、B 或 C 类)的私有地址，企业内部的每一个网络接口都可以分配到一个私有 IP 地址。把公有(全球)IP 地址放置在与外部连接的路由器上，借助于 NAT，私有(保留)地址的"内部"网络通过路由器发送数据包时，私有地址被转换成合法的 IP 地址，一个局域网只需使用少量 IP 地址(甚至是 1 个)即可实现私有地址网络内所有计算机与 Internet 的通信需求。

NAT 将自动修改 IP 报头的源 IP 地址和目的 IP 地址，IP 地址校验则在 NAT 处理过程中自动完成。有些应用程序将源 IP 地址嵌入到 IP 报文的数据部分中，所以还需要同时对报文进行修改，以匹配 IP 头中已经修改过的源 IP 地址。否则，报文首部和数据都分别嵌入 IP 地址的应用程序就不能正常工作。

NAT 的实现方式有 3 种，即静态转换、动态转换和端口多路复用。

1. 静态转换

静态转换是指将内部网络的私有 IP 地址转换为公有 IP 地址时，IP 地址对是一对一的，是一成不变的，而且，某个私有 IP 地址只转换为某个公有 IP 地址。借助于静态转换，可以实现外部网络对内部网络中某些特定设备(如服务器)的访问。

无论哪一种 NAT 技术都只能实现单向会话，即会话发起者必须是内部网络中的终端。必须由内部网络中的终端发送和 Internet 中某个终端会话的第一个 IP 分组，由该 IP 分组在内部网络和外部网络之间的边界路由器建立地址转换关系和相关会话的绑定。如果 Internet 中的终端希望发起与内部网络中的终端会话，由于在边界路由器建立内部网络终端的本地 IP 地址和某个全球 IP 地址之间的地址转换关系前，无法获取内部网络中的终端使用那一个全球 IP 地址，因而无法向内部网络终端发送 IP 分组。因此，要实现双向都可以发起会话，就必须事先在边界路由器建立某个私有 IP 地址和某个全球 IP 地址之间的映射，这种地址转换方法就是静态 NAT。这样，外部网络终端就可用该全球 IP 地址作为目标地址，发起和该内部网络终端的会话。

2. **动态转换**

动态转换是指将内部网络的私有 IP 地址转换为公有 IP 地址时，IP 地址对不是确定的，而是随机的，所有被授权访问 Internet 的私有 IP 地址可随机转换为任何指定的合法公有 IP 地址。也就是说，只要指定哪些内部地址可以进行转换，以及用哪些合法地址作为外部地址，就可以进行动态转换。动态转换可以使用多个合法外部地址集。当 ISP 提供的合法 IP 地址少于内部的计算机数量时，可以采用动态转换的方式。

如果内部终端发送和 Internet 中某个终端会话的第一个 IP 分组时，路由器已经分配完预留的供 NAT 使用的全部公有 IP 地址，路由器将丢弃该 IP 分组，使其无法开始和 Internet 中某个终端的会话。

3. **端口多路复用**

端口多路复用是指改变外出数据包的源端口并进行端口转换，即端口地址转换。采用端口多路复用方式，内部网络的所有主机均可共享一个合法外部 IP 地址来实现对 Internet 的访问，从而可以最大限度地节约 IP 地址资源。同时，又可隐藏网络内部的所有主机，有效避免来自 Internet 的攻击。因此，目前网络中的 NAT 应用最多的就是端口多路复用方式。

图 4-11 所示为端口多路复用的 NAT 转换。设某企业只申请到一个公用 IP 地址(61.20.12.4)，企业内部有一个 200 台主机的局域网都要访问 Internet。现在局域网内使用一个 C 类私有网络 192.168.0.0/24。为了实现与外部网络的通讯，在企业网络出口处安装 NAT 路由器，在路由器上实时维护一张端口映射表。假设 H1(IP 地址 192.168.0.2，端口 2222)要和远程主机 T1(IP 地址 202.115.31.2，端口 80)通信；同时 H3(IP 地址 192.168.0.4，端口 4444)要与远程主机 T2(IP 地址 166.14.0.4，端口 21)通信。H1 和 H3 的分组先后到达 NAT 路由器，路由器将在端口映射表中增加新表项，记录内网的主机 IP、端口，以及与它通信的远程主机的 IP 地址和端口信息，同时路由器将该分组的源 IP 地址改为路由器的公网 IP 地址 61.20.12.4，并随机选择一个新的发送端口发送到远程主机 T1 或 T2。远程主机的应答分组将转发送回这个公用 IP 及新端口。NAT 路由器一旦收到远程主机的应答分组，路由器即查找端口映射表，找到相应的内网主机，并将收到的分组中的目 IP 地址和端口修改为相应的内网主机的内网 IP 与端口，这样整个局域网的主机都可以通过相同的公网 IP 地址访问互联网。

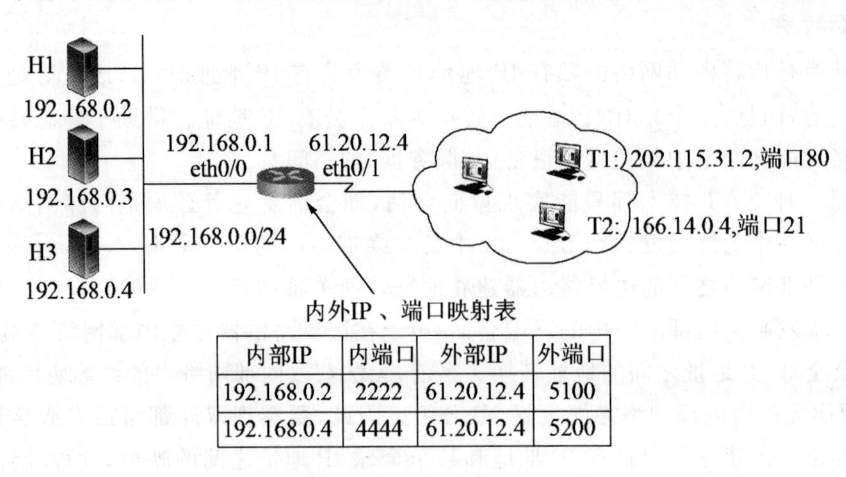

内部IP	内端口	外部IP	外端口
192.168.0.2	2222	61.20.12.4	5100
192.168.0.4	4444	61.20.12.4	5200

图 4-11　动态 NAT 方法实现地址转换的过程

4. 网络地址转换(NAT)的实现

在配置网络地址转换的过程之前，首先必须搞清楚内部接口和外部接口，以及在哪个外部接口上启用 NAT。通常情况下，连接到用户内部网络的接口是 NAT 内部接口，而连接到外部网络(如 Internet)的接口是 NAT 外部接口。

4.4.2　ARP 协议

要发送的数据从高层送达网络层后，网络层将发送方与接收方的 IP 地址与数据一起封装在 IP 分组中。但主机不能真正用 IP 地址来发送分组，因为主机名和 IP 地址都是逻辑地址，数据链路层硬件不能识别它们。主机通过一个可识别的局域网地址(如:MAC 地址)的网络接口卡连上局域网，把 IP 分组封装在帧的数据部分中，发送给接收方的 MAC 地址。发送主机最初只知道接收方的 IP 地址，必须有一种机制可以完成对方 IP 地址到对方物理地址的映射，这就地址解析协议(ARP)。

ARP 只适应于具有广播功能的网络，如以太网，不适应点到点网络；对 ARP 进行各种优化可以使其效率更高。首先，一旦某机器运行 ARP，它便将 IP 与 MAC 的映射结果缓存起来，以备后用。下一次与同一机器联系时，就可以直接在其缓存中找到映射关系，不用再次发送 ARP 请求报文。

每台机器在启动时会广播一下它的地址映射，这个广播通常以 ARP 查找自己的 IP 地址的形式完成。如果真的收到了应答，则说明同一广播域上已有一台机器分配了与自己相同的 IP 地址。

(1) ARP 的工作原理

地址分辨协议(ARP)是用来将网络层地址(如 IP 地址)翻译成直接连接的主机物理地址(如:MAC 地址)的。在图 4-12 所示的网络中，主机 A 和主机 B 通信，需要知道主机 B 的 MAC 地址，如果本地映射表中找到了接收方(主机 B)的 IP 与 MAC 的对应 IP 数据分组就可以封装在帧的数据区发送出去；如果没有找到对应，主机 A 就向本地网络中广播 ARP 请求分组(封装在广播帧中)，ARP 分组的内容是“我的 IP 是 209.0.0.5，MAC 地址是 00-00-C0-15-AD-18，我想知道主机 209.0.0.5 的 MAC 地址”，本地网络上所有支持 ARP 的主机都会收到这个 ARP 请求分组，但只有主机 B 的 IP 地址和 IP 请求分组的目的地址相同，如果主机 B (209.0.0.6)正好连接在同一个广播域内，就会收到这个 ARP 请求广播，并用单播的方式在相应帧中把它对应的 B 的物理地址(MAC 地址)回应主机 A，这样 A 就可以把 B 的地址作为接收方的 MAC 地址，把帧发送给主机 B。

一般来说主机和路由器都考虑使用高速缓存，在 ARP 的高速缓存中存放 IP 地址和物理地址的绑定，目的是为了提高 ARP 的效率。在 ARP 的管理中，使用了超时计时器，每条地址绑定信息有一个计时器，当计时器超时后该绑定信息就会被删除，典型的计时器时间为 20 min。

(2) ARP 分组格式。

ARP 分组的格式如图 4-13 所示。

其中：

硬件类型：占 16 bit，定义运行 ARP 的物理网络类型，如以太网为数值 1，IEEE 802. X 为数值 6。

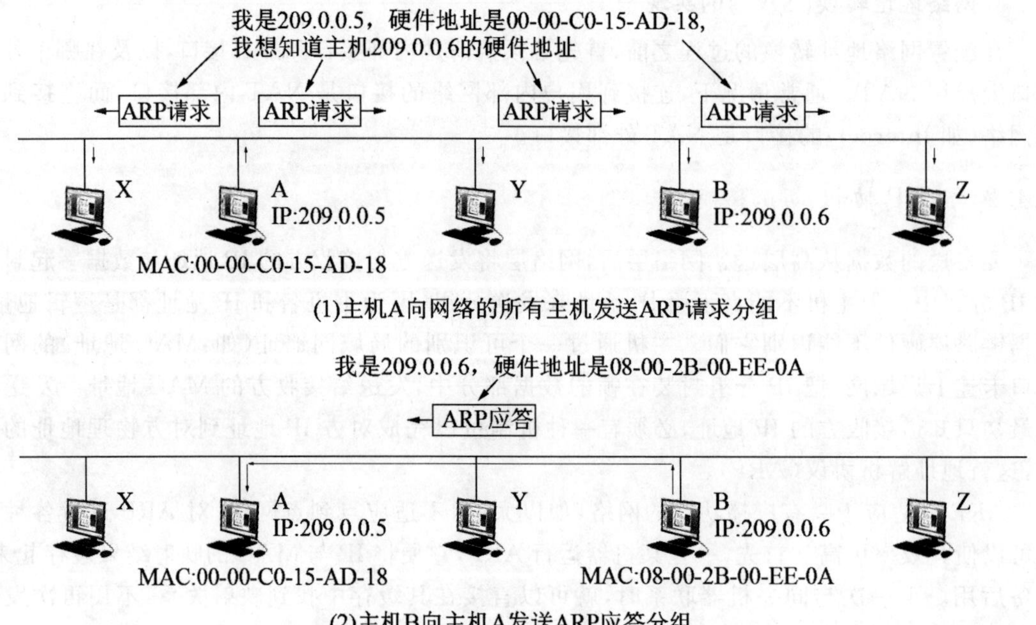
我是209.0.0.5，硬件地址是00-00-C0-15-AD-18，
我想知道主机209.0.0.6的硬件地址
ARP请求
ARP请求
ARP请求
ARP请求
X
A
IP:209.0.0.5
Y
B
IP:209.0.0.6
Z
MAC:00-00-C0-15-AD-18
(1)主机A向网络的所有主机发送ARP请求分组
我是209.0.0.6，硬件地址是08-00-2B-00-EE-0A
ARP应答
X
A
IP:209.0.0.5
Y
B
IP:209.0.0.6
Z
MAC:00-00-C0-15-AD-18
MAC:08-00-2B-00-EE-0A
(2)主机B向主机A发送ARP应答分组

图 4-12　ARP 工作原理

硬件类型		协议类型
硬件地址长度	协议地址长度	操作
发送站硬件地址(源 MAC 地址)		
发送站协议地址		
接收站硬件地址(目的 MAC 地址)		
接收站协议地址(目的 IP 地址)		

图 4-13　ARP 分组格式

协议类型：占 16 bit，定义发送方提供的高层协议类型，ARP 可以用于任何高层协议，如 IPv4 该部分的值为 0x0800。

协议长度：占 8bit，定义以字节为单位的逻辑长度，如 IPv4 的协议长度为 4。

操作：占 16 bit，定义分组的类型。若是 ARP 请求为 l；ARP 应答为 2，RARP 请求为 3，RARP 应答为 4。

发送站硬件地址：可变长字段，定义发送站的物理地址，对于以太网，该字段为 6 字节长。

发送站协议地址：可变长字段，定义发送站的逻辑地址，对于 IPv4，该字段为 4 字节长。

ARP 分组在数据链路层封装成帧进行传输，其中帧结构如图 4-14 所示。

	ARP 请求或应答分组
帧首部	数据部分

图 4-14　帧结构示意图

4.4.3　ICMP(Internet 报文控制协议)

ICMP 是"Internet Control Message Protocol"(Internet 报文控制协议)的缩写。它是 TCP/IP 协议簇的一个子协议,用于在 IP 主机、路由器之间传递控制消息。控制消息是指网络通不通、主机是否可达、路由是否可用等网络本身的消息。这些控制消息虽然并不传输用户数据,但是对于用户数据的传递起着重要的作用。

在网络中经常会使用到 ICMP 协议,只不过觉察不到而已。比如经常使用的用于检查网络通不通的 Ping 命令,这个"Ping"的过程实际上就是 ICMP 协议工作的过程。还有其他的网络命令,如跟踪路由的 Tracert 命令,也是基于 ICMP 协议的。

(1) ICMP 产生的原因

IP 协议尽力传递并不表示数据报一定能够投递到目的地,IP 协议本身没有内在的机制获取差错信息并进行相应的控制,而网络的差错可能性很多,如通信线路出错、网关或主机出错、信宿主机不可到达、数据报生存期(TTL)时间到、网络拥塞等。为了能够反映数据报的投递,Internet 中增加了 ICMP 协议。

ICMP 不是高层协议,而是 IP 层的协议。ICMP 报文作为 IP 层数据报的数据,加上 IP 的首部,组成 IP 数据报发送出去。

(2) ICMP 的作用与特点

ICMP 主要用于网络设备和节点之间的控制和差错报告报文的传输。从 Internet 的角度看,Internet 是由收发数据报的主机和中转数据报的路由器组成。鉴于 IP 网络本身的不可靠性,ICMP 的目的仅仅是向源发主机告知网络环境中出现的问题。ICMP 主要支持路由器将数据报传输的结果信息反馈回源发主机。作为 TCP/IP 协议簇的一个子协议,ICMP 有着它自己的特点:

① ICMP 本身是网络层的一个协议;

② ICMP 差错报告采用路由器-源主机的模式,路由器在发现数据报传输出现错误时只向源主机报告差错原因;

③ ICMP 并不能保证所有的 IP 数据报都能够传输到目的主机;

④ ICMP 不能纠正差错。

(3)ICMP 报文的形成和传输

ICMP 使用 IP 数据报来传送每一个差错报文。当路由器有一个 ICMP 报文要传递时,它会创建一个 IP 数据报并将 ICMP 报文封装其中。也就是说,ICMP 报文被置于 IP 数据报的数据区中。然后这一数据报像通常一样被转发,即整个 IP 数据报被封装进帧中进行传递。图 4-15 说明了封装的两个层次。

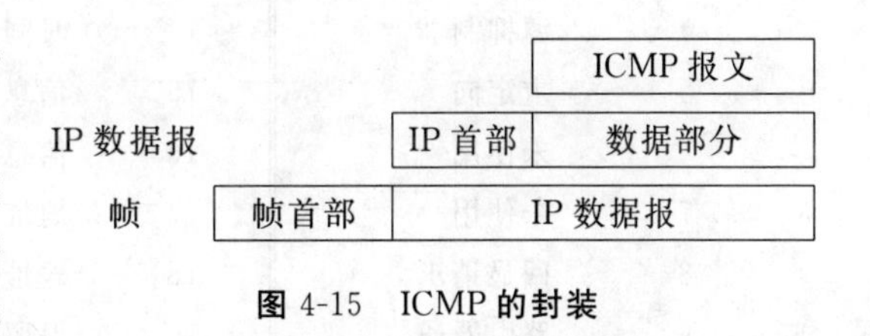

图 4-15　ICMP 的封装

ICMP 报文应被发往何处呢？每一个 ICMP 报文的产生总是对应于一个数据报。要么这个数据报遇到了问题(例如路由器发现数据报中指出的目的地没法到达),要么这个数据报携带着一个 ICMP 请求报文,对此路由器要产生一个应答。无论哪种情况,路由器都将一个 ICMP 报文送回给产生数据报的主机。

将一个消息发回给一台源主机是非常简单的,因为每一数据报在头部中都含有它的源主机的IP地址。一个路由器从输入的数据报的头部中取出源地址，然后放到携带ICMP报文的IP数据报的头部中的目的地址域中。

携带ICMP报文的数据报并没有什么特别优先权，它们像其他数据报一样转发，但是如果携带ICMP差错报文的数据报又出了错，那么将不再会有差错报文被发送。原因很简单，设计者想要避免互联网中被携带差错报文的IP数据报拥塞。

ICMP与IP相互结合：ICMP将报文封装在IP中来传送，IP使用ICMP来报告问题。

(4)ICMP报文的类型

ICMP协议主要支持IP数据报的传输差错结果，ICMP仍然利用IP协议传递ICMP报文。产生ICMP报文的路由器负责将其封装到新的IP数据报中，并提交Internet返回至原IP数据报的源发主机。ICMP报文分为ICMP报文头部和ICMP报文体部两个部分，如图4-16所示。

<table>
<tr><td>类型(8)</td><td>代码(8)</td><td>校验和(16)</td></tr>
<tr><td colspan="3">接下来的32 bit取决于ICMP报文的类型</td></tr>
<tr><td colspan="3">ICMP的数据部分(长度取决于类型)</td></tr>
</table>

图4-16　ICMP报文的格式

ICMP报文的种类有两种，即ICMP差错报告报文和ICMP查询报文。ICMP报文的前4B是统一的格式，共有3个字段，即类型、代码和检验和。接着的4B内容与ICMP的类型有关。

其中类型字段表示差错的类型；代码字段表示同一类型差错的不同原因；校验和表示整个ICMP报文的校验结果；ICMP的数据包括差错原因及说明两个部分。

(5)ICMP差错控制

ICMP报文的类型如表4-9所列，包括差错和查询报文。

表4-9　ICMP报文类型表

类型	名　称	类型	名　称	类型	名　称
0	回显应答	10	路由器请求	20～29	保留
1	未使用	11	超时	30	路由追踪
2	未使用	12	参数问题	31	数据报转换错
3	目的不可达	13	时间戳请求	32	移动主机重定向
4	源抑制	14	时间戳应答	33	IPv6 你在哪儿?
5	重定向	15	信息请求	34	IPv6 我在这儿
6	未使用	16	信息应答	35	移动注册请求
7	未使用	17	地址屏蔽码请求	36	移动注册应答
8	回显请求	18	地址屏蔽码应答	37～255	保留
9	路由器通告	19	保留(为安全性)		

ICMP各类报文的含义如下：

①目标不可达。一般出现这种报文的情况可大致分为两类：①路由器寻址失败。如果路由器发现找不到送达IP数据报到达目标主机的路径，就丢弃该IP数据报，然后向源主机返回ICMP差错报文。②路由器寻址成功，但是目标主机找不到有关的用户协议或上层服务访问点。出现这种情况的原因可能是IP头中的字段不正确；也可能是路由器必须把数据报分段，但IP头中的D标志已置位(禁止IP数据报分段)。

②超时。在 IP 网络中经常会出现由于路由表的错误，而导致网络的转发出现错误，由此可能发生某些数据报在网络内的路由器间出现“兜圈子”的情况。为了避免 IP 数据报在网络内无休止地循环传输，占用网络流量，在 IP 协议中设置了每个数据报的生存时间(TTL)。路由器如果发现 IP 数据报的生存时间已超时，或者目标机在一定时间内无法完成重装配，就发回一个 ICMP 超时差错报告，通知源主机该数据报已被抛弃。

③源站抑制。由于 IP 协议中没有流量控制机制，当路由器的处理速度太慢，或者路由器传入数据速率大于传出数据速率时就有可能造成拥塞。为了控制拥塞，IP 采用了“源站抑制”技术，利用 ICMP 源抑制报文通知源主机抑制发送 IP 数据报的速率。路由器对每个接口进行密切监视，一旦发现拥塞，立即向相应源主机发送 ICMP 源抑制报文，请求源主机降低发送 IP 数据报的速率。

④参数问题。当数据报在传输时，路由器或主机会自动判断数据报头或报头选项是否出现错误，如报头缺少某个域、IP 头中的字段或语义出现错误等，路由器或主机便向源主机发送 ICMP 参数出错报文，报告错误的 IP 数据报报头或错误的 IP 数据报项参数等情况。

⑤路由重定向。在互联网中，主机可以在数据传输过程中不断地从相邻的路由器获得新的路由信息。通常，主机在启动时都具有一定的路由信息，这些信息可以保证主机将 IP 数据报发送出去，但经过的路径不一定是最优的。路由器一旦检测到某个 IP 数据报经非优路径传输，一方面继续将该数据报转发出去，另一方面将向主机发送路由重定向 ICMP 报文，通知主机去往相应目的主机的更好路径。这样主机经不断积累便能掌握越来越多的路由信息。ICMP 重定向机制的优点是保证主机一个动态的、既小且优的路由表。

⑥回送请求。回送请求主要是测试两个网络结点之间的线路是否畅通。它是由主机或路由器向一个特定的目的主机发出询问。收到此报文的机器必须给源主机发送 ICMP 回送应答报文。有些资料中也形象地将此过程称之为回声。通常为了测试两个主机之间的连通性，会使用一种叫做 PING 的命令，PING 的过程实际就使用了 ICMP 回送请求与回送应答报文。不过值得注意的是，PING 是应用层直接使用网络层 ICMP 的一个例子。它没有通过传输层的 TCP 或 UDP。

⑦时间戳。时间戳请求与回答可用来进行时钟同步和测量时间。请求方发出本地的发送时间，响应方返回自己的接收时间和发送时间。这种应答过程如果结合强制路由的数据报实现，则可以测量出指定线路上的延迟。

⑧路由器询问。主要是为了掌握在局域网中的路由器的工作信息，简单地就是为了测试路由器是否工作正常；主机将路由器询问报文进行广播(或多播)。收到询问报文的一个或几个路由器就使用路由器通告报文广播其路由选择信息；另外，当主机没有进行询问时，路由器也会自动的周期性的发送路由通告报文。路由器在通告报文中不仅会报告自己的存在，同时也会通告它所知道的在这个局域网内的所有路由器。

4.4.4　MPLS 协议

1. MPLS 协议的主要功能

从设计思想上来看，MPLS 将数据链路层的第二层交换技术引入网络层，它给分组或信元加上短而定长的标号，用加标记的方式通知交换结点如何处理分组，用硬件实现，从而有可能对分组进行高速转发，实现快速 IP 分组交换。在这种网络结构中，核心网络是 MPLS 域，构成它的路由器是标记交换路由器(Label Switching Router，LSR)，在 MPLS 域边缘连接其他子网的路由器是边界标记交换路由器 E-LSR。MPLS 在 E-LSR 之间建立标记交换路径(Lable Switching Path,LSP),MPLS 减少了 IP 网络中每个路由器逐个分组处理的工作量,可以进一步提高路由器性能和传输网络的服务质量。MPLS 解决了 IP 不能防止拥塞,不能保证服务质量,IP 地址转发处理慢以及路由器不能快速处理的问题,同时也克服了 ATM 复杂、昂贵等缺点。

MPLS 可以提供以下四个主要的服务功能。

(1)提供面向连接与 QoS 的服务,更合理利用网络资源

MPLS 的设计思路是借鉴 ATM 面向连接和可以提供 QoS 保障的设计思想,在 IP 网络中提供一种面向连接的服务。

(2)支持虚拟专网服务

MPLS 提供虚拟专网(Virtual Private Network,VPN)服务,提高分组传输的安全性与服务质量。

(3)支持多协议

支持 MPLS 协议的路由器可以与普通 IP 路由器、ATM 交换机、支持 MPLS 的帧中继 RF)交换机的共存。因此,MPLS 可以用于纯 IP 网络、ATM 网络、帧中继网络及多种混合型网络,同时可以支持 PPP、SDH 和 DWDM 等多种底层网络协议。

2. **MPLS 的基本工作原理**

支持 MPLS 功能的路由器分为两类:标记交换器 LSR 和边界路由器 E-LSR。由 LSR 组成、实现 MPLS 功能的网络区域称为 MPLS 域。图 4-16 给出 MPLS 的基本工作原理示意图。它的主要思想是 IP 包在进入 MPLS 网络时,入口的 E-LSR 路由器分析 IP 包的内容并且为这些 IP 包加上合适的标签,然后所有 MPLS 网络中节点都是依据这个简短标签,利用硬件交换方式进行转发。当该 IP 包最终离开 MPLS 网络时,标签被出口的边界路由器分离,重新交还给 IP 网络。

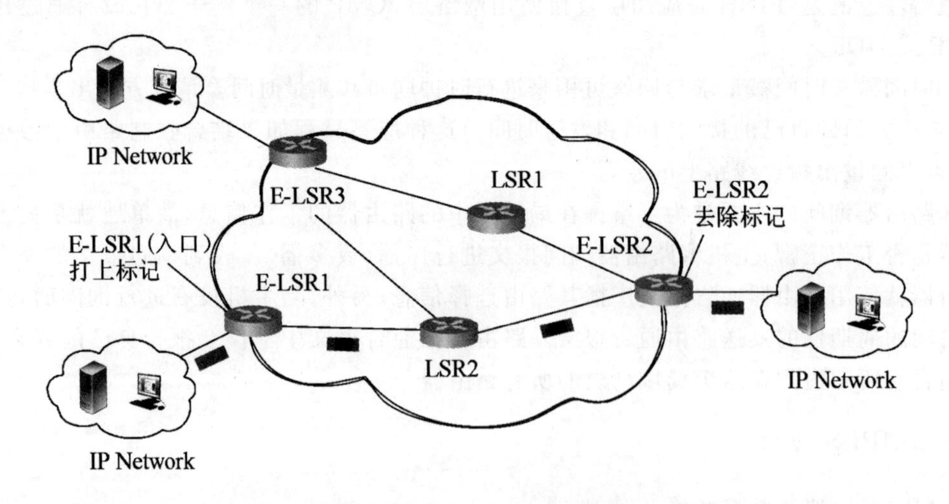

图 4-16 MPLS 的基本工作原理示意图

(1)“路由”和“交换”的区别

在讨论标记交换概念的时候,需要注意“路由”和“交换”的区别。“路由”是网络层的问题,是指路由器根据进入的 IP 分组的目的地址、源地址,在路由表中找出转发到下一跳路由器的

输出端口的过程。“交换”只需使用第二层的地址，如 Ethernet 的 MAC 地址或者是虚电路号。“标记交换”的意义就在于：LSR 不是使用 IP 地址到路由器上去查找下一跳的地址，而是采取简单的根据 IP 分组的“标记”，通过交换机的硬件在第 2 层实现快速转发。这样，就省去分组到达每个主机时要通过软件去查找路由的费时过程。

（2）MPLS 工作原理

① MPLS 域中 LSR 使用专门的标记分配协议（Label Distribution Protocol，LDP）交换报文，找出与特定标记对应的路径，即标记交换路径（LSP），如图 4-16 中 IP 分组从左下的 IP 网络进入 MPLS 网络，经 E-LSR1 - LSR2 - E-LSR2，形成 MPLS 标识转发表。

②当 IP 分组进入 MPLS 域入口的边界路由器 E-LSR1 时，E-LSR1 为分组打上标记，并根据标识转发表，将打上标记的分组转发到标记交换路径 LSP 的下一跳路由器 LSR2。

③标记交换路由器 LSR2 不是像普通的路由器那样，根据分组的目的地址、源地址，在路由表中找出转发到下一跳路由器的输出端口，而是根据标识直接利用硬件，以交换的方式传送给下一跳路由器。

④当标记分组到达 MPLS 域出口的边界路由器 E-LSR2 时，E-LSR2 去除标记，将 IP 分组交付给非 MPLS 的路由器或主机。

MPLS 工作机制的核心是：路由仍使用第三层的路由协议来解决，而交换则是用第二层的硬件去完成，这样就可以将第三层成熟的路由技术与第二层硬件快速交换相结合，达到提高主机性能和 QoS 服务质量的目的。

4.5 网络互联

网络层的主要目的，就是隐藏所有底层网络细节的不同，建立一个支持通用通信服务的统一、协调的互联网络，使得处于该网络中的主机间通信就像是在单个网络中进行的一样。例如，异构网络使用 TCP/IP 协议进行互联之后，就在网络层上形成一个单一的虚拟网络，只要知道双方的 IP 地址，就可以实现任何两台计算机之间的通信。

4.5.1 网络互联的基本概念

不同的数据通信网络在很多方面都有所不同，存在很大的差异性。异构网络的主要表现在：不同的网络类型（如广域网、城域网、局域网）；不同的数据链路层协议（Ethernet、ATM、WLAN）；不同的计算机系统及操作系统平台。

为了实现多个网络之间的互联，首先应该确保两个网络在物理上的互通，这是网络互联的前提，如果两个网络在物理上没有相互连接在一起，是没有办法实现网络间互联的。但是，仅有物理连接还远远不够，还需要使用一些特殊的计算机，这些计算机分别与两个网络相连，将分组从一个网络传递到另一个网络。我们把将这些起着特殊功能作用的计算机称为网关或路由器。

在物理层使用的连接设备如中继器、集线器，在数据链路层使用的连接设备如网桥、交换机，都不属于网络互联设备。当使用中继器（集线器）时，只是在物理层将信号进行了复制、调整和放大，以此来延长网络的长度，并没有实现异种网络间的连接；当使用网桥（交换机）时，只是将连接的局域网的范围扩大了，并没有隔断计算机之间的广播，从网络层的角度来看，依然属于同一个网络，因此也不属于多个网络的互联。可见，网络互联是网络层及其以上各层的范畴,能够实现网络互联的设备只能是路由器及更高层使用的网关。

4.5.2 路由器工作原理

路由器是工作在网络层的网络互联设备,实现网络层及以下各层的协议转换,通常用来实现局域网和广域网的互联,或者实现在同一点上两个以上局域网的互联。其互联模型如图 4-17 所示。

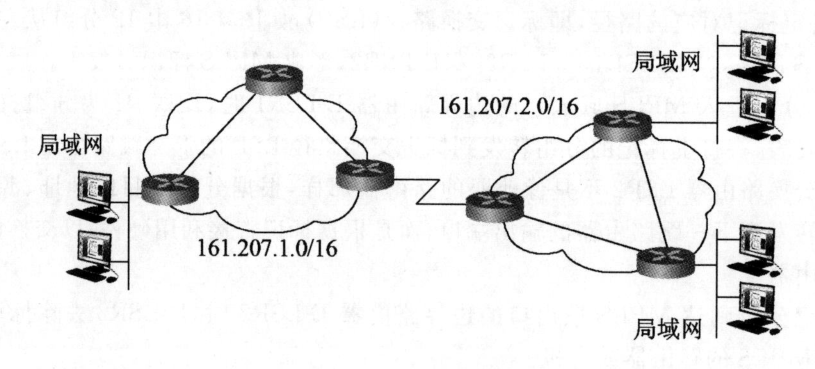

图 4-17 网络互联模型

路由器的功能比链路层的设备(网桥与交换机)强得多。路由器根据网络层地址(如 IP 地址)进行信息的转发,其功能主要有两个:路由选择和信息转发。除此之外,还有负载均衡、流量控制、网络和用户管理等功能,能够隔离广播域,阻止“广播风暴”传递到整个网络,具有更强的异种局域网互联能力。

路由器是一种具有多个输入端口和多个输出端口的专用计算机,其任务是转发分组。也就是说,路由器将某个输入端口收到的分组,按照分组要去的目的地(即目的网络),将分组从某个合适的输出端口转发给下一跳路由器。下一跳路由器也按照这种方法处理分组,直到该分组到达目的地为止。

路由器的结构如图 4-18 所示。可以看出,整个路由器结构可划分为两大部分:路由选择部分和分组转发部分。

路由选择部分也叫做控制部分,其核心构件是路由选择处理机。路由选择处理机的任务是根据所选定的路由选择协议构造出路由表,同时经常或定期地和相邻路由器交换路由信息,不断地更新和维护路由表,使之反映网络的变化。

分组转发部分由三部分组成,即交换开关、一组输入端口和一组输出端口。下面分别讨论每一部分的组成。

交换开关又称为交换组织,它的作用就是根据转发表对分组进行处理,将某个输入端口进入的分组从一个合适的输出端口转发出去。交换开关本身就是一种网络,但这种网络完全包含在路由器之中,因此交换开关可看成是“在路由器中的网络”。

路由器的输入端口和输出端口就设计在路由器的线路接口卡上。在图 4-18 中,路由器的输入和输出端口里面的数字 1、2 和 3 分别代表物理层、数据链路层和网络层的处理模块。

在输入端口,物理层负责比特流的接收;数据链路层则按照链路层协议把物理层收到的比特流划分为一个个包含数据分组的帧;将帧的首部和尾部剥去后,分组就被送人网络层的处理模块。若接收到的分组是路由器之间交换路由信息的分组(如 RIP 或 OSPF 分组等),则将这种分组送交路由器的路由选择部分中的路由选择处理机。若接收到的是数据分组,则按照分

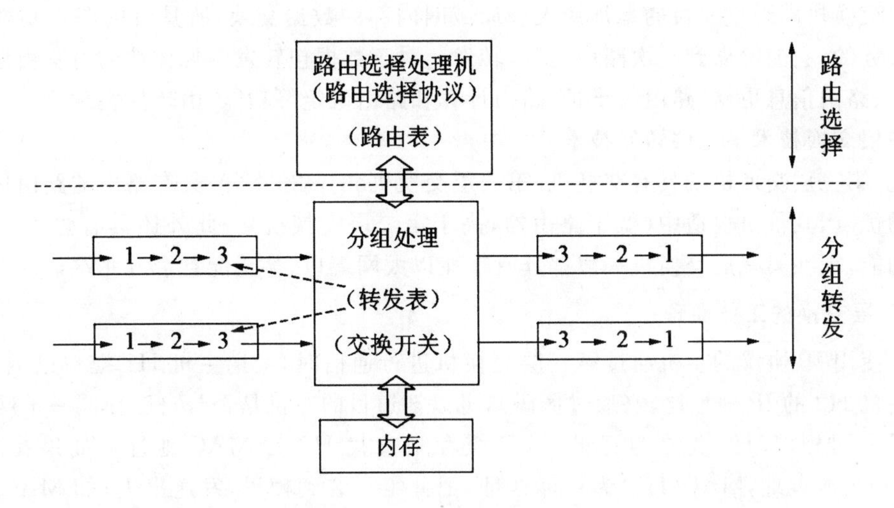

图 4-18　路由器的结构

组首部中的目的地址查找转发表，根据得出的结果，分组就经过交换开关到达合适的输出端口。

在输出端口，处理的程序与输出刚好相反，从交换开关到达的分组被送到链路层，链路层把自己端口的 MAC 地址作为源地址，下一跳的 MAC 地址作为目标地址，然后把分组封装到一个帧中，封装好的帧送到物理层形成连续的比特流从线路发出去。

输入端口中的查找和转发功能在路由器的交换功能中是最重要的。为了使交换功能分散化，往往将复制的转发表放在每一个输入端口中（如图 4-18 中的虚线箭头所示）。路由选择处理机负责对各转发表的副本进行更新，这些副本常称为“影子副本”。分散化交换可以避免在路由器中的某一点上出现瓶颈。

当一个分组正在查找转发表时，后面又紧跟着从这个输入端口收到另一个分组。这个后到的分组就必须在队列中排队等待，因而产生了一定的时延。

输出端口从交换开关接收分组，然后将它们发送到路由器外面的线路上。在网络层的处理模块中设有一个缓存，实际上它就是一个队列。当交换开关传送过来的分组的速率超过输出链路的发送速率时，来不及发送的分组就必须暂时存放在这个队列中。数据链路层处理模块将分组加上链路层的首部和尾部，交物理层后发送到外部线路。

从以上的讨论可以看出，分组在路由器的输入端口和输出端口都可能会在队列中排队等候处理。若分组处理的速率赶不上分组进入队列的速率，经过一段时间，队列的存储空间最终必定减小到零，这就使后面再进入队列的分组由于没有存储空间而只能被丢弃。以前提到的分组丢失就是在路由器中的输入或输出队列产生溢出而造成的。当然，设备或线路出故障也可能使分组丢失。由于路由器对每一个到来的信息包都要进行“拆包组包”过程，而且一些复杂的处理功能都是采用软件实现的，因此，这成为高速网络应用的瓶颈。近几年出现的第三层交换，将路由与交换技术结合在一起，较好地解决了该问题，大大提高了网络的性能。

4.5.3　第三层交换及其工作原理

1. 三层交换机

三层交换机就是具有部分路由器功能的交换机，它将中心路由器的复杂功能分离出去，只保留 IP 路由功能，并且尽可能采用硬件（专用集成电路 ASIC）来实现分组的高速转发。

三层交换机的最重要目的是加快大型局域网内部的数据交换，所具有的路由功能也是为这目的服务的，它能够做到一次路由，多次转发。对于数据包转发等规律性的过程由硬件高速实现，而像路由信息更新、路由表维护、路由计算和路由确定等功能，由软件实现。三层交换技术就是二层交换技术+三层转发技术。

因此，第三层交换机既具有交换机（第二层交换机）的高速率，又具有路由器路由选择与隔离网络的优点，其价格也适中（低于路由器，高于第二层交换机）。此外还具有强大的 VLAN 虚拟网功能，现在第三层交换机一般都具有千兆以太网端口，甚至配置了万兆端口。

2. 三层交换的工作原理

两个使用 IP 协议的主机通过第三层交换机进行通信时，发送主机 H1 把自己的 IP 地址与目的主机 H2 的 IP 地址比较（通过掩码），可以知道目的主机是否与自己在同一子网内。

如果子网相同，H1 先在自己的 ARP 缓存中查找 H2 的 MAC 地址。如果找到，就以 MAC(H1)为源地址，MAC(H2)为目标地址，把分组封装到帧里，发送出去；如 MAC(H2)在缓存没找到，则 H1 会广播一个 ARP 请求，然后 H1 收到 H2 相应发回的 MAC(H2)，就把它缓存起来，同时分组也就可以封装成帧发送出去。

若两个主机不在同一子网内，如发送主机 H1 要与不同子网的主机 H3 通信，则发送主机以 IP(H1)为源地址，IP(H3)为目的地址封装 IP 分组，然后送到链路层。链路层以 MAC(H1)为源地址，MAC(默认网关)为目标地址封装为帧，发送到三层交换机；若第三层交换模块在以往的通信过程中已得到目的主机的 IP(H3)与 MAC(H3)的对应，则向发送主机 H1 回复 H3 的 MAC 地址；否则，第三层交换模块根据路由信息向目的主机广播一个 ARP 请求，目的主机 H3 收到此 ARP 请求后向第三层交换模块回复其 MAC(H3)地址，第三层交换模块保存此地址并回复给发送主机 H1。这样（包括此后），不同子网的 IP(Hl)与 IP(H3)进行数据分组转发时，将用 MAC(H1)与 MAC(H3)进行帧封装，不再进行路由查找与转发，数据转发过程全部交给第二层交换处理，信息得以高速交换。

大型局域网为了减小广播风暴的危害或按照功能或地域等因素划分成一个个的小局域网（子网），但单纯使用二层交换机没办法实现子网间的互访，如果采用路由器连接这些子网，则由于端口数量有限，路由速度较慢，而限制了网络的规模和访问速度。在这种环境下，由二层交换技术和路由技术有机结合而成的三层交换机就最为适合。

第三层交换机使用硬件结合使得数据交换加速，优化的路由软件使得路由过程效率提高；除了必要的路由决定过程外，大部分数据转发过程由第二层交换处理；多个子网互联时只是与第三层交换模块的逻辑连接，不像传统的外接路由器那样需增加端口，保护了用户的投资。

4.5.4 四层交换机

三层交换机消除了高速网络中路由器带来的数据传输瓶颈，但对于网络设备负载不均衡的问题却无能为力。为此，人们开始寻求一种能够识别不同应用，并按照相应优先级进行高速传输的解决方案，在这种需求之下，四层交换机应运而生。

四层交换机工作在 OSI 参考模型的第四层，即传输层。四层交换机在决定传输时不仅依据 MAC 地址（数据链路层信息）或源/目标 IP 地址（网络层信息），它还可以直接面对网络中的具体应用，解析 TCP/UDP 数据包中的应用端口号（传输层信息）。因此，四层交机可以做出向何处转发数据流的智能决定。四层交换机还支持其他功能，如基于应用类型和用户 ID 的数据流控制和 QoS 功能。采用多级排队技术，四层交换机可以根据应用来标记数据流，并为数据流分配优先级。对于使用多种不同系统来支持一种应用的大型企业数据中心，Internet 服务提供商或内容提供商，以及需要在很多服务器上进行备份操作的应用，四层交换机的作用就显得尤为重要。

四层交换机通过分析数据包的包头来获取端口号，并以此为依据来判断该数据包的应用业务（如 HTTP、FTP 等）。四层交换机在工作中会支持不同应用的服务器设立虚拟 IP 地址，并且在网络的域名服务器中并不存储应用服务器的真实地址，然后通过三层交换模块将该连接请求传给该服务器。

4.6 IP 多播

随着 Internet 用户数量的增加和多媒体技术的广泛应用，产生了许多高带宽的多媒体应用，如视频点播、网络电视等，这导致了带宽的急剧消耗和网络的拥挤，而 IP 多播（IP multicast）技术则能够有效地解决这一问题。

IP 多播（也称多址广播或多播）技术，是一种允许一台或多台主机（多播源）发送单一数据包，通过网络（一次的，同时的）传播到多台主机的 TCP/IP 网络技术。目前，IP 多播技术被广泛应用在网络音频/视频广播、在线视频点播 VOD、网络视频会议、多媒体远程教育、“push”技术（如股票行情等）和虚拟现实游戏等方面。多播方式与单播相比，可以大大地节约网络资源。

4.6.1 IP 多播地址

IP 多播通信必须依赖于 IP 多播地址，在 IPv4 中它是一个 D 类 IP 地址，其 IP 地址的前 4 位固定为“1110”，因而其 IP 地址范围为 224.0.0.0～239.255.255.255，每一个 D 类地址标识一组主机。D 类地址中用 28 位来标识多播组，因此可以标识 2^{28} 个多播组（约 25 亿）。多播组地址被划分为局部链接多播地址、预留多播地址和管理权限多播地址 3 类。其中，局部链接多播地址范围为 224.0.0.0～224.0.0.255，这是为路由协议和其他用途保留的地址，路由器并不转发属于此范围的 IP 分组；预留多播地址为 224.0.1.0～238.255.255.255，可用于全球范围（如 Internet）或网络协议；管理权限多播地址为 239.0.0.0～239.255.255.255，可供组织内部使用，类似于私有 IP 地址，不能用于 Internet，可限制多播范围。

实际上，224.0.0.0～224.2.255.255 的绝大部分地址已被使用，使用时应该避开这些地址。一些已被 Internet 号码分配管理局分配的保留多播地址如下。

224.0.0.0：基础地址，保留，不能被任何群组使用；

224.0.0.1：全主机群组，指参加本 IP 多播的所有主机、路由器、网关（不是指整个互联网）；

224.0.0.2：本子网上的路由器（all routers on a LAN）；

224.0.0.4：：DVMRP 路由器；

224.0.0.5：本子网上的 OSPF 路由器；

224.0.0.6：本子网上被指定的 OSPF 路由器；

224.0.1.1：网络时间协议（Network Time Protocol，NTP）；

224.0.5.0～224.0.5.127：蜂窝式数字信息包数据发送主机组；

224.1.0.0～224.1.255.255：基于流的协议多播主机组；

224.2.0.0～224.2.255.255：多媒体会议呼叫。

4.6.2 Internet组管理协议

Internet组管理协议(Internet Group Management Protocol,IGMP)是在多播环境下使用的协议,用来帮助多播路由器识别加入到一个多播组的成员主机。IGMP协议共有3个版本：

1989年公布的RFC1112文档是IGMP的第1个版本,报文格式如图4-19。

版本(4)	类型(4)	未使用(8)	校验和(16)
组地址			

图4-19 IGMP第1版本的报文格式

版本:IGMP版本标识,因此设置为1,版本2没有这个字段。

类型:0x11(成员关系查询);0x12(成员关系报告)。

版本1只有成员关系查询和成员关系报告,没有特定的组关系查询,组成员离开的时候是默默离开,不发送离开报告。不能设定响应时间,所有的响应时间都是默认的10秒。

1997年公布的RFC2236文档是IGMP协议的第2个版本,已成为Internet的建议标准协议,报文格式如图4-20。

类型(8)	最大响应时间(8)	校验和(16)
组地址		

图4-20 IGMP第2版本的报文格式

类型:

0x11:成员关系查询。其中,常规查询:用于确定哪些组播组是有活跃的,即该组是否还有成员在使用,常规查询的组地址由全零表示;特定组查询:用于查询某具体组播组是否还有组成员。

0x16:版本2成员关系报告。

0x12:版本1成员关系报告。

0x17:离开组消息。

最大响应时间:以0.1秒为单位,默认值是100,即10秒。

2002年10月公布的RFC3376文档是IGMP协议的第3个版本,目前已成为正式标准,但尚未得到广泛支持。其前2个IGMP版本最大的不同是,IGMPv3允许主机指定组播源,只接收特定组播源发出的组播数据;加强了主机的控制能力,不仅可以指定组播组,还能指定组播的源。

IGMP使用IP数据报传递其报文(IP数据报协议字段值为2)。而IGMP处于组播协议的最底层,是整个组播协议的基础。在组播协议中,只有IGMP协议直接与点播主机联系,运行IGMP的路由器负责管理组成员——主机的加入、离开,维护组成员关系。

IGMP协议执行过程可以分为两个阶段:

(1)当有主机加入新的多播组时,该主机按照多播组的多播地址发送一个IGMP报文,声明自己想加入该多播组。本地多播路由器接收到IGMP报文后,将组成员关系转发给Internet上的其他多播路由器。

(2)由于组成员关系是动态变化的,本地多播路由器需要周期性地探询本地网络上的主机,以确认这些主机是否还继续是组成员。只要有一个主机对某个组响应,多播路由器就认为这个组是活跃的。但一个组在经过几次探询后仍然没有一个主机响应,多播路由器就认为本网络上的所有主机都已经离开了这个组，因此也就不再将该组的成员关系转发给其他的多播路由器。

多播路由器在探询组成员关系时，只需要对所有的组发送一个请求信息的询问报文，而不需要对每一个组发送一个询问报文。默认的询问频率是每125秒发送一次。当同一个网络上连接有多个多播路由器时，它们能够迅速且有效地选择其中的一个来探询主机间的成员关系。这样一来，网络上的多个多播路由器或者多个多播组都不会带来过大的通信量。

4.6.3 以太网物理多播

在网络层中，IP多播数据报可以借助于D类IP地址实现。但是，由于这个多播数据报使用的是IP多播地址，ARP协议将无法找出相对应的物理地址，而在数据链路层转发这个数据报时需要用到物理地址。现在大部分主机都是通过局域网接入到Internet当中的，在Internet进行多播的最后阶段，需要使用硬件多播将IP多播数据报交付给多播组的所有成员。

以太网支持物理多播编址。以太网的物理地址(MAC)长度为6个字节(48位)，若MAC地址中的前25位是00000001 00000000 01011110 0，则这个地址定义TCP/IP协议中的多播地址，剩下的23位用来定义2^{23}个多播组。所以，以太网多播物理地址块的范围是从01-00-5E-00-00-00到01-00-5E-7F-FF-FF。要把IP多播地址转换为以太网地址，多播路由器需要提取D类IP地址中的最低的23位，将它们放到多播以太网物理地址当中。在这个映射过程当中，有一点问题需要指出。D类IP地址的可用长度为28位(前4位为固定的1110)，而每一个物理多播地址中只有23位可用做多播，这意味着有5位没有使用。也就是说，将会有每32(2^5)个IP多播地址映射为一个物理多播地址。整个的映射过程是多对一，而并非一对一的。例如，IP多播地址224.128.60.5(E0-80-3C-05)和224.0.60.5(E0-00-3C-05)转换成物理多播地址后都是01-00-5E-00-3C-05。由于映射关系的不唯一性，收到多播数据报的主机还需要在网络层利用软件进行过滤，把不是本主机要接收的数据报丢弃。尽管存在地址映射不完美和需要硬件地址过滤的不足，多播仍然比广播要好。

习 题

4-01 网络层有哪些功能，用一句话概述IP层提供什么样的网络服务？

4-02 虚电路和数据报服务两种交换方式的特点各是什么？

4-03 为什么说IP是一种网际协议？IP实现连接在不同传输网络上的终端之间通信的技术基础是什么？

4-04 试说明IP地址和MAC地址之间的不同及各自的作用。

4-05 IP分类地址有哪几类？有何特点？

4-06 为什么需要无分类编址CIDR？它对减少路由项和子网划分带来什么好处？

4-07 子网掩码255.255.255.0代表什么意思？如果某一网络的子网掩码为255.255.255.128，那该网络能够连接多少主机？

4-08 请说明下列IP地址的网络类型。

(1) 127.0.0.1

(2) 10.12.223.15

(3) 153.14.56.23

(4) 192.12.69.248

(5) 61.30.0.17

(6) 202.3.61.28

4-09　说明IP首部的报文格式。

4-10　IP分组为什么要分片和重组？分片有何坏处？

4-11　假设链路的MTU=1 200字节，若网络层收到上层传递的4 000字节，试对其进行分片，用图形表示分片的情况，并说明每个分片的标识、标志以及分片的偏移。

4-12　ICMP协议的作用是什么？没有ICMP，IP协议能否正常工作？

4-13　简述Tracert命令是如何利用ICMP协议实现路由跟踪的。

4-14　IP对数据报的什么部分进行差错检验？其优、缺点是什么？IP在什么结点进行差错检验？为什么？

4-15　路由选择算法有哪几类？各有何特点？

4-16　试述RIP协议的流程。为何RIP协议需要周期性地发送RIP通告？

4-17　比较OSPF协议和RIP协议。

4-18　为什么需要BGP？不能用OSPF取代BGP的原因是什么？

4-19　什么是NAT技术？为什么需要NAT？

4-20　路由器的功能是什么？说明路由器的结构。

4-21　路由表的查找算法遵循什么原则？其原因是什么？

4-22　第三层交换机和路由器的异同是什么？

4-23　什么是IP多播？IP多播有什么优缺点？

4-24　简述ARP的工作过程。

4-25　有如下4个地址块：

202.204.132.0/24，202.204.133.0/24，202.204.134.0/24，202.204.135.0/24

试进行最大可能的路由聚合。

4-26　设路由器R的不完整的路由表如下：

表4-9　路由表

序号	目的网络	子网掩码	下一跳	转发接口
1	166.111.64.0	255.255.240.0	R1接口1	Port-2
2	166.111.16.0	255.255.240.0	直接交付	Port-1
3	166.111.32.0	255.255.240.0	直接交付	Port-2
4	166.111.48.0	255.255.240.0	直接交付	Port-3
5	0.0.0.0(默认路由)	0.0.0.0	R2接口2	Port-1

现路由器R收到下述分别发往5个目的主机的数据报：

H1:20.134.245.78，H2:166.111.64.129，H3:166.111.35.72，H4:166.111.31.168，H5:166.111.60.239。

请回答下列问题：

(1)表中序号1～4的目的网络各属于哪类(A,B,C)网络？它们是由什么网络划分出来的？

(2)假如R1端口1和R2端口2的IP地址的主机号均为5(十进制)，请给出它们的IP地址。

(3)到目的主机H1～H5的下一跳是什么(如果是直接交付写出转发端口)？

4-27　某单位的网络使用B类IP地址166.111.0.0，如果将网络上的计算机划分为30个子网，子网号应该取几位？子网掩码应该是什么？每个子网最多可包含多少台计算机？试用二进制和点分十进制记法对应地写出子网号最小的子网，以及该子网中主机号最小和最大主机的IP地址。

4-28　图 4-21 为某单位的网络拓扑：A,B,C,D,E 为五个思科路由器,e0,s0 等为路由器的接口,每个路由器的 e0 或 e1 口连接一个子网,其主机数如图 4-21 所示,请将分配到的 IP 地址段 172.16.10.0/24 划分为多个子网。

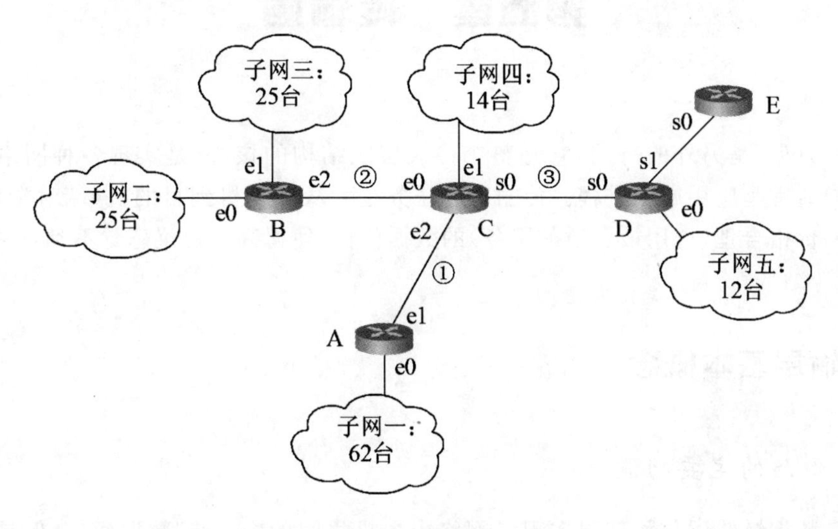

图 4-21　网络拓扑

要求按标号顺序分配：

(a)五个子网的 IP 地址段,掩码及网关地址并指出相应的网络地址和广播地址；

(b)两个路由器之间的链路也各要分配一个子网,并指定各接口的 IP 及掩码;并合适网关地址与相连子网的关系

* 注意:地址分配顺序按表格 4-10 中的顺序

表 4-10　IP 地址分配方案

名称	IP 地址范围	掩码	网关地址	网络地址
子网一				
子网二				
子网三				
子网四				
子网五				
路由器 A IP,掩码	e0	e1		
路由器 B IP,掩码	e0	e1	e2	
路由器 C IP,掩码	e0	e1		
	e2	s0		
路由器 D IP,掩码	e0	s0	s1	
路由器 E IP,掩码	s0			

第五章　传输层

传输层不仅仅是另外的一层，它是整个协议层次结构的核心，是实现各种网络应用的基础，它的用户通常是应用层的进程。传输层的任务是为从源端机到目的机（端对端）提供可靠的（无差错）、价格合理（选用最合适的服务）的数据传输，使得高层协议感觉不到各种底层网络的差异。

5.1　传输层基本概念

5.1.1　传输层的主要功能

网络层、数据链路层与物理层实现了网络中主机之间的“点-点”数据通信，但是数据通信不是组建计算机网络的最终目的。计算机网络的本质活动是实现分布在不同地理位置的主机之间的进程通信，以实现应用层的各种网络服务功能。传输层的主要功能是要实现分布式进程通信。因此，传输层是实现各种网络应用的基础。图 5-1 给出了传输层端-端通信的示意图。

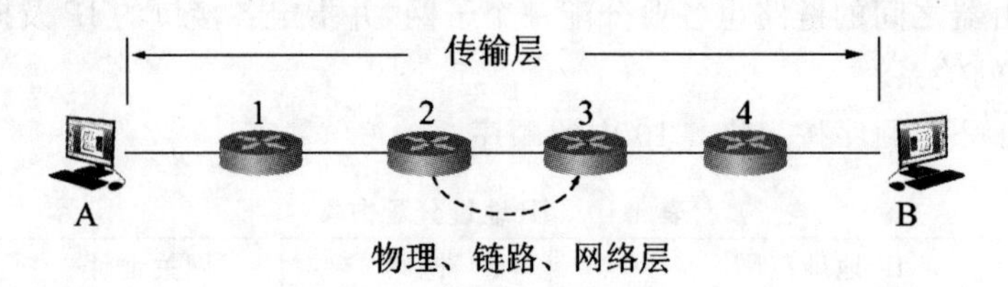

图 5-1　传输层的端到端通信

传输层的主要功能有：

①分割与重组数据。将应用层的消息分割成若干子消息并封装为报文段。

②按端口号寻址。标识不同的应用进程，实现多个应用进程利用同一个 IP 地址进行多路复用。

③连接管理。完成端到端通信链路的建立、维护和管理。

④差错控制、拥塞控制和流量控制。

总之，传输层要向应用层提供通信服务的可靠性，避免报文的出错、丢失、延迟、时间紊乱、重复和乱序等差错。

理解传输层基本功能需要注意以下几个问题。

(1)网络层的 IP 地址标识了主机、路由器的位置信息；路由选择算法可以在 Internet 中选择一条源主机-路由器、路由器-路由器、路由器-目的主机的多段“点-点”链路组成的传输路径；IP 协议通过这条传输路径完成 IP 分组数据的传输。传输层协议是利用网络层所提供的服务，在源主机的应用进程与目的主机的应用进程之间建立“端-端”连接，实现分布式进程通信。

(2) Internet 中的路由器及底层的通信线路构成了通讯子网。通讯子网一般是由电信公司运营和管理的,用户无法对它加以控制,保证自己的通讯可靠性。如果通信子网提供的服务不可靠(例如频繁地丢失分组,或路由器不断发生冲突),唯一可行的方法是在网络层上再增加一层——传输层,对分组丢失、线路故障进行检测,并采取相应的差错控制措施,以满足通信进程对服务质量(QoS)的要求。因此,在传输层要讨论如何改善 QoS,以达到计算机进程通信所要求的服务质量问题。

(3)传输层可以屏蔽传输网络实现技术的差异性,弥补网络层所提供服务的不足,使得应用层在设计各种网络应用系统时,只需要考虑选择什么样的传输层协议可以满足应用进程通信的要求,而不需要考虑底层数据传输的细节问题。

总之,从“点-点”通信到“端-端”通信是一次质的飞跃,为此传输层需要引入很多新的概念和机制。

5.1.2　传输层提供的服务

为了满足不同的需求,传输层主要提供两种服务。一种是面向连接的服务,由 TCP 协议实现,它是一种可靠的服务;另一种是无连接的服务,由 UDP 协议实现,是一种不可靠的服务。

(1)面向连接的服务的特点:

①在服务进行之前必须建立一条逻辑链路后再进行数据传输,传输完毕后,再释放连接。数据传输过程中,好像一直占用了一条这样的逻辑链路。这条链路好比一个传输管道,发送方在一端放入数据,接收方从另一端按顺序取出数据。

②由于所有的报文都在这个管道内传送,因此报文是按序到达目的地的,即先发送的报文先到。

③通过可靠传输机制保证报文传输的可靠性,报文不易丢失。

④由于需要管理和维护连接,因此协议复杂,通信效率不高。

面向连接的服务适合于对数据的传输可靠性要求非常高的场合,如文件传输、网页浏览和电子邮件等。对于这类应用,数据在传输的过程中不能丢失或出现一点点错误。例如,下载一个 Word 文档,假如传输过程中出现 1 个比特的错误,就无法打开文档,因此必须依靠面向连接的服务来避免这种现象。

(2)无连接的服务

顾名思义,无连接的服务就是通信双方不需要事先建立一条通信线路,而是把每个带有目的地址的报文分组送到网络上,由网络(如路由器)根据目的地址为分组选择一条恰当的路径传送到目的地。

无连接服务的特点:

①数据传输之前不需要建立连接;

②每个分组都携带完整的目的结点地址,各分组在网络中是独立传送的;

③分组的传递可能是失序的,即后发送的分组有可能先到达目的地;

④可靠性差,容易出现报文丢失的现象,但是协议相对简单,通信效率较高。

本章后面介绍的 UDP 协议就是网络层“尽最大努力投递”服务在传输层的进一步扩展,它无法保证报文正确到达目的地,这非常类似于通过平信通信。我们写好信件,在信封上写好收件人的目的地址,投递到邮局后,各级别的邮政系统将按照目的地址依次投递,但是投递过程中并不能证信件不会丢失。

由于无连接的服务不需要建立连接和维护连接，因此实现简单，协议的开销小。虽然传输的可靠性差，但如果底层的通信可靠性高(如对于局域网或光纤通信)而言，使用无连接的服务效率较高。另外，对于连续的大数据量的传输，并能容忍一定程度数据丢失的应用而言(如视频点播、网络电话等)，采取无连接的服务也是不错的选择。此外，多播也适合用无连接的服务来实现，因为多播如果采用面向连接服务的话，多播组的成员之间要建立错综复杂的连接关系，维护起来非常复杂。

5.1.3 传输层寻址——端口

对 TCP/IP 而言，传输层地址称为端口，它是 16 位的正整数。TCP 和 UDP 都使用端口来标识不同的应用进程，换句话说，端口就是应用进程的地址。应用进程是应用程序在操作系统内核中的映像，可以简单地将进程理解为运行的程序。同一程序有可能同时运行多个进程的实例，例如，我们可以同时打开多个浏览器窗口浏览网页，也能够运行多个 QQ 程序与他人聊天。一些常见的标准服务进程(如电子邮件服务、文件传输服务等)是固定的，因此分配大家都知道的端口号，以便于用户的访问。

给应用进程分配一个传输层的地址(端口)，其另一个目的是为了实现在传输层对同一个 IP 地址的多路复用与多路分解。每台主机至少有一个 IP 地址，对应一个网络接口。而我们可以同时在应用层运行多个网络程序，这就意味着多个网络进程将共同使用同一个 IP 地址从同一个网络接口中发送出去。为了区分这些网络进程，就要使用不同的端口地址，它们发送的数据将封装为传输层分组发送，分组中包含各自的端口号，但网络层分组首部中的 IP 地址都是同一主机的 IP，这就是多路复用，即来自多个端口的数据共同使用同一个 IP 地址。多路分解则是相反的操作，当主机收到一个分组时，网络层从分组中只能获得 IP 地址信息；而不知道这个分组要交给哪个进程处理，分组向上提交到传输层后，根据传输层的端口信息，就能明确处理此报文的应用进程，这就是多路分解，传输层根据端口地址将同一个 IP 地址收到的数据传递到相应的应用进程。

用一个现实的例子来说明端口和 IP 地址的关系。例如，在一栋写字楼中有多家公司，每家公司都和外界有信函联系。假设每家公司占据一层楼(或单元号)，显然，每家公司相当于应用层的进程，而楼层号(或单元号)是传输层的端口地址，写字楼的地址则相当于网络层的 IP 地址，所有的公司都使用。写字楼的地址与外界通信，而外界信件到达写字楼后，再由相关人员按照楼层号或单元号投递到相应的公司。

端口只具有本地意义，即端口号是为了标志本主机应用层中的各个进程，因此两个不同主机的应用进程可以使用相同的端口。端口有 16 位，因此共有 2^{16} 个端口，即一台主机理论上可同时运行 65 535 个应用程序而不会产生混淆，这对一般的日常应用而言足够了。

端口分为两类。一类是由因特网指派名字并由号码公司 ICANN 分配给一些常用的标准应用程序固定使用的熟知端口，也称为固定端口，其数值一般为 0～1 023。这些熟知端口号是 TCP/IP 体系确定并公布的，是所有用户都知道的。当一种新的标准应用出现时，必须为它指派一个熟知端口，否则其他的应用进程就无法与它进行交互通信。在应用层中的各种不同熟知的服务器进程不断地检测分配给它们的熟知端口，以便发现是否有某个客户进程要与它通信。一些常用的熟知端口如表 5-1 所示。

表 5-1 常用的熟知端口

应用程序	FTP	TELNET	SMTP	DNS	TFTP	HTTP	POP3	SNMP
熟知端口	21	23	25	53	69	80	110	161

另一类则是一般端口，用来随时分配给请求通信的用户应用进程的。由于此类端口是动态申请的，因此称为自由端口，又称为临时端口，大多数 TCP/IP 实现给临时端口分配 1 024～5 000 之间的端口号，而大于 5 000 的端口号是为其他服务器预留的(Internet 上并不常用的服务)。

5.1.4 套接字

传输层实现端-端的通信，因此，每一个传输层连接有两个端点。那么，传输层连接的端点是什么呢？不是主机，不是主机的 IP 地址，不是应用进程，也不是传输层的协议端口。传输层连接的端点叫做套接字(socket)。根据 RFC 793 的定义：端口号拼接到 IP 地址就构成了套接字。所谓套接字，实际上是一个通信端点，每个套接字都有一个套接字序号，包括主机的 IP 地址与一个 16 位的主机端口号，即形如(主机 IP 地址：端口号)。例如，如果 IP 地址是 210.37.145.1，而端口号是 23，那么得到套接字就是(210.37.145.1:23)。

总之，套接字 Socket＝(IP 地址：端口号)，套接字的表示方法是点分十进制的 IP 地址后面写上端口号，中间用冒号或逗号隔开。每一个传输层连接唯一地被通信两端的两个端点(即两个套接字)所确定。

套接字可以看成是两个网络应用程序进行通信时，各自通信连接中的一个端点。通信时，其中的一个网络应用程序将要传输的一段信息写入它所在主机的 Socket 中，该 Socket 通过网络接口卡的传输介质将这段信息发送给另一台主机的 Socket 中，使这段信息能传送到其他程序中。因此，两个应用程序之间的数据传输要通过套接字来完成。

为了满足不同的通信程序对通信质量和性能的要求，一般的网络系统提供了三种不同类型的套接字，以供用户在设计网络应用程序时根据不同的要求来选择。这三种套接为流式套接字(SOCK-STREAM)、数据报套接字(SOCK-DGRAM)和原始套接字(SOCK-RAW)。

(1)流式套接字。它提供了一种可靠的、面向连接的双向数据传输服务，实现了数据无差错、无重复的发送。流式套接字内设流量控制，被传输的数据看作是无记录边界的字节流。在 TCP/IP 协议簇中，使用 TCP 协议来实现字节流的传输，当用户想要发送大批量的数据或者对数据传输有较高的要求时，可以使用流式套接字。

(2)数据报套接字。它提供了一种无连接、不可靠的双向数据传输服务。数据包以独立的形式被发送，并且保留了记录边界，不提供可靠性保证。数据在传输过程中可能会丢失或重复，并且不能保证在接收端按发送顺序接收数据。在 TCP/IP 协议簇中，使用 UDP 协议来实现数据报套接字。在出现差错的可能性较小或允许部分传输出错的应用场合，可以使用数据报套接字进行数据传输，这样通信的效率较高。

(3)原始套接字。该套接字允许对较低层协议(如 IP 或 ICMP)进行直接访问，常用于网络协议分析，检验新的网络协议实现，也可用于测试新配置或安装的网络设备。

在网络应用程序设计时，由于 TCP/IP 的核心内容被封装在操作系统中，如果应用程序要使用 TCP/IP，可以通过系统提供的 TCP/IP 的编程接口来实现。在 Windows 环境下，网络应用程序编程接口称作 Windows Socket。为了支持用户开发面向应用的通信程序，大部分系统都提供了一组基于 TCP 或者 UDP 的应用程序编程接口(API),该接口通常以一组函数的形式出现,也称为套接字(Socket)。

5.2 TCP 协议

传输控制协议(TCP,Transmission Control Protocol)是为在不可靠的互联网络上提供可靠的端到端字节流而专门设计的一个传输协议。互联网络与单个网络有很大的不同,因为互联网络的不同部分可能有截然不同的拓扑结构、带宽、延迟、数据包大小和其他参数。TCP 的设计目标是能够动态地适应互联网络的这些特性,而且具备面对各种故障的健壮性。

IP 协议并不能保证数据报一定被正确地递交到接收方,也不指示数据报的发送速度有多快。正是 TCP 负责既要足够快地发送数据报,合理地使用网络容量,但又不能引起网络拥塞;而且,TCP 超时后,要重传没有递交的数据报,以保证通信的完整性。即使 IP 协议正确递交了数据报,也可能存在错序的问题,这也是 TCP 的责任,它必须把接收到的数据报重新装配成正确的顺序。简而言之,TCP 必须提供可靠性的良好性能,这正是大多数用户所期望的而 IP 又没有提供的功能。

总之,TCP 协议的特点是:通信可靠、面向连接、面向字节流、支持全双工、支持并发连接、提供确认/重传与拥塞控制功能。

5.2.1 TCP 报文格式

TCP 报文也称为报文段(segment)。图 5-2 给出了 TCP 报文格式。

<table>
<tr><td colspan="8">源端口(16)</td><td>目的端口(16)</td></tr>
<tr><td colspan="9">发送序列号 seq (32)</td></tr>
<tr><td colspan="9">确认序列号 ack (32)</td></tr>
<tr><td>数据
偏移(4)</td><td>保留(4)</td><td>URG</td><td>ACK</td><td>PSH</td><td>RST</td><td>SYN</td><td>FIN</td><td>窗口(16)</td></tr>
<tr><td colspan="8">校验和(16)</td><td>紧急指针(16)</td></tr>
<tr><td colspan="9">选项(n * 32)</td></tr>
<tr><td colspan="9">数据区</td></tr>
</table>

图 5-2 TCP 报文格式

TCP 报头格式说明:

TCP 报头长度为 20～60 字节,其中固定部分长度为 20 字节;选项部分长度可变,最多为 40 字节。TCP 报头主要包括以下字段。

(1)端口号

端口号字段包括源端口号与目的端口号。每个端口号字段长度为 16 位(2 字节),分别表示发送方应用进程的端口号与接收方应用进程的端口号。

(2)序号(seq)

序号字段长度为 32 位,序号范围在 $0 \sim 2^{32}-1$。在 TCP 连接建立时,每方需要使用随机数产生器产生一个初始序号 seq(连接双方各自随机产生初始序号);作为本方发送的数据字节流的第一个字节的序号,接下来的字节流中的每个字节都按顺序累计编号。

例如,一个 TCP 连接需要发送 3500 字节的文件,随机产生初始序号 seq 为 10001,假设分为 5 个报文段发送。前 4 个报文段长度为 1000 个字节,第 4 个报文段长度为 500 个字节。那么,根据 TCP 报文段序号分配规则,第 1 个报文段的第一字节的序号取初始序号 seq 为 10001,第 1000 个字节的序号为 1 1000。以此类推,可以得出如下结论。

第 1 个报文段的字节序号范围为:10001～11000,seq=10001

第 2 个报文段的字节序号范围为:11001～12000,seq=11001

第 3 个报文段的字节序号范围为:12001～13000,seq=12001

第 4 个报文段的字节序号范围为:13001～13500,seq=13001

(3)确认号(ack)

确认号字段长度为 32 位(4 字节)。确认号为 N 表示一个进程已经正确接收序号为 N(包括前面)的所有字节,要求发送端下一个应该发送序号为 $N+1$ 的报文段。

例如,主机 A 把上述的第一个报文段发送给主机 B,报文字节范围为 10001～11000(seq=10001)。如果主机 B 正确接收了这个字节段,那么主机 B 在下一个发送给主机 A 的报头的确认号(ack)将写为 11001($N+1=11000+1$)。主机 A 在接收到该报文后,读到确认号为“11001”时就可以知道:主机 B 已经正确接收到最后一个字节的序号为“11001”及以前的所有字节,希望下面传送字节序号为“11001”开始的报文段。确认号不必专门用一个 TCP 报文段来传送,可以放在主机 B 传送给主机 A 的数据报文段中,这是在网络协议中典型的捎带确认方法。

(4)数据偏移

数据偏移,长度为 4 位,该字段详细说明了报文段的数据部分离 TCP 首部的位置,之所以称为数据偏移就是因为它指明了数据的起点距 TCP 报文段开头偏移了多少个 32 位。

数据偏移也称报头长度,相当于指明了 TCP 首部含有多少个 32 位的数据,用字段的值乘以 4 就是首部的字节数。实际报头长度是在 20～60 字节,因此这个字段的值是在 5(5×4=20)～15(15×4=60)之间。

(5)保留

保留字段长度为 6 位,默认为 000000。现在前 4 位仍未使用,保持“0000”,第 5 位用于通知“拥塞窗口减小”,第 6 位用于是否“不允许端到端的通知挤塞”。

(6)控制

控制字段定义了 6 种不同的控制位或标志,使用时在同一时间可设置一位或多位。控制字段用于 TCP 的连接建立和终止、流量控制,以及数据传送过程。

①紧急(URGent,URG)位

当 UGR=1 时,表明紧急指针字段有效。它告诉系统此报文中有紧急数据(相当于有高优先级的数据),应尽快传送,不要按原来的顺序来传送。例如要发送一个很长的程序在远端执行,在此过程中发现了错误,要停止该程序的执行,于是采用中断命令[Ctrl+C],该中断命令使紧急比特有效,通知远端应用程序终止运行。URG 位要与紧急指针字段一起使用。

②确认(ACK)位

AGK=1 时,说明 TCP 报文段携带了一个确认信息,确认号字段值就是本方期望收到的下一个报文段的开始字节序列号。如果 ACK=0,确认号字段值无效。按照 TCP 的规定,在 TCP 连接建立之后发送的所有报文段的 ACK 位都要置 1。

③推送(PSH)位

当两个进程进行交互式通信时，接收方一般先把收到的数据放在缓冲区里，如果一端应用进程希望在输入一个命令之后，能够立即得到对方的响应时，就将 PSH 置 1，并立即创建一个报文段发送到对方；对方接收到 PSH 置 1 的报文段之后，就把缓冲区的数据尽快交给应用进程，尽快响应对方的请求。

④复位(RST)位

复位 RST 位置 1，有两种含义：一是表明 TCP 连接出现严重的差错(如主机崩溃)，必须释放连接，然后再重新建立连接；二是复位比特还可以用来拒绝一个非法的报文段或拒绝打开一个连接。

⑤同步(SYN)位

同步位 SYN 在连接建立时用来同步序号。例如，当 SYN=1、ACK=0 时，表示这是一个连接建立请求报文；同意建立连接的响应报文的 SYN=1、ACK=1。

⑥终止(FIN)位

终止位用来释放一个 TCP 连接。FIN=1 表示发送端的报文段发送完毕，请求释放 TCP 连接。

(7)窗口

窗口字段长度为 16 位，表示以字节(8 bit)为单位的窗口大小。这个字段的值告诉通讯的对方下一次本应用进程最多可以接收的字节数，用于控制接收流量，窗口字段值是根据情况动态变化的。

例如：如果节点 B 发送给节点 A 的 TCP 报文的报头中确认号(ack)的值是 501、窗口字段的值是 1 000，这就表示：下一次节点 A 要向节点 B 发送的 TCP 报文段时，字段第一字节序号应该是 501，字段最大长度为 1 000 字节，即允许的最后一个字节序号的最大值是 1 500。

(8)紧急指针

紧急指针字段的长度为 16 位，只有当紧急标志 URG=1 时，这个字段才有效，该字段的值为紧急数据最后一个字节的偏移量。例如，一个报文段共有 600 字节的数据，其中包含 400 个字节的紧急数据，其他 200 字节为常规数据，则 UGR=1，紧急指针字段的值为 400。TCP 协议软件要在优先处理完紧急数据之后才能够恢复正常操作。

(9)选项

TCP 报头可以有多达 40 字节的选项字段。选项包括以下两类：单字节选项和多字节选项。单字节选项有两个：选项结束和无操作。多字节选项有三个：最大报文段长度、窗口扩大因子以及时间戳。当选项字段不是 32 位的整数倍时，在填充字段填充足够多的 0，使其成为 32 的整数倍。

(10)校验和

检验和字段的检验范围包括首部和数据两个部分，在计算检验和时要加上 12 个字节的伪首部。TCP 的伪首部信息取自 IP 首部和 TCP 报文段，用于计算检验和的伪首部内容如图5-3 所示。包括源 IP 地址，目的 IP 地址，保留字段，协议：指明 IP 数据报所携带数据的高层协议，在此很明确，该高层协议为 TCP，所以该字段的值为 6。

<table>
<tr><td colspan="3">32 bit 源地址(取自 IP 首部)</td></tr>
<tr><td colspan="3">32 bit 目的地址(取自 IP 首部)</td></tr>
<tr><td>8 bit 保留</td><td>8 bit 协议</td><td>16 bit TCP 报文长度</td></tr>
</table>

图 5-3　用于计算检验和的伪首部信息

TCP 报文长度：包括 TCP 首部和数据部分的长度，不包括伪报头的长度。在计算检验和的时候，检验和的初始值为16个0，以16字节为单位将伪首部和TCP首部、TCP数据部分进行逐位叠加，按二进制反码运算求和，得到的16位的二进制数求反就是检验和的值，伪首部在计算完检验和之后就被丢弃了，在接收端，也用加入伪首部的方法进行检验。图5-4所示为检验和的计算范围。

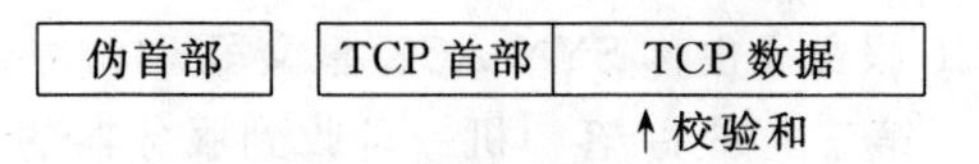

图5-4　检验和的计算范围

TCP报文封装在IP数据报的数据部分，图5-5给出了TCP报文的封装方式。

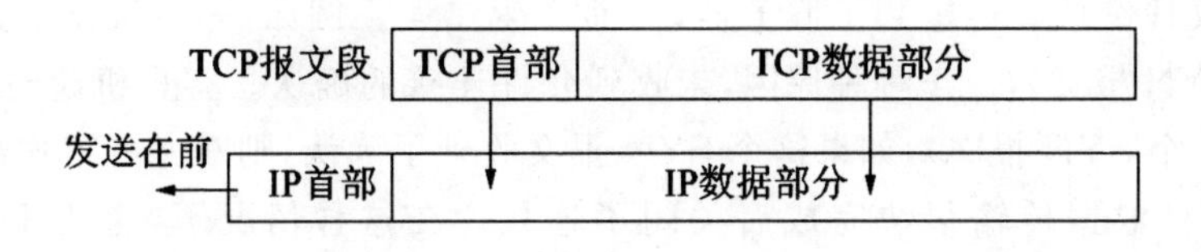

图5-5　TCP报文封装方式

5.2.2　TCP的连接与释放

TCP是面向连接的协议，在传送TCP报文段之前，必须先建立TCP的连接，数据传输完毕后要进行链路的释放。

1. **TCP连接的建立**

TCP的连接采用三次握手方式完成。假设一台客户机的一个进程要和一台服务器的进程建立TCP连接，客户机的应用进程首先通知客户机的TCP，它要和服务器的某个进程建立连接。通过三次握手，就建立起客户机和服务器之间的TCP连接，这个连接是全双工的。为了建立这个连接，在客户机和服务器之间发送了3个分组，三次握手的过程如图5-6所示。

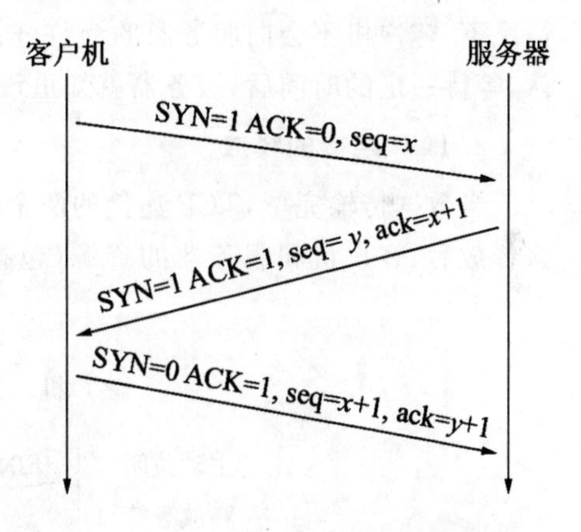

图5-6　用三次握手建立TCP连接

第一次握手：客户机的TCP向服务器的TCP发送一个TCP报文(控制字段SYN＝1，ACK＝0)，这个报文数据部分不包含应用层数据，也称SYN报文段。另外客户机会产生一个随机选择的起始序列号x，该x放置在SYN报文的序列号seq字段，即seq＝x，说明“我的序列号为x，希望和你建立TCP连接”，SYN报文被封装在IP数据报中传送给服务器。

第二次握手，服务器收到客户机的SYN报文后，为该TCP连接分配一个TCP连接的缓存和变量，并向客户机的TCP发送允许连接的报文段，该报文段的数据部分也不包含应用层数据，但包含三个重要的信息，一是控制字段SYN＝1和ACK＝1；二是首部确认号字段为客户机发送过来的x加上1，即ack＝x＋1(告诉客户机开始为序号x的报文收到了，希望下次收到的报文从x＋1开始)；三是服务器选择一个初始序列号y放在允许连接的报文段序列号字段。这个允许连接的报文段说明了“我收到你的连接请求，同意和你建立连接，希望下次收到

你的 $x+1$ 开始的报文段，我的序列号为 y，希望建立和你的另一方向的 TCP 连接”。这个 TCP 报文段也称 SYN-ACK 报文段。

第三次握手：客户机一旦收到服务器的 SYN-ACK 报文段，客户机也要为该连接分配缓存和变量；客户机还要向服务器发送一个报文段(其中 SYN＝0，ACK＝1)，对服务器发来的另一个方向的连接表示确认，在这个确认的报文段中设置确认字段 ack＝$y+1$，seq＝$x+1$（告诉服务器开始为 y 的报文收到了，希望下次收到的报文从 $y+1$ 开始；本次发送的数据序号从 $x+1$ 开始）。

为什么要采用三次握手而不是两次握手呢？第 3 次握手的目的是为了防止已失效的客户机连接请求报文段突然又传送到了服务器，因而产生错误。例如，客户机发出连接请求 SYN 报文(第 1 个 SYN 报文)，由于种种原因，未收到允许连接的确认。客户机超时后将重传这个 SYN 报文(第 2 个 SYN 报文)，如果这个 SYN 报文收到了确认，则双方可正式建立连接，并开始传输数据，而且数据传输很快完成后关闭了连接。在这种情况下，主机 H1 发送了两个 SYN 报文请求建立 TCP 连接，而主机 H2 响应的是第 2 个 SYN 报文，并完成了数据传输。但是如果第 1 个 SYN 报文并没有丢失，只是被网络延迟了，这个报文在双方通信结束关闭连接后才到达服务器，实际上这是一个已经失效的 SYN 报文。但服务器收到此失效的第一个 SYN 报文后，会认为是客户机又发出一次新的连接请求，于是就向主机客户机发出确认报文段，同意建立连接。此时，客户机由于并没有要求建立新连接，因此不会处理服务器发过来的确认报文。但服务器却以为，TCP 连接已经建立了，并一直等待客户机发出数据，这样服务器的许多资源就白白浪费了。采用三次握手的方法可以防止上述现象的发生。例如，在刚才的情况下，客户机不会向服务器的允许连接发出确认(第 3 次握手)，服务器收不到客户机的确认，等待一定的时间后，服务器就知道该连接不能建立，于是释放了已经分配了的连接资源。

2. TCP 连接的释放

当数据传输完毕，TCP 连接的两个应用进程中的任何一个都能提出终止连接的请求，连接释放后，客户机和服务器的资源(包括缓存和变量)得到释放，整个释放的过程有四步(图 5-7)。

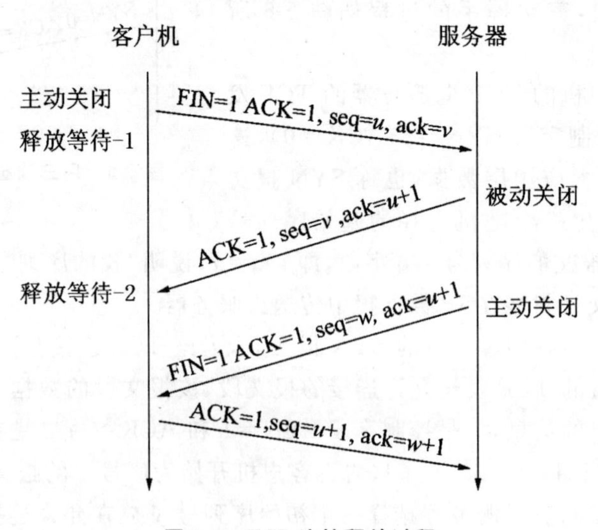

图 5-7　TCP 连接释放过程

第一步：通讯双方中的某一方，如客户机主动提出释放 TCP 连接时，进入“FIN-WAIT-1”(释放等待-1)状态。它向服务器端发送第一个控制位 FIN＝1 的“连接释放请求报文”，序列号 seq＝u 是客户端发送的最后一个数据字节的序号加 1，ack＝v 是确认收到服务器包括 v—1 以前的字节。“连接释放请求报文”不包含应用程序的数据。该报文段的含义是客户机请求和服务器断开 TCP 的连接。

第二步：服务器收到“连接释放请求报文”之后，需要向客户发回“连接释放请求确认报文”，表示对接收第一个连接释放请求报文的确认，因此 ack＝u＋1，seq＝v。ACK＝1，允许该方向 TCP 连接的释放，至此，从客户机到服务器方向的 TCP 连接就释放了，但是，服务器到客户的 TCP 连接还没有断开，如果服务器还有数据报文需要发送时，它还可以继续发送直至完毕。这种状态称为“半关闭”状态。这个状态需要持续一段时间。客户机在接收到服务器发送的“ACK”报文之后进入“FIN-WAIT-2”状态；服务器进入“CLOSE-WAIT”状态。

第三步：服务器的高层应用程序已经没有数据需要发送时，要发送“连接释放请求报文”给客户机。这个“连接释放请求报文”的序号取决于在“半关闭”状态时，服务器端是否发送过数据报文。因此序号假定为 w。图中标为 FIN＝1，ACK＝1，seq＝w，ack＝u＋1，数据部分不携带数据。服务器端经过“LAST-ACK”状态之后转回到“LISTEN(收听)”状态。

第四步：客户机给服务器一个确认该方向连接释放的报文段，其中 ACK＝1，seq＝u＋1，ack＝w＋1，等待一个固定的时间，真正关闭 TCP 的连接。

经过以上 4 个步骤，TCP 连接的双向的链路就被释放了。

5.2.3　TCP 的流量控制(面向字节的滑动窗口)

流量控制的目的是控制发送端发送速率，使之不超过接收端的接收速率，防止由于接收端来不及接收送达的字节流，而出现报文段丢失的现象。在 TCP 连接上实现流量控制的机制是面向字节的滑动窗口。

(1)利用滑动窗口进行流量控制的过程

在流量控制过程中，接收窗口又称为“通知窗口”(rwnd)。接收端根据接收能力选择一个合适的接收窗口值，将它写到发送给通信对方的 TCP 报头，将当前的接收状态通知发送端。发送端的发送窗口不能够超过接收窗口的数值。TCP 报头的窗口数值的单位是字节，而不是报文段。这里有两种情况：

①当接收端应用进程从缓存中读取字节的速度大于或等于字节到达的速度时，接收端需要在每个确认中发送一个“非零的窗口”通告。

②当发送端发送的速度比接收端要快时，缓冲区将被全部占用，之后到达的字节将因缓冲区溢出而丢弃。这时，接收端必须发出一个“零窗口”的通知。发送端接收到一个“零窗口”通知时，停止发送，直到下一次收到接收端重新发送的一个“非零窗口”通知为止。

(2)利用滑动窗口进行流量控制的举例

下面通过一个示例来阐述使用滑动窗口实现流量控制的过程。如图 5-8 所示，主机 H1 和 H2 先通过三次握手建立了 TCP 连接，双方协商初始发送窗口和接收窗口均为 2 000 个字节(这是一个示例，只是为了说明使用可变窗口实现流量控制的工作原理，所以数据都是虚拟的。TCP 允许通信双方同时通信，但为了更清楚，假设只有 H1 单方发送数据)，设每一个报文段的最多可以发送 1 000 个字节的数据，H1 数据报的初始序号是 1。

示例中，主机 H2 经过了多次流量控制，第一次减为 0，这时主机 H1 只能停止发送数据

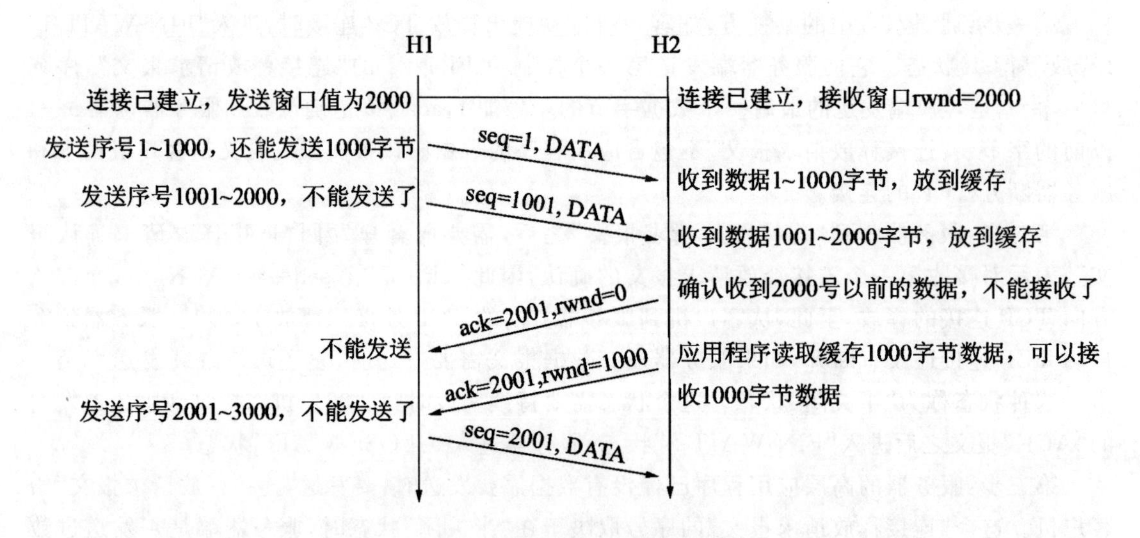

图 5-8 TCP 利用窗口进行流量控制的过程

了，等到主机 H2 的应用进程从其缓存中读取 1 000 字节后，主机 H2 重新发送有新窗口值(rwnd＝1 000)的报文段。这时 H1 又可以发送 1 000 字节的数据了。

从以上的分析过程可以看出，由于 TCP 采取了滑动窗口控制机制，使得发送端的发送文段的速度与接收端的接收能力相协调，从而实现了流量控制的作用。

5.2.4 TCP 的拥塞控制

1. 拥塞控制的概念

通过本章前面的学习，我们知道了 TCP 为运行于两个不同主机上的两个应用进程提供了可靠的传输服务，TCP 的另一个关键的功能就是拥塞控制机制。

造成网络拥塞的原因十分复杂，它涉及链路带宽、路由器处理分组的能力、节点缓存与处理数据的能力，以及路由选择算法、流量控制算法等一系列的问题。若网络中对资源的需求大于现有的可用资源，网络的性能就下降，这种情况就称作拥塞，用数学公式表示为：

$$\sum \text{网络资源的需求} > \sum \text{可用资源}$$

如果在某段时间内，用户对网络某类资源要求过高，就有可能造成拥塞。例如，如果一条链路的带宽是 100 Mbps，而需要使用这条链路的 100 台计算机却都同时要求以 10 Mbps 的速率发送数据，显然这条链路无法满足全部计算机对于链路带宽的要求。

那可不可以通过流量控制来解决拥塞控制呢？显然，点-点链路上的流量控制只能解决局部问题，同样，端-端流量控制只能控制发送端发送数据的速率，以便接收端来得及接收。如上面所说，如果接收端计算机的接收能力为 10 Mbps，如果控制单台计算机进入网络的流量为 10 Mbps，它对发送端与接收端的端-端之间流量可能是合适的，但单台计算机是无法控制进入网络的总体流量，而拥塞控制重点是要放在进入网络报文总量的全局控制上。

流量控制与拥塞控制这两个概念之所以经常被弄混，是因为它们在处理方法上有相同之处，一些拥塞控制算法是向发送端发送拥塞控制报文段，告之网络出现拥塞，减缓或停止向网络中发送数据，这和流量控制相似，但目的不一样。

拥塞控制是因为整个网络的输入负载超过了网络能够承受的程度。对于网络整体来说，随着进入网络的流量增加，会使网络通信负荷过重而引起拥塞，主要的表现是后面到达路由器的分组因没有缓存空间而不得不丢弃，由此引起报文传输延时增大或丢弃。发送端因没有及时收到对这些分组的确认，又超时重传这些分组，使得本来拥塞的网络更加拥塞。

如何解决拥塞问题呢？能不能这样考虑，当发现结点缓存容量小的情况下，简单地将结点的缓存空间加大，使得所有到达的分组可以暂存在缓存队列中。但是，由于链路的容量和处理机的速度并未提高，因此分组在缓存中的排队等待时延就会增加，发送端还会超时重传这些分组，造成多个相同的分组出现在同一个排队的队列中。可见，简单地增加缓存空间不仅增加了网络资源的开销，还会可能照成更大的拥塞问题。如果提高处理机的速率又如何呢？这样可能会使拥塞得到缓解，但不能保证不将拥塞转移到其他地方。由此可见，解决拥塞问题不是一个单一的问题，而是一个牵扯到整个网络的动态的过程。

最后探讨一下拥塞控制的作用。所谓拥塞控制是防止过多的数据流入到网络中，使网络中的路由器或链路不至于过载，这就要随时把握目前网络能够承受的网络负荷。在实际工作中，某段时间内网络的资源是一定的，随着网络负荷的增加，网络的吞吐量能的增长速度将逐渐减小。当网络的吞吐量达到饱和的时候，如果继续增加网络的负荷，拥塞就产生了，网络的性能就会下降，如果不及时采用拥塞控制，网络的吞吐量将降为零，网络处于瘫痪状态，这就是死锁。图 5-9 为网络采用拥塞控制和不采用拥塞控制技术以及理想的拥塞控制目标的图示。

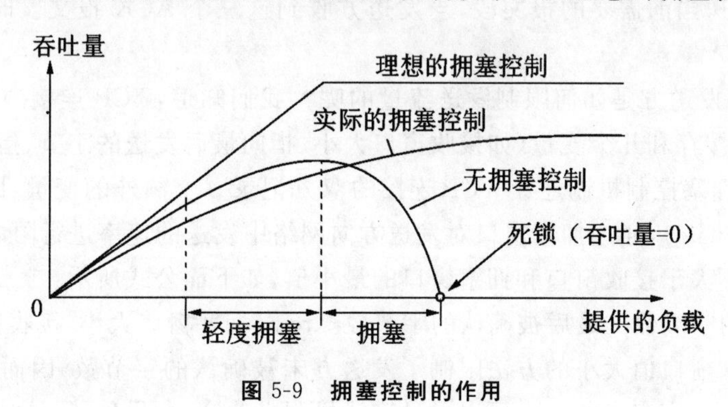

图 5-9　拥塞控制的作用

理想的拥塞控制是在吞吐量饱和之前随着网络的负荷增加，吞吐量随之增加，两个量值完全匹配，吞吐量曲线是一个斜的上升直线，当达到饱和状态时，随着网络的负载增加，吞吐量维持在一个固定的水平。这和实际网络大相径庭，由于网络资源有限，随着网络负载逐渐加大，网络的吞吐量将越来越低于理想的上升直线，网络进入轻度拥塞状态，如果不进行拥塞控制，当超过一定的阈值后，网络的吞吐量明显下降直到出现死锁。如果在出现轻度拥塞时，适当地进行拥塞控制，就可以保证吞吐量维持在一个较高的水平。

2. 拥塞控制方法

在实际中采用两种拥塞控制方法，这两种控制方法是根据网络层是否提供给传输层拥塞控制显式的帮助来区分的。

(1)端到端的拥塞控制。这种控制方法是网络层没有显式地提供拥塞控制信息的方法，网络中是否出现拥塞，端系统必须通过对网络行为的观察来判断，如分组丢失或时延加大等，TCP 报文段的丢失被认为是网络拥塞的一个迹象，发送端适当地减小发送窗口的大小，另外还可以通过往返时延的增加作为网络拥塞程度的判断指标。

(2)网络辅助的拥塞控制。网络中的设备(如路由器)向发送方提供关于网络拥塞状态的显式反馈信息，这种反馈信息有两种方法实现，一种是网络中的路由器采用阻塞分组的方式，告知发送方本路由器发生了阻塞；另一种方法是路由器标记和更新从发送方到接收方的分组信息，在某个字段标识拥塞的产生，接收方收到这个拥塞标记分组后，通知发送方网络发生拥塞。这种方法在早期的 IBM SNA 和 DEC DECnet 等网络体系结构中采用，ATM 的 ABR 传输服务中也有采用，甚至有人建议将其用于 TCP/IP 网络中(RFC2481)。

3. TCP **拥塞控制**

TCP 拥塞控制采用的方法是让每一个发送方根据所感知的网络拥塞的程度，来限制其向网络发送流量的速率。如果一个 TCP 的发送方感知从它到目的主机之间的路径上没有拥塞，则增加发送速率；如果感知该路径上有拥塞，就降低发送速率。这种方法需要解决三个问题：第一，发送方如何感知路径上的拥塞？第二，发送方如何限制它的发送速率？第三，当发送方感知到端到端的拥塞时，采取什么样的算法避免和控制拥塞？

首先，定义一个 TCP 发送方的“丢失事件”为：要么是超时，要么是收到了来自接收方的 3 个冗余 ACK 报文段，就是说，当出现拥塞的时候，在这条路径上的路由器的缓存会出现溢出，导致数据报丢弃，引发了发送端的“丢失事件”，在发送方的感知就是超时。另一个机制就是当接收方在没有收到当前等待的报文，而是收到后续的报文时，马上发送 3 个同样的 ACK 报文段，请求发送方发送当前需要的报文段，当发送方收到这三个 ACK 报文段时，可以认为路径上产生了拥塞。

其次，TCP 的发送方是如何限制发送流量的呢？我们知道，TCP 连接的双方都有一个接收缓存、一个发送缓存和几个变量(如接收窗口大小、指向最后发送的字节、指向最后被确认的字节等)，TCP 的拥塞控制机制还让 TCP 连接的双方记录一个额外的变量，即拥塞窗口(congestion window，cwnd)，通过拥塞窗口对发送方向网络中发送的速率进行限制，保证发送方未被确认的数据量不大于接收窗口和拥塞窗口的最小值，如下面公式所示：

最后发送的字节数－最后被确认的字节数≤min(拥塞窗口大小，接收窗口大小)

通过调节拥塞窗口值大小的方法限制了发送方未被确认的字节数，因而就限制了发送方的发送速率。另外拥塞窗口的大小可以通过确认机制来改变，如果确认报文段快速到达，则拥塞窗口也可以快速增大，反之拥塞窗口减小。

最后，TCP 发送方感知到拥塞后，为了调节发送速率所采用的算法就是 TCP 拥塞控制算法，包括慢启动、拥塞避免、快重传和快恢复。下面具体介绍这些算法的原理。

4. **拥塞控制算法**

(1)慢启动。拥塞窗口(与接收窗口一样，都是以字节为单位)的大小取决于网络拥塞的程度，发送方控制拥塞窗口的原则是：只要网络中没有出现拥塞，拥塞窗口就增大一些，如果网络中出现了拥塞，拥塞窗口就减小一些。

慢启动算法的设计思路是：当主机发送数据时，如果把大量数据注入网络中，很可能引发网络拥塞，这样，在不清楚网络负载的情况下，先进行探测，由小到大逐渐增大发送窗口，同样由小到大增大拥塞窗口 cwnd。最初的时候，先设 cwnd＝1 MSS(最大报文段)，一开始的时候 cwnd 的值不超过 2＊ MSS 个字节，每收到一个对新的报文段的确认后，把 cwnd 增加 2 倍 MSS 的值，用这样的方法逐步提高拥塞窗口的大小。这样，每经过一个 RTT(往返时间)的轮回就将 cwnd 的值翻番，直到发生丢包事件为止。图 5-10 所示表示每收到一个对报文段的确认，慢启动算法中拥塞窗口的变化。

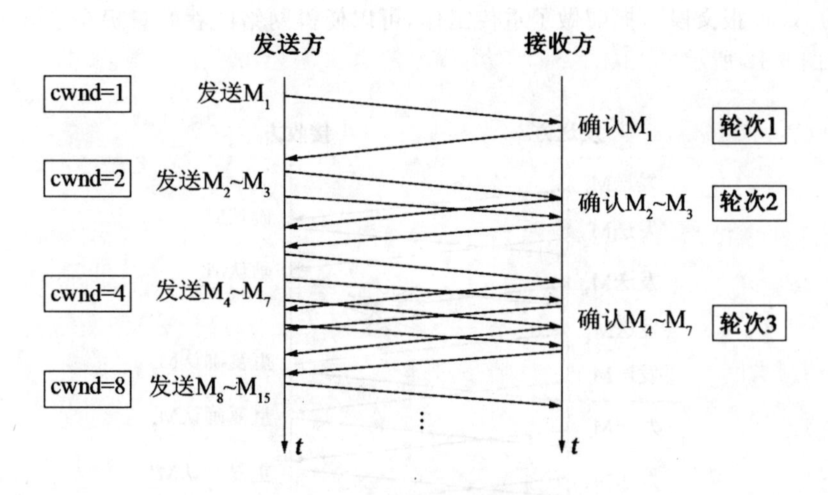

图 5-10　慢启动拥塞窗口的变化

(2)拥塞避免。为了防止拥塞窗口增长过大引起网络拥塞,还要设置一个阈值(threshold)状态变量(阈值的设定后面详述)。

当 cwnd<threshold 时,使用慢启动算法。

当 cwnd=threshold 时,使用慢启动或拥塞避免算法均可。

当 cwnd>threshold 时,停止使用慢启动算法,改为拥塞避免算法。

拥塞避免算法也称加性增、乘性减,其主要的基本思想是:每经过一个往返时间 RTT,收到一个确认后就把拥塞窗口 cwnd 的值增加 1 个 MSS。注意,此时不是加倍,拥塞窗口按线性速率缓慢增长,只要不出现丢包事件,收到一个确认 cwnd 就逐渐增加 1 个 MSS。

无论是慢开始阶段还是拥塞避免阶段,只要网络中出现了拥塞(发送方用没有按时收到确认来判断),阈值就等于出现拥塞发生时发送窗口值的一半,最小不能小于 2。然后把 cwnd 的值设置为 1,再次执行慢启动算法,目的是让主机迅速减少向网络中发送分组,使发生拥塞的路由器有足够的时间完成队列中分组转发工作。拥塞窗口值的变化表现为一条不规则的向上的锯齿状曲线。

图 5-11 所示为慢启动和拥塞避免算法结合的实现过程。

上面讨论的拥塞控制方法是 1988 年提出的,之后 TCP 的拥塞控制方法得到了很多改进,如 1990 年又增加了快重传和快恢复两种新的算法。

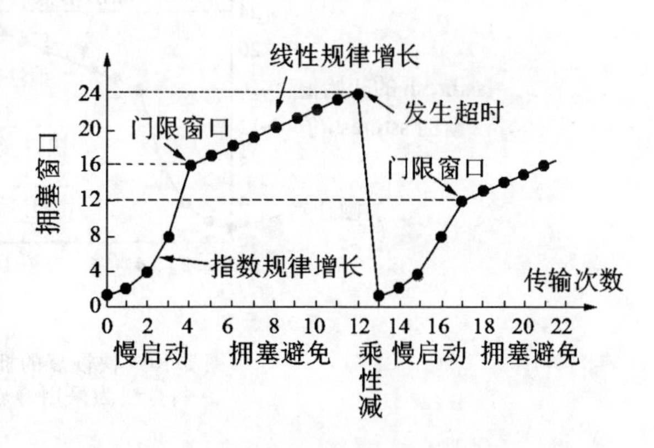

图 5-11　慢启动和拥塞避免算法的实现过程

(3)快重传:当接收方每收到一个失序的报文段后,就立即发送重复确认报文,以便让发送方尽早知道有报文段没有及时到达接收方。发送方正常情况下是等报文段的超时计时器到时才启动重传机制,如果发送方收到 3 个连续的重复确认后,不等重传计时器到时,就立即重传,这种算法就是快重传。由于发送方及时得到了重传的信息

(3 个重复的 ACK 报文段),提前做了重传工作,可以使得网络的吞吐量提高了 20%。整个快重传过程如图 5-12 所示。

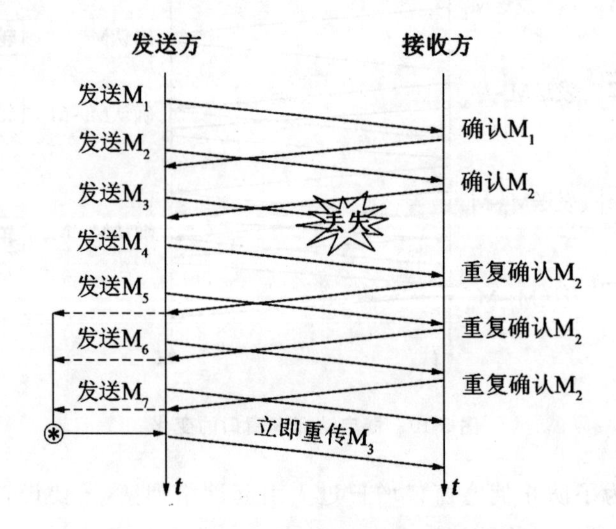

图 5-12 快重传示意图

*:连续收到三个对 M_2 重复确认后,立即重传 M_3

(4)快恢复:当发送方收到 3 个重复确认后就实行"乘性减"的算法,将 threshold 阈值减半,但 cwind 不是从 1 开始重新进行慢启动,而是把 cwind 设为与 threshold 一样的数值,然后开始执行拥塞避免算法("加性增")。

快恢复的依据是,发送方如果收到 3 个连续的 ACK,说明此时网络的拥塞情况应该不太明显,只是有可能发生了拥塞的情况,没有必要让接收方将它的发送 cwind 窗口很快地降到 1 MSS,等待几个 RTT 之后再进入拥塞避免状态,这样做显然可以提高网络的效率。

图 5-13 所示表明了慢启动、拥塞避免后采用快重传和快恢复的拥塞控制机制的变化过程,这是目前使用得很广泛的拥塞控制方法。

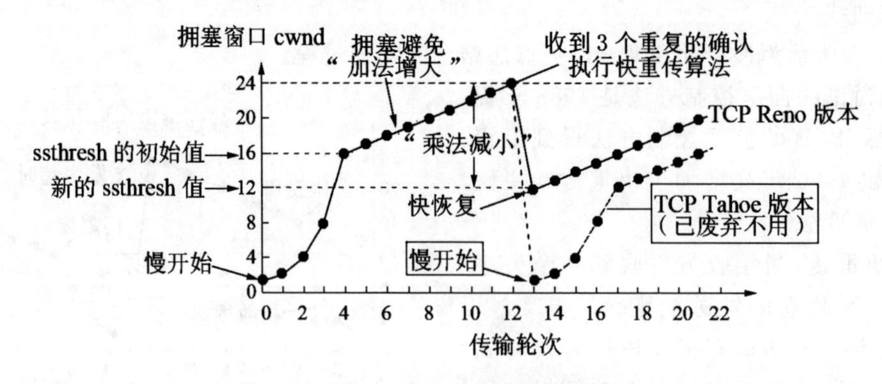

图 5-13 快恢复的拥塞控制示意图

…:点线为采用慢启动恢复曲线

在实现的时候还可以对快速重传进行改进:发送方收到 3 个重复的确认,表明当拥塞发生后,有 3 个分组已经离开了网络,这 3 个分组不再消耗网络资源,而停留在接收方的缓存中,因此可以适当的增大 3 个 MSS,即 cwnd=threshold+3 * MSS。

在快恢复算法中只有当 TCP 连接开始时或者出现超时的时候才使用慢启动，之后就是快重传和快恢复，下面通过表 5-2 总结一下 TCP 拥塞控制算法。

表 5-2 TCP 拥塞控制总结

TCP 状态	事 件	拥塞控制	解 释
慢启动	收到对数据报文段的 ACK	cwnd＝2 * cwnd	每经过一个 RTT 轮回 cwnd 翻番
拥塞避免	收到对数据报文段的 ACK	cwnd＝cwnd＋MSS	每经过一个 RTT 拥塞控制窗口就增加 1 个 MSS
慢启动或拥塞避免	收到 3 个重复的 ACK	threshold＝cwnd/2，cwnd＝threshold 设置状态为避免拥塞	快重传，实现乘性减，快恢复
慢启动或拥塞避免	超时	threshold＝cwnd/2，cwnd＝1，设置状态为慢启动	进入慢启动状态

5.2.5 TCP 的差错控制

为了实现按序、没有误码、没有丢失或者重复的可靠数据传输，TCP 必须采用有效的差错控制策略，TCP 的差错控制机制主要包括：检测受到损伤、丢失、失序或重复的报文段。实现差错控制要借助于校验和、确认以及超时 3 个工具。

校验和用来检查受到损伤的报文段，依靠的是报文段中的校验和字段。若报文段受到损伤，接收端就将此报文段丢弃。确认是用来证实已经正确接收到的报文段。超时是指发送方发出一个报文段后，如果在超时截止时间到达时依然未收到接收方的确认报文，发送端就认为此报文段已经受到损伤、或者在途中或者被接收端丢弃。发送端对于未被确认的报文段都要进行重传，以期待接收端最终能够接收到正确的报文段。

下面，将着重讨论 TCP 差错控制中的确认方式和超时重传时间的选择。

1. 重传机制

TCP 的重传方案是进行差错控制获得成功的关键。当 TCP 发送数据时，发送方通过一种重发方案来补偿包的丢失，且通信的双方都要参与。当接收方 TCP 收到数据时，它要回送给发送方一个确认(Acknowledgement)。当发送方发送数据时，TCP 就启动一个定时器。在定时器到点之后，如果没有收到一个确认，则发送方重发数据。

超时的时间确定依赖于数据到达一个目的地和应答返回所需的延迟，依赖于互联网中的流量以及到目的地的距离。例如，一个应用程序可能通过卫星信道向另一个国家的某台计算机发送数据，与此同时，同一主机的另一个应用程序正通过局域网向隔壁房间的某台计算机发送数据。两个连接所需的往返时间显然相差很大。在同一个局域网上的某台计算机发回的确认在几个毫秒内就能到达，若为这种确认等待得过久则使网络处于空闲而无法使吞吐率达到最高。然而，对一个长距离的卫星连接来说，几个毫秒的重发等待时间则太短了。问题是 TCP 在重发之前应该等待多长时间？

在 TCP 产生之前，传输协议都使用一个固定的重发延迟时间，即协议的设计者或管理者为可能的延迟选择的一个足够大的值。TCP 的设计者意识到一个固定的定时时间在一个互联网中不会工作得很好，因而选择了让 TCP 的重发是自适应的。也就是说，TCP 监视每一连接中的当前延迟，并适配(即改变)重发定时器来适应通信条件的变化。

TCP 通过测量收到一个应答所需的时间来为每一活动的连接估计一个往返延迟。当发出一个报文时，TCP 记录下发送的时间。当应答到来时，TCP 从当前时间减去记录的发送时间来为连接产生往返延迟的一个新估计。在多次发送数据报和接收确认后,TCP 就产生了一系列的往返的估计,于是就利用一个统计函数产生一个加权平均值。除了加权平均值,TCP 还保留了一个变化量的估计,利用平均值和变化量估计的一个线性组合作为重发的等待时间。

经验表明,TCP 自适应重发工作得很好,它允许多个应用程序并发地与多个目的地进行通信,处理各种可能的缓慢或激烈变化的延迟。在延迟因突发而增加时,变化量有助于 TCP 快速作出反应。当延迟由临时突发恢复到一个较低的值时,加权平均值有助于 TCP 重新设置重发定时器。当延迟保持常量时,TCP 调整重发定时比往返延迟的平均值稍大一点。当延迟开始变化时,TCP 把重发定时调整到比平均值稍大的值以适应峰值,一般情况下,都将重发超时设置为比平均往返延迟稍大一点。如果延迟很大,TCP 使用一个大的重发超时;如果延迟很小,TCP 就使用一个小的超时值。最终就是为了让等待的时间长度刚好足够确定一个包的丢失。

总之,报文段到达不同目标主机的时延值有很大的差异,到达同一个目标主机的时延值也会随通信量负载的变化而呈现很大的差异。为此,TCP 采用了自适应重传算法,该算法的实质是:TCP 监视每条连接的性能,由此推算出适当的超时时间值。当连接的网络性能发生变化时,TCP 随即修改超时的时间值。

2. 确认方式

TCP 当中使用的确认方式主要有两种,即累积确认和选择确认.

(1)累积确认。TCP 最初的设计使用的是这种确认方式。接收端总是对已正确接收到的数据流当中的最大序号的数据字节进行确认。也就是说,每个确认给出一个序号值,其值比正确收到的连续流当中的最大序号值大 1。比如,已经正确接收了序号 500～800 的数据流,那么现在的确认号就是 801。请注意,"累积"的意思就是,不需要对每一个数据字节都进行确认,只需要对一串数据流当中的序值最大的数据字节进行一次确认。确认了这串数据流的最大数据字节,就意味着比这个序号值小的所有的数据字节(包括前面已经收到的数据)也都全部正确接收了。在这种确认方式中,丢弃的、重复的或者有损伤的报文段都不进行确认。在 TCP 首部中的 32 位确认号字段用于累积确认,而这个字段的值仅当确认位 ACK 为 1 时才有效。

(2)选择确认。越来越多的实现增加了选择确认(SACK)方式,SACK 并不是代替 ACK 工作,而是向发送端报告附加的信息。SACK 报告失序的数据块和重复的报文段。但是,在 TCP 首部当中并没有提供增加这类信息的地方,因此 SACK 的实现要依靠 TCP 首部后面的选项。SACK 针对的情况是接收端收到的报文段没有按顺序到达,中间缺少一些序号的数据字节。

SACK 工作时,接收端会接收所有的在接收窗口当中的报文段,接收完毕后,将未正确接收的数据块的序号通告给发送端,以期待发送端重传这些没有正确接收的均报文段。比如,已经正确接收了序号值为 1～500 的数据字节报文段,也正确接收了 1001～2000 的数据字节报文段,但是序号为 501～1000 的数据字节尚未正确接收。接收端就可以用 SACK 的确认方式通告发送端,"现在序号为 501～1000 的数据字节没有正确接收,请重新发送",显然,已经正确接收的数据字节就不需要再发送了。在实际工作时,SACK 工作方式会将未接收的数据字节流的两个边界(左边界和右边界)通过 TCP 首部后的选项通告给发送端。这种工作方式看似很好,但 SACK 文档没有明确说明发送端应如何响应 SACK,因此大多数的实现还是采用累积确认方式。

5.3 UDP 协议

UDP 协议的主要特点是协议简洁,运行快捷,它几乎没有对 lP 协议增加别的特殊的功能。UDP 从应用进程得到数据，附加上多路复用和多路分用服务所需的源端口号和目的端口号字段，另外附加长度和检验和字段，就形成 UDP 报文段交给网络层。

具体来说，UDP 协议的主要特点表现在以下几个方面。

(1)UDP 协议是一种无连接的、不可靠的传输层协议

①UDP 协议在传输报文之前不需要在通信双方之间建立连接，因此减少了协议开销与传输延迟。

②UDP 协议对报文除了提供一种可选的校验和之外，几乎没有提供其他的保证数据传输可靠性的措施。

③如果 UDP 协议检测出收到的分组出错，它就丢弃这个分组，既不确认，也不通知发送端要求重传。

因此，UDP 协议提供的是“尽力而为”的传输服务。

(2)UDP 协议是一种面向报文的传输层协议

①UDP 协议对于应用程序提交的报文，在添加了 UDP 头部，构成一个 TPDU 之后就向下交给 IP 层。

②UDP 协议对应用程序提交的报文既不合并，也不拆分，而是保留原报文的长度与格式。接收端会将收到的报文原封不动地提交给接收端应用程序。因此，在使用 UDP 协议时，应用程序必须选择合适长度的报文。

③如果应用程序提交的报文太短，则协议开销相对较大；如果应用程序提交的报文太长，则 UDP 协议向 IP 层提交的 TPDU 可能在 IP 层被分片，这样也会降低协议的效率。

5.3.1　UDP 报文格式

UDP 数据报由首部和数据两个部分组成，首部每个字段都占两个字节，如图 5-14 所示。

源端口(16)	目的端口(16)
总长度(16)，包括首部与数据	校验和(16)
数据(长度可变)	

图 5-14　UDP 报文格式

报文格式说明：

(1)源端口号：是发出本 UDP 报文段的源主机进程端口号。

(2)目的端口号：是 UDP 报文段要到达的目的主机进程端口号。在客户机/服务器(B/S)的网络应用中，如果采用 UDP 通讯，客户机进程一般选用临时的端口号。服务器进程一般选用熟知或注册的端口号。

(3)长度：UDP 数据报的长度，单位为字节(包括报头首部与数据)，最小值为 8(不携带任何数据)。

(4)检验和：用于检测 UDP 数据报在传输过程中是否出错，如果有错，要么丢弃，要么上传到应用层报告有错。在计算或者验证检验和的时候，要在报文段的首部加一个 12 个字节的伪首部，UDP 用户数据报的伪首部如图 5-15 所示。所谓伪首部就是它本身并不是 UDP 用户数据报的真正首部。只是在

伪报头	源 IP 地址		
	目的 IP 地址		
	填充 8 个 0	协议号 17	UDP 长度
UDP 数据报	源端口(16)		目的端口(16)
	总长度(16)，包括首部与数据		校验和(16)
	数据(长度可变)		

图 5-15　用于计算校验和的伪报头与计算范围
(与 TCP 的校验和计算相似)

计算检验和的时候，临时添加在 UDP 首部的前面，伪首部既不向上传递也不向下传递，仅仅是为计算检验和。伪首部包括 4 个字节的源 IP 地址，4 个字节的目的 IP 的地址，1 个字节的全零，1 个字节的协议字段，该协议字段的值为 17，表示其数据部分交付 UDP 处理，还有 2 个字节的 UDP 用户数据报的长度。伪首部不是 UDP 用户数据报的一部分，交付网络层封装 IP 数据报的时候，不带伪首部。

UDP 计算检验和的方法和计算 IP 数据报的首部检验和的方法基本一致，两者的区别是 UDP 的检验和是把首部信息和数据部分加在一起进行检验；而 IP 数据报的检验和只检验了 IP 数据报的首部信息。

UDP 用户数据报的检验和的计算方法是：发送方先将检验和字段全部设为 0，把伪首部和 UDP 首部信息全部看成是由 16 位数字串接起来的，以 16 位为一组(一行)，数据部分也是 16 位为一组，如果数据部分不足 16 位的整数倍，后面用全 0 填充，注意填充的这些 0 是不发送的，只是用在计算检验和，将以上的这些 16 位一组的二进制数逐位相加(有进位)，如果高位有溢出，则回加到低位。把最终计算结果求反就是检验和。

例如：有两个 16 位的二进制数：1011001010001011 和 1001101010110110，求和后得到 17 位二进制数 10100110101000001，第 17 位的 1，回加到第一位，得到 16 位二进制数 0100110101000010，然后求反得到校验和：1011001010111101。具体计算过程如下：

```
  1011001010001011   第一个二进制数
  1001101010110110   第二个二进制数
 10100110101000001   求和结果
  0100110101000010   高位溢出回加到低位
  1011001010111101   求反得到校验和
```

5.3.2 UDP 协议适用的范围

确定应用程序在传输层是否采用 UDP 协议有以下几个考虑的原则。

1. 视频播放应用

在 Internet 上播放视频，用户最关注的是视频流能尽快和不间断地播放，丢失个别数据报文对视频节目的播放效果不会产生重要的影响。如果采用 TCP 协议，它可能因为重传个别丢失的报文而加大传输延迟，造成视频播放停顿。因此，视频播放程序对数据交付实时性要求较高，而对数据交付可靠性要求相对较低，使用 UDP 协议更为适用。

2. 简短的交互式应用

有些应用只需要进行简单的请求与应答报文的交互。客户端发出一个简短的请求报文，服务器端回复一个简短的应答报文，在这种情况下应用程序应该选择 UDP 协议。应用程序可以通过设置“定时器/重传机制”来处理由于 IP 数据分组丢失问题，而不需要选择有确认/重传的 TCP 协议，以提高系统的工作效率。

3. 多播与广播应用

UDP 协议支持一对一、一对多与多对多的交互式通信，这是 TCP 协议不支持的。UDP 协议头部长度只有 8 字节，比 TCP 协议头部长度 20 字节要短。同时，UDP 协议没有拥塞控制，在网络拥塞时不会要求源主机降低报文发送速率，而只会丢弃个别的报文。这对于 IP 电话、实时视频会议应用来说是十分合适的。由于这类应用要求源主机以恒定速率发送报文，在拥塞发生时允许丢弃部分报文。

当然，任何事情都有两面性。简洁、快速、高效是 UDP 协议的优点，但是由于它不能提供必需的差错控制机制，同时在拥塞严重时缺乏必要的控制与调节机制。这些问题需要使用 UDP 的上层——应用层设置必要的机制加以解决。

习　题

5-01　试说明传输层的作用和功能，它主要包含哪两个协议？它们的主要特点是什么？

5-02　网络层也能提供面向连接的服务和无连接的服务，它们与传输层提供的 TCP 服务和 UDP 服务有什么区别？

5-03　端口地址是什么？为什么不用进程标识符来给应用进程编址？常用的标准端口有哪些？

5-04　如何理解传输层的多路分解和多路复用？

5-05　UDP 的特点是什么？常见的 UDP 应用有哪些？

5-06　一个 UDP 用户数据报的数据字段为 4000 字节，要使用以太网来传送。试问应当划分为几个 IP 分片？说明每一个数据报的数据字段长度和片偏移字段的值（以太网的最大帧长为 1518 字节）。

5-07　简述 UDP 校验和的计算，为什么计算 UDP 校验和时会涉及网络层的信息（如源 IP 地址和目的 IP 地址）？

5-08　TCP 的特点是什么？常见的 TCP 应用有哪些？

5-09　可靠传输的基本技术有哪些？

5-10　TCP 报文段的首部中，序号和确认号字段的作用是什么？

5-11　说明累积确认、推迟确认和捎带确认的异同。

5-12　为什么在 TCP 首部中有一个首部长度字段，而 UDP 的首部中就没有这个字段？

5-13　TCP 的首部字段中窗口字段的作用是什么？

5-14　简述拥塞控制与流量控制产生的原因和所解决的问题。它们解决问题的根本途径是什么？

5-15　为什么在传输连接建立时要使用三次握手？如果不这样做可能会出现什么情况？

5-16　说明 TCP 断开连接的过程。

5-17　一个 TCP 报文段的数据部分最多为多少字节？为什么？

第六章 应用层

计算机网络技术已得到迅猛的成长与发展。自20世纪70年代以来，计算机通信已从深奥的研究专题演变为社会基础结构的基本组成部分之一。网络已应用于各行各业，包括广告、生产过程、货运、计划、报价和会计等。

早期Internet应用的主要特征是：提供远程登录、电子邮件、文件传输、电子公告牌与网络新闻组等基本的网络服务功能。随着高速个人计算机、更高速网络技术的出现，因特网的焦点从起初的资源共享转移到了通用的通信交互。因特网上传送的数据类型也从文本演进为图像和视数据；在音频方面也发生了类似的转变，因特网已能传送各种多媒体文档。这个时期的应用主要特征是：Web技术的出现，以及基于Web技术的电子政务、电子商务、远程医疗与远程教育应用，搜索引擎技术的发展。

因特网技术在许多方面影响着现代社会。目前的显著变化是：P2P网络的应用扩大了信息共享的模式；无线网络应用扩大了网络覆盖的范围；云计算为网络用户提供了一种新的信息服务模式；物联网扩大了网络技术的应用领域。

因特网最有趣的方面之一是，虽然底层的因特网技术还基本维持不变，但各种新的应用却层出不穷地涌现出来，为因特网用户提供了更强的网络应用体验。商务活动利用远程会议系统可以减少差旅花费，传感器网络、电子地图和导航系统等将使环境监测、安全和旅行变得更方便易行，社区联网Enlece，Facebook，博客，微博将有助于形成新的社会群体和组织。

在前五章我们已经详细地讨论了计算机网络提供通信服务的过程。本章讨论几种应用进程通过什么样的应用层协议来使用网络所提供的这些通信服务。

每个应用层协议都是为了解决某一类应用问题，而问题的解决又往往是通过位于不同主机中的多个应用进程之间的通信和协同工作来完成的。应用层的具体内容就是规定应用进程在通信时所遵循的协议。

本章先讨论应用层交互所遵循的交互模式，在此基础上，对域名解析与域名系统DNS、文件传输协议FTP、电子邮件服务与SMTP协议、Web协议与基于Web的网络应用、动态主机配置DHCP协议进行系统分析。对应用层更深入的学习和了解还需学生融入最新的网络应用场景。例如，社区网络应用（QQ、Facebook、Second Life和YouTube等）是很令人着迷的，因为它们创建了一个全新的社会交流方式——人们只要通过因特网即可彼此相识。

6.1 网络应用进程的交互模式

6.1.1 客户服务器模式

计算机网络的各种应用层协议都是为了解决某一类应用问题而设立的，这些问题的解决通常是通过位于不同主机上的多个应用进程之间的通信并协同工作来实现的。

Internet应用层中，应用进程以什么模式相互通信和协作呢？最主要的应用进程交互模式就是客户—服务器(Client/Server,C/S)模式。Internet中的很多网络应用如FTP、DNS、E-mail、WWW、TELNET和套接字Socket等提供的网络通信机制都采用C/S模式。

C/S模式是在计算机网络和分布式计算的基础上发展起来的。客户和服务器,分别是两个应用进程,可以位于Internet的两台不同主机上。这两个应用进程分工协作,为用户提供各种网络应用服务。在C/S模式中,服务器被动地等待服务请求,客户向服务器主动发出服务请求,服务器做出响应并将服务结果返回给用户。

万维网(World Wide Web,WWW,也称Web)产生后,Web环境下的应用也广泛采用C/S模式,在Web的C/S模式中,客户是浏览器(browser),万维网文档所驻留的计算机运行服务器程序,即万维网服务器(Web server)。这种Web环境下的C/S模式称为浏览器——服务器模式,即B/S模式。B/S模式使客户端使用通用的浏览器,操作统一简化,便于应用。

客户和服务器都是指通信中所涉及的两个应用进程。客户服务器方式所描述的是进程之间服务和被服务的关系。在图6-1中,主机A运行客户程序而主机B运行服务器程序。在这种情况下,A是客户而B是服务器。客户A向服务器B发出请求服务,而服务器B向客户A提供服务。这里最主要的特征就是:

- 客户是服务请求方,服务器是服务提供方。
- 服务请求方和服务提供方都要使用网络核心部分所提供的服务。

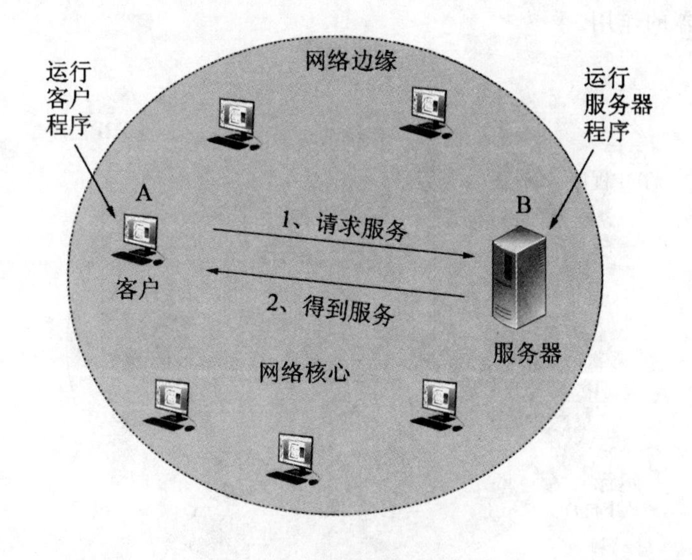

图6-1　客户服务器工作方式

采用C/S模式的主要原因如下:

(1)适应通信发起的随机性

Internet上不同主机进程之间进行通信,其重要特点是主机发起通信完全是随机的,一台主机上的进程不知道另一台主机的进程会在什么时候发起一次通信。C/S模式能够很好地解决这种随机性问题,每次通信过程都由客户随机地主动发起,而服务器进程从开机起就处于等待状态,随时准备对客户的请求做出及时的响应。C/S模式为通信过程建立了联系,为它们之间的数据交换提供同步。

(2)充分地利用网络资源

C/S模式的一个重要特点是非对等性相互作用,客户请求服务,服务器提供服务。一般提供服务的计算机要比请求服务的计算机拥有更好、更多的软、硬件资源和更强的处理能力，这样就充分地利用了网络资源。

(3)优化网络计算，提高传输效率

以数据库(DB)查询为例，客户接收用户的查询请求，形成查询报文传给 DB 服务器，DB 服务器执行数据库的查询，之后将查询结果传回给客户，客户进行结果显示并提供友好的人机界面。因此，客户和服务器分工合作，协同完成计算，而网络上传输的只是简短的查询请求和查询结果。

6.1.2 对等连接模式

对等连接(peer-to-peer，简写为 P2P)是指两个主机在通信时并不区分哪一个是服务请求方还是服务提供方。只要两个主机都运行了对等连接软件(P2P 软件)，它们就可以进行平等的、对等连接通信。这时，双方都可以下载对方已经存储在硬盘中的共享文档。因此这种工作方式也称为 P2P 文件共享。在图 6-2 中，主机 C，D，E 和 F 都运行了 P2P 软件，因此这几个主机都可进行对等通信(如 C 和 D，E 和 F，以及 C 和 F)。实际上，对等连接方式从本质上看仍然是使用客户服务器方式，只是对等连接中的每一个主机既是客户又同时是服务器。例如主机 C，当 C 请求 D 的服务时，C 是客户，D 是服务器。但如果 C 又同时向 F 提供服务，那么 C 又同时起着服务器的作用。

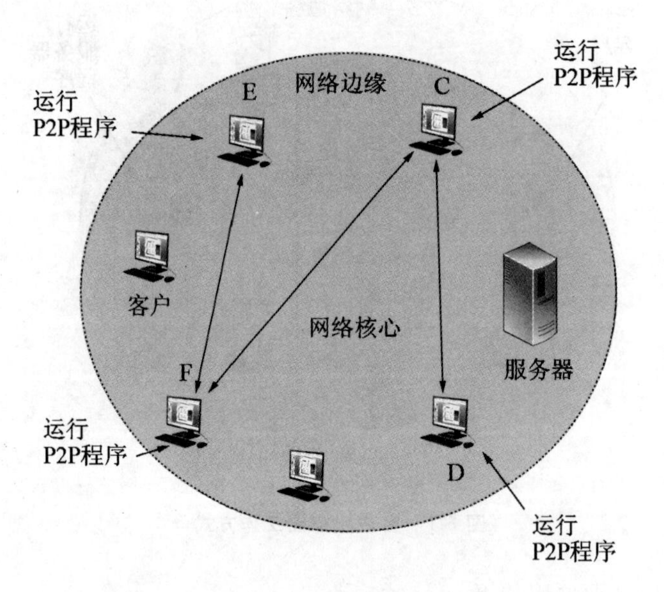

图 6-2 对等连接工作方式

对等连接工作方式可支持大量对等用户(如上百万个)同时工作。目前，基于 P2P 模型构建的应用系统主要是以下四类：对等计算、协同工作、搜索引擎、文件交换。

1. 对等计算

通过众多计算机来完成超级计算机的功能，一直是科学家梦寐以求的事情。采用 P2P 模型的对等计算，可以把网络中的众多计算机暂时不用的计算能力连接起来，使用积累的能力执行超级计算机的任务，如天气预报、动画制作、基因组的研究等。有了对等计算之后，就不再需要昂贵的超级计算机了。

2. **协同工作**

公司机构的日益分散，使得给员工和客户提供高效、方便的协作工具变得日益重要。网络的出现，使协同工作成为可能，但传统的C/S模型给服务器带来了极大的负担，造成了昂贵的成本支出。P2P模型的出现，使得互联网上任意两台PC都可建立实时的联系，构建成一个共享的虚拟空间，通过交互人们可以协同完成各种各样的工作。

3. **搜索引擎**

P2P模型的另一个优势是能够开发出功能强大的搜索工具。P2P模型使用户能够深度搜索文档，而且这种搜索无须通过Web服务器，也可以不受信息文档格式和宿主设备的限制，可达到传统目录式搜索引擎无可比拟的深度(理论上可以包括网络上所有开放的信息资源)。以著名的P2P软件Gnutella为例：一台PC上的Gnutella软件可将用户的搜索请求同时发给网络上另外10台PC，如果搜索请求未得到满足，这10台PC中的每一台都会把该搜索请求转发给另外10台PC，这样，搜索范围将在几秒钟内以几何级数增长，几分钟内就可搜遍几百万台PC上的信息资源。可以说，P2P模型为互联网的信息搜索提供了全新的解决之道。

4. **文件交换**

文件交换的需求直接引发了P2P模型热潮。在传统的HTTP和FTP方式中，要实现文件交换需要服务器的参与，拥有文件的终端将文件上传到某个特定的网站，其他用户再到该网站搜索需要的文件，然后下载，这种方式的不便之处不言而喻。P2P模型由于其独特的工作方式，在大范围文件交换方面具有明显的优势。从软件的数量上看，用于文件交换的P2P应用也是最丰富的。

C/S工作模式与P2P工作模式的区别主要表现在以下几点。

(1) C/S工作模式中信息资源的共享是以服务器为中心

以Web服务器为例，Web服务器是运行Web服务器程序、计算能力与存储能力强的计算机，所有Web页信息都存储在Web服务器中。服务器可以为很多Web浏览器客户提供服务。但是，Web浏览器之间不能直接通信。显然，在传统C/S工作模式的信息资源共享关系中，服务提供者与服务使用者之间的界限是清晰的。

(2) P2P工作模式淡化服务提供者与服务使用者的界限

P2P工作模式中，所有节点同时身兼服务提供者与服务使用者的双重身份，以达到“进一步扩大网络资源共享范围和深度，使信息共享达到最大化”的目的。在P2P网络环境中，成千上万台计算机之间处于一种对等的地位，整个网络通常不依赖于专用的服务器。P2P网络中的每台计算机既可以作为网络服务的使用者，也可以向其他提出服务请求的客户提供资源和服务。这些资源可以是数据资源、存储资源、计算资源与通信资源。

(3) C/S与P2P模式的差别主要在应用层

从网络体系结构的角度来看，C/S与P2P模式的区别表现在：两者在传输层及以下各层的协议结构相同，差别主要表现在应用层。传统客户/服务器工作模式的应用层协议主要包括：DNS、SMTP、FTP、Web等。P2P网络应用层协议主要包括：支持文件共享类Napster与BitTorrent服务的协议、支持多媒体传输类Skype服务的协议等。

(4) P2P网络是在IP网络上构建的一种逻辑的覆盖网

P2P网络并不是一个新的网络结构，而是一种新的网络应用模式。构成P2P网络的节点通常已是Internet的节点，它们不依赖于网络服务器，在P2P应用软件的支持下以对等方式共享资源与服务；在IP网络上形成一个逻辑的网络。这就像在一所大学里，学生在系、学院、学校等各级组织的管理下开展教学和课外活动，同时学校也允许学生自己组织社团，例如计算机兴趣小组、电子俱乐部、博士论坛，开展更加适合不同兴趣与爱好的同学的课外活动。因此，P2P网络是在IP网络上构建的一种逻辑的覆盖网(Overlay Network)。

6.2 域名系统DNS

6.2.1 域名及域名结构

在日常生活中，当我们想要寻找某个地点时，应事先知道该地点的地址。同样，在访问网络资源时必须知道提供该资源的网络地址。在Internet上用IP地址就可以唯一地标识出网络节点的地址。IP地址是一个32位的二进制串，它尽管可以采用点分十进制来表示(如202.156.122.210)，但这样一串枯燥的数字仍不利于记忆，而人们习惯于记忆名字。所以为了便于记忆，常采用形象、直观的字符串作为网络上各个节点的地址，如搜狐的WWW服务器的网址为www.sohu.com。这种唯一地标识网络节点地址的符号名称为域名(domain name)，也称为主机名(host name)。域名是一个逻辑概念，与主机所在的地理位置没有必然联系，域名由专门的组织(不同级别的网络信息中心)进行管理和分配，用户使用域名需要向该组织申请和注册。

由于Internet上用户数量的膨胀，域名急剧增多，为了便于管理、记忆和查找，常采用树型层次结构组织域名。其中树根节点为空，以下的每级节点依次分别称为顶级域、二级域、三级域等.所表示的名称分别称为顶级域名、二级域名、三级域名等。如图6-3所示。

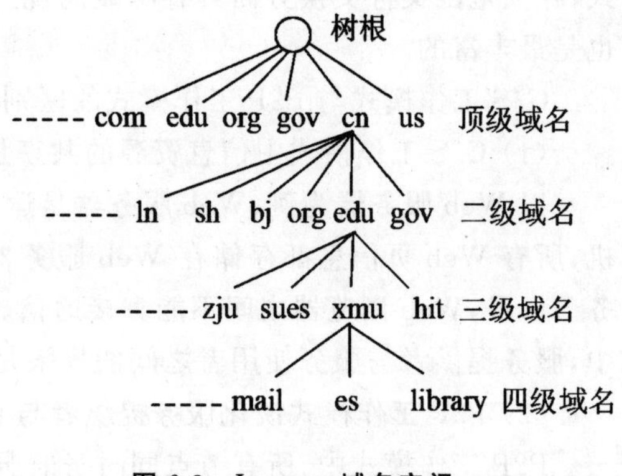

图6-3 Internet域名空间

整个域名树组成了Internet的域名空间，而以每个子节点为根的子树组成了Internet的一个域名子空间。域名树上的每个节点(除根节点)都定义了一个标签(label)，它是该节点所对应级别域名的一个实例，它由字母、数字和连字符"-"组成，其最大长度为63个字符，而且不区分大小写。网络上每个节点的域名是从该节点开始，按照域名树的层次结构自底向上，最终结束到根节点，而形成的一个标签序列，书写时从左到右排列，中间用圆点分开，具体形式为：

….一级域名.二级域名.顶级域名

如：厦门大学图书馆的域名表示为library.xmu.edu.cn。

域名的最大长度为255个字符。各级域名由上一级域名机构进行管理，顶级域名由因特网名字与号码指派公司(The Internet Corporation for Assigned Names and Numbers，ICANN)进行管理。顶级域名分成如下三大类。

(1)国家顶级域名nTLD：采用ISO 3166的规定。如：cn表示中国，uk表示英国，us表示美国(因为互联网是由美国最先使用的，美国的域名后面可以不加国家代码)，等等。国家顶级域名又常记为ccTLD(cc表示国家代码country code)。到2006年12月为止，国家顶级域名总共有 247 个。

(2)通用顶级域名 gTLD:到 2006 年 12 月为止,通用顶级域名的总数已达到 18 个。最常见的通用顶级域名有 7 个,即:

com(公司企业)、net(网络服务机构)、org(非营利性的组织)、int(国际组织)、edu(专用的教育机构)、gov(政府部门)、mil 表示(军事部门)。

(3)基础结构域名(infrastructure domain):这种顶级域名只有一个,即 arpa,用于反向域名解析,因此又称为反向域名。

在国家顶级域名下注册的二级域名均由该国家自行确定。例如,顶级域名为 jp 的日本,将其教育和企业机构的二级域名定为 ac 和 co,而不用 edu 和 com。

我国把二级域名划分为"类别域名"和"行政区域名"两大类。

"类别域名"共 7 个,分别为:ac(科研机构);com(工、商、金融等企业);edu(中国的教育机构);gov(中国的政府机构);mil(中国的国防机构);net(提供互联网络服务的机构);org(非营利性的组织)。

"行政区域名"共 34 个,适用于我国的各省、自治区、直辖市。例如:bj(北京市),js(江苏省),等等。

6.2.2 域名服务器

支持 Internet 运行的域名服务器是按层次来设置的,每一个域名服务器都只对域名空间中的一部分进行管辖,由多个层次结构的域名服务器系统覆盖整个域名空间。根据域名服务器所处的位置和所起的作用,域名服务器可以分为以下四种类型。

(1)根域名服务器(Root Name Server)

根域名服务器对于 DNS 的整体运行具有极为重要的作用。任何原因造成根域名服务器停止运转,都会导致整个 DNS 的崩溃。出于安全的原因,目前存在的 13 个 DNS 根域名服务器,其专用域为 root-server. Net。大多数根域名服务器是由一个服务器集群组成。有些根域名服务器是由分布在不同地理位置的多台镜像 DNS 服务器组成,例如根域名服务器 f. root-server. Net 就是由分布在 40 多个地方的几十台镜像 DNS 服务器组成。有关最新的根域名服务器列表可以从 ftp://ftp. Rs. internet. net/domain/named. Root 中获取。

(2)顶级域名服务器

顶级域名服务器负责管理在该顶级域名注册的所有二级域名。例如,在中国互联网信息中心 CNNIC 管理所有在". cn"之下注册的通用域名与行政区域域名。

(3)权限域名服务器

权限域名服务器负责经过授权的一个区的域名管理。

(4)本地域名服务器

本地域名服务器(Local Name Server)也叫做默认域名服务器。每一个 ISP、一所大学,甚至是一个系都可能有一个或多个本地域名服务器。

为了保证域名服务器系统的可靠性,域名服务器一般需要将域名数据复制到几个域名服务器上,其中一个为主域名服务器(Master Name Server),其他的是从域名服务器(Secondary Name Server)。主域名服务器定期将数据复制到从域名服务器;当主域名服务器出现故障时,从域名服务器继续执行域名解析的任务。

6.2.3 域名解析

将域名转换为对应的 IP 地址的过程称为“域名解析(Name Resolution)”,完成该功能的软件叫做“域名解析器(或解析器)”。在个人计算机 Windows 操作系统中打开“控制面板”,选择“网络连接”,进入之后再选择 TCP/IP 与“属性”之后,所看到的 DNS 地址就是自动获取的本地域名服务器地址(也可以手工设置)。每个本地域名服务器配置一个域名软件。客户在进行查询时,首先向域名服务器发出一个 DNS 请求(DNS request)报文。由于 DNS 名字信息以分布式数据库的形式分散存储在很多个域名服务器中,每个域名服务器都知道根服务器的地址,因此无论经过几步查询,最终总会在域名树中找出正确的解析结果,除非这个域名不存在。

下面简单讨论一下域名的解析过程。这里要注意两点。

第一、主机向本地域名服务器的查询一般都是采用递归查询(recursive query)(图 6-4)。所谓递归查询就是:如果主机所询问的本地域名服务器不知道被查询域名的 IP 地址,那么本地域名服务器就以 DNS 客户的身份,向其他根域名服务器继续发出查询请求报文(即替该主机继续查询),而不是让该主机自己进行下一步的查询。因此,递归查询返回的查询结果或者是所要查询的 IP 地址,或者是报错,表示无法查询到所需的 IP 地址。

第二、本地域名服务器向根域名服务器的查询通常是采用迭代查询(iterative query)(图 6-4)。迭代查询的特点是这样的:当根域名服务器收到本地域名服务器发出的迭代查询请求报文时,要么给出所要查询的 IP 地址,要么告诉本地域名服务器:“你下一步应当向哪一个域名服务器进行查询”。然后让本地域名服务器进行后续的查询(而不是替本地域名服务器进行后续的查询)。根域名服务器通常是把自己知道的顶级域名服务器的 IP 地址告诉本地域名服务器,让本地域名服务器再向顶级域名服务器查询。顶级域名服务器在收到本地域名服务器的查询请求后,要么给出所要查询的 IP 地址,要么告诉本地域名服务器下一步应当向哪一个权限域名服务器进行查询。本地域名服务器就这样进行迭代查询。最后,知道了所要解析的域名的 IP 地址,然后把这个结果返回给发起查询的主机。当然,本地域名服务器也可以采用递归查询。这取决于最初的查询请求报文的设置是要求使用哪一种查询方式。

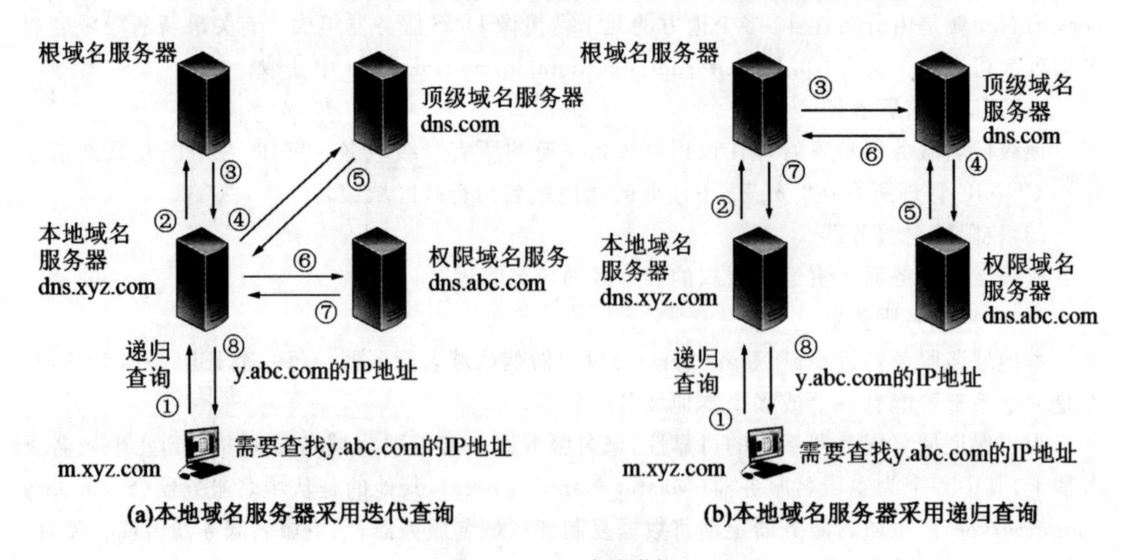

图 6-4 DNS 查询举例

假定域名为 m. xyz. com 的主机想知道另一个主机(域名为 y. abc. com)的 IP 地址。例如,主机 m. xyz. com 打算发送邮件给主机 y. abc. com。这时就必须知道主机 y. abc. com 的 IP 地址。下面是图 6-4(a)的几个查询步骤:

①主机 m. xyz. com 先向其本地域名服务器 dns. xyz. com 进行递归查询。

②本地域名服务器采用迭代查询。它先向一个根域名服务器查询。

③根域名服务器告诉本地域名服务器,下一次应查询的顶级域名服务器 dns. com 的 IP 地址。

④本地域名服务器向顶级域名服务器 dns. com 进行查询。

⑤顶级域名服务器 dns. com 告诉本地域名服务器,下一次应查询的权限域名服务器 dns. abc. com 的 IP 地址。

⑥本地域名服务器向权限域名服务器 dns. abc. com 进行查询。

⑦权限域名服务器 dns. abc. com 告诉本地域名服务器,所查询的主机的 IP 地址。

⑧本地域名服务器最后把查询结果告诉主机 m. xyz. com。

我们注意到,这 8 个步骤总共要使用 8 个 UDP 用户数据报的报文。本地域名服务器经过三次迭代查询后,从权限域名服务器 dns. abc. com 得到了主机 y. abc. com 的 IP. 地址,最后把结果返回给发起查询的主机 m. xyz. com。

图 6-4(b)是本地域名服务器采用递归查询的情况。在这种情况下,本地域名服务器只需向根域名服务器查询一次,后面的几次查询都是在其他几个域名服务器之间进行的(步骤③至⑥)。只是在步骤⑦,本地域名服务器从根域名服务器得到了所需的 IP 地址。最后在步骤⑧,本地域名服务器把查询结果告诉主机 m. xyz. com。整个的查询也是使用 8 个 UDP 报文。

为了提高 DNS 查询效率,并减轻根域名服务器的负荷和减少因特网上的 DNS 查询报文数量,在域名服务器中广泛地使用了高速缓存(有时也称为高速缓存域名服务器)。高速缓存用来存放最近查询过的域名以及从何处获得域名映射信息的记录。

例如,在图 6-4(a)的查询过程中,如果在不久前已经有用户查询过域名为 y. abc. com 的 IP 地址,那么本地域名服务器就不必向根域名服务器重新查询 y. abc. com 的 IP 地址,而是直接把高速缓存中存放的上次查询结果(即 y. abc. com 的 IP 地址)告诉用户。

假定本地域名服务器的缓存中并没有 y. abc. com 的 IP 地址,而是存放着顶级域名服务器 dns. com 的 IP 地址,那么本地域名服务器也可以不向根域名服务器进行查询,而是直接向 com 顶级域名服务器发送查询请求报文。这样不仅可以大大减轻根域名服务器的负荷,而且也能够使因特网上的 DNS 查询请求和回答报文的数量大为减少。

由于名字到地址的绑定并不经常改变,为保持高速缓存中的内容正确,域名服务器应为每项内容设置计时器并处理超过合理时间的项(例如,每个项目只存放两天)。当域名服务器已从缓存中删去某项信息后又被请求查询该项信息,就必须重新到授权管理该项的域名服务器获取绑定信息。当权限域名服务器回答一个查询请求时,在响应中都指明绑定有效存在的时间值。增加此时间值可减少网络开销,而减少此时间值可提高域名转换的准确性。

不但在本地域名服务器中需要高速缓存,在主机中也很需要。许多主机在启动时从本地域名服务器下载名字和地址的全部数据库,维护存放自己最近使用的域名的高速缓存,并且只在从缓存中找不到名字时才使用域名服务器。维护本地域名服务器数据库的主机自然应该定期地检查域名服务器以获取新的映射信息,而且主机必须从缓存中删掉无效的项。由于域名改动并不频繁,大多数网点不需花太多精力就能维护数据库的一致性。

6.3 文件传送协议 FTP

6.3.1 FTP 协议概述

文件传送协议 FTP(File Transfer Protocol)[RFC 959]是因特网上使用得最广泛的文件传送协议。FTP 提供交互式的访问,允许客户指明文件的类型与格式(如指明是否使用 ASCII 码),并允许文件具有存取权限(如访问文件的用户必须经过授权,并输入有效的口令)。FTP 屏蔽了各计算机系统的细节,因而适合于在异构网络中任意计算机之间传送文件。RFC959 很早就成为了因特网的正式标准。

在因特网发展的早期阶段,用 FTP 传送文件约占整个因特网的通信量的三分之一,而由电子邮件和域名系统所产生的通信量还小于 FTP 所产生的通信量。只是到了 1995 年,www 的通信量才首次超过了 FTP。

基于 TCP 的 FTP 是文件共享协议中的一大类,即复制整个文件,其特点是:若要存取一个文件,就必须先获得一个本地的文件副本。如果要修改文件,只能对文件的副本进行修改,然后再将修改后的文件副本传回到原节点。

文件共享协议中的另一大类是联机访问(on-line access)。联机访问意味着允许多个程序同时对一个文件进行存取。和数据库系统不同之处是用户不需要调用一个特殊的客户进程,而是由操作系统提供对远地共享文件进行访问的服务,就如同对本地文件的访问一样。这就使用户可以用远地文件作为输入和输出来运行任何应用程序,而操作系统中的文件系统则提供对共享文件的透明存取。透明存取的优点是:将原来用于处理本地文件的应用程序用来处理远地文件时,不需要对该应用程序作明显的改动。属于文件共享协议的有网络文件系统 NFS(Network File System)。网络文件系统 NFS 最初是在 UNIX 操作系统环境下实现文件和目录的共享。NFS 可使本地计算机共享远地的资源,就像这些资源在本地一样。由于 NFS 原先是 SUN 公司在 TCP/IP 网络上创建的,因此目前 NFS 主要应用在 TCP/IP 网络上。然而现在 NFS 也可在 OS/2,MS-Windows,NetWare 等操作系统上运行。NFS 还没有成为因特网的正式标准,现在的版本 4(NFSv4)是 2000 年底发表的 RFC 3010,目前还只是建议标准。限于篇幅,本书不讨论 NFS 的详细工作过程。

6.3.2 FTP 的基本工作原理

网络环境中的一项基本应用就是将文件从一台计算机中复制到另一台可能相距很远的计算机中。初看起来,在两个主机之间传送文件是很简单的事情。其实这往往非常困难。原因是众多的计算机厂商研制出的文件系统多达数百种,且差别很大。经常遇到的问题是:

(1)计算机存储数据的格式不同。

(2)文件的目录结构和文件命名的规定不同。

(3)对于相同的文件存取功能,操作系统使用的命令不同。

(4)访问控制方法不同。

文件传送协议FTP只提供文件传送的一些基本的服务，它使用TCP可靠的运输服务。FTP的主要功能是减少或消除在不同操作系统下处理文件的不兼容性。

FTP使用客户服务器方式。一个FTP服务器进程可同时为多个客户进程提供服务。FTP的服务器进程由两大部分组成：一个主进程，负责接受新的请求；另外有若干个从属进程，负责处理单个请求。

主进程的工作步骤如下：

(1)打开熟知端口(端口号为21)，使客户进程能够连接上。

(2)等待客户进程发出连接请求。

(3)启动从属进程来处理客户进程发来的请求。从属进程对客户进程的请求处理完毕后即终止，但从属进程在运行期间根据需要还可能创建其他一些子进程。

(4)回到等待状态，继续接受其他客户进程发来的请求。主进程与从属进程的处理是并发地进行。

FTP的工作情况如图6-5所示。图中的椭圆圈表示在系统中运行的进程。图中的服务器端有两个从属进程：控制进程和数据传送进程。为简单起见，服务器端的主进程没有画上。在客户端除了控制进程和数据传送进程外，还有一个用户界面进程用来和用户接口。

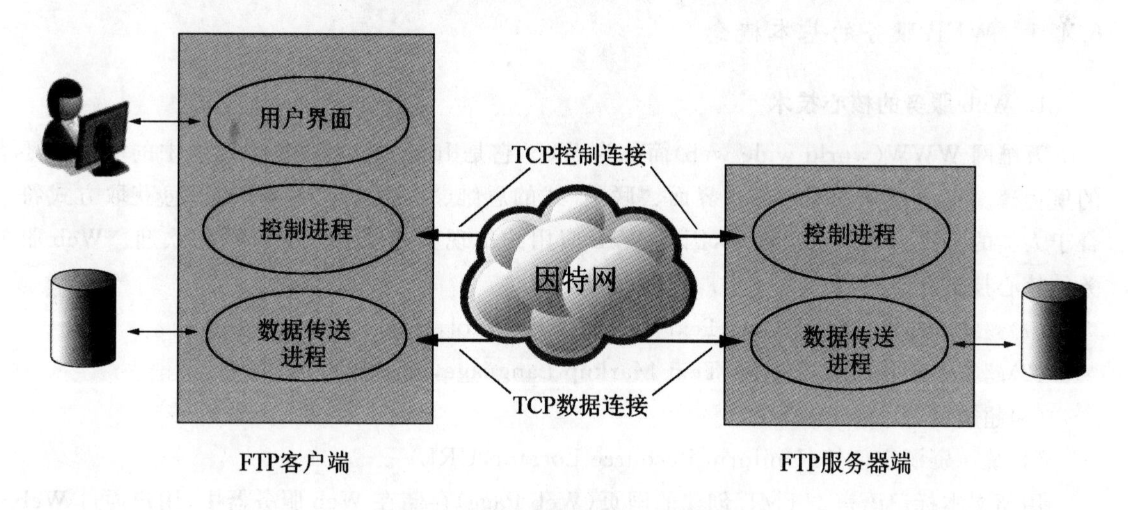

图6-5　FTP使用的两个TCP连接

在进行文件传输时，FTP的客户和服务器之间要建立两个并行的TCP连接："控制连接"和"数据连接"。控制连接在整个会话期间一直保持打开，FTP客户所发出的传送请求，通过控制连接发送给服务器端的控制进程，但控制连接并不用来传送文件。实际用于传输文件的是"数据连接"。服务器端的控制进程在接收到FTP客户发送来的文件传输请求后就创建"数据传送进程"和"数据连接"，用来连接客户端和服务器端的数据传送进程。数据传送进程实际完成文件的传送，在传送完毕后关闭"数据传送连接"并结束运行。由于FTP使用了一个分离的控制连接，因此FTP的控制信息是带外(out of band)传送的。

当客户进程向服务器进程发出建立连接请求时，要寻找连接服务器进程的熟知端口(21)，同时还要告诉服务器进程自己的另一个端口号码，用于建立数据传送连接。接着，服务器进程用自己传送数据的熟知端口(20)与客户进程所提供的端口号码建立数据传送连接。由于

FTP使用了两个不同的端口号,所以数据连接与控制连接不会发生混乱。

使用两个独立的连接的主要好处是使协议更加简单和更容易实现,同时在传输文件时还可以利用控制连接(例如,客户发送请求终止传输)。

FTP并非对所有的数据传输都是最佳的。例如,计算机A上运行的应用程序要在远地计算机B的一个很大的文件末尾添加一行信息。若使用FTP,则应先将此文件从计算机B传送到计算机A,添加上这一行信息后,再用FTP将此文件传送到计算机B,来回传送这样大的文件很花时间。实际上这种传送是不必要的,因为计算机A并没有使用该文件的内容。

然而网络文件系统NFS则采用另一种思路。NFS允许应用进程打开一个远地文件,并能在该文件的某一个特定的位置上开始读写数据。这样,NFS可使用户只复制一个大文件中的一个很小的片段,而不需要复制整个大文件。对于上述例子,计算机A中的NFS客户软件,将要添加的数据和在文件后面写数据的请求一起发送到远地的计算机B中的NFS服务器,NFS服务器更新文件后返回应答信息。在网络上传送的只是少量的修改数据。

6.4 WEB与基于WEB的网络应用

6.4.1 WEB服务的基本概念

1. Web服务的核心技术

万维网WWW(world wide web)简称为Web,它是Internet应用技术发展中的一个重要的里程碑。Web服务的图形用户界面、“联想”式的思维、“交互”与“主动”的信息获取方式符合于人类的行为方式和认知规律,因此Web应用的出现立即受到人们广泛的欢迎。Web服务的核心技术有四个:

(1)超文本传送协议(Hyper Text Transfer Protocol,HTTP);

(2)超文本标记语言(Hyper Text Markup Language,HTML);

(3)超链接(Hyperlink);

(4)统一资源定位符(Uniform Resource Locator,URL)。

用超文本标记语言HTML创建的网页(Web Page)存储在Web服务器中;用户通过Web客户浏览器进程用HTTP的请求报文向Web服务器发送请求;Web服务器根据客户请求内容,将保存在Web服务器中的页面以应答报文的方式发送给客户;浏览器在接收到该页面后对其进行解释,最终将图、文、声并茂的界面呈现给用户。用户也可以通过页面中的超链接功能,方便地访问位于其他Web服务器中的页面,或是其他类型的网络信息资源。

2. 主页的概念

主页(Home Page),是一种特殊的Web页面。通常主页是指包含个人或机构基本信息的页面,用于对个人或机构进行综合性介绍,是访问个人或机构详细信息的入口。主页一般包含以下基本元素:

(1)文本(text):文字信息;

(2)图像(image):GIF与JPEG图像格式;

(3)表格(table):类似于Word的字符型表格;

(4)超链接(hyperlink):用于与其他主页的链接。

3. URL 的基本概念

RFC1738 与 RFC1808 文档对统一资源定位符 URL 做了详细的描述。URL 是对 Internet 资源的位置和访问方法的标识。Internet 的资源是指能够被访问的任何对象,包括文件目录、文件、文档、图像、声音,以及电子邮件的地址、USENET 新闻组或 USENET 新闻组中的文档。

标准的 URL 由三部分组成:协议类型、主机名和路径及文件名。

＜协议＞://＜主机＞/＜端口＞/＜路径＞

第一部分是协议(或称为服务方式),如 http、ftp 等;

第二部分是存放该资源的主机名称(既可以直接使用主机的 IP 地址,也可以使用 DNS 域名)及对应的端口号(系统默认的端口号输入时可以省略);

第三部分是主机资源的具体路径,包括目录和文件名等。

其中,第一部分和第二部分之间用"://"符号隔开,第二部分和第三部分用"/"符号隔开。第一部分和第二部分是不可缺少的,第三部分有时可以省略。以下是几种常用的 URL:

file://ftp. sina. com. cn/pub/files/foobar. tx

gopher://gopher. banzai. edu:1234

http://www. tup. com. cn:8080

URL 存在的主要缺点是:当信息资源的存放地点或访问该信息资源的域名发生变化时,必须对 URL 作相应地改变,否则将会出现"链接中断",即经常遇到的"HTTP 404 错误"。

URL 其实就是 Internet 上指向特定资源的指针。由于 WWW 采用 B/S 模式,浏览器就是运行在用户计算机上的 WWW 客户端程序。存放资源的主机称为 WWW 服务器。当客户端程序向服务器程序发出请求时,服务器程序便向客户端返回所需要的 WWW 文档,文档的内容由用户端程序(浏览器)负责解释和显示。

需要说明的是:组成 URL 的字符串是不区分大小写的。

6.4.2 超文本传送协议 HTTP

1. HTTP 协议的基本特点

HTTP 是 Web 浏览器与服务器交换请求与应答报文的通信协议。研究 Web 服务首先需要了解 HTTP 协议的一些特性。

(1)无状态协议

HTTP 协议在传输层使用的是 TCP 协议。如果想要访问一个 Web 服务器,客户端的 Web 浏览器就需要与 Web 服务器之间建立一个 TCP 连接。浏览器与服务器通过 TCP 连接来发送、接收 HTTP 请求与应答报文。由于考虑到 Web 服务器可能同时要处理很多浏览器的并发访问,为了提高 Web 服务器的并发处理能力,协议的设计者规定 Web 服务器在接收到浏览器 HTTP 请求报文,返回应答报文之后不保存有关 Web 浏览器的任何信息。即使是同一个 Web 浏览器在几秒钟之内两次访问同一个 Web 服务器,它也必须要分别建立两次 TCP 连接。因此,HTTP 属于一种无状态的协议。Web 服务器总是打开的,随时准备接收大量的浏览器的服务请求。

(2)非持续连接与持续连接

如果客户向服务器发出多个服务请求报文,服务器需要对每一个请求报文进行应答,并为每一个应答过程建立一个 TCP 连接,这就是所谓的非持续连接工作方式;多个客户与服务器的请求报文与应答报文都可以通过一个 TCP 连接来完成的工作方式称为“持续连接”。HTTP 既可以使用非持续连接,也可以使用持续连接。HTTP 1.0 默认状态是非持续连接,HTTP 1.1 默认状态为持续连接。

Web 页面是由对象组成的。对象就是文件,例如 HTML 文件、JPEG、GIF 图像文件、Java 程序、语音文件等,它们都可以通过 URL 来寻址。如果一个网页包括 1 个基本的 HTML 文件和 10 个 JPEG 图像文件,那么这个 Web 页面是由 11 个对象组成。

在非持续连接中,对每次请求/响应都要建立一次 TCP 连接。如果一个网页包括 10 个对象,并且都保存在同一个服务器中。那么,在非持续连接状态,用户访问该网页要分别为请求 11 个对象建立 11 个 TCP 连接。对于每个这样的连接,客户端与服务器端都需要设定缓冲区及其他的一些变量。因此服务器在处理大量客户进程请求时负担很重。

在持续连接工作方式中,服务器在发出响应后保持该 TCP 连接,在相同的客户进程端与服务器端之间的后续报文都通过该连接传送。如果一个网页包括 1 个基本的 HTML 文件和 10 个 JPEG 图像文件,所有请求与应答报文都通过这个连接来传送。

(3)非流水线与流水线

持续连接有两种工作方式:非流水线与流水线。

非流水线方式的特点是:客户端只有在接收到前一个响应时才能发出新的请求。这样,客户端在每访问一个对象时都要花费 1 个 RTT 时间。这时服务器每发送一个对象之后,要等待下一个请求的到来,连接处于空闲状态,浪费了服务器的资源。

流水线方式的特点是:客户端在没有收到前一个响应时就能够发出新的请求。客户端的请求可以像流水线作业一样,连续地发送到服务器端,服务器端可以连续地发送应答报文。使用流水线方式的客户端访问所有的对象只需花费 1 个 RTT 时间。因此,流水线方式可以减少 TCP 连接的空闲时间,提高下载 Web 文档的效率。HTTP1.1 默认状态是持续连接的流水线工作方式。

2. HTTP **报文格式**

HTTP 的报文分为从客户端向服务器发送的请求报文和从服务器向客户端应答的响应报文两种类型,HTTP 报文中的每一个字段都由 ASCII 码字符串组成,而且各个字段的长度都不确定。

请求报文由 4 部分组成:请求行、报头、空白行和正文。其中,空白行用“CR”和“LF”表示,表示报头部分的结束。正文部分可以是空着,也可以包含要传送到服务器的数据。图 6-6 给出了请求报文的发送过程与结构。

请求行是请求报文中的重要组成部分,它包括三个字段:方法、URL 与 HTTP 版本。方法是面向对象技术中常用的术语。“方法”用于表示浏览器发送给服务器的操作请求,服务器依照这些请求来为客户提供服务。

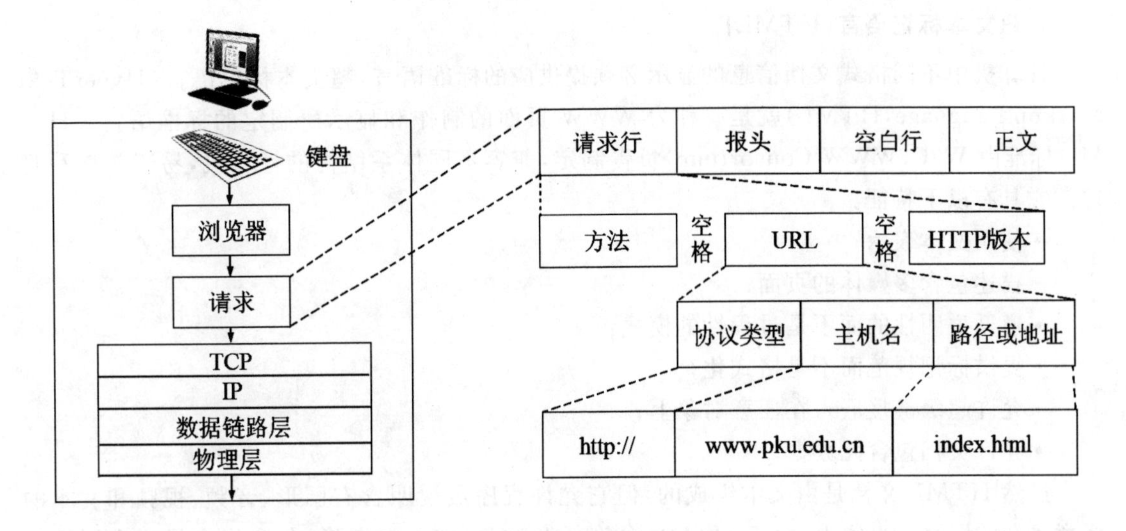

图 6-6 请求报文的发送过程与结构

图 6-7 给出了 HTTP 应答报文结构。应答报文包括三个部分:状态行、报头与正文。其中,状态行又包括三个字段:HTTP 版本、状态码和状态短语。

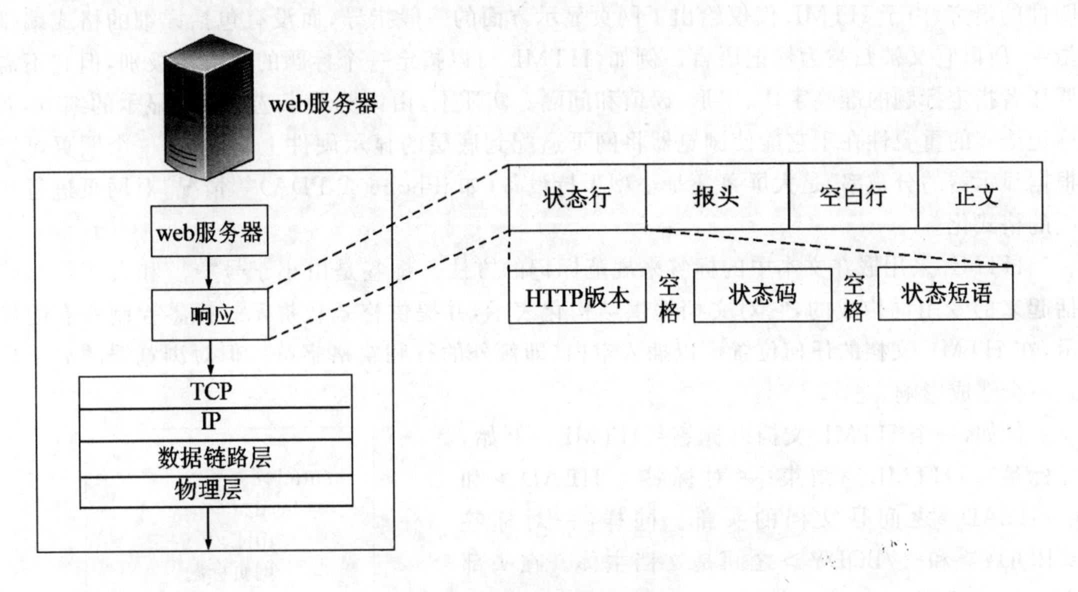

图 6-7 HTTP 应答报文结构

HTTP 报文再封装在 TCP 报文中进行传输。

6.4.3 WWW 页面

WWW 页面也称为 Web 网页(web page),简称为网页,它是 Web 客户端程序(Web 浏览器)主窗口上所显示的 WWW 文档。Web 客户端程序向 Web 服务器程序发出访问请求,Web 服务器端程序在得到响应后便向 Web 客户端程序发回所需要的信息,该信息以网页在 Web 客户端程序的主窗口上显示出来。

1. **超文本标记语言**(HTML)

计算机中不同格式文档信息的显示必须提供应的标准语言,超文本标记语言(HyperText Markup Language,HTML)就是一种为 WWW 页面的制作和显示所制定的标准语言。HTML 标准由 W3C(WWW Consortium)负责制定,兼容不同体系结构的计算机,易于掌握和管理。它具有以下特征:

- 使用文本表示;
- 描述包含多媒体的页面;
- 遵循说明性的而不是过程性的模式:
- 提供标记规范而不是格式化;
- 允许超级链接嵌入在任意对象上;
- 允许文档包含元数据。

虽然 HTML 文档是由文本组成的,但它允许程序员说明含有图形、音频、视频和文本的任意复杂的网页。事实上,由于 HTML 允许任意对象(如一幅图像)包含指向另一个网页的链接(有时称为超级链接),所以更准确地说,在名称上超文本(hypertext)更应该表达为超媒体(hypermedia)。

由于 HTML 只是允许人们去规定将要做什么,而不是如何做,所以 HTML 被归类为说明性的语言,由于 HTML 仅仅给出了网页显示方面的一般指导,而没有包括详细的格式编排指令,所以它又被归类为标记语言。例如,HTML 可以指定一个标题的重要性级别,但它不需要作者指定标题的准确字体、字形、磅值和间隔。实质上,由浏览器来选择所有显示的细节,而标记语言的重要性在于它能使浏览器将网页适配到底层的显示硬件上。例如,一个网页可以根据显示器的分辨率、是大屏幕还是小型手持设备(如 iPhone 或 PDA)等情况,对网页进行相应的格式化。

HTML 采用嵌在文本中的标签来规范标记的方法。标签是由小于号"<"和大于号">"括起来的专用词构成的,它对文档提供结构化表示,并提供格式化提示。标签控制所有的显示,在 HTML 文档的任何位置可以插入空白(即额外的行和空格字符),但对浏览器的显示格式不会造成影响。

例如,一个 HTML 文档以标签<HTML>开始,以标签</HTML>结束;一对标签<HEAD>和</HEAD>之间是文档的头部。同样,一对标签<BODY>和</BODY>之间是文档主体。在头部中,标签<TITLE>和</TITLE>之间所含的内容是文档的标题部分。图 6-8 所示为 HTML 文档的一般形式。

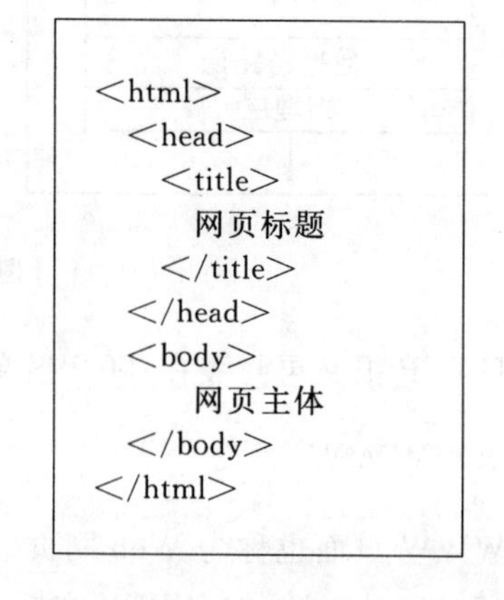

```
<html>
  <head>
    <title>
      网页标题
    </title>
  </head>
  <body>
      网页主体
  </body>
</html>
```

图 6-8　HTML 文档的一般形式

2. Web **文档类型**

Web 文档可以分为三种类型:静态文档、动态文档与活动文档。

(1)静态文档是固定内容的文档。它由服务器创建并保存在服务器。Web 客户端只能得到文档的副本。当 Web 客户端访问静态文档时,文档的一个副本就发送到客户端并显示。

(2)动态文档不存在预定义的格式,它是在用户浏览器请求该文档时,才由服务器根据当前的状态创建。网页的形态会根据请求时的参数变化而不同。

(3)在有些情况下,例如需要在 Web 浏览器产生动画图形,或者需要与用户交互的程序,那么应用程序需要在客户端运行。当用户请求该文档时,服务器就将以二进制代码形式的活动文档发送给浏览器。Web 浏览器收到该活动文档后,存储并运行该程序。

6.4.4　WEB 浏览器

WEB 浏览器(Browser)的功能是实现客户进程与指定 URL 的服务器进程的连接,发出请求报文,接收需要浏览的文档,向用户显示网页的内容。

WEB 浏览器由一组客户、一组解释单元与一个管理它们的控制器组成。图 6-9 给出了 WEB 浏览器的结构。

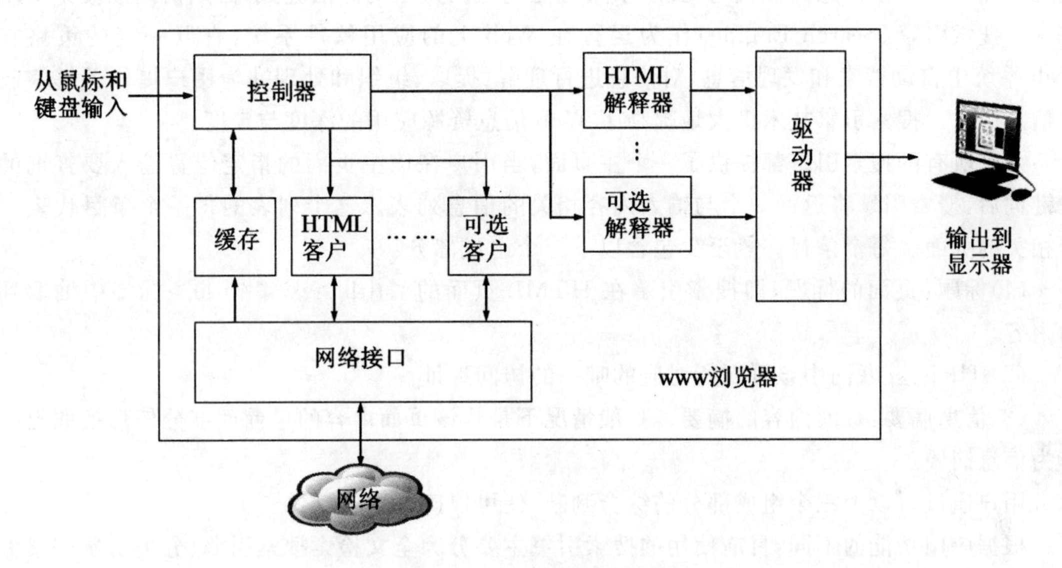

图 6-9　Web 浏览器的结构

控制器是浏览器的核心部件,它负责解释鼠标点击与键盘输入,并调用其他组件来执行用户指定的操作。例如,当用户输入一个 URL,或点击一个超级链接时,控制器接收并分析该命令,调用一个 HTTP 解释器来解释该页面,并将解释后的结果显示在用户屏幕上。

HTML 解释程序对页面中所有的可选项(即所有链接的起点)都保存有其位置信息。当用户的鼠标点击某个选项时,浏览器就根据当前光标位置和存储的位置信息来决定哪个选项被用户选中。

Web 浏览器除了能够浏览网页之外,还能够访问 FTP、Gopher 等服务器的资源,因此每个浏览器必须包含一个 HTML 解释器,以便能够显示 HTML 格式的网页。另外,Web 浏览器还必须包括其他可选的解释器,例如 FTP 解释器,用来获取 FTP 文件传输服务。有些浏览器包含一个电子邮件客户程序,使浏览器能够收发电子邮件信息。

从用户使用的角度来看,用户通常会频繁地浏览其他网站的网页,并且同时重复访问一个网站的可能性比较小。为了提高文档查询效率,Web 浏览器需要使用缓存,浏览器将用户查看的每个文档或图像保存在本地磁盘中。当用户需要访问某个文档时,Web 浏览器首先会检查缓存中的内容,当缓存没有该文档时,才向 Web 服务器请求访问文档。这样,不但缩短了用户查询等待时间,又减少网络中的通信量。很多 Web 浏览器允许用户自行调整缓存策略。用户可以设置缓存的时间限制,Web 浏览器在时间限制到期后,将会删除缓存中的一些文档。Web 浏览器通常在特定会话中保持缓存。如果用户在会话期间不想在缓存中保留文档,则可以请求缓存时间置零。在这种情况下,当用户终止会话时,Web 浏览器将会删除缓存。

6.4.5 搜索引擎

1.搜索引擎的概念

Internet 中拥有大量的 Web 服务器,Web 服务器能够提供的信息种类与内容极其丰富。同时不断有新的网页出现,旧的网页也会不断更新。50%网页的平均生命周期大约为 50 天。面对这样一个海量信息的查找与处理,不太可能完全用人工的方法完成,必须借助于搜索引擎技术。搜索引擎(Search Engine)作为运行在 Web 上的应用软件系统,它以一定的策略在 Web 系统中自动搜索和发现信息,对信息进行理解、提取、组织和处理并为用户提供关键字收索信息服务。搜索引擎技术极大地提高了 Web 信息资源应用的深度与广度。

几乎所有的搜索引擎都提供了一个主页面,当用户在该主页面的指定位置输入要查询的关键词后,搜索引擎将返回一个与输入内容相关的信息列表。这个列表的每一个条目代表一个相关的页面。每个条目一般至少包含以下三个组成部分:

(1)标题:页面的标题,即搜索引擎在 HTML 页面的<title>…</title>标签中抽取到的内容。

(2) URL:互联网中该页面所对应的唯一的访问地址。

(3)信息摘要:页面内容的摘要。一般情况下是将该页面内容的最前面部分信息抽取出来作为信息摘要。

用户通过对以上三个组成部分的综合判断,便可以确定要访问的页面。

根据应用功能的不同,目前使用的搜索引擎主要分为全文检索搜索引擎、分类目录搜索引擎和元搜索引擎三类。

(1)全文检索搜索引擎。全文检索搜索引擎是利用“蜘蛛”程序在互联网的各网站收集信息,对搜集到的每一个页面 URL 建立一个索引,指明该 URL 在互联网中出现的次数和位置,当用户查询时,检索程序就根据事先建立的索引数据库进行查找,并将查找的结果反馈给用户。Google、百度是目前使用最为广泛的全文检索搜索引擎。

(2)分类目录搜索引擎。分类目录搜索引擎不需要搜集网站上页面的信息,而是利用各网站向搜索引擎提交的网站信息(主要有网站描述),经过人工审核和编辑后,输入到分类目录数据库中,供用户进行在线查询。分类目录数据库中被收录的是网站首页的 URL,而不是具体的页面。分类目录的好处是用户可以根据网站设计好的目录有针对性地逐级查询所需要的信息,查询时不需要输入关键词,只是按照分类逐级进行,准确性较高,但信息量有限。雅虎、新浪、搜狐、网易是目前典型的分类目录搜索引擎。

(3)元搜索引擎。元搜索引擎是一种调用其他独立搜索引擎的引擎。检索时,元搜索引擎根据用户提交的检索请求,调用其他搜索引擎进行搜索,对搜索结果进行汇集:筛选、删除等优化处理后,以统一的格式在同一界面集中显示。元搜索引擎既没有网页搜寻机制,也没有独立的索引数据库,但在搜索速率、对搜索结果的智能化、个性化搜索等方面具有较大的优势。

2.搜索引擎的基本工作原理

搜索引擎是一种复杂的工具软件，主要由搜索器、控制器、索引器、检索器、用户日志分析器6部分组成，如图6-10所示。

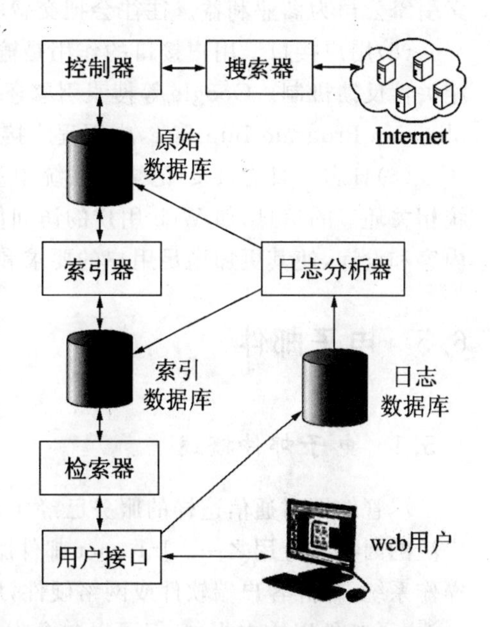

图6-10　搜索引擎体系结构示意图

(1)搜索器。搜索器俗络“蜘蛛”或网络“爬虫”，是一个自动收集页面的系统程序。搜索器通过页面的链接地址找页面。具体方法是：从网站的某一个页面开始，读取页面的内容，找到在页面中的其他链接地址，然后通过这些链接地址寻找下一个页面，这样循环下去，直到把这个网站所有的页面都“抓取”完为止。这个过程可以形象地想象为一个蜘蛛在蜘蛛网(Web)上爬行，把所有的路径(链接)都爬一遍。

沿着页面中的链接，搜索收集页面的主要方式可以分为广度优先、深度优先和用户提交三种类型。

(2)控制器。控制器的作用是将搜索器从互联网中收集到的大量信息可靠地提交给搜索引擎的原始数据库，控制器需要综合解决效率、质量和“礼貌”的问题。其中，效率是指如何尽可能少的占用计算机设备、网络带宽、时间等资源来完成预定的页面搜集任务；质量是指在有限的时间内尽量搜集到用户认为“重要”的页面，例如Google的PageRank(页面排序)中规定，一个网站从首页开始向下，按照链接的深度将页面组织成“上下层”结构，统计时位于上层的页面要比下层的页面重要，即较靠近主页的页面PageRank值较高；“礼貌”是指搜索引擎对网站上页面的抓取不能影响网站的正常访问，绝大多数网站都愿意被搜索引擎索引，从而可能得到更多的访问次数。但网站也不希望由于搜索引擎频繁、密集的抓取活动而影响用户的正常访问，使用户感觉到网站访问速度慢而不再光顾。如果不加控制地对网站进行抓取，将会导致网站的DoS(Denial of Service，拒绝服务)现象。

(3)索引器。索引器的功能是通过对搜索器得到的原始数据库的分析处理，建立供用户进行查询访问的索引数据库。原始数据库中的信息无法直接提供给用户来索引，必须经过索引器对搜集回来的原始页面进行分析，提取相关页面信息，根据相关度算法进行大量复杂计算，得到每一个页面针对页面内容及链接中每一个关键词的相关度，然后用这些信息建立页面索引数据库，供用户索引使用。

(4)检索器。检索器的功能是针对用户查询请求在索引数据库中快速检索出文档，并以一定排列顺序在检索页面上呈现给用户来访问。当用户在搜索引擎中对某一个关键词进行检索时，页面上显示结果的先后顺序是非常重要的，一般排在最前面的页面用户会优先访问。因此，一个搜索引擎是否会被用户喜欢使用，很大程度上与检索结果有关，用户总是希望想要(重要)的页面尽可能出现在检索结果页面的前面。由于每个人的喜好和要求不同，搜索引擎也不可能做到尽善尽美，而是采取折中的方案。以Google为代表的搜索引擎认为一个重要的页面会被其他页面链接，其他网站认为某个页面具有参考价值时才会链接到该页面。因此，Google的PageRank以页面被指向的链接数量为基础计算页面的权值。当然，PageRank不只是看一个网站的链接数量，它也分析链接网站的重要性，链接网站的重要性会影响这个链接的权值，还有链接文字在页面中所处的位置和字体特征等都会影响链接的权值。还有一点要注意，搜索引擎公司为商业利益。往往会把交费的网站排在搜索结果的最前面。

(5)用户接口。用户接口的作用是输入用户查询信息，并显示查询结果，需要时提供用户相关性反馈机制。Google 等搜索引擎还提供了可在第三方应用程序中调用的集成 API(Application Program Interface，应用程序接口)，以方便用户使用。

(6)日志。日志(log)记录了系统中重要操作的详细内容，可以使系统管理员随时掌握系统相关环节的信息，如 Web 用户的访问信息。通过对日志信息的整理分析，可以优化系统的内容和设计，使其更加满足用户的要求和习惯。

6.5 电子邮件

6.5.1 电子邮件概述

尽管像即时通信这样的服务已经十分流行，但电子邮件(E-mail 或 Email)仍然是使用最广泛的因特网应用之一。Internet 邮件服务最大的优势在于：不管用户使用任何一种计算机、操作系统、邮件客户端软件或网络硬件，用户之间都可以方便地实现电子邮件的交换。Internet 电子邮件以文本为主，但可以包含附件、超链接、文本与图片。

1. 电子邮件系统的组成

一个电子邮件系统主要由用户代理、邮件服务器和邮件收发协议三部分组成。

用户代理(User Agent，UA)是用户与电子邮件系统之间的接口，该接口定义了用户(收件人和发件人)计算机与邮件服务器之间以 SMTP(Simple Mail Transfer Protocol，简单邮件传输协议)和 POP3(Post Office Protocol 3，邮局协议 3)或 IMAP(Internet Message Access Protocol，因特网报文访问协议)协议通信时的标准，这些协议具体体现在电子邮件客户端软件上，如 Outlook Express、Foxmail 等。

SMTP 客户和 POP3 客户分别是发件人和收件人用户代理的重要组成部分，其中 SMTP 客户负责将邮件从发件人计算机发送到发送方邮件服务器，而 POP3 客户负责从接收方邮件服务器上取回自己的邮件。在此过程中，有几点需要注意：

(1)是发件人必须在发送方邮件服务器上拥有合法的电子邮箱(mail box)，收件人必须在接收方邮件服务器上拥有合法的电子邮箱，这里的合法是指用户在邮件服务器上所拥有(需要申请)的电子邮箱在该邮件服务器上是唯一的，而且每一台邮件服务器所使用的域名在互联网上也是唯一和注册的；

(2)当发送方邮件服务器接收到一个需要转发(如果收件人和发件人使用相同的邮件服务器时，不需要进行转发)的邮件时，直接将邮件利用 SMTP 协议传输到接收方邮件服务器，而不需要再经过其他任何邮件服务器；

(3)发送方邮件服务器在接收到待转发的邮件时，首先将该邮件放在缓存中排队，除特殊要求外(需要对发送方邮件服务器进行特别设置)一般不需要将该邮件保存在发件人的电子邮箱中；

(4)当邮件到达接收方邮件服务器后，该邮件将保存在收件人的电子邮箱中，收件人可通过 POP3(或 IMAP)协议随时在接收方邮件服务器上收取邮件，所以收件人是否在线与邮件是否发送成功没有直接的关系，这就是邮件系统所具有的非实时通信的优势。

邮件服务器是负责发送和接收邮件,并向发件人报告邮件传送结果的计算机。为了保证邮件传送的可靠性,用户代理与邮件服务器之间的 SMTP 和 POP3(或 IMAP)全部建立在 TCP 连接之上,同时还提供了对邮件传送结果的报告功能,这里的报告包括已提交、被拒绝、已丢失等结果。互联网中的邮件服务器需要 7×24 小时不间断运行,并提供大容量的存储空间。由于邮件服务器需要同时负责邮件的接收和发送,所以需要同时提供 SMTP 协议和 POP3 协议或 IMAP 协议。

从图 6-11 可以看出,邮件服务器同时充当了 SMTP 客户和 SMTP 服务器的身份。例如,当一份邮件从邮件服务器 A 传送给邮件服务器 B 时,A 为 SMTP 客户,B 为 SMTP 服务器。与此同时,当有一份邮件从 B 传送给 A 时,B 则成为 SMTP 客户,A 则成为 SMTP 服务器。

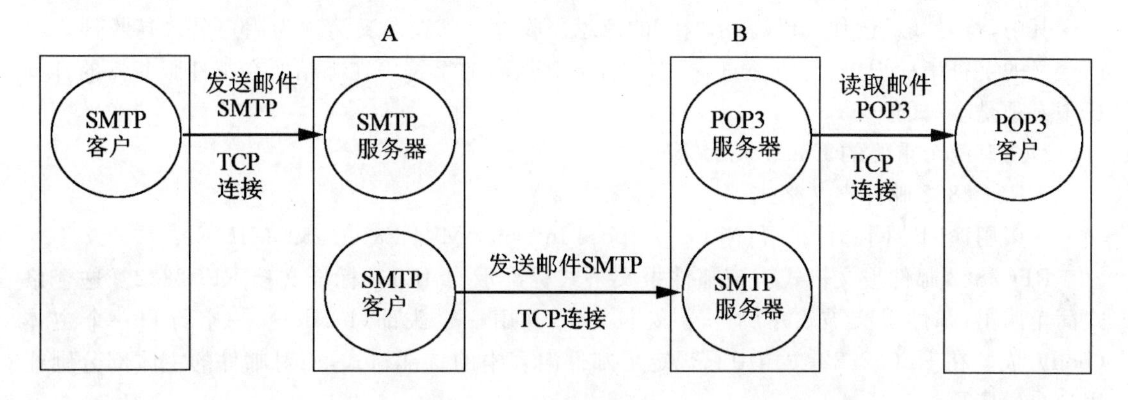

图 6-11　电子邮件系统的组成和工作原理示意图

传统的电子邮件系统提供了两类应用层协议,即邮件发送协议 SMTP 和邮件接收协议 POP3 或 IMAP。

2. 电子邮件服务的工作过程

下面,以图 6-11 为例,介绍电子邮件的收发过程:

(1)发件人在计算机上打开电子邮件客户端软件(即调用用户代理进程),撰写或编辑要发送的电子邮件。

(2)当发件人点击了“发送邮件”按钮后,邮件的发送工作将交给用户代理。首先,位于发件人计算机上的 SMTP 客户与位于发送方邮件服务器上的 SMTP 服务器建立 TCP 连接,将邮件发送到发送方邮件服务器的缓存中。

(3)发送方邮件服务器调用 SMTP 客户进程,并与接收方邮件服务器上的 SMTP 服务器进程之间建立 TCP 连接,之后从缓存队列中读取邮件,传送给接收方邮件服务器,并保存在收件人的电子邮箱中,等待收件人读取。在此过程中,有几点需要引起重视:

①邮件从发送方邮件服务器与接收方邮件服务器的传送过程中,不会驻留在其他任何一台邮件服务器上,这与路由器之间传送分组的方式不同;

②如果发件人一次有多份邮件要同时发送到发送方邮件服务器,在 SMTP 客户与 SMTP 服务器之间只需要建立一个 TCP 连接;

③如果发送方邮件服务器上的 SMTP 客户暂时无法与接收方邮件服务器上的 SMTP 服务之间建立连接,那么要发送的邮件便继续保存在发送方邮件服务器的缓存队列中,并在设置的时间内再进行连接尝试,如果尝试失败,发送方邮件服务器便将这一事件告知发件人。

(4)收件人在计算机上打开邮件客户端软件(即调用用户代理),调用 POP3(或 IMAP)客户进程,与位于接收方邮件服务器上的 POP3(或 IMAP)服务器进程之间建立 TCP 连接,从位于接收方邮件服务器的自己的电子信箱中读取邮件。

3. 电子邮件表示标准

一个电子邮件分为信封和内容两大部分。电子邮件的传输程序根据邮件信封上的信息来传送邮件。这与邮局按照信封上的信息投递信件是相似的。

在邮件的信封上,最重要的就是收件人的地址。TCP/IP 体系的电子邮件系统规定电子邮件地址(e-mail address)的格式如下:

收件人邮箱名@邮箱所在主机的域名

其中,符号"@"读作"at",表示"在"的意思。收件人邮箱名又简称为用户名。是收件人自己定义的字符串标识符:但应注意,标志收件人邮箱名的字符串在邮箱所在邮件服务器的计算机中必须是唯一的。

目前有两个重要的 Email 表示标准:

• RFC2822 邮件报文格式。

• 多用途因特网邮件扩展(Multi-purpose Internet Mail Extension,MIME)。

RFC2822 邮件报文格式。该邮件报文格式标准取自 IETF 标准文档 RFC2822。这个格式简单明了:邮件报文被表示为一个文本文件,并由一个头部(header)、一空行和一个主体(body)成。在 RFC 2822 文档中只规定了邮件内容中的首部格式,而对邮件的主体部分则让用户自由撰写。

每个头部行的形式是:

关键词:信息

这里一系列关键词的定义包括:From:、To:Subject:和 Cc(抄送):等。另外,可以加入由大写字母 X 起始的头部行,不会影响邮件的处理。因此,一个邮件报文可能包括一个随机的头部行,如:

X-worst-TV-Shows: any reality show

多用途因特网邮件扩展 MIME。MIME 标准扩展了 Email 的功能,使其允许在报文中传输非文本数据。MIME 规定了如何将二进制文件编码成一系列可印刷的字符,包含在传统 Email 报文中,再在接收方解码。

虽然 MIME 引入了早已十分流行的 Base64 编码标准,但它并不局限于只编码成一种特定的形式,而是允许发送和接收双方去选择各自方便的编码。为了规定所使用的编码,发送方在报文的头部中应包含一些额外的行。而且,MIME 还允许发送方将报文分割成几个部分,并为每一部分各自规定编码形式。因此,使用 MIME,用户可以发送纯文本的报文,再附加图像、电子表格和音频剪辑等,各自采用各自的编码形式。接收方的 Email 系统则可以由自己决定如何处理这些附件(例如,将其复制存盘或显示)。

事实上,MIME 在 Email 头部加上两行内容:一行是声明已使用 MIME 来创建报文;另一是指出在主体中如何包含 MIME 信息。例如,头部的这些行是:

MIME-Version: 1.0

Content-Type: Multipart/Mixed; Boundary=Mime separator

以上两行指出:该报文是使用 MIME1.0 版来创建的;在主体中报文的每个部分前将含 MIME 分隔符(Mime_separator)的行。当 MIME 被用于发送一个标准的文本报文时,以上二行就变成：

Content-Type：text/plain

MIME 可以向后兼容那些不理解 MIME 标准或编码的 Email 系统，当然这样的系统是没有办法提取非文本附件的——它把主体当作单个文本块来处理。概括如下：

为了允许非文本的附件可以在一般的 Email 报文中传送。MIME 标准插入了额外的头部行。附件被编码成可印刷的字母，并在每个附件前面出现一个分隔行。

6.5.2　简单邮件传输协议

1982 年推出的 SMTP(具体在 RFC 821 文档中进行了描述)和因特网文本报文格式(具体在 RFC 822 文档中进行了描述)已经成为今天 Internet 上电子邮件系统中的正式标准。由于早期的 SMTP 只能传送可打印的 7 位 ASCII 码的邮件，因此在 1993 年又推出了新的电子邮件标准 MIME。本节重点对 SMTP 进行介绍。

SMTP 是在 TCP/IP 网络环境中传输电子邮件的协议，它运行在 TCP 协议上，使用熟知的 25 号端口。SMTP 之所以称为"简单"邮件传输协议的原因是它使用简单的命令传输邮件。SMTP 规定了 14 条命令和 21 种响应信息，其中命令的关键字大都是由 4 个字母组成，而每一种响应信息一般只有一行内容，由一个三位数字的代码开始，后面附上(也可以不附)简单的说明内容。

SMTP 使用客户机/服务器(C/S)工作模式，发送邮件的 SMTP 进程为 SMTP 客户，接收邮件的 SMTP 进程为 SMTP 服务器。SMTP 规定了在 SMTP 客户与 SMTP 服务器进程之间进行信息交换的具体方式。SMTP 的命令和响应信息都是基于 ASCII 码文本，并以<CRLF>表示结束输入，响应信息包括一个表示返回状态的三位数字代码。

下面通过一个实例进行说明。在本例中，假设邮件从名为 panwei@163.com 的发件人电子邮件箱(运行 SMTP 客户进程，具体显示为 C)传送到名为 network@xmu.edu.cn 的收件人电子信箱(运行 SMTP 服务器进程，具体显示为 S)，具体的命令和响应信息如下：

S：(注：等待连接 TCP 的 25 号端口，该端口对应 SMTP 服务)

C：(注：打开与服务器的连接)

S：220 xmu. edu. cn SMTP Service ready (注：服务器的 TCP 连接就绪)

C：HELO 163.com

S ：250 xmu. edu. cn says hello

C：MAIL FROM：<panwei@163.com>

S：250 OK

C：RCPT TO：<network@xmu.edu.cn>

S：250 OK

C：DATA

S：354 Start mail input；end with< CRLF >.< CRLF>

C：… sends body of mail message. .

C：… Dear xxx . .

C：<CRLF >.< CRLF>

S：250 OK

C：QUIT

S：221 xmu.edu.cn Service closing transmission channel

以上所示的是一个简单的 SMTP 交换过程，包括了连接建立、邮件传送和连接释放三个具体过程：首先建立 TCP 连接，SMTP 调用 TCP 协议的 25 号端口监听连接请求，客户端发送 HELO 命令以标识发件人自己的身份，服务器做出响应。然后，客户端发送 MAIL 命令，服务器以 OK 作为响应，表明准备接收。客户端发送 RCPT 命令以标识电子邮件的收件人，可以有多个 RCPT 行，即一份邮件可以同时发送给多个收件人。服务器端则表示是否愿意为收件人接收邮件。协商结束后，客户端用 DATA 命令发送信息，以<CRLF>表示结束输入内容。最后，控制交互的任一端可选择终止会话，为此它发出一个 QUIT 命令，另一端用命令 221 响应，表示同意终止连接，双方将关闭连接。

SMTP 交换过程中服务器端发出的"250 OK"含义是一切都好。与使用其他协议一样，程序只读缩写命令（其中，HELO 为 HELLO 的缩写）和每行开头的三个数字，其余文本是用于帮助用户调试邮件软件。在命令成功时，服务器返回代码 250，如果失败则返回代码 550（命令无法识别）、451（处理时出错）、452（存储空间不够）、421（服务器不可用）等，354 则表示开始信息输入。

SMTP 的局限性表现在只能发送 ASCII 码格式的报文，不支持中文、法文、德文等，它也不支持语音、视频的数据。通过 MIME 协议，对 SMTP 补充。MIME 使用网络虚拟终端（NVT）标准，允许非 ASCII 码数据通过 SMTP 传输。

6.5.3 邮件访问协议

目前，在互联网中使用的邮件读取协议有两个：邮局协议（POP3）和因特网报文访问协议（IMAP），下面分别进行介绍。

1. 邮局协议（POP3）

1984 年推出的 POP 协议（在 RFC 918 文档中进行了描述）是一个非常简单、功能有限的邮件读取协议，该协议在经过多次修订后于 1996 年形成 POP3 协议（在 RFC 1939 文档中进行了描述），并成为 Internet 中的正式标准。

与 SMTP 一样，POP3 也使用客户机/服务器（C/S）工作模式，并使用 TCP 的 110 端口号。在收件人的计算机上运行 POP3 客户，而在接收方邮件服务器上运行 POP3 服务器（当然，在邮件服务器上还必须同时运行 SMTP 服务器，用于接收从发送方邮件服务器传送过来的邮件）。

当邮件到达收件人的电子邮箱后，收件人可以使用各种邮件接收软件（POP3 客户）将接收方服务器上的邮件取回本地计算机并阅读其内容。POP3 协议有助于减轻邮件服务器上多个持续连接的负担，POP3 客户通过与 POP3 服务器建立短而快的连接，避免了给 POP3 服务器添加过多持续连接的负担，在连接期间把邮件从服务器上下载到本地计算机。POP3 协议的工作大体可以分为以下三个过程：

（1）授权过程。首先进行初始时，POP3 服务器通过侦听 TCP 的 110 端口号，等待 POP3 客户的连接请求。用户需要读取电子邮件时，需要建立与 POP3 服务器之间的 TCP 连接。当连接成功建立后，POP3 服务器要求输入用户名和密码，对用户身份进行验证，以实现对用户电子邮件读取的授权访问。授权不但方便 POP3 服务器能够"不受打扰"地工作，同时保护了用户电子邮箱中的邮件。

（2）传输过程。POP3 客户和服务器成功连接后，POP3 服务器便进入了传输过程。POP3

服务器首先启动“无响应自动退出计时器”，如果 POP3 客户在规定的时限内没有和 POP3 服务器进行通信，POP3 服务器便自动和客户断开 TCP 连接，等待下一次连接。POP3 客户每当成功与 POP3 服务器通信一次，“无响应自动退出计时器”自动清零。在传输过程中，POP3 客户首先得到的是邮件服务器检索到的有关邮件的基本信息（例如邮件的份数），每当成功传输完一份邮件之后，POP3 服务器便对该邮件做上一个删除标记。如果整个传输过程没有出现差错，最后将直接进入更新状态。否则，返回出错信息，POP3 服务器保留未传输的邮件，等待以后再次读取。

(3)更新状态。当顺利传送邮件之后，或是因为某种原因致使传输过程中断时，POP3 服务器都会进入更新状态。在这个过程中，POP3 服务器将删除信箱中已做了删除标记的邮件，以节约邮件服务器的存储空间，同时保留那些未能成功传送的电子邮件。

POP3 协议的一个特点是只要用户从邮件服务器上读取了邮件，该邮件将从服务器上删除。这种机制虽然有利于节约邮件服务器的存储空间，但在许多情况下是不利于用户使用的。为了解决这一问题，RFC 2449 建议标准对 POP3 进行了功能扩充，让用户通过事先设置使被读取的电子邮件仍然存放在邮件服务器上的用户电子邮箱中。

2. 因特网报文访问协议(IMAP)

另一个从用户电子邮箱中读取邮件的协议是因特网报文访问协议 IMAP。与 POP3 相同，IMAP 也采用客户机/服务器(C/S)工作模式，其中 IMAP 客户运行在收件人计算机上，IMAP 服务器运行在接收方邮件服务器上，IMAP 使用 TCP 的 143 端口号。IMAP 协议于 1986 年由美国斯坦福大学开发，目前最新版本为 2003 年修订的 IMAP 4（在 RFC 3501 文档中进行了描述）。在 IMAP3 及之前版本中，IMAP 的英文全称为 Interactive Mail Access Protocol（交互邮件访问协议），见 RFC1064/1176/1203 文档。

与 POP3 一样，IMAP 也定义了授权过程、传输过程和更新状态三个过程（阶段）。当用户通过基于 IMAP 协议的电子邮件客户端软件（如 Outlook、Foxmail 等）读取邮件时，调用收件人计算机上的 IMAP 客户，与接收方邮件服务器上的 IMAP 服务器进程建立 TCP 连接，进入对用户身份验证过程，需要输入收件人电子邮箱的用户名和密码。当通过身份验证后，服务器就打开用户的电子邮箱，之后进入传输过程。此时，用户在本地计算机上便可以对邮件服务器上的邮件进行操作，与对本地计算机进行操作时相同。首先用户可以看到邮件中的邮件列表信息，如果用户需要打开某个邮件，则该邮件便传送到用户计算机上。与此同时，用户可以根据需要为自己的邮箱创建便于管理的层次结构的邮件目录（子文件夹），并且在不同的邮件目录中移动邮件，用户还可以根据不同的设置条件来查找邮件。在用户未删除邮件之前，邮件一直保存在 IMAP 服务器的邮箱中。最后，进入更新状态，连接将中断，通信过程结束。

与 POP3 相比，IMAP 最大的用优势是可以将用户的电子邮箱作为暂时或长期存放邮件的网络空间。这样，用户不需要下载所有的邮件，可以根据需要通过客户端直接对服务器上的邮件进行操作。另外，IMAP 可以只显示邮件的主题，而不需要将整个邮件内容都下载下来，当用户需要通过邮件客户端软件阅读邮件时再下载邮件的内容。IMAP 改进了 POP3 的不足，它除了支持 POP3 的离线（脱机）操作模式外，还支持在线（联机）和断连操作模式。IMAP 允许多个用户同时连接到一个共享邮箱，并能够感知到其他当前连接到这个共享邮箱的用户所进行的操作。

3. 基于 Web 的电子邮件

20 世纪 90 年代中期，Hotmail 开发了基于 Web 的电子邮件系统。目前几乎每个门户网站与大学、公司网站都提供基于 Web 的电子邮件，越来越多的用户使用 Web 浏览器来收发电子邮件。在基于 Web 的电子邮件应用中，客户代理就是 Web 浏览器，客户与远程邮箱之间的通信使用的是 HTTP，而不是 POP3 或 IMAP。邮件服务器之间的通信仍然使用 SMTP。

6.6 动态主机配置协议 DHCP

6.6.1 动态主机配置的基本概念

对于 TCP/IP 网络来说，要将一台主机接入 Internet 中必须配置以下参数。

(1)主机应该使用的 IP 地址和网络掩码。

(2)本地网络的默认路由器地址(默认网关)。

(3)为主机提供特定服务的服务器的 IP 地址，例如 DNS、E-mail 服务器。

一个网络管理员，在管理十几台主机的局域网时，主机配置任务通过手工的方法完成是可行的。但是，如果他管理的局域网接入主机的数量达到几百台时，并且经常有主机接入和移动，那么通过手工的方法完成将效率很低且容易出错。同时，对于远程主机、移动设备、无盘工作站和地址共享配置，手工方法是不可能完成的。动态主机配置协议 DHCP(Dynamic Host Configuration Protocol)，它提供了一种机制，称为即插即用连网。这种机制允许一台计算机加入新的网络时自动分配 IP 地址及其他一些重要的参数。动态主机配置协议不但运行效率高，可以减轻网络管理员的工作负担，更重要的是能够支持远程主机、移动设备、无盘工作站的地址共享与配置。

DHCP 对运行客户软件和服务器软件的计算机都适用。当运行客户软件的计算机移至一个新的网络时，就可使用 DHCP 获取其配置信息而不需要手工干预。DHCP 也可以给某些计算机绑定一个永久 IP 地址，当这些计算机重新启动时其地址不会改变。

6.6.2 DHCP 的工作原理

DHCP 使用客户服务器方式。需要 IP 地址的主机在启动时就向 DHCP 服务器广播发送发现报文(DHCPDISCOVER)，这时该主机就成为 DHCP 客户。发送广播报文是因为现在还不知道 DHCP 服务器在什么地方，因此要发现(DISCOVER)DHCP 服务器的 IP 地址。DHCP 服务器收到此广播报文后进行回答。DHCP 服务器先在其数据库中查找该计算机的配置信息(是否绑定了某个 IP 地址)。若找到，则返回找到的信息，客户机按规定的 IP 地址进行配置。若找不到，则从服务器的 IP 地址池中取一个地址分配给该计算机。DHCP 服务器的回答报文叫做提供报文(DHCPOFFER)，表示“提供”了 IP 地址等配置信息。

DHCP 服务器分配给 DHCP 客户的 IP 地址是临时的，因此 DHCP 客户只能在一段有限的时间内使用这个分配到的 IP 地址。DHCP 协议称这段时间为租用期，但没有具体规定租用期应取为多长或至少为多长，这个数值应由 DHCP 服务器自己决定。例如，一个校园网的 DHCP 服务器可将租用期设定为 1 小时。DHCP 服务器在给 DHCP 发送的提供报文的选项中给出租用期的数值。DHCP 客户也可在自己发送的报文中(例如，发现报文)提出对租用期的要求。

DHCP 的详细工作过程见图 6-12 所示。DHCP 客户使用的 UDP 端口是 68，而 DHCP 服务器使用的 UDP 端口是 67。这两个 UDP 端口都是熟知端口。

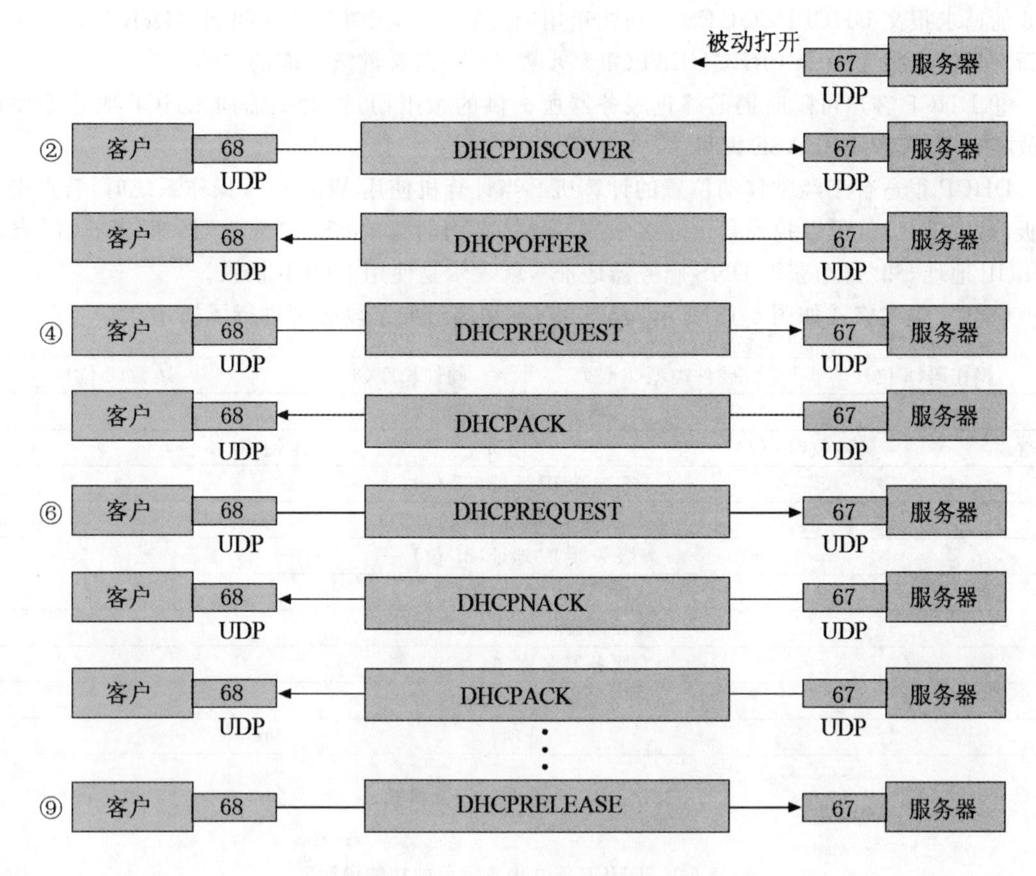

图 6-12 DHCP 协议的工作过程

下面按照图 6-12 中的注释编号(①至⑨)进行简单的解释。

① DHCP 服务器被动打开 UDP 端口 67,等待客户端发来的报文。

② DHCP 客户从 UDP 端口 68 发送 DHCP 发现报文。

③凡收到 DHCP 发现报文的 DHCP 服务器都发出 DHCP 提供报文,因此 DHCP 客户可能收到多个 DHCP 提供报文。

④ DHCP 客户从几个 DHCP 服务器中选择其中的一个,并向所选择的 DHCP 服务器发送 DHCP 请求报文。

⑤被选择的 DHCP 服务器发送确认报文 DHCPACK。从这时起,DHCP 客户就可以使用这个 IP 地址了。这种状态叫做已绑定状态,因为在 DHCP 客户端的 IP 地址和硬件地址已经完成绑定,并且可以开始使用得到的临时 IP 地址了。DHCP 客户现在要根据服务器提供的租用期 T 设置两个计时器 T1 和 T2,它们的超时时间分别是 0.5T 和 0.875T。当超时时间到就要请求更新租用期。

⑥租用期过了一半(T1 时间到),DHCP 发送请求报文 DHCPREQUEST 要求更新租用期。

⑦ DHCP 服务器若同意,则发回确认报文 DHCPACK。DHCP 客户得到了新的租用期,重新设置计时器。

⑧ DHCP 服务器若不同意,则发回否认报文 DHCPNACK。这时 DHCP 客户必须立即停止使用原来的 IP 地址,而必须重新申请 IP 地址(回到步骤 2)。若 DHCP 服务器不响应步

骤 6 的请求报文 DHCPREQUEST，则在租用期过了 87.5%时（T2 时间到），DHCP 客户必须重新发送请求报文 DHCPREQUEST（重复步骤 6），然后又继续后面的步骤。

⑨ DHCP 客户可随时提前终止服务器所提供的租用期，这时只需向 DHCP 服务器发送释放报文 DHCPRELEASE 即可。

DHCP 很适合于经常移动位置的计算机。当计算机使用 Windows 操作系统时，若点击制面板的网络图标就可以找到某个连接中的“网络”下面的菜单，击其“属性”按钮，若选择“自动获得 IP 地址”和“自动获得 DNS 服务器地址”，就表示是使用 DHCP 协议。

DHCP 报文格式如图 6-13 所示，表 6-1 对报文的组成字段分别进行了描述。

<table>
<tr><td>操作码(8 位)</td><td>硬件类型(8 位)</td><td colspan="2">硬件长度(8 位)</td><td>跳数(8 位)</td></tr>
<tr><td colspan="5">事务标识(32 位)</td></tr>
<tr><td colspan="2">秒数(16 位)</td><td>F</td><td colspan="2">未使用(15 位)</td></tr>
<tr><td colspan="5">客户端 IP 地址(32 位)</td></tr>
<tr><td colspan="5">新的 IP 地址(32 位)</td></tr>
<tr><td colspan="5">服务器 IP 地址(32 位)</td></tr>
<tr><td colspan="5">网关 IP 地址(32 位)</td></tr>
<tr><td colspan="5">客户端硬件地址(16 字节)</td></tr>
<tr><td colspan="5">服务器名称(64 字节)</td></tr>
<tr><td colspan="5">引导文件名称(128 字节)</td></tr>
<tr><td colspan="5">选项</td></tr>
</table>

图 6-13　DHCP 的报文格式

表 6-1　DHCP 报文中各字段的功能说明

名　称	描　　述
操作码	表示 DHCP 报文的类型：请求报文为 1，响应报文为 2
硬件类型	表示物理网络的类型。每一种类型的局域网都有一个唯一的类型，如以太网为 1
硬件长度	表示物理地址的长度，以字节为单位，如以太网为 6
跳数	表示分组所能够经过的最大跳数
事务标识	是客户端配置，用于对请求的应答进行匹配。服务器在应答中返回相同的值
秒数	表示从客户端发起请求所经过的最大时间，以秒为单位
标志(F)	该字段占用 1 位，是 DHCP 与 BOOTP 唯一的不同之处。使客户端指明从服务器的强制广播应答。如果应答是以单播方式发给客户端，则该分组的目的 IP 地址为分配给客户端的 IP 地址；如果应答是以广播方式发送，则每一台主机都接收并处理这个广播数据报
客户端 IP 地址	客户端的 IP 地址。如果客户端没有 IP 地址，则该字段的值为 0
新的 IP 地址	是服务器在应答报文中为客户端的请求分配的 IP 地址
服务器 IP 地址	是服务器在应答报文中指明的服务器 IP 地址
网关 IP 地址	是服务器在应答报文中指明的网关 IP 地址
客户端硬件地址	客户端的物理地址
服务器名称	是服务器在应答报文中指明的服务器名称
引导文件名称	所使用的引导文件的名称
选项	用于确认 IP 地址的租用时间等扩展功能

习　题

6-01　名词解释：WWW、URL、超文本、超媒体、链接、HTTP、页面。

6-02　什么是C/S模式？什么是B/S模式？为什么采用C/S模式作为互联网应用程序间相互作用的最主要形式？

6-03　什么是域名？叙述Internet的域名结构。什么是域名系统(DNS)？

6-04　叙述域名服务器系统的组织方式。

6-05　描述域名解析方式和解析步骤。为了提高域名解析的效率，DNS采取了什么措施？

6-06　FTP为用户提供什么应用服务？什么是匿名FTP？

6-07　FTP运行采用什么模式？FTP会话建立什么样的连接？涉及哪几种进程？

6-08　在电子邮件系统中，用户代理和报文传送代理的功能是什么？

6-09　简述RFC822定义的电子邮件的格式，其信息使用什么编码？

6-10　SMTP采用什么模式？它使用传输层的什么协议？它传输的信息使用什么编码？

6-11　使用POP协议的原因是什么？与SMTP/POP3相比，WebMail有何特点？

6-12　从实现原理和应用特点等方面，综合分析POP3与IMAP协议之间的异同。

6-13　联系电子邮件发送过程，简述电子邮件系统的工作原理和过程。

6-14　电子邮件系统由哪几部分组成，简述每一组成部分的功能及相互之间的关系。

6-15　浏览器主要由哪几个部分组成？它们的作用是什么？浏览器设置缓存的目的是什么？

6-16　叙述Web代理技术。

6-17　HTTP在TCP/IP体系结构中处于什么层次？它使用传输层的什么协议？HTTP监听连接请求使用的周知端口是多少？什么是持续连接和非持续连接？HTTP协议定义了几类报文？

6-18　DHCP的作用是什么？一台计算机如何通过DHCP获得一个IP地址？DHCP中，如何续租IP地址？

6-19　简述在互联网信息查询中搜索引擎的功能，分析搜索引擎的组成及主要部分的功能。

6-20　HTML语言有何特点？自己编写一个简单的静态页面文件，并通过浏览器测试其显示效果。

第七章 计算机网络新技术

计算机网络发展至今已有40余年的历史,作为互联网核心的TCP/IP协议也早已成为事实上的工业标准。然而,随着人们对网络的需求日益增长,计算机网络新技术也得到迅速发展。本章将对一些计算机网络新技术进行介绍。

7.1 IPv6协议

20世纪90年代中期开始,Internet开始为各种人群所使用。IP是Internet的核心协议,它在许多方面决定了Internet的性能特点。从ARPANet算起,计算机互联网络仅仅经过了40多年的发展,以IPv4为核心的Internet获得了巨大的成功,对社会生活已经产生了巨大影响。随着计算机与通讯技术的不断发展,通信需求不断增加,成本不断降低,有可能在不久的将来,世界上的每一部电话、每一个家用电器,甚至每一个物品都会变成Internet的节点。显然,面对计算机网络的广泛应用,社会对计算机网络的新需求与期望,现在普遍使用的IP版本(即IPv4),已经显得力不从心了。IPv4协议面临的很多问题已经无法用"补丁"的办法来解决,只能通过实施新一代IP协议统一加以考虑和解决。

7.1.1 IPv4协议的局限

目前,以IPv4为核心的Internet获得了巨大的成功,已经深入人类生活的方方面面。但是,随着移动通信、物联网、无线传感器网络和多媒体实时通信的发展,人们对Internet提出了更高的要求,IPv4当初设计上的一些不足和局限就渐渐暴露出来,如:地址空间耗尽、路由表庞大、配置复杂、服务质量保障、安全性等问题。

1. IPv4已经地址耗尽

2011年2月3日,全球互联网IP地址相关管理组织报告,已经把最后5块IPv4地址——每块约1670万个地址——分配给五大区域注册商之后,全球未分配的IPv4地址就已经分配完毕。IP地址总库已经枯竭,互联网未来发展将系于下一代互联网通信协议——IPv6。无论从计算机技术的发展还是Internet的规模来讲,IPv4的地址空间都不够使用了。为了解决IP地址空间不够的问题,一共提出过3种解决方案,其中第一种为无分类编址CIDR,它使得IP地址分配更加合理;第二种是企业内部使用内部IP地址,用少量的公共IP地址,采用网络地址转换(NAT)方式,使企业内部的大量的主机都可以连接到互联网上。这两种方案为人们节省了许多全球IP地址,对IPv4地址资源紧缺起到了缓解作用,但并不能从根本上解决IP地址匮乏的问题;第三种方案是采用更大地址空间的IPv6,从根本上解决地址空间问题。

2. 路由表庞大

目前,国际上形成了主机到主干网之间的三级ISP结构,个人或企业的主机一般都通过不同层次的ISP接入Internet,由于历史的原因,每个ISP(包括其下的IP地址最终使用单位)并不是一次分配到足够长期使用的IP地址,多次申请到的IP地址块一般都不连续。这种历史原因所形成的地址分配方案,造成了路由表中的路由与状态信息相当无序,而且数量庞大。在Internet上的骨干路由器的路由表中通常都有超过80 000条的路由和状态信息记录,这样,大大增加了转发IP报文时的路由计算时间。

3.复杂的地址配置

IPv4的结点配置比较复杂,多多少少要了解IP地址、DHCP、网关和DNS等相关知识,一般老百姓需要有专业人员的配合下才能连入Internet。如果能通过硬件做到即插即用,效果就会得到明显改善。

4.缺乏服务保证(QoS)

由于历史的原因,IPv4地址的层次结构的变化,使得路由器的路由表不能有效聚合,导致路由器的路由表急剧增长,降低了转发效率和吞吐量。加上IPv4的首部长度不固定,路由器在转发时要计算的项目太多,难以实现硬件提取信息、分析路由和转发工作,导致无法保障服务质量。

另外,随着实时多媒体业务的出现,要求Internet在带宽、时延和错误率等诸多方面提供服务质量保证。为此,研究人员提出了一些新的协议,如RTP/RTCP,这又增加了IP网络的复杂性。

5.没有IP级安全

IP在设计之初没有太多考虑安全问题,很多安全问题放在了应用层处理。但仅靠应用层来保障安全是不够的,IP数据报在传输过程中可能会把信息泄露出去。虽然在传输层可使用安全套接字(security socket layer,SSL),但是,需要把所有的客户服务器程序重写才能支持SSL。虽然IETF的IPsec一直在致力于网络安全的研究,但实现起来有很多的困难。

针对IPv4上述的缺陷,1992年IETF提出了下一代的IP的概念。1993年IETF成立了IPng Area专门来研究下一代Internet协议,正式的IPv6规范由S. Deering和R. Hinden于1995年12月在RFC1883中给出,1998年12月发表的RFC2460～2463已经成为Internet草案标准。现在,IPv6的相关RFC仍然在不断推出,IPv6规范本身以及相关协议屡经修改和完善,研究和关注IPv6的人可以到IETF的网站获得最新的技术和信息。

我国政府高度重视下一代Internet的发展,积极参与IPv6的研究与试验,CERNET于1998年加入IPv6实验床6BONE计划,2003年启动下一代网络示范工程CNGI,国内的网络运营商与网络通信产品制造商纷纷研究支持IPv6的软件技术与网络产品。2008年,北京奥运会成功地使用IPv6网络,我国成为全球较早商用IPv6的国家之一。2008年10月中国下一代Internet示范工程CNGI正式宣布从前期的试验阶段转向试商用。目前我国下一代Internet示范工程CNGI已经成为全球最大的示范性IPv6网络。

7.1.2 IPv6协议的主要特征

IPv6很好地满足了IETF的设计目标。它保持了IPv4的优良特性,丢弃或者削弱了IPv4中不好的特性,并且在必要的地方增加了新的特性。一般而言,IPv6并不与IPv4兼容;但它与其他一些辅助性的Internet协议则是兼容的,包括TCP、UDP、ICMP、IGMP、RIP、OSPF、BGP和DNS等,它们在处理更长的地址时只需做一点小小的改动。下面讨论IPv6的主要特性,有关更多的信息可以在RFC 2460～2466中找到。

1.“无限”的地址空间

相比 IPv4 的 32 位地址空间,IPv6 每个地址占 128 位,拥有 2^{128}个 IP 地址空间,提供了一个“无限量”的 Internet 地址。人们经常用地球表面每平方米平均可以获得多少个 IP 地址来形容 IPv6 地址数量之多。地球表面面积按 $5.11\times 10^{14}\ m^2$ 计算,则地球表面每一平方米平均可以获得 6.65×10^{23}个 IPv6 地址。这样,今后的智能手机、PDA、汽车、物联网、智能仪器,甚至大多数物品都可以分配 IPv6 地址。连入 Internet 的设备数量可以不受限制地持续增长。

2.协议报头格式简单,具有可扩展性

IPv6 协议报头采用一种新的格式,它只包含 7 个字段(IPv4 有 13 个字段)。这一变化使得路由器可以更快地处理数据包,从而提高吞吐量和缩短延迟。为了实现这个目的,IPv6 协议将一些非根本性和可选择的字段移到固定协议报头后的扩展协议报头中。这样,中间转发路由器在处理这种简化的 IPv6 协议报头时,效率就会更高。IPv4 和 IPv6 的协议报头不具有互操作性,也就是说 IPv6 并不向下兼容 IPv4。一个 IPv6 的地址的长度是 IPv4 地址数的 4 倍,但是 IPv6 分组头的长度仅是 IPv4 分组头长度的两倍。除去报头中的地址部分,IPv6 基本报头的其他部分要比 IPv4 分组头的其他部分小了很多。

IPv6 通过在基本报头之后添加新的扩展协议报头,可以很方便地实现功能的扩展。

3.有效的分级寻址和路由结构

确定地址长度为 128 位的原因当然是需要有更多的可用地址,以便从根本上解决 IP 地址匮乏问题,不再需要使用带来很多问题的 NAT 技术。确定地址长度为 128 位更深层次的原因是允许使用多级的子网划分和地址分配,层次划分可以覆盖从 Internet 主干网到各个部门内部子网的多级结构,更好地适应现代 Internet 的 ISP 层次结构与网络层次结构。一种典型的做法是:将 128 位的 IP 地址分为两部分,前面 64 位作为子网地址空间,剩余的 64 位作为局域网硬件 MAC 地址空间。64 位作为子网地址空间可以满足主机到主干网之间的三级 ISP 结构,使得路由器的寻址更加简便。

另外巨大的地址空间使得每个 ISP(现有的或将来的),基本上可以一次性分配到“无法”使用完毕的 IP 地址。这决定了 IPv6 可以使用更小的路由表,IPv6 路由表中的路由与状态信息可以避免变得如 IPv4 现在的无序状态。IPv6 的地址分配方案一开始就遵循聚类的原则,这使得路由器能在路由表中用一条记录来表示一片子网,大大减小了路由器中路由表的项目数,提高了路由器转发数据包的效率。同时,IPv6 所提供的巨大地址空间,能够在地址空间内设计更多的层次和更灵活的地址结构,以更好地去适应 Internet 的 ISP 层次结构。

总之,IPv6 增加了路由层次划分和寻址的灵活性,适合于当前存在的多级 ISP 的结构,减少了路由查找时间,这正是 IPv4 协议所缺乏的。

4.增强的协议可扩展性

IPv4 协议报头中的选项最多可以支持 40 Byte 长度的选项,而且包含在固定的协议报头中。通常,一个典型的 IPv6 分组不包含选项,IPv6 通过在分组报头之后添加新的扩展协议报头来实现功能的扩展。仅当需要路由器或目的节点做某些特殊处理时,才由发送方添加一个或多个扩展报头。这使得路由器可以非常简单地跳过那些与它无关的选项,加快了数据包的处理速度。

与 IPv4 不同,IPv6 的扩展报头长度任意,不受 40 字节限制,便于日后扩充新增选项。为

了提高处理选项报头和传输层协议的性能，扩展报头总是 8 字节长度的整数倍。

5. 内置的安全性

IPv6 具有更高的安全性。早期的 IP 协议在这方面做得并不好，致使 Internet 上时常发生机密数据被窃取和网络遭受攻击等事件。IP 安全协议（IPSec）成为 IPv6 一个必需的组成部分，IPSec 由两种不同类型的扩展报头和一个用于处理安全设置的协议组成，在网络层为 IP 数据报提供数据完整性、机密性和重放保护服务，提供数据和发送方身份验证服务。这些特征后来也被引入到 IPv4 中，所以 IPv6 和 IPv4 在安全性方面的差异已经没有那么大了。

另外，作为 IPSec 的一项重要应用，IPv6 集成了虚拟专用网（VPN）的功能，使用 IPv6 可以更容易地实现安全可靠的虚拟专用网。

6. 更好地支持 QoS

IPv6 协议报头中的新字段定义如何识别和处理通信流，可以提供较高的网络服务质量 QoS。服务质量是一项综合指标，是用于衡量提供的网络服务质量好坏的性能指标。IPv6 可以提供不同水平的服务质量；IPv6 在保证服务质量方面，主要依靠“流标记”和“业务级别”来实现，与 IPv4 的 QoS 机制相比，新增了流标记功能，扩大了业务级别的范围。这种能力对支持需要固定吞吐量、时延和时延抖动的多媒体应用，特别是动态视频传输非常有用。

7. 有状态和无状态的地址自动配置

为了简化主机配置，IPv6 既支持 DHCPv6 服务器的有状态地址自动配置，也支持没有 DHCPv6 服务器的无状态地址自动配置。在无状态的地址配置中，链路上的主机会自动为自己配置适合于在这条链路上通讯的 IPv6 地址（链路本地地址）。在没有路由器的情况下，同一链路的所有主机可以自动配置它们的链路本地地址，不用手工配置 IP 地址也可以进行 IPv6 通信。链路本地地址用网络接口的硬件地址（MAC 的地址）扩展生成，在 1 秒钟内就能自动配置完毕，同一链路的主机在接入网络后立即可以利用 IPv6 进行通信。在相同情况下，一个使用 DHCPv4 的 IPv4 主机需要先放弃 DHCP 的配置，然后自己配置一个 IPv4 地址，这个过程大概需要 1 分钟的时间。

8. 用新协议处理相邻主机的交互

IPv6 中的邻主机发现协议使用 IPv6 网络控制报文协议 ICMPv6，用来管理同一链路上的相邻主机间的交互过程。相邻主机发现协议用更加有效的多播和单播的邻主机发现报文，取代地址解析协议 ARP、ICMPv4 路由器发现，以及 ICMPv4 重定向报文。

9. IPv6 增加了增强的组播

组播技术的出现，改变了数据流的传统传输方式，克服了单播和广播的不足。组播技术允许路由器一次将数据包复制给多个数据通道，实现一点对多点或多点对多点的数据传输方式。组播可以大大节省网络的传输资源，因为无论有多少个目标地址，在整个网络的任何一条链路上只传送一个数据包，从而减轻了网络负载，减少了网络出现拥塞的概率。当 IPv6 全面普及时，将会有更多的设备使用 IPv6 地址，网络规模进一步增大，那时必将造成更大的网络负载，因此对组播的依赖性也将进一步增强。

7.1.3 IPv6 分组的格式

IPv6 的协议数据单元也称为分组。IPv6 分组的结构包含 3 个部分：40 个字节的基本首部;零个或者多个扩展首部;最后是数据部分。将所有的扩展首部和数据部分称为有效载荷或净负荷。图 7-1 所示是 IPv6 分组的结构,图 7-2 为 IPv6 的基本首部结构。

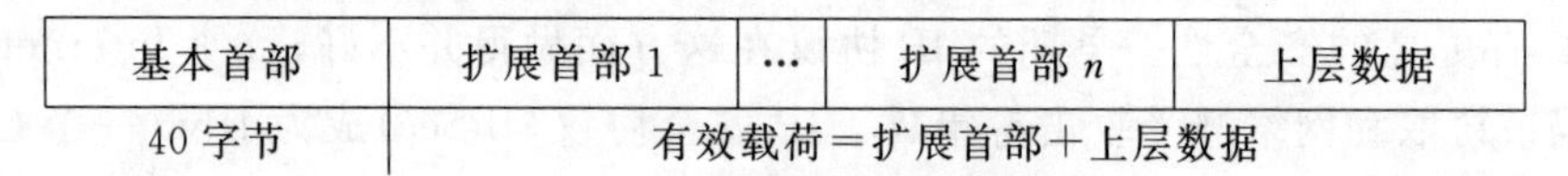

图 7-1　IPv6 分组的结构

版本(4)	流量类型(8)	流标号(20)	
有效载荷长度(16)		下一首部(8)	跳数限制(8)
源 IPv6 地址(4×32=128 位)			
目的 IPv6 地址(4×32=128 位)			

图 7-2　IPv6 的基本首部结构

说明:

(1)版本:占 4 位,IPv6 的该字段为 0110,即十进制 6。

(2)流量类型:占 8 位,用于区分不同的 IPv6 分组的类别或优先级,它类似 IPv4 的服务类别字段,为差异化服务留有余地。优先级可分配 0～7 或 8～15。

优先级 0～7 数值标识阻塞控制业务流量的优先级,这就意味着网络出现阻塞时流量将会降低。例如,IPv6 标准建议新闻分组的优先级为 1,FTP 分组的优先级为 4,TELNET 分组的优先级为 6。原因很简单,新闻延迟几秒人们没有什么感觉,但延迟的 TELNET 分组,人们可以明显地感觉到。换句话说,IPv6 的路由器要优先转发优先级为 6 的 TELNET 分组。

优先级 8～15 数值标识非阻塞控制业务或实时业务流量的优先级,这种业务流量并不因为网络出现阻塞而改变。实时业务的数据报是以恒定的连续码流,向网络传送信息。最高优先等级意味着传输的分组一定不能丢失。例如,对于低保真的音频业务码流,使用较低的优先级 8,高保真的视频码应使用优先级 15。

(3)流标号:占 20 位,它是对针对音频和视频数据的传输提出的一种新的机制,用于支持资源预分配。

“流”指的是多媒体(如音频或视频)数据从源点到目的地的数据报序列。如果要为特定分组序列的数据报请求特殊处理(效果好于“尽最大努力投递”),如实时数据输(如音频和视频)可以使用流标号字段以确保 QoS,这个特定数据分组序列具有相同的流标号,经过的路由器给它们相同的服务质量保证。对于非实时性数据,该字段取值为 0,流标号没有用。

属于同一个流的数据报必须由 IPv6 路由器连续处理。处理属于给定流的数据报的方法可以由数据报自己提供的信息来指定,或者由一个控制协议传输过来的信息指定。

分配的流标号是一个随机数值,发送结点在 1～FFFFF(十六进制)之间随机选择。具有相同非零流标签的数据报具有相同的目的地址、逐跳选项首部、路由选择首部以及发送方地址。

(4)有效载荷长度:占 16 位,指明扩展首部加上数据部分的长度,该字节的最大长度为 65535 字节,不包括 IPv6 的基本首部。

(5)下一个首部:占 8 位,当一个 IPv6 分组不需要增加扩展首部的时候,该字节为协议字段,说明报文数据部分应交给 IP 上面的哪个高层协议,如交给 TCP 为 6,交给 UDP 为 17;当有扩展首部的时候,该字段的值用于识别基本首部后面第一个扩展首部的类型。

(6)跳数限制：占 8 位，和 IPv4 的 TTL 一样，用来防止分组在网络中无限制地转发。在源点时候设定它的最大跳数，如 128。TTL 每经过一个路由器跳数减 1，当跳数为 0 的时候，该分组就被路由器丢弃。

(7)源地址：占 128 位，是分组发送端的 IPv6 地址。

(8)目的地址：占 128 位，是分组接收端的 IPv6 地址。

7.1.4　IPv6 的扩展首部

IPv4 在需要时，会在其分组的首部选项字段中，放置一些路由器或两端主机需要处理的事项。在传输过程中，每个路由器在对分组进行转发处理时，都会检查首部中的选项字段。但是这些内容的绝大多数对中间的路由器本身的处理任务没有什么意义，反而降低了路由器的处理速度。

通常，一个典型的 IPv6 包，没有扩展首部。仅当需要时，才由发送方添加一个或多个扩展首部。在传输过程中的路由器基本不对分组的扩展首部进行处理(除逐跳选项)，扩展首部的处理工作交给两端的主机来完成，这样将有助于提高路由器的处理效率。

与 IPv4 不同，IPv6 扩展首部长度任意，不受 40 字节限制，而且扩展首部可以有最多 256 个类型编号，以便于日后扩充新增选项。为了提高处理首部和传输层协议的性能，扩展首部总是 8 字节长度的整数倍。

目前 IPv6 协议已经定义了 6 种扩展报首部(见表 7-1，详细内容参见 RFC2460)。

表 7-1　IPv6 已经定义的扩展首部

下一首部值	扩展首部名称	扩展首部含义
0	逐跳选项 (Hop By Hop Header，HBH)	分组传递路径上每个结点都要检查并处理的信息
43	路由选择 (Routing Header，RH)	指定一个松散源路由，即分组从信源到信宿需要经过的中转路由器列表
44	分片选项 (Fragment Header，FH)	源点在发送真正的数据前，发送一个报文来发现完整路径上允许通过的最大传输单元(MTU)，当要发送的报文数据大于 MTU 时，源节点负责对报文进行分片，并在分片扩展首部中提供重装信息。中间的路由器不参与分片与重装工作，也不花时间对分片选项扩展报头进行检查处理
51	身份认证 (Authentication Header，AH)	提供数据源认证、数据完整性检查和反重放保护。保证数据在传输过程中没有被篡改，不会被假冒、重放。但不提供数据加密服务
50	载荷安全封装，ESP (Encapsulated Security Payload Header)	提供数据加密功能，实现端到端的加密功能，提供无连接的完整性和抗重发服务
60	目的地选项 (Destination Option Hea-der，DOH)	指明需要被中间目的地或最终目的地要检查的信息

每一个扩展首部都由若干个字段组成，它们的长度也各不同。但所有扩展首部的第一个字段都是 8 位的“下一个首部”字段。此字段的值指出了在该扩展首部后面的部分是那一个扩展首部，如果后面已经没有其他扩展首部，则为协议字段，说明数据部分交给 IP 上面的哪个高

层协议处理。

发送方在封装扩展首部时要严格按照如表 7-1 中的先后顺序来安排不同扩展首部的顺序，接收方也必须严格按照扩展首部出现的先后次序来处理。当 IPv6 报文到达目的站后，就开始对其基本首部、扩展首部调用相应的功能进行分解处理。处理的基本次序为：基本首部→扩展首部→高层协议数据，这样的次序绝对不能发生混乱。

7.1.5 IPv6 地址的表示方式

IPv6 地址由 128 位"0"或"1"组成，这么大的地址空间，如何能便于记忆和操作呢？假如还用原来的点分十进制，则下面一个 128 位的 IPv6 地址：

0010000111011010 0000000011010011 0000000000000000 0000000000000000

每段 8 位，划分为 16 段，转换为 16 个十进制数，中间用 15 个点来分割，可记为：

33.218.0.211.0.0.0.0.2.170.0.240.254.40.156.90

这种表示方法普通人是无法记忆的。IPv6 改用冒号十六进制简记法，每 16 位为一段，共 8 段。每段中的每 4 位二进制转换为 1 位十六进制，如上面的 IPv6 地址记可为：

21DA:00D3:0000:0000:02AA:00F0:FE28:9C5A

在十六进制记法中允许将数字前面的 0 省略，如 00F0 可以记为 F0(但 F0 不到记为 F)；如果是 0000，则记为 0 就可以了。所有，上面的 IPv6 地址表示省略记为：

21DA:D3:0:0:2AA:F0:FE28:9C5A

如果中间有连续的 0:0:…:0 段，还可以采用双冒号法，用双冒号"::"代替(但"::"在一个地址只能用一次)，这样上面的地址最后简记为：

21DA:D3::2AA:F0:FE28:9C5A

尽管有了 IPv6 地址的简记方法，但简记的形式对绝大多数人来说仍然是无法记忆的，所以，IPv6 地址一般都采用对应的域名方式来记忆，通过 DNS 服务器在后台转换为封装 IP 分组可以使用的 128 位二进制的地址形式。

7.1.6 IPv6 地址类型

与 IPv4 的 3 种地址类型(单播、广播、组播)不同，在 IPv6 中取消了效率低下的广播地址，新增了泛播地址。IPv6 也有 3 种地址类型：单播、组播、泛播地址。

1. 单播地址(one-to-one)

单播地址标识了 IPv6 网络中一个区域中的单个网络接口地址。在这个区域中该地址是唯一的，目标地址为单播地址的 IPv6 分组，最终会被送到标识这地址的唯一网络接口上。单播 IPv6 地址的主要类型有：可聚集全球单播地址、链路本地和站点本地址等。

(1)可聚集全球单播地址(global unicast)

有时也简称为全球单播地址或者单播地址，同 IPv4 中的单播地址一样可以用于全球范围的通信，IPv6 中的全球单播地址是公网通用地址，全球单播地址在整个网络中有效且唯一。全球单播地址起始 3 位固定为"001"。这样的 128 为 IPv6 地址的前 4 位转换为十六进制的话，一定是 2 或 3 这两个数字，即全球单播地址的十六进制表示是以 2 或 3 开头的。如：2001:da8:e800:300a:4156:535e:d1f1:3a64 或 3011:da81:e100:100a:2156:535e:d141:ff64。单播地址占全部 IPv6 地址的 1/8。每个全球单播 IPv6 地址按顺序划分为 3 个部分：全球路由前缀(公共拓扑)、子网 ID、接口 ID。IPv6 地址中的 128 位中，每位二进制中都有固定的功能规定，具体如表 7-2 所示。

表 7-2 可聚集全球单播地址的结构

	48 位(分共拓扑) 网络地址				站点拓扑 (子网 ID)	接口 ID
所占位数	3	13	8	24	16	64
分配方案	001	TLA ID	Res	NLA ID	SLA ID	接口 ID
权限范围	固定	分地区注册机构	保留	分配给 ISP	一个单独机构	类似 IPv4 主机地址
网络数		8192		2^{24}	2^{16}	2^{64} 个主机号
分配对象举例		一级 ISP (洲或国家)		二级 ISP (省市县)	本地 ISP (学校、企业)	主机

全球路由前缀部分用来指明全球都清楚的公共拓扑结构,主要是分配给组织机构的前缀。子网 ID 部分也叫做地点级标识,和 IPv4 中的子网字段相似,由最后一级 ISP 自己管理,用于在网络中建立多级的寻址机构(子网),以便于组织管理下级机构寻址、路由、划分子网等,具有很大的灵活性。ISP 可以利用前缀当中的 49~64 位(共 16 位)来将网络划分为最多 $2^{16}=65536$ 个子网。接口 ID 用来标识单个的网络接口,一般会将 48 位的以太网地址放于此处。为了达到 64 位的长度,还应另外增加 16 位,IPv6 规定了这 16 位的值是 0xFFFE,并且该值应该插入在以太网地址的前 24 位公司标识符之后。

(2)链路本地地址(link-local)

链路本地地址是主机自动配置的,用于同一链路上相邻结点间的通信,链路本地地址不能被路由器识别转发到其他接口,因而不能与其他链路的主机通讯。链路本地地址占全部地址的 1/1024,有一个固定的前缀为"1111 1110 10",即链路本地地址是以 FE80 开头的,如:fe80::209:73ff:fe8c:18f1(图 7-3)。

1111 1110 10	000…000	接口 ID
FE80(固定 10 bit)	54bit 0	自动选为 64 bit 硬件(网卡)地址

图 7-3 链路本地地址结构

(3)站点本地地址(site-local)

站点本地地址用于站点内通信,不能自动配置,供没有分配到正式单播 IPv6 地址的企业在内部使用,相当于 IPv4 的私有地址(如 10.0.0.0/8)。具有站点本地地址的分组可以在同一机构内的路由器转发,但不能在全球转发;外部站点不可到达站点本地地址,IPv6 路由器不能把本地站点的通信转发到此站点以外(目前,国际上不倾向使用这类地址)。

站点本地地址占全部地址的 1/1024,有一个固定的前缀为"1111 1110 11",即站点本地地址是以 FEC0 开头的,如:fec0::1(图 7-4)。

1111 1110 11	000…000	子网 ID	接口 ID
FEC0(固定 10bit)	38bit 0(可自选)	16bit 用于子网划分	主机号,管理员指定

图 7-4 站点本地地址结构

2. **多播地址**(one-to-many)

多播也可以称为组播,是指一个源结点发送一个数据分组能够被多个特定的目的结点所接收,简单的可以理解为一点对已标识多点的通信。这"多个特定的目的结点"构成了一个有组织的多播组,IPv6 的结点可以随时的加入或者离开某一个多播组。与传统广播方式不同的是,多播的效率更高,且对网络本身的影响很小。可以看到,广播可以作为多播的一个特例进行处理。IPv6 组播数据流的运行方式与 IPv4 基本相似,其地址结构如图 7-5 所示。

1111 1111	标记	范围	组 ID
8bit	4bit	4bit	112bit

图 7-5　IPv6 组播地址结构

3. **泛播地址**(anycast address)

泛播有时也称为任播或者任意播,是 IPv6 中新增的一种地址类型。多播地址主要用于一点对多点的通信,而泛播则主要用于一点对多点中的一个结点的通信。泛播可以理解为属于不同结点的一组接口的标识符,送往一个泛播地址的数据分组将被传送至该地址标识的任意一个接口上。一般来说,都会选择距离最近的网络接口进行数据交付。泛播地址对于移动通信是有利的,当一个移动用户需要接入网络时,因为地理位置的变化,需要实时地寻找一个距离最近的接收结点。

4. **特殊地址**

为了一些特定的用途,IPv6 专门保留了一些地址。

(1)未指明地址:是 16 字节全为 0 的地址,记为"::"。这个地址不能作为目的地址,只能作为主机的源地址。在主机还没有配置标准的 IPv6 地址,不知道其源 IP 地址时,才可以在它发送的 IPv6 数据包中的源地址字段填入地址"::",它与 IPv4 的"0.0.0.0"功能相似。

(2)环回地址:IPv6 的环回地址为 0:0:0:0:0:0:0:1. 简记为::1. 其含义与 IPv4 中的 127.0.0.1 相同,称为回环地址,不能分配给任何物理接口。可以通过 ping::1 来测试本机的网络接口是否工作正常。

(3)基于 IPv4 的地址:考虑到 IPv4 很难一时废止,而且有的网络结点不支持 IPv6,所以制定了 IPv4 嵌入到 IPv6 中的一种方法,将 IPv6 地址的前 80 位设定为 0,接下来的 16 为 1,把 32 位的 IPv4 的地址连接在最后。这种方法称作"IPv4 映射的 IPv6 地址",如:0…0 1…1:172.16.11.1(最后面的 172.16.11.1 为 IPv4 地址)。

(4)兼容 IPv4 的 IPv6 地址:它是一种特殊的 IPv6 单播地址,一个 IPv6 结点与一个 IPv4 结点可以使用这种地址在 IPv4 网络中通信。这种地址是由 96 个 0 位后面加上 32 位 IPv4 地址组成的,例如,假设某结点的 IPv4 地址是 192.56.1.1,那么兼容 IPv4 的 IPv6 地址就是 0:0:0:0:0:0:C038:0101(192.56.1.1 转换为 16 进制为 C038:0101)。

7.1.7　IPv4 向 IPv6 的过渡

尽管 IPv6 有众多优势,但是 IPv6 要完全替代目前主流的 IPv4,尚需要很长的一段时间。自从 20 世纪 80 年代初期 IPv4 开始实施,早期 Internet 的一些基础设备以及一些主干网络都是以 IPv4 为基础的,并且经过这么长时间的发展使得目前互联网中存在着数量庞大的 IPv4 设备。所以,IPv4 到 IPv6 的过渡必将是一个漫长的过程;另外,现在的企业和用户都已经习惯于使用 IPv4,并且无法容忍在协议过渡过程中出现大的或太多的问题。所以 IPv4 到 IPv6 的过渡应该是一个循序渐进的过程。能否顺利地实现从 IPv4 到 IPv6 的过渡也是 IPv6 能否取得成功的决定因素。因此,IETF 已经成立了专门的工作组,研究 IPv4 到 IPv6 的转换问题,并且已提出了一些方案,主要包括双栈技术、隧道技术等。

1. 双栈技术

双栈技术也许是实现 IPv6 最简单、最常见和最容易实现的一种方式。通过在一个网络设备上(主机或路由器)安装 IPv4 和 IPv6 两个协议栈,配置两种 IP 地址(IPv6 与 IPv4 地址)。使得这些设备既支持 IPv4 协议,也支持 IPv6 协议。在 IPv6 推广的早期,这些设备可以主要采用 IPv4 协议进行通信;随着网络的不断升级,IPv6 协议使用越来越多,当网络全面迁移到 IPv6 环境中时,该设备便可以立即更换为全 IPv6 协议进行通信。图 7-6 说明了 IPv4/IPv6 的双协议栈结构。

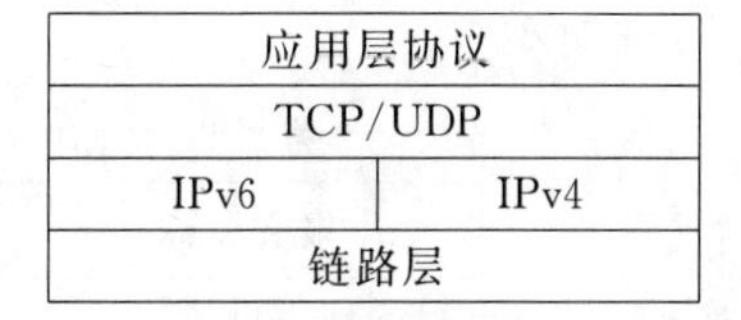

图 7-6 IPv4/IPv6 双协议栈结构示意图

双协议栈主机的工作机制可以简单描述为:在发送方,为了知道目的主机采用的是哪一个版本的 IP 地址,会利用域名系统 DNS 进行查询,根据 DNS 的查询结果来判断 IP 地址类型。若 DNS 返回的是 IPv4 地址,双协议栈就使用 IPv4 地址,并按 IPv4 报头来封装数据;否则便使用 IPv6 来封装数据。在接收方,通过 IPv4/IPv6 基本首部中的第一个字段,即 IP 数据报的版本号来决定是由 IPv4 还是由 IPv6 的协议栈来处理。

双协议栈机制是使 IPv6 结点与 IPv4 结点兼容的最直接方式,互通性好,易于理解。但是双栈策略也存在一些缺点,例如对网络设备性能要求较高,需要维护大量的协议及数据。另外,网络升级改造将牵涉到网络中的所有设备,投资大、建设周期比较长。

2. 隧道技术

隧道技术是一种通过在其他协议的数据报中重新封装新的报头形成新的协议数据报的数据传送方式。所以,IPv4 到 IPv6 的隧道技术是指 IPv6 分组进入 IPv4 网络时,将整个 IPv6 分组封装到 IPv4 分组的数据部分。这样,对外隐藏了 IPv6 分组的格式及内容,使之呈现为 IPv4 分组的形式在 IPv4 网络中进行传输,就好比在 IPv4 的网络中建立起一条用来传输 IPv6 数据分组的隧道。在 IPv6 普及的初期,必然会呈现出大块的 IPv4 网络包围小块的 IPv6 网络,利用隧道技术可以通过现有运行 IPv4 协议的 Internet 骨干网络(即隧道)将局部的 IPv6 网络连接起来,因而是 IPv4 向 IPv6 过渡的初期最易于采用的技术。

一般是由一个双栈路由器将 IPv4 网络与 IPv6 网络联结起来。当有数据要从 IPv6 网络通过 IPv4 网络到达另一端的 IPv6 网络时,该路由器就会将 IPv6 数据报封装人 IPv4 数据报当中,IPv4 数据报的源地址和目的地址分别是隧道入口和出口的 IPv4 地址。在隧道的出口处再将 IPv6 数据报取出转发给 IPv6 目的结点。

目前应用较多的隧道技术包括构造隧道、6 to 4 隧道、6 over 4 隧道以及 MPLS 隧道等。利用隧道来构造大规模的 IPv6 网络,是目前常用的一种过渡方法。本质上,隧道方式只是把 IPv4 网络作为一种传输介质。在 IPv6 网络建设的初期,其网络规模和业务量都较小,这是经常采用的连接方式。目前的隧道技术主要实现了在 IPv4 数据报中封装 IPv6 数据报,随着 IPv6 技术的发展和广泛应用,未来也将会出现在 IPv6 数据报中封装 IPv4 数据报的隧道技术。隧道技术硬件投入少，但是，在隧道的入口处会出现负载协议数据报的拆分，在隧道出口处会出现负载协议数据报的重装，这都增加了隧道出入口的实现复杂度，增加数据传输的延时，不利于大规模的普及应用。

7.1.8　网际报文控制协议(ICMPv6)

网际报文控制协议(ICMPv6)是 IPv6 的一个组成部分。与 IPv4 一样，IPv6 本身也没有错误控制机制，IPv6 使用 ICMPv6 协议来报告分组在传输过程中遇到的错误和信息。IPv6 的报文结构与 ICMPv4 的报文结构相同，只是对报文的类型进行了重新定义，二者报文的类型比较如表 7-3 所示。

表 7-3　ICMPv6 报文类型和 ICMPv4 报文类型的比较

报文名称	ICMPv6 中的类型	ICMPv4 中的类型
目的地不可达	1	3
包过大报文	2	类型 3 代码 4
超时报文	3	11
参数错误	4	12
源站抑制报文	无	4
时间戳请求报文	无	13
时间戳应答报文	无	14
回应请求报文	128	8
回应应答报文	129	0
路由请求报文	133	10
路由公告报文	134	9
邻居请求报文	135	无
邻居公告报文	136	无
重定向报文	137	5
……	……	……

ICMPv6 报文格式如图 7-7。一个具体的例子，如不可到达的报文结构见图 7-8。

类型(8)	代码(8)	校验和(16)
报文主体(32 bit)		

图 7-7　ICMPv6 报文格式

类型＝1	代码＝3	1011111110110111
报文主体(不能到达的目的地址，报告错误的路由器地址)		

图 7-8　ICMPv6 报告地址不可到达的报文

其中类型占 8 位。类型有两种：当第一位为 0 表示错误报告报文，类型号为 0～127；第一位为 1 时为信息报文，范围为 128～255。具体类型定义如表 7-3 所示。

代码占 8 位，指明某种类型下具体错误和具体信息，如类型 1 下的代码 3 为地址不可达，检验和用于检验 ICMPv6 报文和部分 IPv6 分组数据的正确性。报文主体依据报文类型的不同，其内容有所不同。

表 7-4 为 ICMPv6 的错误报告报文和信息报文代码与功能说明。

表 7-4 部分 ICMP 报文的类型与代码及其功能说明

1. ICMP 错误报文	类型	代码	说 明
目的地不可达	1	0	没有到达目的地址的路由
		1	与目的地址的通信被禁止
		2	未分配
		3	地址不可达
		4	端口不可达
包过大	2	0	路由器接收到的分组的比要转发出去的链路的 MTU 值大时通知发送方。报文中标明下一跳链路的 MTU 值
超时	3	0 或 1	代码 0 表示传输中超过跳数限制，代码 1 表示分片组装超时
参数错误	4	0,1,2	路由器收到一个分组的基本首部或扩展首部有错误或无法处理时，就将分组丢弃，然后发送参数错误报告报文。代码＝0，首部错误；代码＝1，未定义的下一个扩展首部；类型＝2，未定义的 IPv6 选项。报文中有指针项：指明错误产生的位置
2. ICMPv6 信息报文	**类型**	**代码**	**说 明**
回应请求报文	128	0	ICMPv6 报文中的标识符：用来匹配一对回应请求报文序列号，用于匹配一对回应请求报文和回应应答报文。ping 命令就是使用这两种类型的 ICMP 报文来完成其任务
回应应答报文	129	0	

ICMPv6 报文以 IPv6 分组的形式传输，ICMPv6 报文被封装在 IPv6 分组的数据部分，在 IPv6 分组的基本首部的下一个首部字段中设置为 58，表示该 IP 分组的数据部分为 ICMP 报文(如果 IPv6 分组有扩展首部，则最后一个扩展首部的下一个首部字段中设置为 58)。图 7-9 所示为 ICMPv6 报文的封装的两种方式。

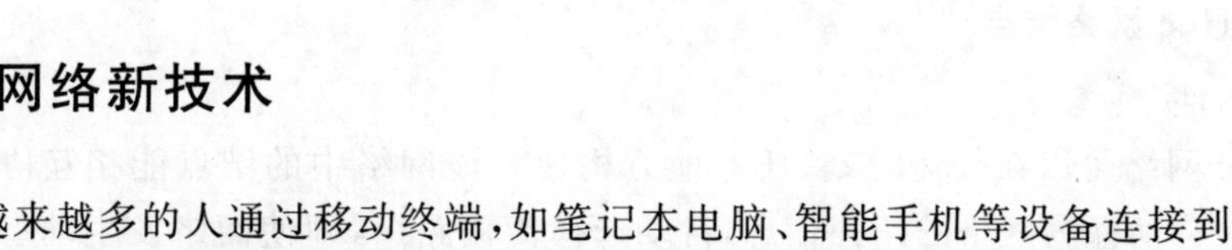

封装在 IPv6 报文 (无扩展首部)		IPv6 基本首部 下一首部＝58	ICMPv6 报文
封装在 IPv6 报文 (有分片扩展首部)	IPv6 基本首部 下一首部＝44	分片扩展首部 下一首部＝58	ICMPv6 报文

图 7-9 ICMPv6 报文的两种封装方式

7.2 无线网络新技术

近年来，越来越多的人通过移动终端，如笔记本电脑、智能手机等设备连接到互联网。人们希望能够随时随地对网络进行访问，并且在移动时仍然能够保持大容量的通信。这些都必须依赖于无线网络。所谓无线网络，既包括允许用户建立远距离无线连接的全球语音和数据网络，也包括为近距离无线通信而进行优化的红外线及射频技术。

无线网络的划分有多种方式。从通信的范围来看，可分为：

(1)无线局域网(WLAN);

(2)无线城域网(WMAN);

(3)无线广域网(WWAN);

(4)无线个域网(WPAN)。

从通信技术来看,可分为:

(1)面向数据的异步传输:包括高速局部的无线局域网和低速广域的移动数据通讯,典型的应用是 Wi-Fi;

(2)面向语音的同步传输:包括无线低功率的局部通信和具有移动性的高功率广域网通信,典型技术如 2G、3G 和 4G 通信技术。

从组网的方式来看,可分为:

(1)有固定设施的无线网络;

(2)无固定设施的无线网络。

有固定设施的无线网络就是我们熟知的无线局域网和蜂窝网,其特点是网络中必须存在一个集中控制点——基站,所有无线主机的网络收发都必须经过基站来转发,无线主机之间就是近在咫尺也不能直接通信。如果基站接入了更大的网络,无线主机还可以与远方的无线或有线主机进行通信。在无线局域网中,基站就是常见的无线接入点 AP,而蜂窝网的基站则是手机通讯的蜂窝塔。

在第三章主要讨论的是有固定设施的无线网络,而本节重点来讨论无固定设施的无线网络,主要包括自组织网络(Ad Hoc Network)及其更高组织形式——无线 Mesh 网络。另外,还讨论迅速发展的、特殊的无线网络——无线传感器网络。

7.2.1 自组织网络——Ad Hoc 网络

Ad Hoc 来源于拉丁语,意思是“for this”,引申为“for this purpose only”,也就是“为某种目的设置的,特别的”,即 Ad Hoc 网络是一种有特殊用途的网络。在自组织模式的组网方式中,网络中没有基站这样的基础设施,无线主机只能与在其天线通信覆盖半径内的其他主机直接通信。如果发送方与接收方距离太远以致无法直接通信时,则必须由多个相邻的,可直接通信的无线主机组成一条接力通讯链路,把信息从一个无线主机传输到相邻的另一个无线主机,最终传递到远方的无线主机,即数据包在无线主机之间多跳到达目的地。多个地位平等的无线终端通过这种的方式组织成一个多跳的临时性自治通信系统,每个通信结点都具有路由和转发功能,无须设置任何中心控制结点(图 7-10)。因此,可以适应于快速变化网络拓扑,具有很强的抗毁性,这是 Ad Hoc 网络与其他通信网络的最根本区别。Ad Hoc 网络的结点通过分层的网络协议和分布式算法相互协调,实现网络的自动组织和运行。

1. Ad Hoc 网络特点

(1)自组性

Ad Hoc 网络可以在任何时刻、任何地方构建。该网络中的结点能相互协调地遵循一种自组织原则,自动探测网络的拓扑信息,自动选择传输路由,即使网络发生动态变化或某些结点严重受损时,仍可以迅速调整其拓扑结构以保持必要的通信能力。

(2)网络拓扑动态变化

Ad Hoc 网络中的结点能够以任意的速度和任意方向在网络中移动,加上无线发送装置发送功率的变化、无线信道间的相互干扰以及地形因素等的影响,结点间通过无线信道形成的

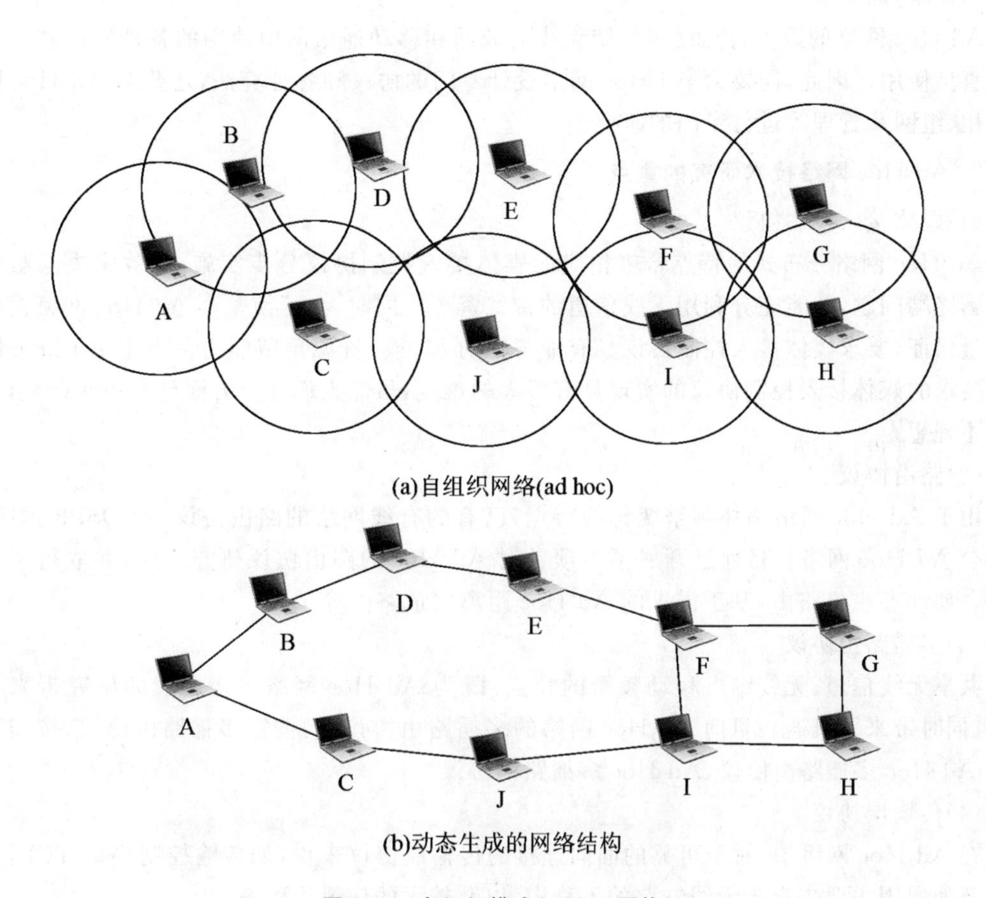

图 7-10　自组织模式(ad hoc 网络)

网络拓扑结构随时都会发生变化,而且这种变化的方式和速度都是很难预测的。

(3)带宽限制和变化的链路容量

Ad Hoc 网络采用主机与主机直接无线通信方式,相对于有基站的无线通信,具有更低的通信容量;并且由于网络拓扑变化频繁、多路访问、多径衰落、噪声和信号干扰等多种因素,使得结点的实际带宽远远小于理论上的最大带宽值。

(4)分布式运行

Ad Hoc 网络中的结点都兼有路由器和主机的功能,采用分布式控制方式,网络的建立和调整是通过各结点的有机配合实现的,即自组织均衡了网络中各结点的特殊性和重要性,增强了网络的健壮性。此外,网络也可以根据需要选定一个或几个结点充当中心控制结点。在 Ad Hoc 网络中,任何结点都可以作为中心控制结点,并可根据情况自动变换。

(5)结点能量受限

无线结点一般通常为手持电脑、掌上电脑和手机等装置,这些装置虽然重量轻,移动性好,但很多情况下主要依靠电池提供工作所需的能量,因此在进行网络设计时需要考虑到结点的节能问题。

(6)有限的安全性

由于采用无线信道、有限电源、分布式控制等原因会比有线网络更易受到安全性的威胁。这些安全性的攻击包括窃听、电子欺骗和拒绝服务等攻击手段。

Ad Hoc 网络的以上特点使得传统无线局域网和移动通信网中使用的各种协议和技术无法被直接使用。因此,需要为 Ad Hoc 网络设计专门的协议和各种算法,还要对 Ad Hoc 网络的应用、组网和管理等进行专门的研究。

2. Ad Hoc **网络技术研究的重点**

(1)媒体接入控制协议

Ad Hoc 网络分布式的特点希望相应的媒体接入控制协议分步实施,有效解决隐蔽终端和暴露终端问题,并能充分利用无线信道的带宽资源。同时,为了使整个 Ad Hoc 网路提供服务质量保证,要求媒体接入控制协议具有业务区分和(或)资源预留能力。由于 Ad Hoc 网络上述要求的媒体接入控制协议的实现具有很大的难度,虽然人们在这方面已有一些研究,但效果并不理想。

(2)路由协议

由于 Ad Hoc 网络拓扑频繁变化的特点,已有的有线网络的路由协议(如 OSPF、RIP)并不适合 Ad Hoc 网络。目前已开展了多项针对 Ad Hoc 的路由协议研究工作,并取得了不少成果。如动态主机路由,基于需求的 Ad Hoc 距离向量路由等。

(3)多播路由协议

共享无线信道、无线结点移动频繁的特点,既为 Ad Hoc 网络多播协议的研究带来了挑战,也同时带来了机遇。目前 Ad Hoc 网络的多播路由协议有:按需多播路由协议,按需距离矢量 Ad Hoc 多播路由协议,Ad Hoc 多播路由协议。

(4)传输层协议

在 Ad Hoc 网络中,对于可靠的面向连接的传输层协议来说,如传输控制协议 TCP,其性能下降的原因主要来自于无线链路的不稳定,以及较大的信道误码率。

(5)安全机制

由于无线方式传输使得信息偷听、欺骗和篡改更容易实现,Ad Hoc 网络存在的很大的安全问题。其次,由于 Ad Hoc 网络无固定通信设施,无中心,结点间的关系对等且动态变化,传统的基于身份认证和在线服务器的安全方案难以实现。

(6)服务质量

综合上面提到的特点,给保证 Ad Hoc 网络的服务质量提出了更大的挑战。

3. Ad Hoc **网络的应用场合**

尽管 Ad Hoc 网络存在许多需要解决的技术问题,但由于它适用于无法或不便于预先铺设网络基础设施或需要网络快速展开的场合。Ad Hoc 网络首先应用于军用通信领域,在民用领域也越来越具有广泛的应用前景。

(1)军用通信

在现代化的战场上,由于没有基站等基础设施可用,装备了移动通信装置的军事人员、军事车辆以及各种军事设备之间可以借助 Ad Hoc 网络进行信息交换、保持密切联系,以协作方式完成作战任务。装备音频传感器和摄像头的军事车辆和设备也能够通过 Ad Hoc 网络,将在目标区域收集到的重要位置和环境信息传送到处理结点, 而不必依赖陆地或卫星通信系统。

(2)紧急和临时场合的通讯组网

在发生了战争、自然灾害和传统通信网络故障等紧急情况时,可以利用 Ad Hoc 网络不需固定基础设施支持并快速展开的特点,可以迅速地组成通讯网络,实现原有网络的功能。与此类似,在一些地形恶劣的环境下,固定基站的覆盖能力受到了很大的影响,如探险、山区和井下作业等,Ad Hoc 网络的独立组网和自组织能力,是这些场合进行通信的最佳选择。

(3)个人通信

随着无线通信技术的发展和便携设备的不断普及,越来越多的手提电脑、智能手机等便携式设备进入了人们日常的学习、工作和生活中。Ad Hoc 网络的分布式特性能够使这些通信单元可以低成本、迅速地组成围绕个人的小范围网络。

(4)与其他通信系统的结合

在实际应用中,Ad Hoc 网络除了可以独立单独组网外,还可以通过某些结点(或专门的网关)连接到其他的固定或移动通信网络上(如互联网)。这样,Ad Hoc 网络的通信终端就可以与其他网络的主机进行通信。

7.2.2 无线 Mesh 网络

无线 Mesh 网络(Wireless Mesh Networks,WMN),可以说是广域网(WLAN)和点对点模式(Ad-hoc)两种网络的结合体,它融合了两者的优势,是一种组网方便、支持多跳、高容量高速率的网络,可以很方便地提供健壮的、可靠的网络覆盖(图 7-11)。

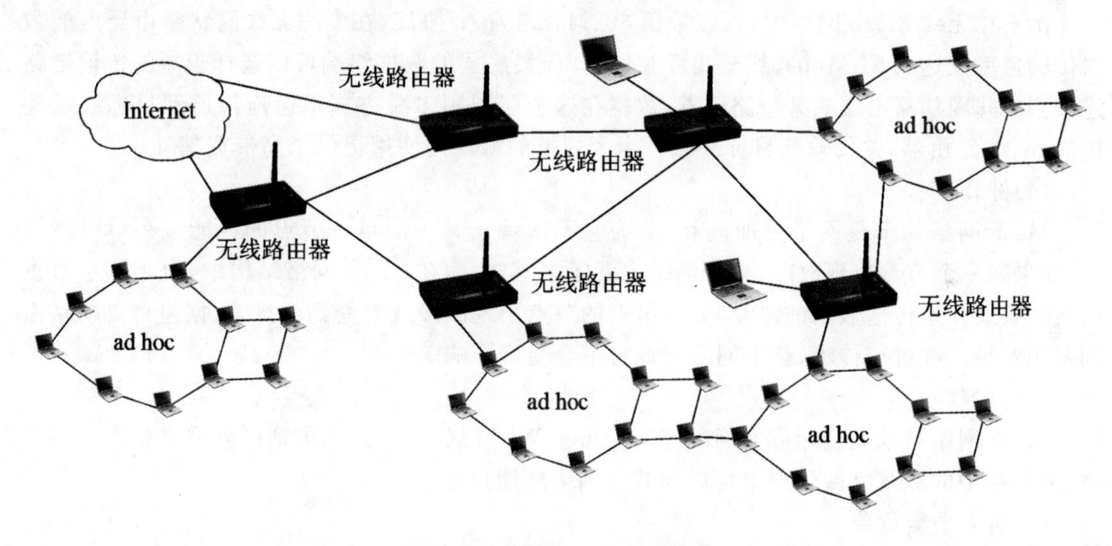

图 7-11 无线 Mesh 的结构图

1. WMN 的实现方式

无线 Mesh 的实现方式很多,一般是采用多个固定(也可以移动的)基站以网状网方式实现和扩大网络的覆盖。其中,有若干基站作为业务接入点与有线网相连,其余基站通过无线方式与业务接入点相连。

整个网络分为三层(图 7-11):最底层是一个个典型的 Ad hoc 网络,可以在没有其他基础设施的条件下独立运行,其中的节点移动和拓扑变化较大,通过多跳连接和路由转发相互通信,并可以连接到高层的无线网状路由层的某个无线路由器以扩大网络的连接范围与带宽;中间无线网状路由层可以是基于基础设施模式或移动模式的网状结构,无线路由器节点的移动和拓扑变化小,支持更高的数据传输率,且可靠性相对高一些。最上一层是对传统宽带无线域网(如 WLAN)接入点连接组网的支持,最终可以通过这些接入点(网关或路由器)连接到 Internet 或其他不同网络。无线 mesh 网络的核心是中间无线网状路由结构层,是扩大无线网络覆盖和容量的关键部分。因此,WMN 在拓扑上不同于纯粹的 Ad hoc 网络,因为 WMN 没有孤立拓扑,可以支持回程连接,也区别于传统的 WLAN 单跳的 AP 接入方式,WMN 可以支持可靠多跳连接和路由转发,换句话说,WMN 拥有比 Ad hoc 网络和无线局域网更灵活的结构优势。

2. **WMN 的特点**

无线 Mesh 网络是多跳与多点到多点两种网络结构的融合,具有以下几个重要特点:

(1)多跳的结构

在不牺牲信道容量的情况下,扩展当前无线网络的覆盖范围是 WMN 的最重要的目标之一;WMN 的另一个目标是为处于非视距范围的用户提供通信连接。Mesh 网络中的链路比较短,所受干扰较小,因此可以提供较高的吞吐量和较高的频谱复用效率。

(2)支持 Ad-hoc 组网方式,具备自形成、自愈和自组织能力

WMN 灵活的网络结构、便利的网络配置、较好的容错能力和网络连通性,使得 WMN 大大提升了现有网络的性能。在较低的前期投资下,WMN 可以根据需要逐步扩展。

(3)高带宽

由于在无线 Mesh 网络中,可以采用 802.11a/b/g/n 协议,在中间无线网状路由层内的数据传输速率能达到 54 Mbps,甚至几百 Mbps。而最底层的数据终端可以选择较短的传输链路连接到中间网状路由层的某个路由器,数据在这个层利用多跳方式迅速地传递到目标终端连接的 mesh 路由器,并传输到目标终端。为大规模的城域网使用提供了高带宽基础。

(4)健壮性

Mesh 网络比单跳网络更加健壮,因为它不依赖于某一个单一节点的性能。在单跳网络中,如果某一个节点出现故障,整个网络也就随之瘫痪;而在 Mesh 网络结构中,由于每个节点都有一条或几条传送数据的路径,如果最近的节点出现故障或者受到干扰,数据包将自动路由到备用路径继续进行传输,整个网络的运行不会受到影响。

(5)兼容性

Mesh 网络可以通过相应的网关与 Internet、Wi-Fi 局域网、公共电话网等网络相连,这样,Mesh 网络中的无线终端用户也可以与其他网络的用户通信。

(6)自动平衡负载

Mesh 网络中的设备都可作为其他设备的路由和转发器,这意味着每个终端都能通过相邻终端或其他网络设备的路由和转发,与距离较远的其他终端或者网络接入点进行通信。因此,在某些用户密集的地区当接入点负载过重时,网络系统会利用路由和转发的功能自动地将一部分用户的通信链接转移到其他的接入点上,从而平衡了整个网络的负载。

(7)自动配置、自动发现

Mesh 网络具有自动配置能力,当授权的网络节点启动后,该节点内的各模块互相自动发现并且自动确定各自的工作模式、智能扫描信道等功能,无需进行每个设备的手工配置。

WMN 与移动 Ad hoc 网络的区别主要表现在两方面:一是组网方式不同。移动 Ad hoc 网络是扁平结构,而 WMN 是分层和等级结构,在每层内部形成多个小 Ad hoc 网络,不同层之间通过无线互连起来,做到集中控制管理和自由动态组网有机结合。二是它们解决的问题不同。移动 Ad hoc 网络设计的目的是为了实现用户移动设备之间的对等通信,如在突发情况

下快速布置网络，而 WMN 看重的是为用户终端提供无线接入. 通常认为，WMN 更像是 Internet 的一种无线版本，具体的比较见表 7-5。

表 7-5　互联网与无线 Mesh 网络的比较

网络类型	底层单元	传输网络	传输方式
互联网	局域网	组成网状的固定路由器网络	发送方数据分组通过局域网接入边缘路由器，然后多跳路由到目标主机所在的局域网的边缘路由器，最后通过局域网传输到目标主机
无线 mesh	Ad hoc 网络	组成网状的固定或移动的路由器网络	发送方通过 Ad hoc 网络多跳接入边缘 mesh 路由器，然后多跳路由到传输到目标主机所在的 Ad hoc 网络的边缘路由器。如果通过 Ad hoc 网络则多跳传输到目标主机

WMN 技术比起传统网络的点对多点传输技术具有节能、自动配置和易扩展等优势互补。无线 Mesh 网络与其他网络的比较见表 7-6。

表 7-6　互联网与无线 Mesh 网络的比较

	无线 Mesh 网	蜂窝网	Ad hoc 网	LAN
拓扑结构	多点到多点	点到多点	动态拓扑	点到多点
网络建设成本	低	很高	较低	较低
覆盖面积	可城域覆盖	覆盖广大地区	局域范围内	仅限近百米
容纳用户数	多	非常多	较少	较少
控制方式	分布式控制	集中式控制	分布式控制	分布式控制
路由协议	动态路由	固定路由	动态路由	固定路由

7.2.3　无线传感器网络

无线传感器网络(Wireless Sensor Network，WSN)是大量静止或移动的微型无线传感器以自组织和多跳的方式构成的无线网络，其目的是采用互相协作方式，对网络覆盖区域内的多种环境或对象的信息进行监测、感知和处理，并传送到远处的基站供用户进一步处理。WSN 使用大量小型、廉价和低功耗的无线传感器，实现了数据采集、处理和传输的三种功能，集成了传感器、嵌入式计算、低功耗无线通信和微电子的最新技术。而这正对应着现代信息技术的三大基础技术，即传感器技术、计算机技术和通信技术。

如果说互联网的发展改变了人与人之间的沟通方式，并构成了逻辑上的信息世界，那么无线传感器网络的发展则改变了人类与自然界的交互方式，将逻辑上的信息世界与真实的物理世界融合在一起。通过无线传感器网络，人类与真实的物理世界直接进行交互，这些交互信息通过互联网在信息世界中传播，因此极大地扩展了互联网的功能和人类认识物理世界的能力。

由于无线传感器网络无须固定设备支撑，可以快速部署，同时具有易于组网、不受有线网络的约束等优点，将被广泛应用于灾难自救、医疗救护、环境检测、森林火险报警、台风或火山监测等方面，特别是在未来军事领域中。无线传感器网络在未来具有广泛的应用前景，它将掀起一轮新的产业浪潮。

1. 无线传感器网络体系结构

无线传感器网络包括传感器结点、汇结点和任务管理结点，如图 7-12 所示。传感器结点通过某种部署方式（如随机部署或确定性部署）散落在被监测区域内。结点之间以自组织的方式构成网络，通过多跳中继的方式将监测数据传送到汇聚结点，在传输过程中数据可能被多个结点处理。数据到达汇聚结点后，借助互联网或卫星链路到达管理结点。用户可通过管理结点对传感器网络进行配置和管理，发布监测任务和收集监测数据。如果网络规模太大，可以采用成簇的分层管理模式。

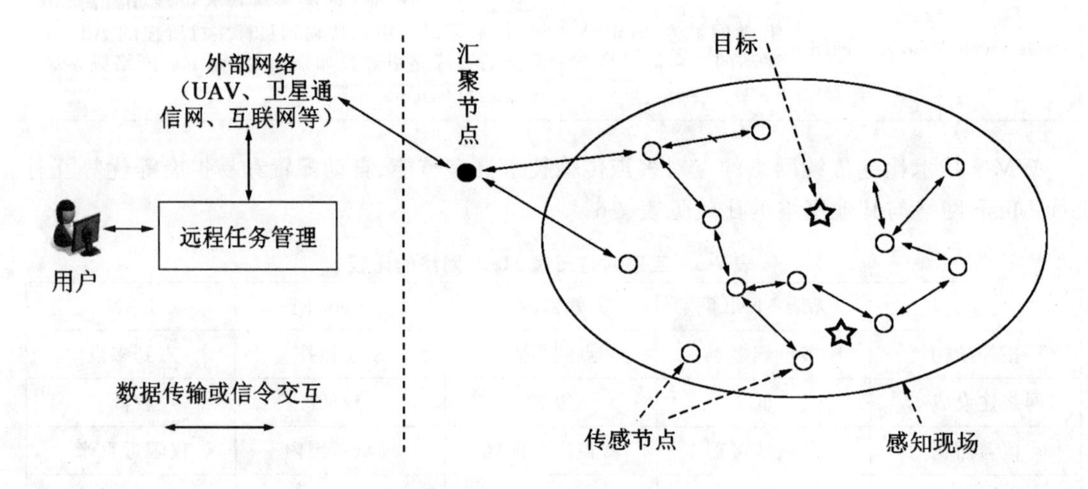

图 7-12　无线传感器网络体系结构

传感器结点通常是一个微型的嵌入式系统，通过自身携带的电池供电，它的处理能力、存储能力和通信能力相对较弱。由于电池的能量有限，且通常电池的能量无法补充或再生，因此传感器结点在能量耗尽后就失去了作用。从网络功能上看，每个传感器结点担负着主机和路由器的双重功能，除了进行本地信息收集和数据处理外，还要对其他结点转发来的数据进行存储、管理和融合等处理，同时与其他结点协作完成一些特定任务。

汇聚结点的处理能力、存储能力和通信能力相对较强，能够提供更多的内存和计算资源，一般没有能量的限制。汇聚结点自身可以是一个具有增强功能的传感器结点，也可以是没有传感器的仅有无线通信装置的网关设备，如我们熟知的基站。汇聚结点将无线传感器网络和互联网等外部网络连接起来，实现两种协议栈之间的通信协议转换，同时发布管理结点的监测和查询任务，并把收集的数据通过互联网转发给用户。

无线传感器结点结构如图 7-13 所示，结点由 5 部分组成：处理器模块；用于无线通信的无线收发电路，即无线通信模块；将结点与物理世界联系起来，由一组传感器和数模器件构成的传感模块；A/D 转换模块；给结点供电的能量供应模块。具体功能如下：

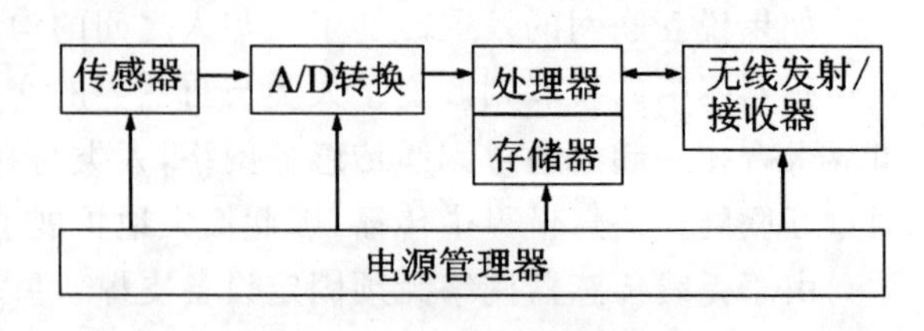

图 7-13　无线传感器结点结构

(1)处理器模块

微处理理器负责控制、执行通信协议和处理传感数据的算法，它的选择会对结点的电池消耗带来很大的影响。

(2)通信模块

负责与其他传感器结点进行无线通信、交换控制消息和收发采集数据。通常,无线收发电路可以工作在4种状态,即发送、接收、空闲以及睡眠状态。空闲状态时结点的功耗也很高,几乎与接收模式不相上下,所以在无线收发电路处于空闲状态时,应尽可能将无线收发器关闭(即置于睡眠状态)。

(3)传感模块

负责检测区域内信息的采集和数据转换,将周围环境的物理现象转换成电信号。能量消耗来自信号采样、信号调制、物理信号到电信号的转换以及信号的数模(A/D)转换。

(4)能量供应模块

为传感器结点提供运行所需要的能量,通常采用微型电池,如普通的AA电池等。一般情况下,传感器结点的能量是不能补充的(具有特殊能量再生装置的结点除外,如太阳能电池)。

2.无线传感器网络的特点

(1)网络规模大

为了获取精确信息,在监测区域通常部署大量传感器节点,传感器节点数量可能达到成千上万,甚至更多,而无线自组网则仅由几十到上百个结点组成。传感器网络的大规模性包括两方面的含义:一方面是传感器节点分布在很大的地理区域内,如在原始大森林采用传感器网络进行森林防火和环境监测,需要部署大量的传感器节点;另一方面,传感器节点部署很密集,在一个面积不是很大的空间内,密集部署了大量的传感器节点。在某些分布区域或环境中,对传感器系统的维护十分困难甚至不可维护。

传感器网络的大规模性具有如下优点:通过不同空间视角获得的信息具有更大的信噪比;通过分布式处理大量的采集信息能够提高监测的精确度,降低对单个节点传感器的精度要求;大量冗余节点的存在,使得系统具有很强的容错性能;大量节点能够增大覆盖的监测区域,减少信息洞穴或者盲区。

(2)结点资源有限

①能量资源有限。微型无线传感器结点通常携带能量十分有限的电池,由于传感器结点通常部署在敌后或环境恶劣的地区,因此结点的能量通常无法得到补充。能量的高效使用是线传感器网络设计的首要考虑因素。

②通信能力有限。传感器结点的无线收发器的通信半径通常只有几十到几百米,通信带宽有限,仅有几十至几百kb/s的传输率。由于结点能量的变化以及建筑物、高山等自然影响,无线通信性能将进一步下降。因此如何设计网络通信机制以满足传感器网络的通信需求是传感器网络面临的挑战之一。

③计算能力和存储容量有限。传感器结点是一种微型的嵌入式设备,因此其携带的处理器的计算能力相对较弱,存储器的容量也极为有限。如何利用有限的计算和存储资源完成任务成为传感器网络协议设计的又一挑战。

(3)网络动态性强和自组织能力

传感器网络的拓扑结构可能因为下列因素而改变:①由于传感器结点本身能量有限、老结点失效和新结点加入等原因,网络拓扑结构会频繁变化;②环境条件变化可能造成无线通信链路带宽变化,甚至时断时通,也会造成网络的拓扑结构动态变化;③传感器网络的传感器、感知对象和观察者这三要素都可能具有移动性或功能性的变化,这就要求传感器网络系统要能够适应这些变化,具有动态的系统可重构性。

由于网络的动态性强，因此，传感器网络必须具有自适应和自配置的能力，从而使网络的拓扑结构随之动态地变化。传感器网络的自组织性要能够适应这种网络拓扑结构的动态变化，以适应网络拓扑结构的动态变化。

(4)与应用极为相关

传感器网络用来感知客观物理世界，获取物理世界的信息量。客观世界的物理量多种多样，不可穷尽。不同的传感器网络应用关心不同的物理量，因此对传感器的应用系统也有多种多样的要求。

不同的应用背景对传感器网络的要求不同，其硬件平台、软件系统和网络协议必然会有很大差别。所以传感器网络不能像 Internet 一样，有统一的通信协议平台。对于不同的传感器网络应用虽然存在一些共性问题，但在开发传感器网络应用中，更关心传感器网络的差异。只有让系统更贴近应用，才能做出最高效的目标系统。针对每一个具体应用来研究传感器网络技术，是无线传感器网络设计不同于传统网络的显著特征。

(5)以数据为中心

如果想访问互联网中的资源，首先要知道存放资源的服务器 IP 地址。可以说目前的互联网是一个以 IP 地址为中心的网络。而无线传感器网络是完全以数据为中心的任务型网络，网络在获得指定事件的信息后汇报给用户。用户并不关心具体哪些结点返回信息，也不关心哪些结点参与了信息的处理或转发，只需要得到所需的数据信息。这种以数据本身作为查询和结果的思想更接近于自然语言交流的习惯。所以，传感器网络是一个以数据为中心的网络。

例如，在应用于目标跟踪的传感器网络中，跟踪目标可能出现在任何地方，对目标感兴趣的用户只关心目标出现的位置和时间，并不关心哪个节点监测到目标。事实上，在目标移动的过程中，必然是由不同的节点提供目标的位置消息。

3. 无线传感器网络的应用

由于技术等方面的制约，无线传感器网络的大规模商业应用还有待时日。但最近几年，随着计算成本的下降以及微处理器体积越来越小，已经有为数不少的无线传感器网络开始投入使用。随着传感器网络的深入研究和广泛应用，传感器网络将逐渐深入到人类生活的各个领域。目前无线传感器网络的应用主要集中在以下领域：

(1)军事应用

由于无线传感器网络能够在不需要相关特定基础设施的条件下迅速地得到部署，具有密集、无线联网和多结点协作的特点，非常适合应用于恶劣的战场环境。同时，传感器结点与探测目标的近距离感知大大消除了环境噪声对系统性能的影响。无线传感器网络非常适合于监控敌军的兵力、装备和物资；监视冲突区，侦察敌方地形和布防，跟踪、定位攻击目标；评估损失，侦察和探测核、生物和化学攻击效果。

(2)环境科学应用

随着人们对于环境问题的关注程度越来越高，需要采集的环境数据也越来越多。通过传统方式采集大规模的原始数据是一件相当困难且费时费力的工作。无线传感器网络的出现不但为随机性的研究数据获取提供了便利，还可以避免传统数据收集方式给环境带来的侵入式破坏。例如，跟踪候鸟和昆虫的迁移；研究环境变化对农作物的影响；监测海洋、大气和土壤的成分等。传感器网络对森林火灾准确、及时的预报也能够起重要作用。此外，传感器网络也可以应用到精密农业中，用于监测农作物中的害虫、土壤的酸碱度和施肥状况等。事实上，对自然环境的监控是传感器网络最早的应用之一。

(3)医疗健康

无线传感器网络在医疗研究、护理领域也可以大展身手。如果在住院病人身上安装特殊用途的传感器结点,如心率和血压监测设备。利用传感器网络,医生不但可以随时了解被监护病人的病情,进行及时处理,而且还可以减轻护理人员的负担。同时,还可以利用传感器网络长时间地收集病人的生理数据,这些数据在研制新药品的过程中非常有用。安装在被监测对象身上的微型传感器也不会给人的正常生活带来太多的不便。此外,在药物管理等多方面,它也有新颖而独特的应用。

(4)智能家居

在家电和家具中嵌入传感器结点,通过无线网络与互联网连接在一起,将会为人们提供更加舒适、方便和更具人性化的智能家居环境。利用远程监控系统,可完成对家电的远程遥控。例如,可以在回家半小时前远程调节空调到合适的温度,回家时就可以直接享受适合的室温,也可以遥控电饭锅、微波炉和电冰箱等家电完成相应的工作。此外,通过图像传感器可随时监控家庭安全情况。

(5)交通监控与管理

利用无线传感器网络,可以把各种先进的信息技术有效地集成起来,运用于整个地面交通管理,可以建立一个大范围、全方位的,实时、准确和高效的综合交通运输管理系统。这种新型系统将有效地使用传感器网络进行交通管理,不仅可以使汽车按照一定的速度行驶、前后车距自动地保持一定的距离,而且还可以提供有关道路堵塞的最新消息,推荐最佳行车路线以及提醒驾驶员避免交通事故等。

(6)安全监控

传感器网络的一个重要的应用就是对建筑物、机场和地铁等重要基础设施(包括发电站、核电厂)进行安全监控。例如,在建筑物内部结构部署能感应离子波等信号的传感器,通过传感器感应的建筑物结构的状态信息,就能实时发现建筑物潜在的隐患,提醒人们及时采取适当的预防和修补措施。

7.3　无线广域网

无线广域网 WWAN(Wireless wide area network)是指覆盖一个国家或全球范围内的无线网络,用户只需要使用便携式接入设备,如手机、笔记本电脑或数字终端,就可以在广大的地域范围内无线接入网络,与遥远的目标进行通信。与无线个域网、无线局域网和无线城域网相比,它更加强调的是移动的快速性。与 ad hoc 和无线 mesh 相比,它更加强调的是接入范围的无限制性。

目前,正在广泛使用的无线广域网主要有 GSM、3G 网络与卫星通信系统。最新的无线广域网技术有 802.20 和 4G,下面主要介绍 802.20 技术标准和正在开始大规模部署的 4G 网络技术标准。

7.3.1　IEEE802.20 标准

IEEE802.20(以下简称 802.20)是 WWAN 的重要标准。802.20 是由 IEEE802.16 工作组于 2002 年 3 月提出的,并为此成立专门的工作小组,这个小组是 2002 年 9 月独立为 IEEE802.20 工作组。802.20 是为了实现高速移动环境下的高速率数据传输,以弥补

IEEE802.11x 协议族在移动性上的劣势。802.20 技术可以有效解决移动性与传输速率相互矛盾的问题，它是一种适用于高速移动环境下的宽带无线接入系统空中接口规范。

802.20 能够满足无线通信市场高移动性和高吞吐量的需求，具有性能好、效率高、成本低和部署灵活等特点。802.20 移动下必优于 802.11，在数据吞吐量上强于 3G 技术，其设计理念符合下一代无线通信技术的发展方向，因而是一种非常有前景的无线技术。目前，802.20 系统技术标准仍有待完善，产品市场还没有成熟、产业链有待完善，所以还很难判定它在未来市场中的位置。不过，802.20 的出现，确实在整个移动通信行业产生了很大的推动效应，有力地促进了同类技术(特别是 4G)的不断更新和发展。

在物理层技术上，802.20 以 OFDM 和 MIMO 为核心，充分挖掘时域、频域和空间域的资源，大大提高了系统的频谱效率。802.20 秉承了 IEEE 802 协议族的纯 IP 架构，在核心网和无线接入网都基于 IP 传输，适应突发性数据业务的性能优于 3G 技术，而 3GPP 和 3GPP2 仅仅实现了核心网的 IP 化。设计架构的差异使 802.20 与其他 3G 技术相比具有明显的优势。在实现和部署成本上也具有较大的优势。

802.11 和 802.16 主要是针对游牧式的无线接入，提供步行速率的移动性通信，802.20 的目标市场定位于无线广域网，强调对高速移动性的支持。三种技术存在很强的互补性，若将它们混合组网，取长补短，将是一种非常好的全网覆盖解决方案。

从目标市场和技术特点看，802.20 和 3G 确实存在较多的相似性，也就导致了它们之间的竞争性，表 7-7 列举了 IEEE 802.20 与 3G 技术的对比。

表 7-7　IEEE 802.20 与 3G 技术的对比

	802.20	3G
目标市场	1. 高移动性、高吞吐量数据应用 2. 对称数据服务 3. 对数据服务时延敏感度要求高 4. 全球移动和漫游	1. 高移动性、语音业务和低速率数据应用 2. 非对称数据服务 3. 对数据服务时延敏感度要求低 4. 全球移动和漫游
技术特点	1. 全新的空中接口(物理层和 MAC 层) 2. 属于广域网技术 3. 以 OFDM、MIMO 为物理层核心技术 4. 工作于 3.5GHz 以下的许可频段 5. 典型信道带宽小于 5MHz 6. 纯 IP 架构 7. 主要针对移动多媒体应用 8. 高效的上下行数据传输效率 9. 低时延架构	1. 基于 GSM 或 IS-41 的演进，已有较成熟的空中接口(WCDMA、CDMA 2000 和 TD-SCDMA) 2. 属于广域网技术 3. 以 CDMA 为物理层核心技术 4. 工作于 2.7GHz 以下的许可频段 5. 典型信道带宽小于 5MHz 6. 以基于电路交换的架构为主 7. 主要针对移动语音业务 8. 数据传输效率下行一般，上行较低 9. 高时延架构

相比定位于 WMAN 的 802.16e，802.20 的确更容易成为未来移动通信的宠儿。因此，802.20 又被冠以未来的多媒体“小灵通”的概念。IEEE 802.20 最终可能扮演“平民化”的角色，可以为用户提供价格低廉的语音、视频、数据的综合业务服务。更重要的是，PDA 和笔记本电脑、智能手机，将成为 802.20 标准最初的受益者。这些网络设备之上可以承载真正的移动电子商务等移动多媒体业务。

但是，单纯的技术规格的领先并不能造就一项先进的技术，仍然有诸多方面的因素会阻碍 802.20 的发展。802.20 是一个全新的技术标准，有很多具体的技术问题有待解决，而且它同现在的移动通信网络并不兼容,要利用它实现通信需要巨大的投入,并不是一蹴而就的事情。

市场是技术发展的不竭源动力,无线通信技术的发展也不例外。如今,移动通信发展经历了 1G 和 2G,3G 发展,通讯性能更好的 4G 通信时代正在来临,曾经有望成为下一代的“多媒体小灵通”技术的 IEEE 802.20,是否可以大规模商业部署有待市场的考验。

7.3.2　4G 通信技术概述

所谓 4 G,一般是业界人士对第四代移动通信的通俗称呼,而国际上的官方叫法是 IMT-Advanced。较之于 3G 通信技术,4G 通信技术有一个非常明显的特点,即 4G 通信技术可以有效地引入高质量的视频通信。从实践来看,这一先进技术已被应用在很多的领域。就信息数据的传输速率来说,这已经有了很大的提高。比如,通过韩国的三星电子所演示的 4G 通信技术可知,4G 通信技术基本上可以实现静止状态以 1 Gbps 流量、移动过程中以 100 Mbps 流量的传输速率,连续地传输数据。目前来看,就 4G 的应用现状及其功能而言,同样也进行了新的创新和扩展。4G 通信设备可以随意固定在不同的位置,甚至可以在无平台或者跨越不同的频带网络之中提供较高水准的无线服务,它可以在任何的地方使用宽带接入互联网,能够提供定时定位、数据采集以及远程控制等各种功能。总而言之,4G 通信技术可以为我们提供更加完美的无线通讯新世界,并将我们的工作和生活引向一个更为广阔的天地。

1. **4G 通信关键技术**

目前,4G 通信技术已经在我国多个城市开始实验部署,大有网络融合之势。目前的 4G 通信系统中,最常用到的关键技术有正交频分复用技术(OFDM)、智能天线、软件无线电、基于 IP 的核心网以及 MIMO 等几种,分别解释如下:

(1)正交频分复用技术 OFMD(Orthogonal Frequency Division Multiplexing)。OFDM 是第四代移动通信的核心技术,该技术属于多载波调制技术,主要机理是把原来的信道分成若干个正交子信道,并将高速的数据信号转换为并行的多个低速子数据流,进而调制在这些子信道上传输。OFMD 的优点是比串行系统的频谱效率高,适合高速的数据传输以及抗码间干扰能力比较强。

(2)智能天线技术。智能天线,也经常被称作自适应阵列天线,它是由天线阵、波束形成算法以及波束形成网络三部分共同构成。智能天线通过满足某准则的算法调节各阵元信号的加权幅度与相位,并在此基础上来调节天线的阵列方向图形,从而达到增强信号、抑制干扰信号之目的。从功能上来看,智能天线具有抗干扰、自动跟踪以及数字波束的调节等功能,被广泛认为是解决信号频率资源匮乏、提高通信速率、提升系统容量以及确保通信品质的有效途径。

(3)软件无线电技术。软件无线电可以将不同类型和形式的通信技术有机地联系起来,该技术的基本机理是将模拟信号数字化过程接近天线,也就是将 D/A 和 A/D 转换器尽可能靠近 RF(射频)的前端,并利用 DSP 技术分离信道、调制解调,并进行信道编译码工作。从实践来看,建立一个可以同时运行多种软件系统的弹性软硬体平台,实现多模式、多通路以及多层次的无线通信,可以有效地实现不同系统与平台之间的相互兼容,实现无疆界网路通讯。

(4)基于 IP 的核心网。4G 核心网主要是基于 IP 的网络,它可以有效地实现各种网络之间的无缝链接。通常情况下,核心网是独立于具体无线接入方案的,它能提供端至端的 IP 业务,可以与现有的核心网与 PSTN 实现兼容。4G 核心网的结构非常开放,允许不同的接口接入 4G 核心网;核心网可以将业务、传输和控制等作业分开完成。采用 IP 之后,无线接入的方式核心网络之间的协议以及链路层之间是分离独立的。由于 IP 可与多种接入协议有效地兼容,因此在进行核心网络设计时就存在着很大的随意性和灵活性,根本不需要对无线接入的方式与协议过多考虑。

(5)MIMO(Multiple Input Multiple Output)技术。采用在发射端与接收端设置多个发射天线与接收天线,通过发送天线与接收天线之间的相互结合,改善用户通信质量、提高通信效率。MIMO信道可以大幅度地提高无线信道的容量,在不增加天线发送功率与带宽的情况下,实现频谱利用率的成倍提高。从实质上来讲,MIMO技术主要是为系统提供了空间复用增益与空间分集增益。空间复用技术,主要是用来提高信道的容量,而空间分集则是用来提高信道可靠程度,并降低信道的误码率。因此,MIMO技术的核心在于能够将原来传统通信系统之中所存在的多径衰落影响因素,变成对用户通信性能有益的增强因素,并有效地利用可能存在的多径传播和随机衰落来成倍地提高信息的传输速率。

2. 4G网络通信新技术的特点

4G网络通信是指它除了提供传统2G、3G通信的语音业务之外,还能够提供基于视频、数据、语音的各种服务,给客户带来高速的视频通信和数据通信,实现真正的沟通自由,彻底改变我们的社会形态和生活方式。到2012年,全球将有60个国家和地区完成4G频率分配,为社会提供更好的通讯服务。2013年底,中国已正式下发4G牌照,4G通信的正式商用,将会引起移动通信的大发展,诞生一大批商业应用。

(1)通信速度更快。

由于人们研究4G通信的最初目的就是提高蜂窝电话和其他移动装置无线访问Internet的速率,因此4G通信给人印象最深刻的特征莫过于它具有更快的无线通信速度。从移动通信系统数据传输速率作比较,第一代模拟式仅提供语音服务;第二代数字式移动通信系统传输速率也只有9.6 Kbps,最高可达32 Kbps;而第三代移动通信系统数据传输速率可达到2 Mbps;专家则预估,第四代移动通信系统可以达到10 ～20 Mbps,甚至最高可以达到每秒高达100 Mbps速度传输无线信息。

(2)网络频谱更宽。

要想使4G通信达到100 Mbit/s的传输速度,通信运营商必须在3G通信网络的基础上对其进行大幅度的改造,以便使4G网络在通信带宽上比3G网络的带宽高出许多。据研究,每个4G信道将占有100 MHz的频谱,相当于WCDMA 3G网络的20倍。

(3)通信更加灵活。

4G手机早已超出了传统“电话机”的范围,甚至可以算是一个小型电脑,不仅能够实现沟通自由、随时随地通信,还能够双向下载传递影像、图画、资料,甚至可以像电脑一样实现远程网上联线对打游戏。而且,4G手机从外观和式样上,将有更惊人的突破,我们可以想象的是,眼镜、手表、化妆盒、旅游鞋,以方便和个性为前提,任何一件你能看到的物品都有可能成为4G通讯终端。

(4)智能性能更高。

第四代移动通信的智能性更高,不仅表现在4G通信的终端设备的设计和操作具有智能化,例如对菜单和滚动操作的依赖程度将大大降低,更重要的4G手机可以实现许多难以想象的功能。例如4G手机将能根据环境、时间以及其他设定的因素来适时地提醒手机的主人此时该做什么事,或者不该做什么事。4G手机可以将电影院票房资料,直接下载到PDA之上,这些资料能够把目前的售票情况、座位情况显示得清清楚楚,大家可以根据这些信息来进行在线购买自己满意的电影票;4G手机可以被看作是一台手提电视,用来看体育比赛之类的各种现场直播。

(5)兼容性能更平滑、频率使用效率更高。

4G网络通信，不但功能强大，而且还很容易让用户在投资较少的情况下轻易过渡到4G通信，具备接口开放、终端多样化，跟多种网络互联、全球漫游，能从2G平稳过渡等特点。4G网络通信主要是运用路由技术为主的网络架构，与2G、3G网络通信相比，频率使用效率更高。

(6)实现更高质量的多媒体通信。

4G网络通信被称为多媒体移动通信，能够通过无线多媒体的通信服务将影像、数据和语音等大量信息通过宽频的信道来传送出去，能够高速数据传输，改善现有通信品质不良状况，容纳市场庞大的用户数的特点。

(7)通信费用更加便宜。

由于4G通信不仅解决了与3G的兼容性问题，让更多的现有通信用户能轻易地升级到4G通信，而且4G通信引入了许多尖端通信技术。因此，相对其他技术来说，4G通信部署起来就容易、迅速得多。同时，在建设4G通信网络系统时，通信运营商们将考虑直接在3G通信网络的基础设施之上，采用逐步引入的方法，这样就能够有效地降低运营成本。

7.4　物联网

物联网(The Internet of Things)是一种基于Internet的网络，它通过各种传感器自动获取物品的信息，并通过Internet进行信息交换和通信，以实现智能化识别、定位、跟踪、监控和管理物理世界，促进了物理世界与信息世界的融合。

在2005年突尼斯举行的信息社会世界峰会上，第一次提出了“物联网时代”的构想。世界上的万事万物，小到钥匙、手表和手机，大到汽车、楼房，只要嵌入一个微型的射频标签芯片或传感器芯片，通过Internet就能够实现在任何时间、任何地点的，人与人、人与物、物与物之间的信息交互。

7.4.1　物联网的特征

和传统的互联网相比，物联网有其鲜明的特征。

(1)物联网是各种感知技术的广泛应用。物联网上部署了海量的多种类型传感器，每个传感器都是一个信息源，不同类别的传感器所捕获的信息内容和信息格式不同。传感器获得的数据具有实时性，按一定的频率周期性的采集环境信息，不断更新数据。

(2)物联网是Internet接入方式与端系统的延伸，是Internet服务功能的扩展。物联网技术的重要基础和核心仍旧是互联网，通过各种有线或无线网络与互联网融合，将物体的信息实时准确地传递出去。由于其数量极其庞大，形成了海量信息，在传输过程中，为了保障数据的正确性和及时性，必须适应各种异构网络和协议。

(3)物联网实现物理世界与信息世界的无缝连接。它不仅仅提供了传感器的连接，其本身也具有智能处理的能力，能够对物体实施智能控制。物联网将传感器和智能处理相结合，利用云计算、模式识别等各种智能技术，扩充其应用领域，从传感器获得的海量信息中分析、加工和处理出有意义的数据，以适应不同用户的不同需求，发现新的应用领域和应用模式。

7.4.2 物联网的技术架构

从技术架构上来看，物联网可分为三层：感知层、网络层和应用层（图7-14）。

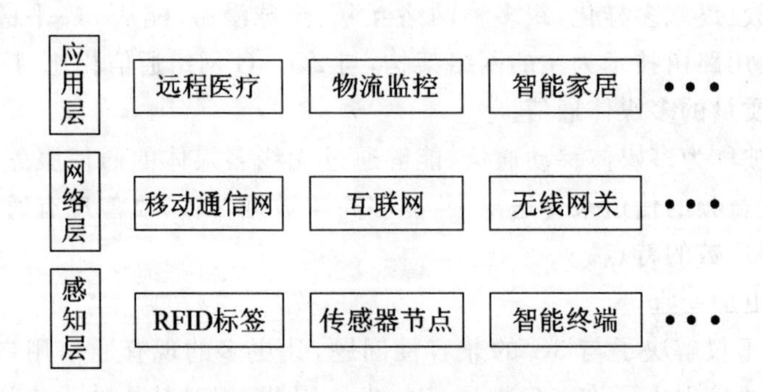

图7-14 物联网的技术架构

感知层由各种传感器以及传感器网关构成。传感器包括射频识别RFID标签和读写器，摄像头、GPS、红外感应器、激光扫描仪，二氧化碳浓度、温度和湿度传感器等。感知层的作用相当于人的眼耳鼻喉和皮肤等神经末梢，它是物联网识别物体、采集信息的来源，其主要功能是感知物体、采集信息。

网络层由各种互联的网络、网络管理系统和云计算平台等组成，相当于人的神经中枢和大脑，负责传递和处理感知层获取的信息。

应用层是物联网和用户（包括人、组织和其他系统）的接口，它与行业需求结合，实现物联网的各种智能应用。

7.4.3 物联网的用途范围

物联网的行业特性主要体现在其应用领域内，目前绿色农业、工业监控、公共安全、城市管理、远程医疗、智能家居、智能交通和环境监测等各个行业均有物联网应用的尝试，某些行业已经积累一些成功的案例。

物联网用途广泛，遍及智能交通、环境保护、政府工作、公共安全、平安家居、智能消防、工业监测、环境监测、老人护理、个人健康、花卉栽培、水系监测、食品溯源、敌情侦查和情报搜集等多个领域。

国际电信联盟于2005年的报告曾描绘“物联网”时代的图景：当司机出现操作失误时汽车会自动报警；公文包会提醒主人忘带了什么东西；衣服会“告诉”洗衣机对颜色和水温的要求等等。物联网在物流领域内应用前景则更形象化，如：一家物流公司应用了物联网系统的货车，当装载超重时，汽车会自动告诉你超载了多少。如果空间还有剩余，系统会告诉你轻重货物如何搭配；当搬运人员卸货时，一只货物包装可能会大叫“你扔疼我了”，或者说“亲爱的，请你不要太野蛮，可以吗？”；当司机在和别人扯闲话，货车会装作老板的声音怒吼“笨蛋，该发车了！”

物联网把新一代IT技术充分运用在各行各业之中，具体地说，就是把感应器嵌入和装备到电网、公路、铁路、桥梁、隧道、建筑、供水系统、大坝和油气管道等各种物体中，然后将“物联网”与现有的互联网整合起来，实现人类社会与物理世界的整合。在这个整合的网络当中，存在能力超级强大的中心计算机群，能够对整合在网络内的人员、机器、设备和基础设施进行实时的管理和控制。在此基础上，人类以更加精细和动态的方式“智慧”地管理生产和生活，提高资源利用率和生产力水平，改善人与自然间的关系。

7.4.4　RFID

在众多的物联网传感器中，无线射频识别技术 RFID(Radio Frequency IDentification)对物联网的发展起着举足轻重的作用。由于 RFID 的引入，使得日常物品也成为计算机网络的一部分。

RFID 标签看起来像一个邮票大小的贴纸，可贴（或嵌入）在某个对象上，因此可以用来跟踪该对象。对象可能是一头牛、一本护照、一本书或一个装运货盘。标签由两部分组成：一个带有唯一标识符的小芯片和一个接收无线电传输的天线。RFID 读写器被安装在跟踪点，当对象进入特定范围时，RFID 读写器可发现它们携带的标签并询问它们的信息，如图 7-15 所示。相关应用范围很广，包括检查身份、管理供应链、计时比赛以及取代条形码等。

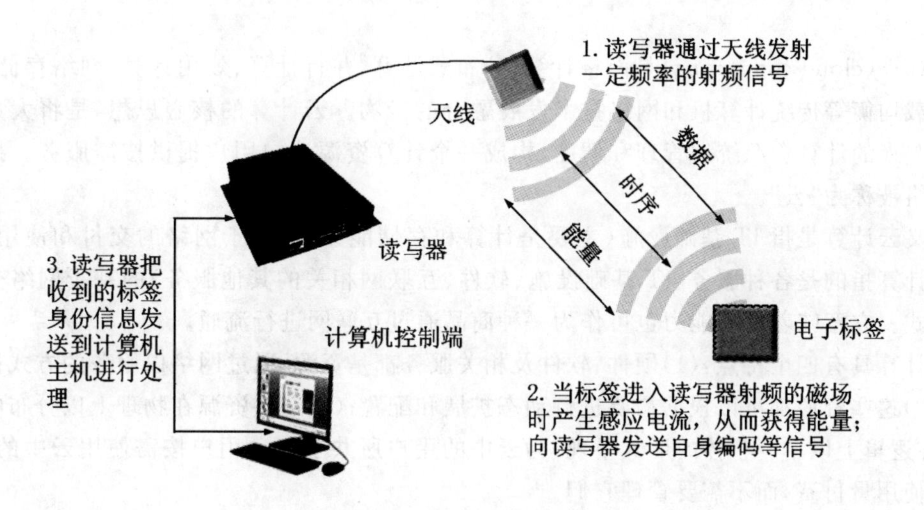

图 7-15　RFID 工作原理

RFID 技术有许多不同种类，每一种都各有不同的属性；但也许 RFID 技术方面最迷人的是大多数 RFID 标签既没有电插头也不用电池。相反，操作所需要的全部能量来自 RFID 读写器提供的无线电波，这项技术称为无源 RFID。在有源 RFID 中，标签上有一个电源，有源标签可以在比无源标签更远的地方向读写器发送数据。

RFID 的常见形式之一是超高频 RFID。它主要用在货运托盘和一些驾驶执照上。在美国，读写器可在 902～928 MHz 频段发送信号。数米范围内的标签通过反射读写器信号的方式进行通信，读写器能检测到些反射信号。这种操作方式称为后向散射。

另一种流行的 RFID 是高频 RFID。它的工作频率为 13.56 MHz，可以用在护照、信用卡、书籍和非接触式支付系统中。因为其物理机制基于感应而不是后向散射，因此高频 RFID 的传输距离较短，典型范围在 1 m 以内。还有使用其他频率的其他形式 RFID，比如低频 RFID，这是在高频 RFID 之前开发的，主要用于动物跟踪，它是一种可以用在你的宠物身上的 RFID。

RFID 读写器必须以某种方式解决读写器范围内存在多个标签的问题。这意味着一个标签在听到读写器的信号时不能简单地做出回应，否则，从多个标签发出的信号可能会发生冲突。解决的办法类似于 802.11 所采取的方法：标签在用自己的标识符响应 RFID 读前，等待一段随机的短时间，以便允许阅读器聚焦到单个标签，并进一步询问它的信息。

安全性是另一个问题。RFID读写器具备轻松跟踪对象的能力，因此使用它的人可以通过它侵犯个人隐私。不幸的是，很难确保RFID标签的安全，因为它们缺乏计算和通信必需的能量来运行强大的加密算法。相反，RFID使用了相应微弱的措施，比如密码(可以很易被破解)。如果身份证可以被远程的边境官员读取，那么还有什么能阻止在你不知道情况下被其他人跟踪你的身份证吗？

RFID标签刚开始时只作为标识芯片，但很快就转向成为全面配置的计算机。例如，许多标签都有内存，可被更新和查询。这样的RFID可以用来记录或存储针对有关对象发生了什么事件的信息。这意味着所有计算机恶意软件的通常问题通常都会在RFID上发生。

7.5 云计算

云计算(cloud computing)是网格计算、分布式计算、并行计算、效用计算、网络存储、虚拟化和负载均衡等传统计算机和网络技术发展融合的产物。云计算的核心思想，是将大量用网络连接起来的计算资源统一管理和调度，构成一个计算资源池向用户提供按需服务。提供资源的网络被称为“云”。

狭义云计算是指IT基础设施(主要是计算和存储能力)的基于网络的交付和使用模式；广义云计算指的是各种服务(IT基础设施、软件、互联网相关的其他服务)的基于网络交付和使用模式。它意味着计算能力也可作为一种商品通过互联网进行流通。

云计算具有四个特点：(1)硬件、软件及相关服务都是资源，通过网络以服务的方式提供给用户；(2)这些资源都可以根据需要进行动态扩展和配置；(3)这些资源在物理上以分布的方式存在，在逻辑上以单一整体的形式呈现，为云中的用户所共享；(4)用户按需使用云中的资源，按实际使用量付费，而不需要管理它们。

7.5.1 云计算的优点

以供电系统来比较，用户可以通过电网，按需、动态可伸缩和付费的方式获得所需的电力；而云计算模式就是把计算资源和服务放置在互联网上，用户通过网络按需、动态可伸缩和付费的方式来获取。云计算有如下的优点：

(1)快速启动或撤销应用

云计算最大的好处就是能够快速搭建企业的应用，比如我们现在要开发一个网站，我们不必再花费巨资购买硬件集群、不必再耗资购买或开发软件，只需把一切需求提交到云上，方便快捷还省钱，这对企业来说绝对是一个不错的选择。

云计算模式保证用户在创建一个服务的时候，能够用最少的操作和极短的时间就完成资源分配，服务的配置、上线和激活等一系列操作。与此类似，当用户需要停用一个服务的时候，云计算能够自动完成资源回收，服务的停止和下线，删除配置等操作。

(2)成本低廉投资灵活

云计算通过让专业的人做专业的事，各取所长，扬长避短。用户不再需要进行巨大的一次性IT投资，彻底省去了购置、安装、管理软硬件的费用。因为他们可以从云计算提供商那里租用这些IT基础设施；使用这些IT资源时，对用户端的设备要求最低，使用起来很方便，可以按照自己的实际使用量付费。

因为云提供的计算资源是可以动态伸缩的，易于扩展和灵活处理，所以企业不用加大软件和硬件的投资力度，来满足应用以及用户的规模增长(降低成本)；也无需为项目规模缩小或停止而造成IT设施的闲置而沮丧(损失较少)。

(3)增强的计算能力与无限的存储容量

当你连接到一个云计算系统，你就拥有了可自行支配使用整个云的力量。你不再局限于单台计算机所能做的事情，可以利用成千上万台计算机和服务器的计算能力。同样，云提供了几乎“无限”的存储容量。

(4)数据安全与共享，

如果把数据存储在云里，那么它一直在云中的某个地方。而云中某些计算机的崩溃不会影响你的数据存储。这是因为云中的数据是自动复制的，所以从来不会有任何损失。云计算的提供商提供了更专业、可靠、安全的数据存储中心。用户不用再担心数据丢失、病毒入侵等麻烦。

7.5.2 云计算的缺点

当然，在以上我们所看到的云计算优点的同时，它也存在一些现在无法克服的缺点：

(1)隐私问题

云技术要求大量用户参与，也不可避免地出现了隐私问题。用户参与意味着云会收集用户的某些隐私数据，从而引发了用户对数据安全的担心。很多用户担心自己的隐私会被云技术收集。尽管云计算提供厂商都承诺尽量避免收集到用户隐私，即使收集到也不会泄露或使用。但是，泄露事件也确实时有发生。

(2)数据安全

当把企业数据保存到“云”中后，企业可以随时访问“云”中的企业数据，但这些数据也会成为黑客攻击的目标。如果“云”提供商的安全保护技术不高或者有漏洞，就会造成其他未经授权的用户能访问企业的私密数据。

另一方面，就算“云”提供商有效的抵抗了黑客的外部攻击，但云计算服务提供商内部的操作人员只要有了一定级别的授权，也可以获得或破坏企业的机密数据，给企业造成非常高的危险。

所以企业在走入云端之前务必做好这方面的风险预估以及应急方案的。

(3)服务中断

由于计算资源与服务放置在“云”中，用户以通过网络与“云”进行大量数据交换方式来进行工作。网络连接的可靠性会直接影响了云计算的可能性。网络的中断或带宽的不足常常制约了云计算的效率。从最近的云计算服务经验来看，总会有一些常见的中断故障发生，其中包括数据备份、停机时间和数据中心脱机。

云计算究竟好不好，确实是一个仁者见仁、智者见智的问题。是否要选用云计算，关键看它能否真正提高你的工作效率。比如，对于一家大公司来说，自已拥有完备、高效的数据中心，这时，使用外包的云服务可能不会提高效率，反而降低企业的工作效率；但是，对于许多中小企业而言，共享云计算资源却带来很高的效率。另外，云计算供应商提供的服务不同，衡量的指标也不同。假如某个云服务商只是提供简单的网络存储，就比较简单；而如果是针对企业级应用的产品，提供基于云计算的数据中心服务，就必须具有高度的可靠性、容错性以及可用性了。

可以预料，将来的IT资源的前景将会像电力应用一样，你可以使用自己的发电机来发电，也可以在墙上安装一个插头并且按使用量来计费。不管您喜欢与否，这都将成为现实。

7.6 新型网络体系结构

当前互联网的网络体系结构是TCP/IP协议体系。TCP/IP是层次结构，目前已经使用30多年，是互联网事实上的工业标准。层次体系结构采用分层原则，每个层次独立完成一些功能，各层组合起来，可以实现复杂的通信协议，获得可靠的、健壮的网络通信。在互联网发展初期，网络建设的主要需求是网络的互联与健壮性、网络设备的异构性和分布式管理等。协议处理效率还不是主要矛盾，因此层次网络体系结构较好地满足了这个时期的网络应用要求。

但是，层次网络体系结构也有其本身固有的缺陷。本来为了提高效率，各层服务能力不应该存在冗余，即各层服务功能重复。在层次体系结构中，由于各种原因，有些功能会在不同的层次中重复出现，产生了额外开销，降低了整体性能。例如，在TCP/IP的网络体系结构中，在多个层次中存在差错校验功能、分片处理功能和地址重复的现象。而且，随着层次增加，还导致包头（首部）增长和传输效率降低。此外，随着新的网络需求的提出，由于原来的设计缺陷，基于层次的体系结构经常需要改进以满足新的需求。例如，为了在TCP/IP体系结构中增加各种安全功能，在不同层次分别提出了PGP、SSL、IPSec、802.11i等来解决各个层次的安全性问题。这种方式使得TCP/IP协议越来越复杂，协议的层次越来越多，导致协议效率低，可靠性难以保证。目前，每增加一个新的应用需求，有可能需要增加一个新的协议来满足这个要求，这使得TCP/IP协议栈也越来越庞大（目前，已经有90多个协议）。总之，层次网络体系结构已经越来越难以适应新的网络需求，难以承担下一代高性能网络体系结构的重任。

从20世纪90年代开始，提高网络性能的研究已经从各个层次协议的修补，改变到研究新型网络体系结构方面上来。为了更好地适应网络通信的新特点，满足下一代网络通信的新需求，要求新型网络体系结构能够方便地满足不断提出的各种网络应用需求。

根据前面的分析，新型网络体系结构应该具有如下几个方面的特性：

①能够高效完成网络通信处理控制，基本没有冗余的功能；

②能够支持各种QoS要求，特别是多媒体方面的支持：

③能够更好地支持网络安全的需要；

④具有良好的可扩展性，可以方便地增加新的应用需求。

目前，网络体系结构方面的研究已经成为下一代网络基础研究的一个重要内容。在国外，以美国提出的全球网络创新环境GENI（Global Environment for Network Innovation）为代表；在国内，国家高科技研究发展计划（863计划）和国家重点基础研究发展计划（973计划）都加强了对新型网络体系研究方向的资助。下面将介绍几个主要的新型网络体系结构。

7.6.1 主动网络

主动网络（active networks）有两个含义：一是被称为的网络中间节点（如路由器、交换机），不仅可以完成传统的存储转发等网络功能，而且可以对包含数据和代码的所谓主动包和普通包进行计算；具有计算能力的网络节点从网络接收数据包后执行相应的程序，对该数据包进行处理,然后将数据包发送给其他网络节点。二是用户根据网络应用和服务的要求可以对网络进行编程以完成这些计算。

主动网络的基本思想是将程序注入数据包,使程序和数据一起随数据包在网络上传输;网络的中间节点运行数据包中的程序,利用中间节点的计算能力,对数据包中的数据进行一定的处理;从而将传统网络中“存储-转发”的处理模式改变为“存储-计算-转发”的处理模式。

主动网络技术是由 D. Tennenhouse 等人在 1996 年提出的,它是一个可以在单个分组上进行资源分配和调度的高性能网络模型。相对于主动网络,现有的网络由于不对报文进行处理或计算,因此可以称为被动网络(passive networks)。虽然现有网络中的路由器和交换机也可以改变报文的报头,但它们对报文中的用户数据是不做任何处理,原封不动地转发的。即使对报头的改变和相关路由处理也是独立于用户数据和产生这些报文的应用程序的。相比之下,在主动网络中的路由器和交换机可以对网络报文进行用户自定义地计算。网络结点不仅能转发报文而且可以通过执行附加程序来对报文进行处理。整个网络上的结点也都是可编程的,可以执行用户定义的报文处理程序。主动网络的出现可以解决许多被动网络无法解决的问题:如新的技术和标准的引入;多个网络协议层的冗余操作而使网络性能下降;在已存在的结构模块中加入新服务等。

主动网络的体系结构如图 7-16 所示,它由一系列主动结点和传统网络结点(如 IP 路由器)连接而成。传统结点仅完成分组转发工作,而主动结点不仅具有 IP 路由器的功能,还可以根据需要执行主动报文(分组)中携带的程序代码,对数据包的内容进行处理。

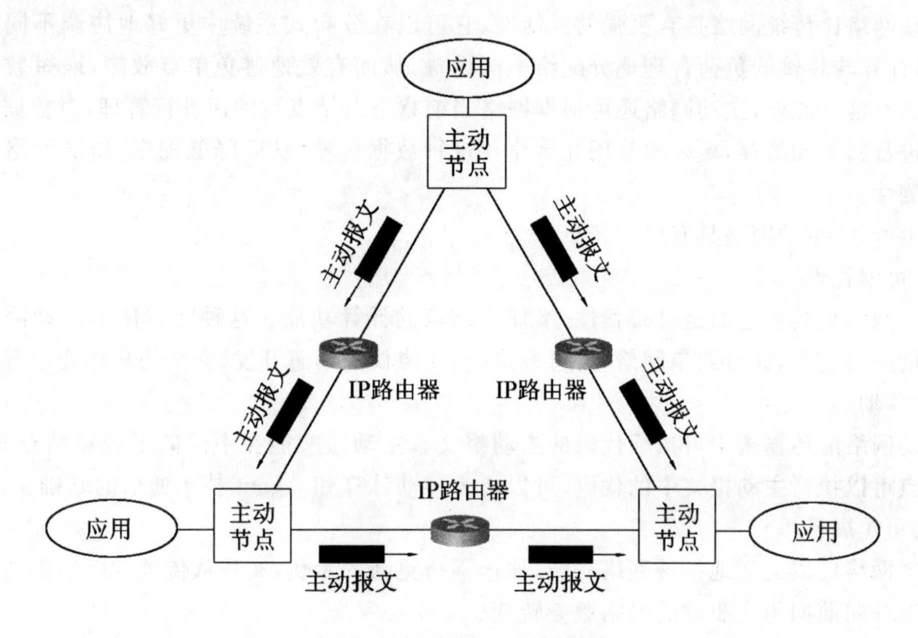

图 7-16 **主动网络体系结构**

主动结点和主动报文是构成主动网络的两个主要功能性实体,主动结点的结构以及主动报文的构成是主动网络体系结构的基础。从本质上讲,主动网络用携带程序代码的主动报文替代传统的 IP 报文,采用可编程的主动结点作为网络中间结点,打破了传统网络中间结点的封闭性,使得中间结点与终端结点一样具有可编程性。

主动网络是动态的、可更新和可扩展的,具备处理报文数据和进行计算的能力,其中的网络实体可以根据用户的需要进行配置。主动网络与传统网络的差异主要表现在以下几个方面。

(1)网络传输模式

传统网络采用端到端存储-转发的传输模式。信息在网络终端上进行处理,网络结点虽然可以改变分组的报头,但对用户数据不做处理。

主动网络采用存储-计算-转发的传输模式,不仅具有分组路由的能力,而且能够对分组中的用户数据进行计算处理,可使分组在传送过程中被修改、存储或重定向等。

(2)数据包处理机制

在传统网络中,分组由包含地址的头部和数据组成,网络结点只是简单地沿着数据流转发分组。主动网络的分组(主动报文)由包含地址的头部、数据和可执行代码等部分组成,当它到达预定的主动结点时,可执行相应的代码,按预设的处理功能对分组进行处理。

(3)网络交互和控制

网络交互和控制是主动网络区别于传统网络的又一特征。主动网络在网络结点中提供可编程接口,网络结点可以通过这些接口将结点资源、管理机制和策略等统一起来以支持网络的主动性,构建或细化新的服务。主动网络的结点之间以及结点与用户之间可以交换程序代码,有利于提高网络协议的适应性。此外,主动网络还支持网络行为的动态修改,能够引导网络中的数据流向。

(4)网络灵活性

主动网络比传统网络具有更强的灵活性,它可以在分布式系统中更好地协调不同设备的工作,将计算与传输的负荷合理地分配给不同设备,从而有效地避免单点故障,缩短数据处理和传输的时延。此外,主动网络还可根据网络当前状态对结点缓冲区进行管理,对数据流携带的信息进行归类和缓存,更好地利用冗余路径进行数据传输,从而降低拥塞,增加网络的性能和可预测性。

综上所述,主动网络具有以下特点:

(1)可编程性

主动网络最具特色的是可编程性,增加了结点的计算功能。这种能力使得主动网络具有多方面的应用前景,如自纠错网络、自付账系统、新协议的动态开发、安全的多播通信等。

(2)移动性

主动网络能传输携带可执行代码的主动报文。主动报文能在不同的平台和结点间流动。主动结点可以执行主动报文中的代码,可以成为移动计算和 Agent 技术通信的基础。

(3)可扩展性

主动网络可以灵活地扩展网络功能,加速网络更新的步伐,实现从传统的面向供应商驱动的网络服务向面向用户驱动的网络服务转变。

主动网络有两种实现方案:可编程交换机方案和封装方案。可编程交换机方案的思想是保留现在的报文格式;封装方案的思想则走得更深远一些,它改变了现有的报文格式。主动报文不仅仅包含数据,而且还包含了小程序段。小程序可以被主动网络的中间结点:路由器或交换机识别,并在中间结点上执行,因此主动报文的传输过程就是它被执行的过程。

主动网络的研究一直在持续。有些研究单位已经研究出可以演示的实验性网络。但是网络在结点上要处理用户定义的程序,性能将会受到影响。同时,主动网络的安全性也是一个需要研究的重点问题。

7.6.2　服务元网络体系结构

服务元网络体系结构 SUNA(Service Unit Network Architecture)是一种无层次网络体系结构,其研究重点是如何合理地定义服务元(SU),如何有效地将各个服务元整合起来提供网络服务。

服务元是能够提供服务而又隐藏内部细节的最小实体,是服务数据单元的发送者(源)、接收者(目的)、转发者(递交)或变换者。这样的定义使服务元相对于对象或者角色来说更加合理。为了便于实际设计,根据当前网络通信的要求,对服务元的类别、功能都进行了详细的定义。

服务元不接受服务,只对应用层和整个网络提供服务。服务元提供的服务是通过服务数据单元(SDU)完成的。两个 SU 之间的功能不能重复,也不能相互嵌套。这样更加便于实现和扩展,功能简单明确,可以更加灵活地支持多种网络服务。

服务元网络体系结构中不再划分层次,其网络功能部件是 SU。各个 SU 完成相对独立的网络功能,相互之间并不传递服务,没有层次关系。不同 SU 可以协调配合实现各种不同的网络功能,为用提供各种不同的服务。与角色对应的具体事务不同,SU 对应的是网络基本功能。

根据启动服务的方式,服务元 SU 可以分为 5 类,对应模型如图 7-17 所示。其中,不同作用的 SU 用三角形或者矩形表示。

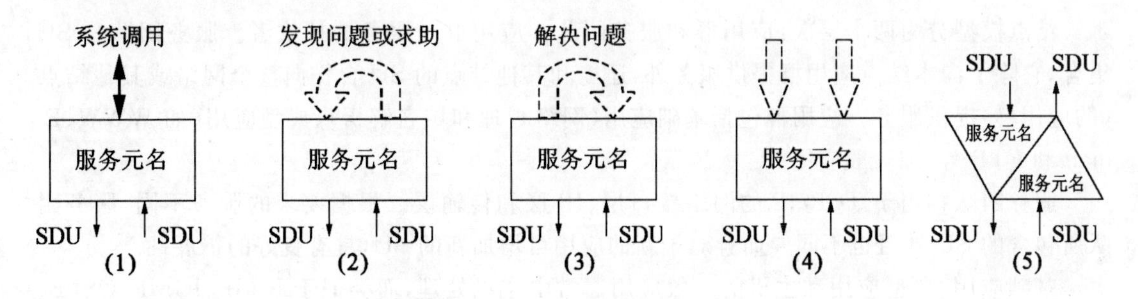

图 7-17　5 类服务元模型

第 1 类服务元在执行系统调用时启动服务。矩形上方箭头表示引起服务的原因是执行系统调用。矩形下方的向下箭头表示服务产生的服务数据单元 SDU 输出;矩形下方的向上箭头表示服务准备接收的 SDU 输入。例如建立连接服务元,应用执行系统调用 CONNECT 时引起服务。第1类服务元是为本结点提供服务的。对于没有 OS 的结点,系统调用将被函数取代。

第 2 类服务元因网络发生紧急事故、不正常事件等原因而启动服务,并向非通信结点发送警告信息;或者周期性地启动服务,发路由信息。矩形下方的向下箭头表示服务产生的 SDU 输出。

第 3 类服务元由于收到第 2 类服务元发出的警告信息(用矩形下方的向上箭头表示)而启动服务,进行内部处理。不同结点的第 2、3 类服务元协作为整个网络或向非通信结点提供服务。

第 4 类服务元是路由选择类服务元,它收到源于其他结点的 SDU(向上的箭头表示)而启动服务，通过修改包的目的地址而产生发向另一结点的 SDU(向下的箭头表示)。路由产生类服务元也属于第 4 类。它一方面发出拓扑变化消息，另一方面接收其他路由器发出的拓扑变化消息，然后计算路由，再填入路由表。

第 5 类服务元由 SDU 的到来而启动服务，并对 SDU 进行“加工”输出。两个相对的三角上方的向下箭头表示源于本结点的 SDU 到来，产生的 SDU 由矩形下方的向下箭头表示；下方的向上箭头表示源于其他结点的 SDU 到来，产生的 SDU 由矩形上方的向上箭头表示。第 5 类服务元包括加解密服务元、压缩解压服务元、身份验证服务元和安全净荷服务元等。

第 1～4 类服务元是 SDU 的源或/和目的，第 5 类服务元是 SDU 的“加工”者。

由于每个 SU 都完成一项基本网络功能，因此可以非常方便地对 SU 系统进行扩展和定制；而 SU 之间并不传递服务，这就确保了网络功能不出现冗余，同时 SU 之间的接口和交互保持简单化。

SUNA 规定在网络的端系统和核心系统中存在一系列功能各异的 SU，它们相互作用，完成需要的网络功能。在 SUNA 中的结点是主机或者路由器，不同作用的结点具有不同功能的服务元集合。一个 SUNA 结点模型如图 7-18 所示。

基础应用、典型应用和一般应用	应用群
服务元的集合	服务团队

图 7-18　SUNA 结点模型

结点模型分为两个层次：应用群和服务团队。应用群是服务的接收者。服务团队是 SU 集合，它除了向本结点应用群提供服务外，还能和其他结点的 SU 合作向整个网络或其他结点(的应用群)提供服务。应用群包括基础应用(网络管理和域名解析)、典型应用(如 WWW、E-mail 和 FTP 等)和一般应用。

服务团队相当于 TCP/IP 的网络接口层、IP 层和传输层。根据要求的服务不同，服务团队所包含的 SU 数目也不同。而且对于新的应用可增加新的 SU，具有良好的扩展性。

基础应用、典型应用和主机的一般应用通常由主机处理，而类似于 ICMP、IGMP、OSPF、RIP2、路由选择、源选择路径等由路由器完成。ICMP 中仅仅 Ping 的收发和其他报文的接收由主机处理，路由功能中仅仅源选择路径和 IGMP 需要源主机参与，其余也在路由器上处理。

为了实现不同要求的源端和目的端之间的通信要求，有些 SU 只在源端和目的端存在，执行端到端的网络功能。比如源和目的结点之间要保证数据传输的可靠性控制，需要在源和目的端运行滑动窗口类 SU，而在路由器上则不需要。而有些 SU 只存在路由器中，比如选择路径服务元。还有些 SU 需要在主机和路由器上同时存在，完成路由器和主机对某些功能的协调处理，比如建立连接服务元，必须从源结点、沿途的每个路由器结点一直到目的结点都要进行预留资源和分配虚电路的处理。

不同的网络结点为了完成不同的功能，需要不同集合的 SU。这些 SU 作为独立的模块存在，SDU 作为彼此之间联系的纽带，并不要求实现方法一样，只要求具有相同的功能，这样的系统设计带来了很大灵活性。

由 SU 组合形成的网络系统逻辑简单，实现方便，高效无冗余，扩展性好，能够满足各种不同应用需求，易于满足现代网络应用向网络系统提出的保障安全、提高 QoS 和多媒体信息宽带传输等方面的新要求。

7.6.3　其他网络体系结构

除了上述两种网络体系结构以外，研究人员还提出了一些其他的网络体系结构如：

1. 应用级组帧和一体化层次处理

应用级组帧(ALF)是 D. Clark 和 D. Tennenhouse 在 1990 年提出的。他们提出面向网络协议处理性能优化的网络体系结构思想，试图消除传统 OSI 参考模型中由于高层协议分层过多而造成协议软件处理性能较低的不足。他们认为传统的 TCP/UDP 协议并不能很好地满足每一个特定的网络应用需要，应用程序应该涉及数据的传输处理过程，因为只有应用程序才最了解传输信息的特点。它们知道在传输信息出现问题的时候，比如信息丢失、无序或延迟的时候应该怎么处理。在 ALF 设计原则中，信息分组应该是应用数据单元(ADU)，包括处理单元、控制单元、传输单元。应用程序收到 ADU 后，自己决定如何处理。

2. 面向对象的网络

这种体系结构也称为模块化通信系统(MCS)。不同于传统的层次结构，它是面向对象的模型。根据各个基本的网络功能模型，可以组成不同的网络服务。MCS 由 4 个模型组成，即对象模型、系统模型、通信模型和组织模型。

对象模型描述了可以管理的各个功能模块，它们具有可组织性、扩展性和重用性；系统模型将各个服务对象按照水平方向分为各个平面，在垂直方向分为各个功能层次，不同的层次完成不同的通信子功能；通信模型用于管理用户的通信要求，比如 QoS 要求、面向数据报和面向事务处理等要求，定义了基本的服务对象类；组织模块用来提供组织服务，让应用程序定制自己独特的通信服务。一个应用程序要求的服务能力可以分为 3 类：服务设施、QoS、服务模式。模型中的组织者根据应用程序的要求合理组织服务对象，完成网络通信要求。

面向对象的 MCS 还是使用了层次的观念，只不过服务对象之间没有固定的层次关系，是一种动态的分层结构。实践证明 MCS 可以明显地提高网络性能。目前面向对象的 MCS 的两个公开问题是模块化准则和协议正确性自动验证问题。

3. 面向角色的网络体系结构

基于角色网络体系结构(RBA)没有使用协议层的概念，取而代之的是称为角色的功能单元来组成通信系统。协议模块称为一个“角色”。角色是对一个通信模块的功能性描述，如完成分组转发或处理等功能。角色也是一种抽象实体，它并未按层次来进行组织，因而角色之间的交互作用将比传统的协议层次丰富得多。在一个报文中所有的数据，包括载荷，都被定义为特定角色报头(RSH)的角色数据。一个角色的输入输出部分是应用数据净载荷以及与特定的一些角色所对应的包含控制信息的元数据。目前基于角色的网络体系结构研究还在概念上，需要进一步探索。

第八章　网络实验教程

实验1　物理连接实验

8.1　RJ-45 接口连线

实验要求

1. 学会制作直通和交叉两种双绞线缆的 RJ-45 接头方法；
2. 掌握使用双绞线作为传输介质的网络连接方法；
3. 掌握测线仪的使用方法。

实验条件

双绞线、水晶头、压线钳，测线器或具有 RJ-45 接口网卡的计算机。

实验指导

双绞线缆是一种非常流行的，用于网络互连的通信介质，是局域网上最常用到的网络电缆。其特性介绍见本书第二章——物理层中的介绍。

非屏蔽双绞线有六种类型(表 8-1)，其中 10BASE-T 的定义是传输速率为 10 Mbps，信号采用基带方式，T 表示双绞线。

表 8-1　非屏蔽双绞线的六种类型

类别	用　途	
Cat 1	可传输语音，不用于传输数据，常见于早期的电话线路	电信系统
Cat 2	可传输语音和数据，常见于 ISDN 和 T1 线路	
Cat 3	带宽 16 MHz，用于 10BASE-T，制作质量严格的 3 类线缆也可用于 100BASE-T	计算机网络
Cat 4	带宽 20 MHz，用于 10BASE-T 获 100BASE-T	
Cat 5	带宽 100 MHz，用于 10BASE-T 或 100BASE-T，制作质量严格的 5 类线缆，可用于 1000BASE-T	
Cat 6	带宽高达 200 MHz，可稳定运行千兆以太网 1000BASE-T	

1. RJ-45 **连接器和双绞线线序**

由双绞线构成的数据线是由双绞线两端安装上 RJ-45 连接器组成。RJ-45 连接器俗称水晶头。结构如图 8-1 所示，它有 8 个金属针脚，以太网接口与之相对应也有 8 个针脚。

图 8-1　水晶头及其与双绞线的连接

非屏蔽双绞线缆里面包含有橙、绿、蓝和棕色四对(8 芯)的双绞线。在 10 M/100 M 以太网中全部 8 芯只使用其中 4 芯，但在制作数据线时一般都同时连上；在 1 000 M 以太网中 8 芯全部使用。同一对双绞线的两条导线涂布相同的颜色。如橙色线对的两条导线，其中一条表面全部用橙色涂布，另一条的表面则用橙色与白色相间涂布，它们分别称为橙色线和橙白线（其他线对类似，见表 8-2）。

表 8-2　T568A 和 T568B 的管脚编号与导线的对应关系

T568A 接线标准								
管脚	1	2	3	4	5	6	7	8
导线	绿白	绿	橙白	蓝	蓝白	橙	棕白	棕
T568B 接线标准								
管脚	1	2	3	4	5	6	7	8
导线	橙白	橙	绿白	蓝	蓝白	绿	棕白	棕

双绞线与 RJ-45 管脚连接标准主要由两个：T568B 和 T568A，其中 T568B 标准在以太网中应用较广泛。

根据双绞线缆两端与 RJ-45 连接的方式不同，可以构成三种数据线：直通线、交叉线和全反线。

直通线：双绞线两端使用同一种接线标准，即同时采用 T568B 标准或同时采用 T568A 标准，这种数据线应用在 PC 机与交换机（集线器）、路由器与交换机（集线器）的连接中。

交叉线：双绞线一端采用 T568B 标准，另一端采用 T568A 标准接线。用于网卡之间的直接连接，如 PC 机与 PC 机、PC 机与路由器、路由器与路由器的连接，也可以无 uplink 口的交换机或集线器的与上层交换机或集线器之间的连接。

全反线：用于连接路由器 console 口与计算机的网卡，利用计算机操作系统的超级终端软件来配置路由器。全反接法双绞线两端的接线顺序完全相反，如同一条白橙导线接在线缆左边 RJ-45 的 1 脚和右边 RJ-45 的 8 脚，橙色导线接在线缆左边 RJ-45 的 2 脚和右边 RJ-45 的 7 脚，其他 6 条导线依次类推。

2. 双绞线线头的制作步骤

（1）线缆长度：确定线缆长度后再加上 30 cm 的冗余。根据 TIA/EIA 线缆的标准长度为 3 m，不过在实际应用中往往变化很大，可以根据需要自行决定线缆的长度，但不要超过 100 m。

（2）剥线：用压线钳剪线刀口将线头剪齐，再将双绞线线头伸入剥线刀口，使线头触及前挡板，然后在适度握紧压线钳同时慢慢旋转双绞线，让刀口划开双绞线的保护胶皮，但不要用力过大，以免伤及内部的导线，剥下长为 2 cm 左右的保护胶皮取出线头。

（3）理线：双绞线由 8 根有色导线两两绞合而成，将露出保护胶皮的各对线缆解绞，把双绞线对拆开为平行线对。拆开的部分尽量短，因为过长的接口部分是产生电噪声的主要原因。（以 T568B 为例）把解开的 8 条导线按照橙白、橙、绿白、蓝、蓝白、绿、棕白、棕色顺序平行排列，将线平直排好。保留已拨去保护胶皮网线 1.2 cm 左右，将线缆前端剪平。

（4）插线：右手捏住水晶头（有铜片的一面向上），左手捏平按顺序平行排列的双绞线，用力将线平行插入头的线槽顶端，在水晶头的外顶端可以看见网线的铜质线芯；

（5）压线：确认所有导线都到位后，将水晶头放入卡线钳夹槽中，用力压下钳把，压紧线头，使水晶头的铜片穿透线芯的保护胶皮并与线芯接触即可。

(6)根据不同的双绞线类型(直通、交叉或全反),制作另外一端的RJ45接头。

实验2 网络协议分析

8.2 链路层数据帧分析

实验要求

熟悉网络监听软件Sniffer,通过对截获的数据帧进行分析,验证Ethernet V2标准和IEEE 802.3标准规定的MAC层的帧结构。

实验原理

局域网经过近三十年的发展,尤其是近些年来快速以太网(100 Mb/s)、吉比特以太网(1 Gb/s)和10吉比特以太网(10 Gb/s)的飞速发展,采用CSMA/CD接入方法的以太网已经在局域网市场中占有绝对优势,几乎成为局域网的同义词。

常用的以太网MAC帧格式有两种标准,一种是DIX Ethernet V2标准,另一种是IEEE的802.3标准。

以太网数据传输通过广播实现,在同一网段的所有网卡理论上都可以访问在共享的物理介质上传输的所有数据。但系统正常工作时,一个合法的网络接口只会响应两种数据帧:一种是帧的目标MAC地址与本地网卡地址相符;另一种是帧的目标地址是广播地址,除此之外的任何数据帧将被丢弃不作处理。要监听流经网卡接口的不属于自己主机的数据,则必须将该网卡设置为“混杂”方式,绕过系统正常工作的处理机制,直接访问网络底层。这样,计算机就可以监听到同一冲突域上传输的所有数据帧。

应当注意的是,当主机连接在以太网集线器上时,采用“混杂”方式是可以监听到同一冲突域上传输的所有数据帧和广播帧;但如果主机连接在交换机上时,由于交换机通常不会将数据帧广播到所有端口上(除非在交换机的MAC地址-端口映射表内找不到相应的表项),因而就可能利用以太网络的广播特性监听到数据帧(广播帧除外)。这时,可利用交换机的端口镜像功能实现对整个局域网的监听。

协议分析软件就是通过将网卡设为混杂方式实现网络数据捕获的。目前有很多种协议分析软件,常见的有Sniffer、Wireshark和OmniPeek等。

实验条件

安装Windows XP或Windows 7的联网计算机,并装有网络监听软件Sniffer。

实验指导

(1)启动Sniffer软件,打开图8-2所示的“当前设置"窗口,选定网络适配器,进入主界面。

(2)选取Capture→Start菜单项,开始截获数据报文。

(3)在DOS命令行窗口,执行如下命令:

ping xxx. xxx. xxx. xxx

其中xxx. xxx. xxx. xxx是与本计算机在同一网段上计算机的IP地址。

(4)选取Capture→Stop and Display菜单项终止截获报文,并在屏幕上显示截获数据报结果。

(5)对截获的报文进行分析:

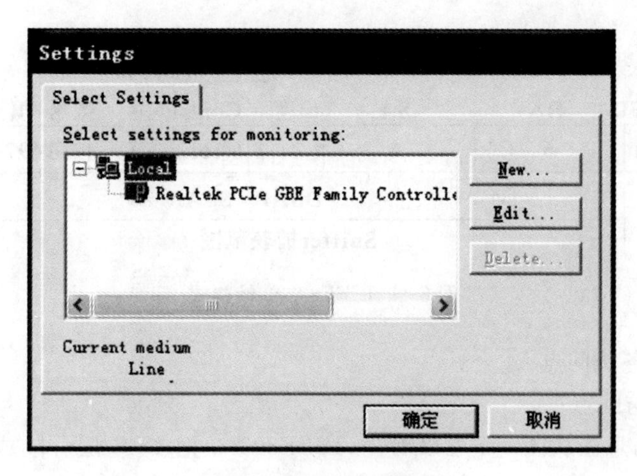

图 8-2　“当前设置”窗口

1. 链路层数据帧的主要格式

链路层的数据帧主要有两种格式：以太网版本 2 (Ethernet Version2)和 IEEE802.3。

(1)Ethernet Version2 帧

以太网版本 2 是先于 IEEE 标准的以太网版本。其以太网 V2 的 MAC 帧格式说明见本书 3.6.1 图 3-20。

图 8-3 是 Sniffer 捕获的 Ethernet V2 帧的解码，可以看到在数据链路层(DLC)，源 MAC 地址后紧跟着是 0800，代表该帧数据部分封装的是 IP 报文。同时，0800 大于 05FF，也是断定它是 Ethernet V2 帧的依据。

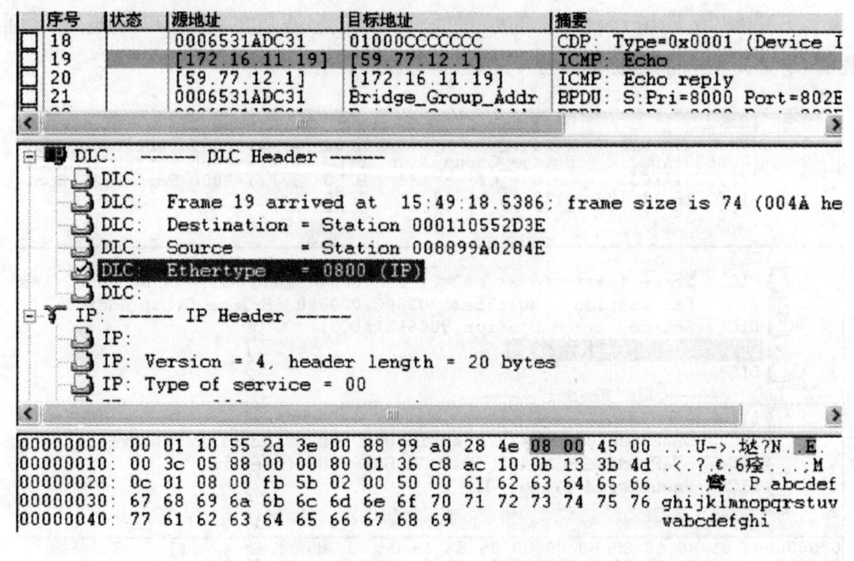

图 8-3　Ethernet V2 帧的解码

(2)IEEE802.3 帧

IEEE802.3 帧格式见图 8-4。

其中：

SFD：开始定界符；

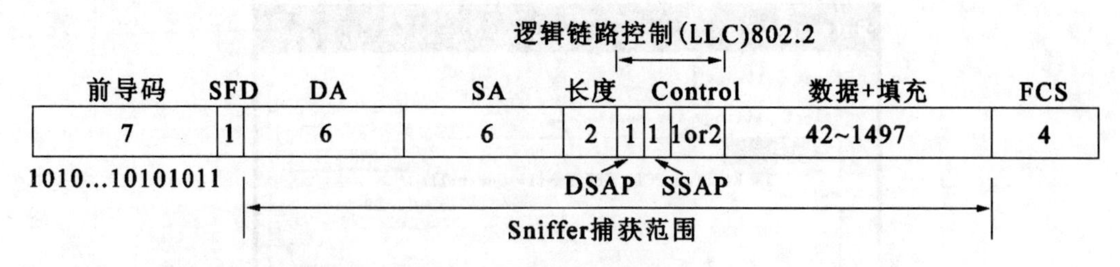

图 8-4　IEEE802.3 帧格式

DSAP：目标服务访问点；

SSAP：源服务访问点；

Control：控制信息。从图 8-4 可以看出，IEEE802.3 把 DLC 层分隔成明显的两个子层：MAC 层和 LLC 层，其中 MAC 层主要是指示硬件目的地址和源地址。LLC 层提供下列服务：

①通过 SAP 地址来辨别接收和发送方法；

②兼容无连接和面向连接服务；

③提供子网访问协议(Sub-network Access Protocol，SNAP)，类型字段即由它的首部给出。

MAC 层要保证最小帧长度不小于 64 字节，如果数据不满足 64 字节长度就必须进行填充。

图 8-5 是 Sniffer 捕获的 IEEE 802.3 帧的解码，可以看到在 DLC 层源地址后紧跟着就是 802.3 的长度(Length)字段 0026，它小于 05FF，据此可以肯定它不是 Ethernet V2 的帧；接下来的 Offset 0E 处的值“4242”(代表 DSAP 和 SSAP)，据此可以判定它是一个 IEEE 802.3 的帧。IEEE 802.3 的帧与 Ethernet V2 的帧最大的不同点是目的地址和源地址后面的字段代表的不是上层协议类型，而是报文长度，并多了 LLC 子层。

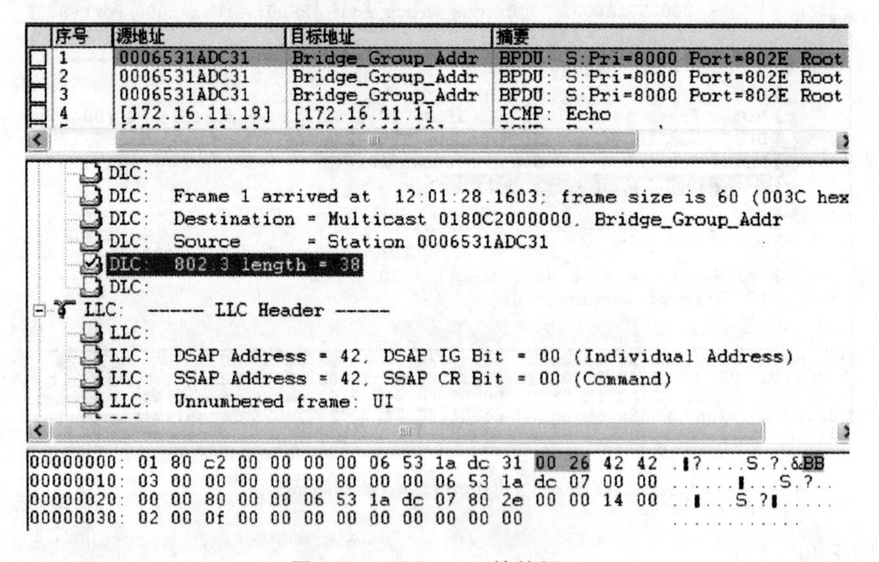

图 8-5　IEEE802.3 帧的解码

从图 8-5 也可以看出，Sniffer 捕捉数据包的时候是掐头去尾的，不要前面的前导码，也丢弃后面的 CRC 校验(注意：它只是不在 Sniffer 的 Decode 窗口中显示这些区域，并不代表它不对数据包全部内容进行分析)，这就是让人困惑为什么 Sniffer 捕捉到的数据包长度跟实际长度不相符的原因。

在实际应用中，在数据链路层大多数都采用 Ethernet V2 的帧(如 HTTP、FTP、SMTP、POP3 等应用)，而交换机之间的 BPDU(桥协议数据单元)数据包则采用 IEEE802.3 的帧，VLAN Trunk 协议如 802.1Q 和 Cisco 的 CDP(思科发现协议)等则是采用 IEEE802.3 SNAP 的帧。

8.3 ARP 协议分析

实验要求

1. 掌握 ARP 协议工作原理；
2. 分析 ARP 协议报文首部格式，分析 ARP 请求、ARP 应答分组结构；
3. 分析 ARP 协议在同一网段内和不同网段间的解析过程；
4. 掌握 Sniffer 软件的报文捕获操作。

实验原理

使用网络的应用程序是采用逻辑地址(如 IP 地址)进行通讯的，而实际的物理网络必须使用物理地址(如 MAC 地址)进行数据传输。所有，必须建立逻辑地址与物理地址的映射关系(地址解析)，高层应用的报文才可以用底层物理网络传输出去。用于将 IP 地址解析成硬件(物理)地址的协议称为地址解析协议—ARP 协议。ARP 是动态协议，即地址的解析过程是自动完成的，不用人工干预。

ARP 协议报文封装在以太的帧中，其格式见图 8-6。

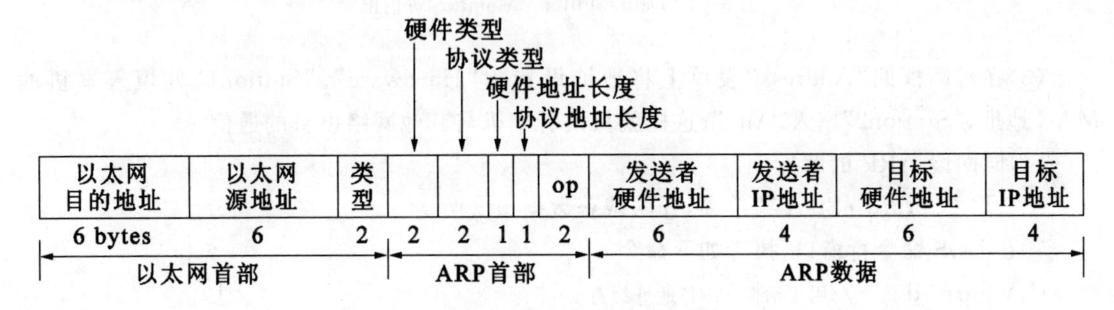

图 8-6 ARP 报文格式

在每台运行 ARP 协议的主机中，都保留了一个专用的内存区(称为缓存)，存放最近的 IP 地址与硬件地址的对应关系。一旦收到 ARP 应答，主机就将获得的 IP 地址和硬件地址的对应关系存到缓存中。ARP 缓存信息在一定时间内有效，过期不更新就会被删除。

(1)同一网段的 ARP 解析过程

主机与处在同一网段的另一主机进行通信时，首先去缓存中查找目的主机的 IP-MAC 对应项；如果找到，便将报文用找到的物理地址直接(封装到帧)发送出去；如果找不到，源主机就直接向网络发送 ARP 请求报文，在一网段中的目的主机会对此请求报文做出应答。

(2)不同网段的 ARP 解析过程

主机与处在不同网段的另一主机进行通信时，数据要先发给默认网关，然后由它转发出去。源主机首先去缓存中查找默认网关的 IP-MAC 对应项；如果找到，源主机就把报文(封装到帧)发送给它的默认网关;如果找不到默认网关的IP-MAC对应项,源主机就会发送ARP请求报文,从默认网关的ARP应答报文中,获得默认网关的IP-MAC对应项。

实验条件

安装了Windows XP或Windows 7的联网计算机,并装有网络监听软件Sniffer。

实验指导

(1)运行Sniffer软件。

(2)选取Monitor→Define Filter菜单项,弹出"Define Filter-Monitor"对话框(图8-7)。

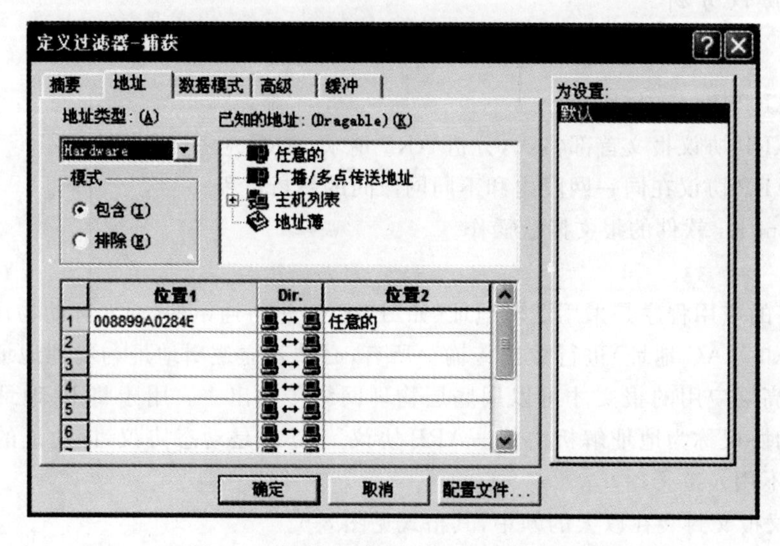

图8-7 "Define Filter - Monitor"对话框

(3)在对话框的"Address"表单上将地址设置为"Hardware"、"Station1"处填入本机的MAC地址,"Station2"填入"Any",这样就只侦听本机与其他网络设备的通信。

(4)同网段ARP的解析

①选取Capture→Start菜单项,开始截获数据报文听。

②在DOS命令行窗口,执行如下命令

C:\>arp -d　　//用于清除ARP地址缓存

C:\>arp -a　　//用于显示ARP地址缓存(检查ARP是否清空)

C:\>ping xxx. xxx. xxx. xxx

③选取Capture→Stop and Display菜单项终止截获报文,并在屏幕上显示截获数据报结果。

④对截获的报文进行分析。

本机执行ping命令后,会发出ARP请求报文,如对方机器存在,会相应发回ARP应答报文,见图8-8和8-9。ARP报文的内容分析参见本书4.2.2节。

(5)不同网段的解析

①选取Capture→Start菜单项,开始截获数据报文。

②在DOS命令行窗口中执行以下命令:

C:\>arp-d

C:\>arp-a

```
DLC: ----- DLC Header -----
  DLC:
  DLC:  Frame 1 arrived at  12:35:08.5982; frame size is 60 (003C hex) bytes
  DLC:  Destination = BROADCAST FFFFFFFFFFFF, Broadcast
  DLC:  Source      = Station 008899A0284E
  DLC:  Ethertype   = 0806 (ARP)
  DLC:
ARP: ----- ARP/RARP frame -----
  ARP:
  ARP: Hardware type = 1 (10Mb Ethernet)
  ARP: Protocol type = 0800 (IP)
  ARP: Length of hardware address = 6 bytes
  ARP: Length of protocol address = 4 bytes
  ARP: Opcode 1 (ARP request)
  ARP: Sender's hardware address = 008899A0284E
  ARP: Sender's protocol address = [172.16.11.9]
  ARP: Target hardware address   = 000000000000
  ARP: Target protocol address   = [172.16.11.130]
  ARP:
  ARP: 18 bytes frame padding
```

图 8-8 ARP 请求报文

```
DLC: ----- DLC Header -----
  DLC:
  DLC:  Frame 2 arrived at  12:35:08.6011; frame size is 60 (003C hex) bytes
  DLC:  Destination = Station 008899A0284E
  DLC:  Source      = Station 48022AF89A94
  DLC:  Ethertype   = 0806 (ARP)
  DLC:
ARP: ----- ARP/RARP frame -----
  ARP:
  ARP: Hardware type = 1 (10Mb Ethernet)
  ARP: Protocol type = 0800 (IP)
  ARP: Length of hardware address = 6 bytes
  ARP: Length of protocol address = 4 bytes
  ARP: Opcode 2 (ARP reply)
  ARP: Sender's hardware address = 48022AF89A94
  ARP: Sender's protocol address = [172.16.11.130]
  ARP: Target hardware address   = 008899A0284E
  ARP: Target protocol address   = [172.16.11.9]
  ARP:
  ARP: 18 bytes frame padding
```

图 8-9 ARP 应答报文

C:\>ping 210.34.0.13

③选取 Capture→Stop and Display 菜单项终止截获报文，并在屏幕上显示截获数据报结果。

④分析报文。在实验中填写表 8-3：

表 8-3 ARP 请求报文和 ARP 应答报文的字段信息

字段项	ARP 请求报文	ARP 应答报文
Destination		
Source		
Sender MAC Address		
Sender IP Address		
Target MAC Address		
Target IP Address		

a. 选中第一条 ARP 请求报文和第一条 ARP 应答报文，将 ARP 请求报文和 ARP 应答报文中的相关字段信息填入表中。

b. 写出 ARP 协议在不同网段间解析的过程，比较 ARP 协议在相同网段内解析的过程，有何异同点？

8.4 IPv4 协议分析

实验要求

分析 IPv4 的报头结构，给出每一个字段的值及其含义，加深对 IP v4 协议理解。

实验条件

安装了 Windows XP 或 Windows 7 的联网计算机，并装有网络监听软件 Sniffer。

实验指导

运行 Sniffer 软件并做与实验 2 中第一个实验相同的配置。

选取 Capture→Start 菜单项，开始截获数据报文。

在 DOS 命令行窗口中执行以下命令：

C:\ping 210.34.0.13

选取 Capture→Stop and Display 菜单项终止截获报文，并在屏幕上显示截获数据报结果。

分析截获数据报，完成下列工作：

分析第 1 个 ICMP 报文的 IP 协议部分，如图 8-10，完成表 8-4。

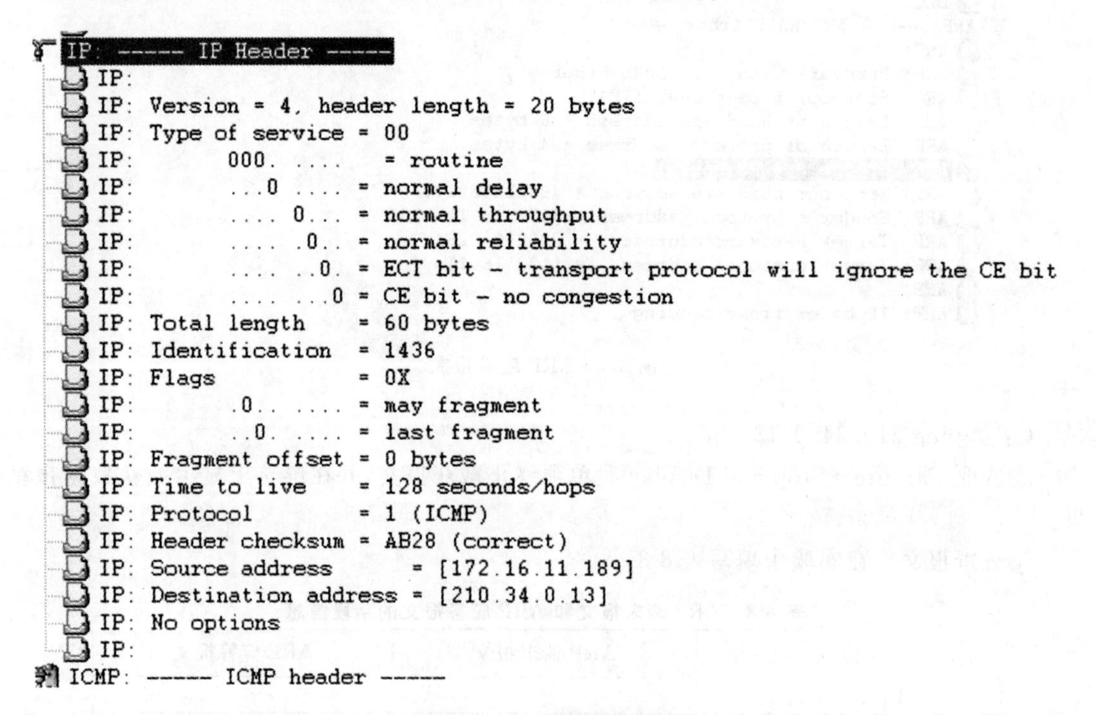

图 8-10　IP 协议部分解码

表 8-4　IPv4 协议的分组中各字段信息

字　段	报文信息	说　明	字　段	报文信息	说　明
版本			片偏移		
首部长度			生存周期		
服务类型			协议		
总长度			校验和		
标识			源地址		
标志			目的地址		

8.5　ICMP 协议分析和路由跟踪

实验要求

1.了解 ICMP 协议的功能与应用；

2.理解 ICMP 协议与 IP 协议的封装关系；

3.掌握常用 ICMP 报文格式及响应方式和作用；

4.学会根据各种响应信息进行出错分析的方法。

5.理解路由跟踪过程；

6.掌握 Tracert 命令跟踪路由技术。

实验原理

IP 协议是一种不可靠无连接传输协议。当数据包(也称分组)经过多个网络传输后,可能会出现错误、目的主机不响应、包拥塞和包丢失等情况。为了处理这些问题,在 IP 层中引入了 1 个子协议 ICMP,用于在网络设备之间传递控制信息,包括报告错误、交换受限控制和状态信息等。当遇到 IP 数据包无法访问目标、IP 路由器无法按当前的传输速率转发数据包等情况时,路由器会自动发送 ICMP 报文,向源主机通报出错信息。ICMP 数据报文封装在 IP 数据包中传输。ICMP 报文可以被 IP 协议层、传输层协议(TCP 或 UDP)和用户进程使用。

1. ICMP **报文的封装**

ICMP 有两种报文:差错报文和查询报文。差错报文用于当路由器或主机在处理数据过程出现问题的时,向源主机进行报告;查询报文用于帮助网络管理员从一个网络设备上得到特定的信息,例如某个主机是否可达,中间经过那些路由器等等。ICMP 报文还细分成很多类型,一个简明的 ICMP 报文类型如下表所示。ICMP 报文都是封装在 IP 报文中进行传输的,具体的封装格式和更详细的类型说明见本书 4.4.3。

ICMP 报文类型

种类	类型	报文
差错报告报文	3	目的端不可达
	4	源端抑制
	11	超时
	12	参数问题
	5	改变路由

续表

种类	类型	报文
查询报文	8 或 0	回送请求或回答
	13 或 14	时间戳请求或回答
	17 或 18	地址掩码请求或回答
	10 或 19	路由器查询和通告

2. Tracert **工作原理**

Tracert(跟踪路由)是路由跟踪实用程序,用于确定 IP 数据报访问目标所采取的路径。Tracert 命令用 IP 数据报文中的生存时间(TTL)字段和 ICMP 报告的错误消息来确定从源主机到网络上其他主机的路由。

源主机的 Tracert 程序向目标端发送 ICMP 请求,并将封装 ICMP 请求数据包的 IP 分组报头中的 TTL 值置为 1。此 ICMP 请求数据包在到达第一跳路由器时,IP 报头中的 TTL 减 1 后变为 0,根据规定路由器会丢弃 TTL 为 0 的 IP 分组,并同时向发送端发送 ICMP 超时消息。源主机从收到的超时消息中,记录并显示发回超时信息的路由器的 IP 地址,以及 IP 分组从源主机到第一个路由器之间的往返时间;然后,Tracert 程序继续向目标端发送 ICMP 请求数据包,但 IP 分组报头的 TTL 值加 1 置为 2。这个 ICMP 请求数据包在向目标端前进的路途上到达第二个路由器后,TTL 值被减为 0;第二个路由器同样的向发送端发送 ICMP 超时报文。源主机就又获得了路途上第二路由器的 IP 地址以及往返时间。依此类推,直到有一个 ICMP 请求数据包到达目的端。这样,源主机就可以根据各路由器回复的 ICMP 超时报文,来确定到达目的端的路径上所有的路由器 IP 地址与通讯往返时间。

利用 Tracert 通常可以测试从源端到达目的端的路径上,需要通过哪些节点,同时了解到通讯路径中的哪个节点上存在故障。

实验指导

1. 捕获并分析超时 ICMP **报文**

(1)运行 Sniffer 软件并作与实验 2.1 相同的配置;

(2)选取 Capture→Start 菜单项,开始截获数据报文;

(3)在 DOS 命令行窗口中执行以下 tracert 命令,见图 8-11。

```
C:\Documents and Settings\nl>tracert 210.34.0.13

Tracing route to bbs.xmu.edu.cn [210.34.0.13]
over a maximum of 30 hops:

  1    <1 ms    <1 ms    <1 ms  172.16.11.1
  2     *        *        *     Request timed out.
  3     1 ms    <1 ms     1 ms  210.34.219.225
  4     1 ms    <1 ms     1 ms  bbs.xmu.edu.cn [210.34.0.13]

Trace complete.
```

图 8-11 用 tracert 确定数据包到达主机(210.34.0.13)的路径

选取 Capture→Stop and Display 菜单项终止截获报文,并在屏幕上显示截获数据报结果。在报文显示列表中找到超时报文(ICMP 报文中的 Type=11),如图 8-12。

```
ICMP: ------ ICMP header ------
ICMP:
ICMP: Type = 11 (Time exceeded)
ICMP: Code = 0 (Time to live exceeded in transit)
ICMP: Checksum = F4FF (correct)
ICMP:
ICMP: [Normal end of "ICMP header".]
ICMP:
ICMP: IP header of originating message (description follows)
ICMP:
ICMP: ------ IP Header ------
ICMP:
ICMP: Version = 4, header length = 20 bytes
ICMP: Type of service = 00
ICMP:       000. ....   = routine
ICMP:       ...0 .... = normal delay
ICMP:       .... 0... = normal throughput
ICMP:       .... .0.. = normal reliability
ICMP:       .... ..0. = ECT bit - transport protocol will ignore the CE bit
ICMP:       .... ...0 = CE bit - no congestion
ICMP: Total length    = 92 bytes
ICMP: Identification  = 4110
ICMP: Flags           = 0X
ICMP:       .0.. .... = may fragment
ICMP:       ..0. .... = last fragment
ICMP: Fragment offset = 0 bytes
ICMP: Time to live    = 1 seconds/hops
ICMP: Protocol        = 1 (ICMP)
ICMP: Header checksum = 1F97 (correct)
ICMP: Source address      = [172.16.11.189]
ICMP: Destination address = [210.34.0.13]
ICMP: No options
```

图 8-12　ICMP 超时报文(Type=11)

根据捕获到的超时 ICMP 报文完成表 8-5。

表 8-5　ICMP 超时报文参数

类型	代码	校验和	数据

2. 捕获分析回显请求和应答 ICMP 报文

使用上面截获的报文，分析 ICMP Echo 和 ICMP Echo reply 报文，如图 8-13 和图 8-14，完成表 8-6。

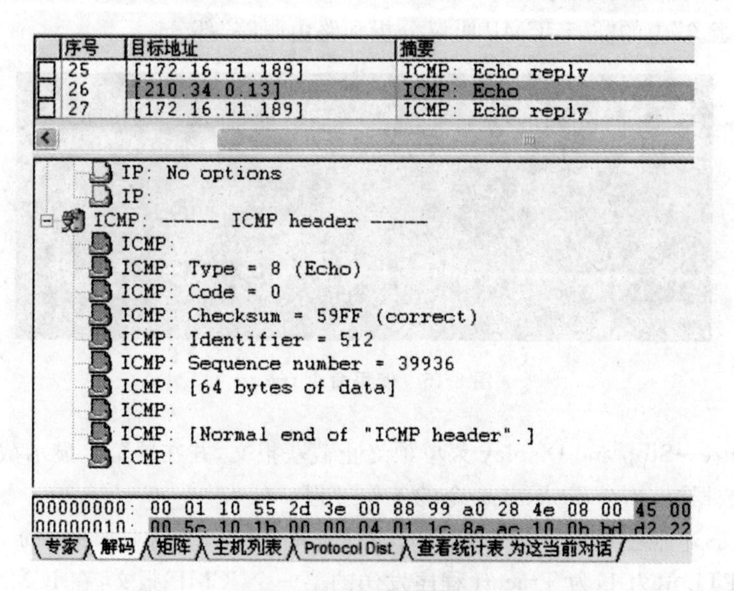

图 8-13　ICMP 回送请求报文(Echo,Type=8)

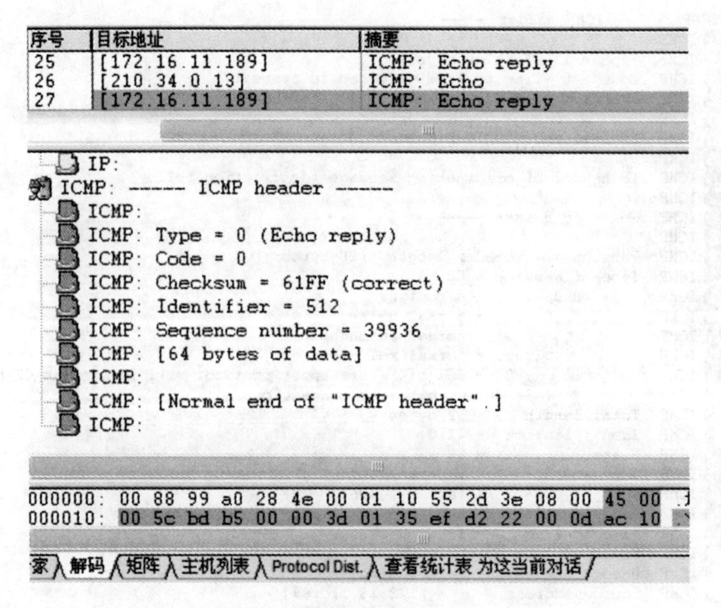

图 8-14　ICMP 回送应答报文(Echo reply,Type=0)

表 8-6　ICMP 回显请求和应答报文参数

	类型	代码	校验和	标识符	序列号
Echo request					
Echo reply					

3. **用** Tracert **跟踪路由**

运行 Sniffer 软件。

选取 Capture→Start 菜单项,开始截获数据报文。

在 DOS 命令行窗口中执行命令:“tracert-d 210.34.0.14”(图 8-15)。有关 tracert 命令更详细介绍见“实验 3”中的“8.5 ICMP 协议分析和路由跟踪”部分。

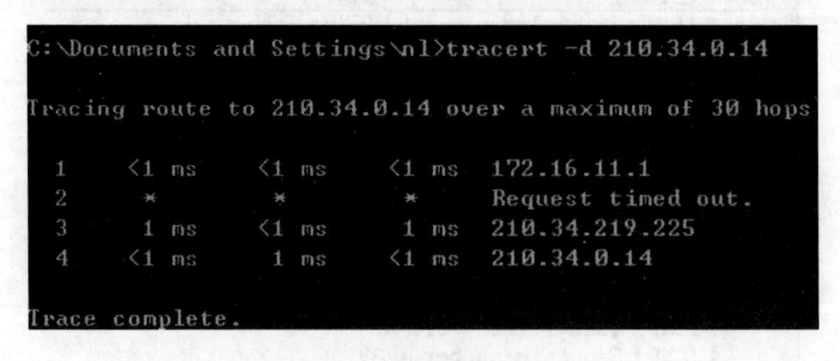

图 8-15　**使用命令** tracert

选取 Capture→Stop and Display 菜单项终止截获报文,并在屏幕上显示截获数据报结果。

分析截获数据报,体会 Tracert 命令的工作过程。

序号 1 报文:本地主机(172.16.11.19)发往远端主机(210.34.0.14)的 ICMP 报文。其中,IP 包头的 TTL 值为 1,为 Tracert 程序发送的第一个 ICMP 报文,在 ICMP 报头中,ICMP 代码为 8(ICMP 请求报文)。如图 8-16 所示。

```
1   # M   [172.16.11.19]  [210.34.0.14]   专家: Time-to-live expiring
                                          ICMP: Echo
2   #     [172.16.11.1]   [172.16.11.19]  专家: Time-to-live exceeded in transmit
                                          ICMP: Time exceeded (Time to live exceeded

IP: Fragment offset = 0 bytes
IP: Time to live     = 1 seconds/hops
IP: Protocol         = 1 (ICMP)
IP: Header checksum = 2C95 (correct)
IP: Source address       = [172.16.11.19]
IP: Destination address = [210.34.0.14]
IP: No options
IP:
ICMP: ------ ICMP header ------
ICMP:
ICMP: Type = 8 (Echo)
ICMP: Code = 0
ICMP: Checksum = 9CFF (correct)
```

图 8-16　序号 1:ICMP 请求报文(TTL=1,Type=8)

序号 2 报文:从源主机(172.16.11.19)发往远端主机(210.34.0.14)的分组经过第一个路由器,由于 TTL 从 1 减为 0,路由器(172.16.11.1),发送超时报文给源主机(172.16.11.19)(ICMP 超时报文的类型为 11)。见图 8-17。

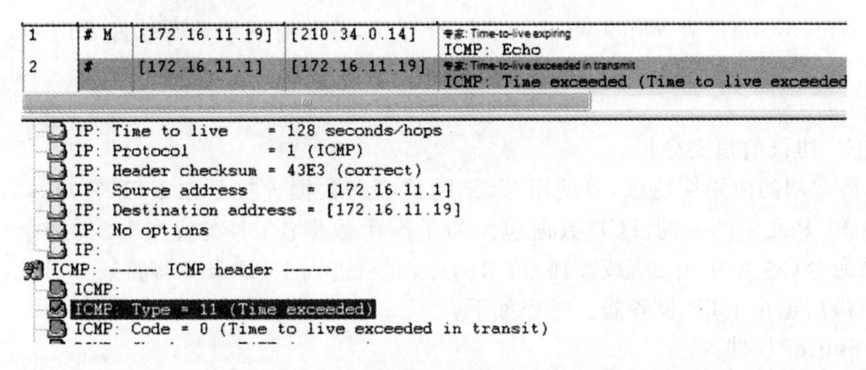

图 8-17　序号 2:ICMP 超时报文(Type=11)

读者可以在列表中找到由源主机(172.16.11.19)发出的 TTL 为 2,3,4…的 ICMP 请求报文(Type=8);同样可以找到路途中各个路由器发回给源主机的超时报文(Type=11)。最后,当 IP 分组的 TTL 递增到足够大时,源主机的 Tracert 程序发送的 ICMP 请求报文终于到达目主机(210.34.0.14)。此时,目的主机向源主机(172.16.11.19)发送 ICMP 应答报文(Type=0),而不是超时报文(图 8-18)。路由跟踪过程到此结束。

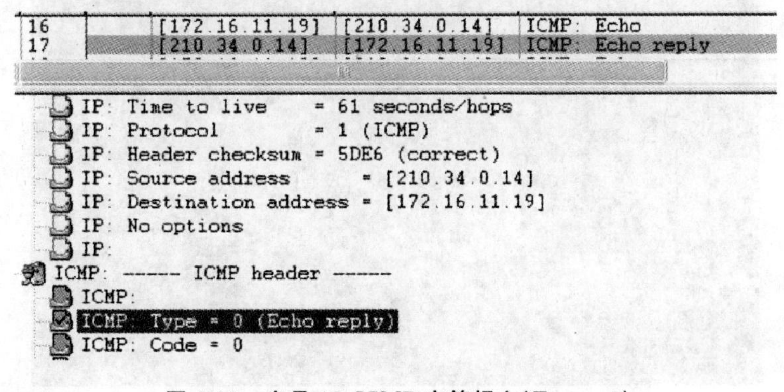

图 8-18　序号 17:ICMP 应答报文(Type=0)

结合实验过程中的实验结果,回答下列问题:

(1) Tracert 程序每次会发送几个 TTL 相同的 ICMP 请求报文?

(2)路由跟踪过程中,中间节点返回的 ICMP 报文和目的端返回的 ICMP 报文有什么区别?

8.6 TCP 传输控制协议分析

实验要求

1. 掌握 TCP 协议的报文形式;
2. 掌握 TCP 连接的建立和释放过程;
3. 掌握 TCP 数据传输中编号与确认的过程。

实验原理

TCP 是一种面向连接的、可靠的、基于字节流的通信协议。它的报文格式及其说明见 5.2.1 节及图 5-2.

实验条件

安装 Windows XP 或 Windows 7 的联网计算机,并装有网络监听软件 Sniffer,FTP 服务器。

实验指导

(1)TCP 协议的报文分析

FTP 是常用的应用层协议,其使用 TCP 的控制和数据连接。在 FTP 客户端,使用 Sniffer 捕获由 FTP 命令产生的 TCP 数据包。为了产生数据源,本实验在 DOS 命令行中,输入 ftp 的登录命令(本例为 ftp://172.16.11.186/),而后进入 FTP 服务器的某一目录,下载一个文本文件,最后退出 FTP 服务器。过程如下:

运行 Sniffer 软件。

选取 Capture→Start 菜单项,开始截获数据报文。

在 DOS 命令行窗口中执行以下命令:

ftp 172.16.11.186　　　　//以 ftp 协议连接服务器

输入用户名与密码后进入登录 ftp 服务器。在提示符“ftp＞"后面输入:

get test.txt　　　　//从 ftp 服务器下载文件 text.txt 到本地当前目录。

上述命令的执行界面如图 8-19 所示。

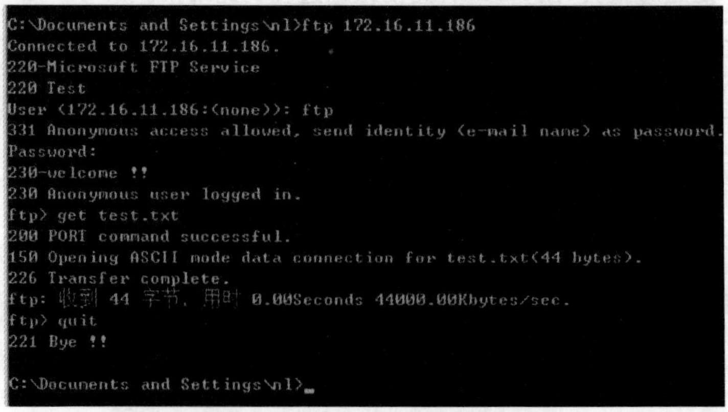

```
C:\Documents and Settings\nl>ftp 172.16.11.186
Connected to 172.16.11.186.
220-Microsoft FTP Service
220 Test
User (172.16.11.186:(none)): ftp
331 Anonymous access allowed, send identity (e-mail name) as password.
Password:
230-welcome !!
230 Anonymous user logged in.
ftp> get test.txt
200 PORT command successful.
150 Opening ASCII mode data connection for test.txt(44 bytes).
226 Transfer complete.
ftp: 收到 44 字节，用时 0.00Seconds 44000.00Kbytes/sec.
ftp> quit
221 Bye !!

C:\Documents and Settings\nl>_
```

图 8-19　连接 FTP 下载数据

选取 Capture→Stop and Display 菜单项终止截获报文，在屏幕上显示截获数据报结果，并对捕获的数据包进行分析。

(2)TCP 连接建立过程

根据 FTP 和 TCP 协议，抓取到前面的三个报文，是 TCP 连接的三次握手过程。

序号为 1 的报文，表示 FTP 客户端(172.16.11.127)向 FTP 服务器(172.16.11.186)发送第一次握手信号；控制位的同步 SYN=1，表示发出连接请求，见图 8-20。

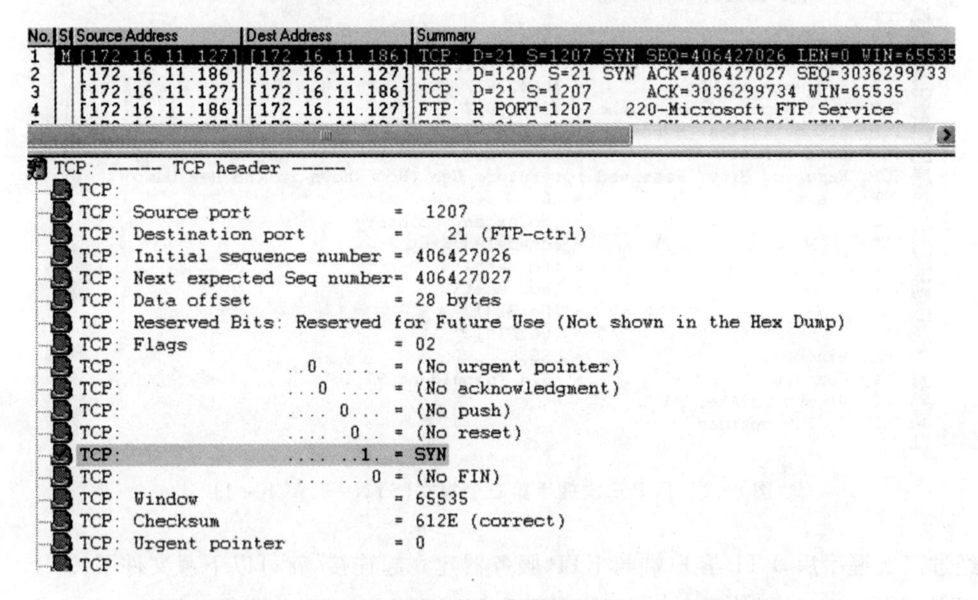

图 8-20 TCP 三次握手第一次连接(SYN=1,ACK=0)

序号为 2 的报文，表示 FTP 服务器(172.16.11.186)向 FTP 客户端(172.16.11.172)发送第二次握手信号，控制位里面有确认位和同步位(SYN=1，ACK=1)，见图 8-21。

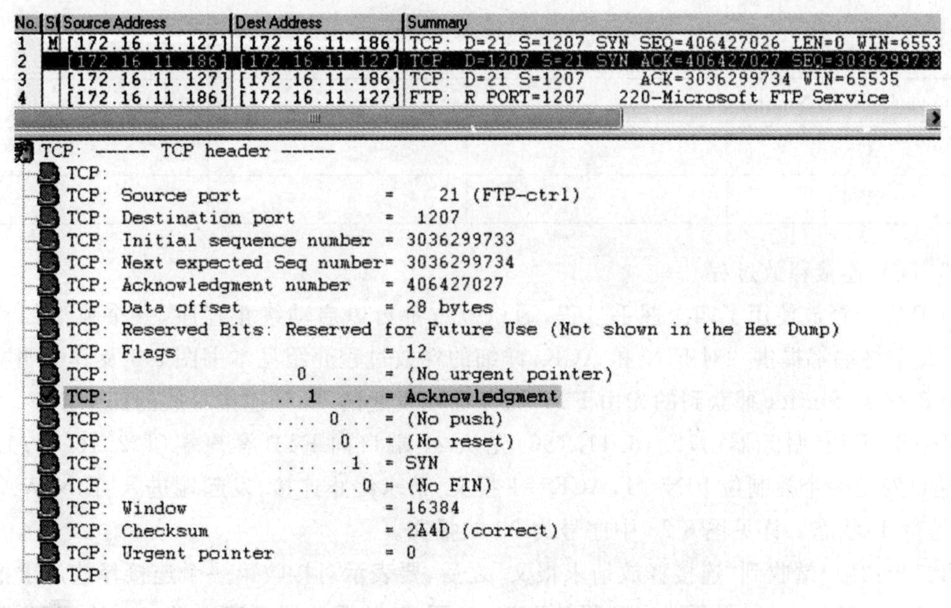

图 8-21 TCP 三次握手第二个报文(SYN=1,ACK=1)

序号为3的报文，FTP客户端(172.16.11.172)向FTP服务器(172.16.11.186)发送第三次握手信号；控制位里面只有确认位ACK=1，见图8-22。

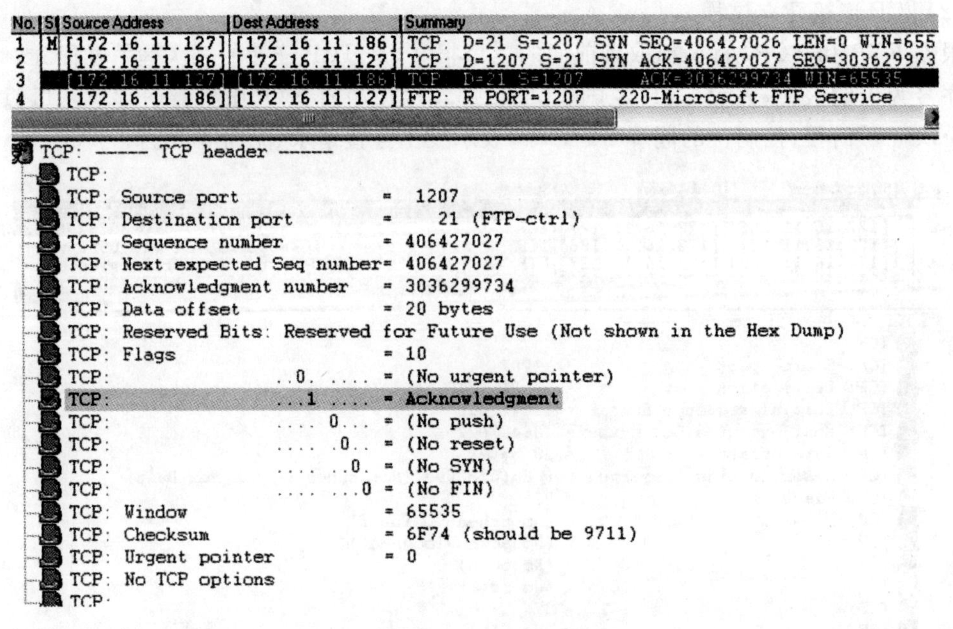

图8-22　TCP三次握手第三个报文(SYN=0,ACK=1)

经过三次握手后，FTP客户端与FTP服务器建立起连接，就可以下载文件了。

根据TCP建立过程的三个报文，填写表8-7。

表8-7　TCP连接建立过程的三个报文信息

字段名称	第一条报文	第二条报文	第三条报文
序号			
Sequence Number			
Acknowledgement Number			
ACK			
SYN			

(3)TCP连接释放过程

TCP连接释放使用了四次握手过程，通讯双方都可以启动终止程序，一个典型的释放过程需要每个终端都提供一对FIN和ACK，详细的释放过程介绍见本书图5-6及其说明文字。

图8-23是Sniffer捕获到的先由FTP服务器端发起的TCP连接释放的四个步骤。

第一步：FTP服务器(172.16.11.186)先从21端口向FTP客户端(172.16.11.127)的1207端口发送一个控制位FIN=1，ACK=1报文，请求终止连接，发起端进入“FIN-WAIT-1”(释放等待-1)状态。详见图8-23中序号为33的报文。

第二步：客户端收到“连接释放请求报文”之后，要表示对接收第一个连接释放请求报文的确认(FIN=0，ACK=1，服务器同意释放连接)。至此，从服务器到客户机方向的TCP连接就释放了(序号为34的报文)。

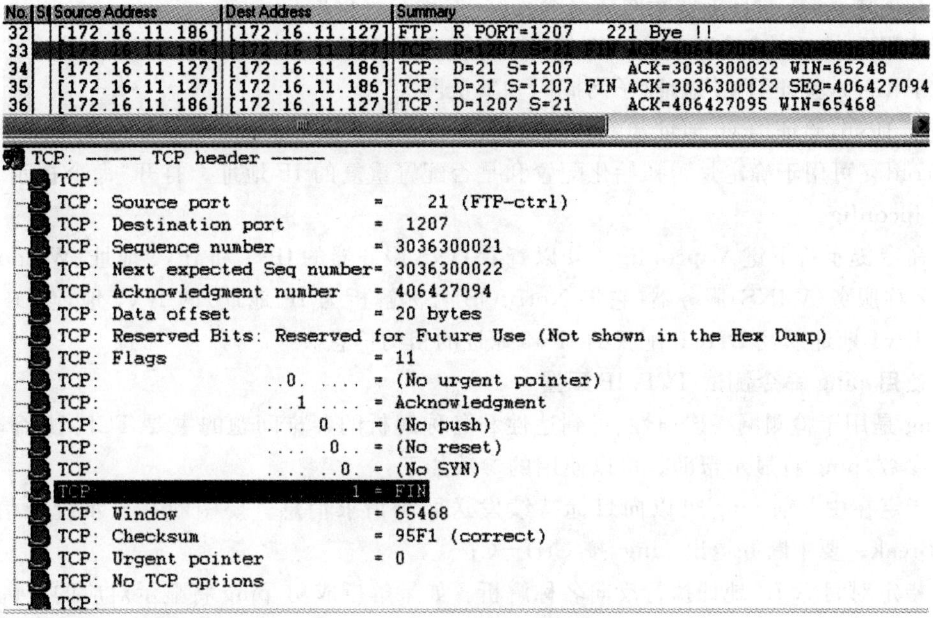

```
No. S  Source Address     Dest Address       Summary
32     [172.16.11.186]  [172.16.11.127]  FTP: R PORT=1207    221 Bye !!
33     [172.16.11.186]  [172.16.11.127]  TCP: D=1207 S=21 FIN ACK=406427094 SEQ=3036300021
34     [172.16.11.127]  [172.16.11.186]  TCP: D=21 S=1207     ACK=3036300022 WIN=65248
35     [172.16.11.127]  [172.16.11.186]  TCP: D=21 S=1207 FIN ACK=3036300022 SEQ=406427094
36     [172.16.11.186]  [172.16.11.127]  TCP: D=1207 S=21     ACK=406427095 WIN=65468

TCP: ----- TCP header -----
 TCP:
 TCP: Source port              =    21 (FTP-ctrl)
 TCP: Destination port         =  1207
 TCP: Sequence number          = 3036300021
 TCP: Next expected Seq number= 3036300022
 TCP: Acknowledgment number    = 406427094
 TCP: Data offset              = 20 bytes
 TCP: Reserved Bits: Reserved for Future Use (Not shown in the Hex Dump)
 TCP: Flags                    = 11
 TCP:              ..0. .... = (No urgent pointer)
 TCP:              ...1 .... = Acknowledgment
 TCP:              .... 0... = (No push)
 TCP:              .... .0.. = (No reset)
 TCP:              .... ..0. = (No SYN)
 TCP:              .... ...1 = FIN
 TCP: Window                   = 65468
 TCP: Checksum                 = 95F1 (correct)
 TCP: Urgent pointer           = 0
 TCP: No TCP options
 TCP:
```

图 8-23 TCP 连接释放的第一个报文

第三步:FTP 客户端 172.16.11.127 又从 1207 端口向 FTP 服务器 172.16.11.186 的 21 端口发送一个同时带有 FIN 标志和 ACK 标志的报文,即客户机端发送“连接释放请求报文”给服务器端(序号为 35 的报文)。

第四步:客户机给服务器一个确认该方向连接释放的报文段,其中 FIN=0,ACK=1,等待一个固定的时间,真正关闭 TCP 的连接(序号为 36 的报文)。

经过四次握手后,整个 TCP 连接被完整关闭。

分析 TCP 连接的释放过程,选择 TCP 连接终止的四个报文,将报文信息填入表 8-8。

表 8-8 TCP 连接终止的四个报文信息

字段名称	第一条报文	第二条报文	第三条报文	第四条报文
报文序号				
Sequence Number				
Acknowledgement Number				
ACK				
FIN				

实验 3 Windows Server 网络服务

8.7 TCP/IP 协议族中常用网络命令

TCP/IP 协议体系包括许多实用的网络测试命令,如:Ping,Ipcogfig,Arp,Nbtstat,Netstat 等。不但是网络管理人员需要经常使用这些命令,而且普通的网络用户也可以掌握这些命令的基本用法，从而自主诊断网络是否正常，发现与定位网络故障。

1. 使用 Ipconfig 命令验证主机上的 TCP/IP 配置参数

对于 IPv4，验证 IPv4 地址、子网掩码和默认网关。

对于 IPv6，验证 IPv6 地址和默认路由器。

Ipconfig 可用于确定是否初始化配置和是否配置重复的 IP 地址。打开“命令提示符”，然后键入 ipconfig。

在命令提示符下键入 ipconfig /all 以查看 DNS 服务器的 IPv4 和 IPv6 地址、Windows Internet 名称服务(WINS)服务器(它将 NetBIOS 名称解析为 IP 地址)的 IPv4 地址、DHCP 服务器的 IPv4 地址以及 DHCP 配置的 IPv4 地址的租约信息。

2. 使用 ping 命令测试 TCP/IP 配置

Ping 是用于检测网络连通性、可到达性和名称解析的疑难问题的主要 TCP/IP 命令。如果不带参数，ping 将显示帮助。可以使用的参数如下：

-t 指定在中断前 ping 可以向目标持续发送回响请求消息。要中断并显示统计信息，按 Ctrl＋Break。要中断并退出 ping，按 Ctrl＋C；

-a 指定对目标 IP 地址执行反向名称解析。如果解析成功，ping 将显示对应的主机名；

-n *Count* 指定发送回响请求消息的次数。默认值是 4；

-l *Size* 指定发送的回响请求消息中“数据”字段的长度(以字节为单位)。默认值为 32。*Size* 的最大值是 65,527；

-f 指定发送的“回响请求”消息中其 IP 标头中的“不分段”标记被设置为 1(只适用于 IPv4)。“回响请求”消息不能在到目标的途中被路由器分段。该参数可用于解决“路径最大传输单位 (PMTU)”的疑难问题；

-i *TTL* 指定发送的回响请求消息的 IP 标头中的 *TTL* 字段值。其默认值是主机的默认 *TTL* 值。*TTL* 的最大值为 255。

测试过程如下：

(1)检测本机网络回环是否正常

在命令提示符下，通过键入“ping 127.0.0.1”测试环回地址的连通性，如图 8-24 所示。如果 ping 命令执行成功，屏幕上会出现多条信息，显示对方回应的时间，时间越短反映网络状况越好。

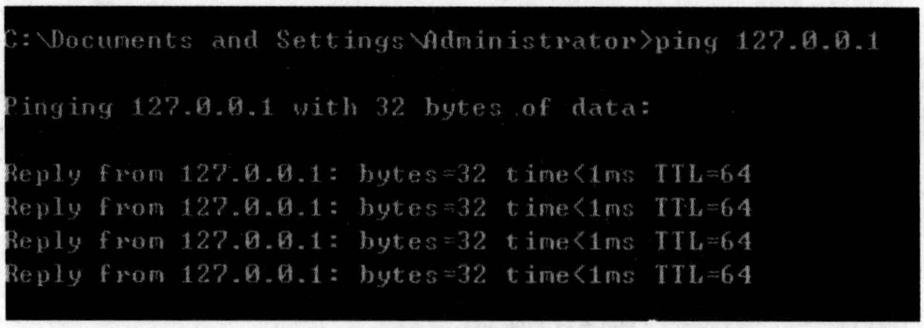

```
C:\Documents and Settings\Administrator>ping 127.0.0.1

Pinging 127.0.0.1 with 32 bytes of data:

Reply from 127.0.0.1: bytes=32 time<1ms TTL=64
Reply from 127.0.0.1: bytes=32 time<1ms TTL=64
Reply from 127.0.0.1: bytes=32 time<1ms TTL=64
Reply from 127.0.0.1: bytes=32 time<1ms TTL=64
```

图 8-24　ping 命令执行成功的显示界面

如果 ping 命令没有执行成功，会在屏幕上反馈多条 request time out 提示，表示对方没有响应。如果出现 ping 127.0.0.1 没有响应的情况，则意味着本机的 TCP/IP 软件的安装或运行存在某些最基本问题，或者网卡出现了问题。

(2)检测某个计算机是否连通

·使用 ping 命令检测默认网关 IP 地址的连通性。

如果该 ping 命令执行失败,请检验默认网关 IP 地址是否正确或者默认网关(路由器的接口)是否正在运行。

·使用 ping 命令检测某个远程主机(不同子网上的主机)IP 地址的连通性。

如果该 ping 命令执行失败,请检验远程主机的 IP 地址是否正确,或者该主机是否正在运行,或者该计算机和远程主机之间的所有网关(路由器)是否运行。

·使用 ping 命令检测某个域名地址。

如果 ping IP 地址成功,但 ping 对应的域名未成功,这是由于域名解析问题所致,请检查本机 TCP/IP 设置中的域名服务器设置是否有误,或者该域名服务器的域名解析是否已经失效。

注意:

(1)如果找不到 ping 命令或者命令执行失败,可以使用"事件查看器"检查系统日志,并寻找安装程序或 Internet 协议 (TCP/IP) 服务所报告的问题。

(2)ping 命令是通过发送 ICMP 协议的回显请求,要求目的主机发送回显答复消息,从中获取目的主机是否连通和通信往返时间 (RTT)。通信经过的网络或目的主机的防火墙,或其他类型安全性网关上的数据包筛选策略可能会阻止该通信的转发。所以,用户在使用该命令失效时,要注意是否是由上述原因造成的。同样使用 ICMP 协议完成跟踪路由路径的命令 tracert,也有同样的问题。

3. 用 Tracert 命令显示数据包到达目标主机所经过的路径

打开"命令提示符",然后键入: tracert HostName

或者,键入:tracert IPAddress

其中,HostName 或 IPAddress 分别是远程计算机的主机名称或 IP 地址。

例如,要跟踪从该计算机到 www.microsoft.com 的路径,请在命令提示行键入:

tracert www.microsoft.com

如果不希望 tracert 命令解析和显示路径中所有路由器的名称,使用 -d 参数。这会加速路径的显示。例如,要跟踪从该计算机到 www.microsoft.com 的路径而不显示路由器名称,在命令提示符处键入下列内容:

tracert -d www.microsoft.com

有关路径中每个路由器和链接上的数据包转发和数据包丢失的详细信息,使用 pathping 命令。

具体的 Tracert 命令使用说明见实验二的"四、ICMP 协议分析和路由跟踪"。

4. 查看当前 TCP/IP 网络和连接的统计信息

Netstat 命令能帮助了解网络的整体使用情况。它可以显示当前正在活动的网络连接的详细信息,例如显示网络连接、路由表和网络接口信息,可以统计目前总共有哪些网络连接正在运行。

在命令提示符下,键入"Netstat"即可了解上述信息。

还可以利用不同的命令参数,可以显示所有协议的使用状态,这些协议包括 TCP 协议、UDP 协议以及 IP 协议等,另外还可以选择特定的协议并查看其具体信息,还能显示所有主机的端口号以及当前主机的详细路由信息。

· 要查看 netstat 命令行选项，键入：netstat/?

netstat[-r][-s][-n][-a]

参数含义：

-r 显示本机路由表的内容；

-s 显示每个协议的使用状态(包括 TCP 协议、UDP 协议、IP 协议)；

-n 以数字表格形式显示地址和端口；

-a 显示所有主机的端口号。

以下是使用 netstat 的若干范例

netstat-e-s　　　　//同时显示以太网统计信息和所有协议的统计信息；

netstat-s-p tcp udp　　　　//仅显示 TCP 和 UDP 协议的统计信息；

netstat-o 5　　　　//每 5 秒钟显示一次活动的 TCP 连接和进程 ID；

netstat-n-o　　　　//以数字形式显示活动的 TCP 连接和进程 ID。

8.8　Windows 环境下的 DNS 服务器配置

实验要求

1. 安装 DNS 服务，创建 DNS 服务器和区域，并且在区域或域中创建资源(主机)记录；

2. DNS 的测试。

实验条件

安装 Windows Server 2008 的服务器(设置静态 IP 地址)部署 DNS，Windows 客户端测试验证部署的 DNS，局域网环境。

实验原理

(1) DNS 服务

域名系统 (DNS) 是用于命名计算机和网络服务的系统，该系统将这些计算机和网络服务组织到域的层次结构中。DNS 命名用于 TCP/IP 网络(如 Internet)，以借助友好名称查找计算机和服务，如网络上的邮件服务器或 Web 服务器。当用户在应用程序中输入 DNS 名称时，DNS 服务可以将此名称解析为与此名称相关的其他信息，如 IP 地址。

(2) DNS 域命名空间的结构与查询方式见本书第六章相应章节

实验指导

要求运行 Windows Server 2008 的独立服务器成为网络的 DNS 服务器，并为其配置为使用静态 IP 址，因为地址的动态更改会使客户端与 DNS 服务器失去联系。运行 Windows Server 2008 的 DNS 服务器必须将 TCP/IP 属性中 DNS 服务器地址设置为与所设 IP 地址相同(即指向自身)。

(1)安装 DNS 服务器

①进入 Windows Server 2008 的工作界面，打开“服务器管理器”(单击“开始”，然后单击“服务器管理器”)；

②在弹出的窗口中的“角色摘要”下，单击“添加角色”；

③在“添加角色向导”中，如果显示“开始之前”页，然后单击“下一步”；

④在“角色”列表中，单击“DNS 服务器”，然后单击“下一步”。

⑤阅读“DNS 服务器”页上的信息，然后单击“下一步”。

⑥在“确认安装选择”页上，验证将安装的 DNS 服务器角色，然后单击“安装”。

(2)配置 DNS 服务器

安装完毕 DNS 服务器后,单击「开始」,指向“管理工具”,然后单击“DNS”,打开 DNS 管理器。

①创建 DNS 区域

DNS 服务器是以区域为单位来进行管理的,在 DNS 服务器中必须先建立区域即一个数据库才能正常运作。该数据库中存储了所有域名与对应 IP 地址的信息,网络客户机正是通过该数据库的信息来完成从计算机名到 IP 地址的转换。

按照 DNS 搜索区域的类型,DNS 的区域可分为正向搜索区域和反向搜索区域。正向搜索是 DNS 服务器要实现的主要功能,它根据计算机的 DNS 名称解析出相应的 IP 地址,而反向搜索则是根据计算机的 IP 地址解析出它的 DNS 名称。

在 DNS 控制台左侧窗口中选择服务器,单击“操作”菜单,选择“创建新区域”,启动“创建新区域”向导,单击下一步(图 8-25)。

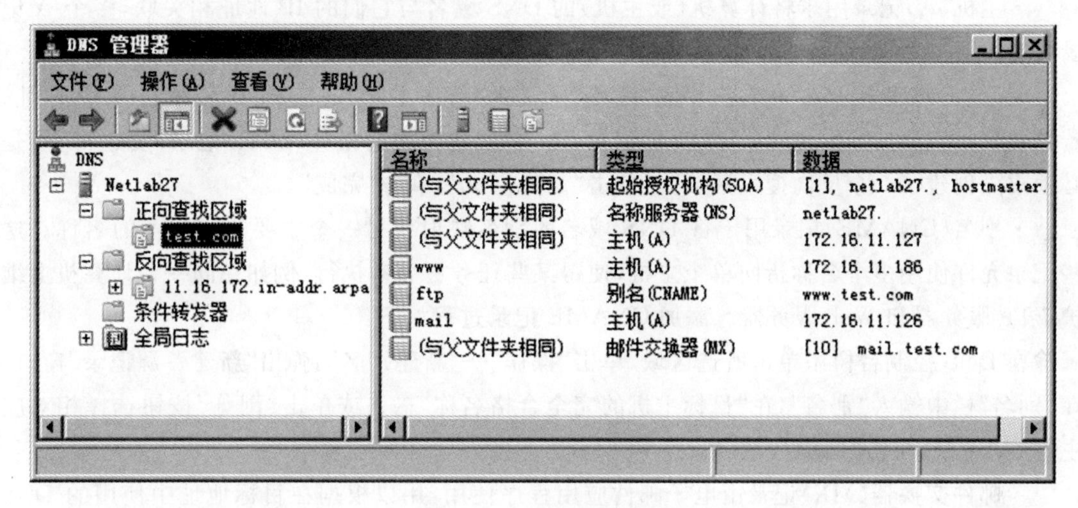

图 8-25 添加资源记录

接着将提示选择区域类型。区域类型包括:

主要区域:是服务器新区域数据的正本。这一区域的管理与维护都在该计算机上进行,并立即生效。此区域信息存储在一个.dns 文本文件中。

辅助区域:保存主服务器数据的复制,同时可帮助主服务器分流和平衡查询请求。注意,辅助 DNS 服务器上的区域数据是只读的,所有数据都是从主 DNS 服务器复制而来。

存根区域:存根区域是一个区域副本,只包含标识该区域的权威 DNS 服务器所需的那些资源记录。资源记录包括名称服务器(NS)、起始授权机构(SOA)和 A 资源记录。

如果该服务器是域控制器,勾选[在 Active Directory 中存储区域]选项。

默认选择是“主要区域”,然后单击“下一步”

在“选择区域搜索类型”对话框中可以选择“正向查找区域”或“反向查找区域”单选按钮。

选择“正向查找区域”,则在区域对话框中输入“区域名称”(例如,test.com)。

在“动态更新”对话框中,如果网络里配置有 DHCP 服务,则建议选择“允许动态更新”,否则按默认选择“不允许动态更新”。之后,按向导提示即可完成。

·选择“反向查找区域”,则根据“创建区域向导”设置网络 ID(例如,172.16.11)或反向搜索区域名称。配置了反向 DNS 区域,可以在创建原始正向记录时自动创建关联的反向记录。

②添加资源记录的类型

DNS 数据库包括 DNS 服务器所使用的一个或多个区域文件。每个区域都拥有一组结构化的资源记录。

起始授权机构(SOA)记录指明区域的源名称,并包含作为区域信息主要来源的服务器的名称。它还表示该区域的其他基本属性。

名称服务器(NS)记录用于标记被指定为区域权威服务器的 DNS 服务器。

SOA 和 NS 资源记录在区域配置中具有特殊作用。他们是任何区域都需要的记录并且一般是文件中列出的第一个资源记录。在默认情况下,使用 DNS 控制台来添加新的主要区域时,“新建区域向导”会自动创建 SOA 和 NS 记录。

最常用资源记录(RR)类型(Type)是:

· 主机(A)记录用于将计算机(或主机)的 DNS 域名与它们的 IP 地址相关联,多个 A 记录可以映射一个 IP 地址。按以下方法可在主要区域中添加一个 A 记录:

展开“正向搜索区域”→右击相应“区域”→选择“新建主机”,输入主机名和它的 IP 地址。若想要自动为反向搜索创建一个 PTR 记录,选定“创建相关的指针(PTR)记录”复选框(但是必须事先创建了一个反向搜索区域)。单击“添加主机”,单击“完成”。

· 别名(CNAME)记录用于将 DNS 域名的别名映射到另一个主要的或规范的名称。这些记录允许使用多个名称指向单个主机,使得某些任务更容易执行,例如在同一台计算机上维护 FTP 服务器和 Web 服务器。添加 CNAME 记录过程如下:

在 DNS 控制台树中单击所选区域,单击“操作”→“新建别名”,弹出“新建资源记录”窗口。在“别名”栏中输入“别名”,在“目标主机的完全合格名称”输入或单击“浏览”按钮选择相对应主机(A)记录,单击“确定”。

· 邮件交换器(MX)记录由电子邮件应用程序使用,用以根据在目标地址中使用的 DNS 域名为电子邮件接收者定位邮件服务器。要添加 MX 记录,按照下列步骤操作,注意,应首先创建邮件服务器主机的“A”记录。

展开正向搜索区域,右键单击所需的区域(例如“test. com”),单击“新建邮件交换器(MX)”,在“邮件服务器的完全合格的域名(FQDN)”框中,键入充当邮件服务器的主机的完全合格的域名(例如,键入:mail. test. com),单击“确定”。

· 指针(PTR)记录用于支持在 in-addr. arpa 域中创建和确立的区域的反向查找过程。这些记录用于通过 IP 地址定位计算机并为该计算机将信息解析为 DNS 域名。添加 PRT 记录过程如下:

展开“反向搜索区域”,右击“区域”,选择“新建指针”,输入主机 IP 号和主机名,单击“确定”即可。

· 服务位置(SRV)记录用于将 DNS 域名映射到指定的 DNS 主机列表,该 DNS 主机提供诸如 Active Directory 域控制器之类的特定服务。只有当正确安装 Active Directory 之后,SRV 记录才会自动建立。

③设置 DNS 转发器和根提示

域名解析过程遵循特定的步骤。DNS 服务器首先查询自己的高速缓存,然后检查它的区域记录，接下来将请求发送到转发器，最后使用根服务器尝试解析。

a. 设置转发器

通过配置网络中的其他 DNS 服务器将它们无法在本地解析的查询转发到网络上的一个 DNS 服务器，可将该 DNS 服务器指定为转发器（图 8-26）。

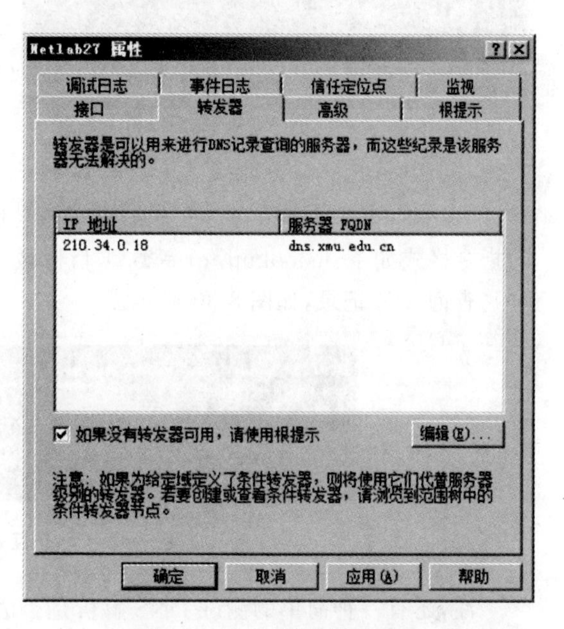

图 8-26　DNS 转发器设置

b. 设置根提示

根提示资源记录可以存入 Active Directory 或文件（SystemRoot \ System32 \ Dns \ Cache. dns）中。Windows 使用标准的 Internet 根服务器。另外，当运行 Windows Server 2008 的服务器查询根服务器时，它将用最新的根服务器列表更新自身。

单击“开始”，指向“管理工具”，然后单击“DNS”。在 DNS 控制台左侧窗口中选择“服务器”，单击右键后选择“属性”，单击“根提示”选项卡。DNS 服务器的根服务器在名称服务器列表中列出。

(3)测试 DNS

在确认域名解释正常之前最好先测试一下所有的配置是否正常。

①通过 DNS 管理器测试“DNS 服务器”服务

在 DNS 控制台树中选择服务器，单击右键后选择“属性”，单击“监视”选项卡，可以选定“简单查询”或“递归查询”复选框，点击“立即测试”即可测试 DNS。测试包括两方面的内容：

简单查询：查询测试 DNS 服务器正向搜索（映射一个 IP 地址的名称）的能力。

递归查询：查询测试 DNS 服务器反向搜索（映射一个名称的 IP 地址）的能力。

如果这两种操作都“通过”，则表示 DNS 服务器功能正常。如图 8-27 所示。

②使用 Nslookup 验证资源记录

用 Nslookup 来验证 DNS ，Nslookup 诊断工具显示来自域名系统（DNS）名称服务器的信息。它有两种模式：交互式和非交互式。要退出 nslookup，用 exit 命令。

Nslookup 最简单的用法就是查询域名对应的 IP 地址，包括 A 记录和 CNAME 记录，如果查到的是 CNAME 记录还会返回别名记录的设置情况。

查询 A 记录，格式：nslookup 目标域名。图 8-28 是 A 记录的返回情况。

查询 CNAME 记录，如图 8-29 所示。

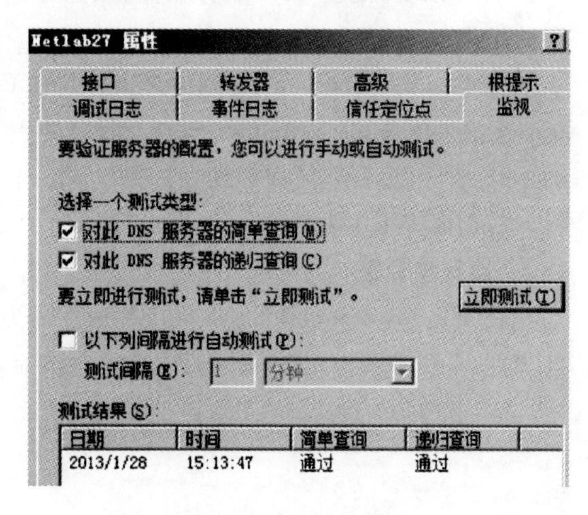

图 8-27　DNS 的属性设

```
C:\Users\Administrator>nslookup www.test.com
服务器:  test.com
Address:  172.16.11.127

名称:    www.test.com
Address:  172.16.11.186
```

图 8-28　非交互式下,测试 A 记录

```
C:\Users\Administrator>nslookup ftp.test.com
服务器:  test.com
Address:  172.16.11.127

名称:    www.test.com
Address:  172.16.11.186
Aliases:  ftp.test.com
```

图 8-29　非交互式下,测试 CNAME 记录

Nslookup 可以模拟特定服务器进行域名解析的情况,如邮件服务器。特定查询记录类型的指令格式如下:nslookup -qt=类型 目标域名(注意 qt 必须小写)。

查询 MX 记录,如图 8-30 所示。

```
C:\Users\Administrator>nslookup -qt=mx test.com
服务器:  test.com
Address:  172.16.11.127

test.com        MX preference = 10, mail exchanger = mail.test.com
mail.test.com   internet address = 172.16.11.126
```

图 8-30　非交互式下,测试 MX 记录

注:还有一种简单的测试 DNS 解析是否成功的方法:在命令行状态输入命令 ping ***.*** (***.*** 代表要解析的域名),如果屏幕回显相应的 IP 地址代表解析成功。

8.9　Windows 环境下的 WEB 和 FTP 服务器架设

实验要求

1. 安装和配置 Web 站点并设置禁用匿名访问;
2. 安装配置 FTP 站点;
3. 使用不同的方式测试(连接到)FTP 站点。

实验条件

计算机两台。一台作为服务器(配置静态 IP 地址),另一台作为客户端;Windows Server 2008 操作系统,配置 DNS 服务(针对服务器)。

实验指导

在 Windows Server 平台上构建 Web 和 FTP 站点主要依托平台上的 IIS 组件。IIS 即 Internet 信息服务,是 Windows Server 操作系统集成的服务。其中 IIS7.0 为管理员提供了统一的 web 平台,为管理员和开发人员提供了一个一致的 web 解决方案。

1. 创建 WEB 站点

(1)安装 IIS

在 Windows Server 2008 中,IIS 角色作为可选组件。默认安装的情况下,Windows Server 2008 不安装 IIS。打开服务器管理器,添加需要的 IIS 服务(图 8-31)。

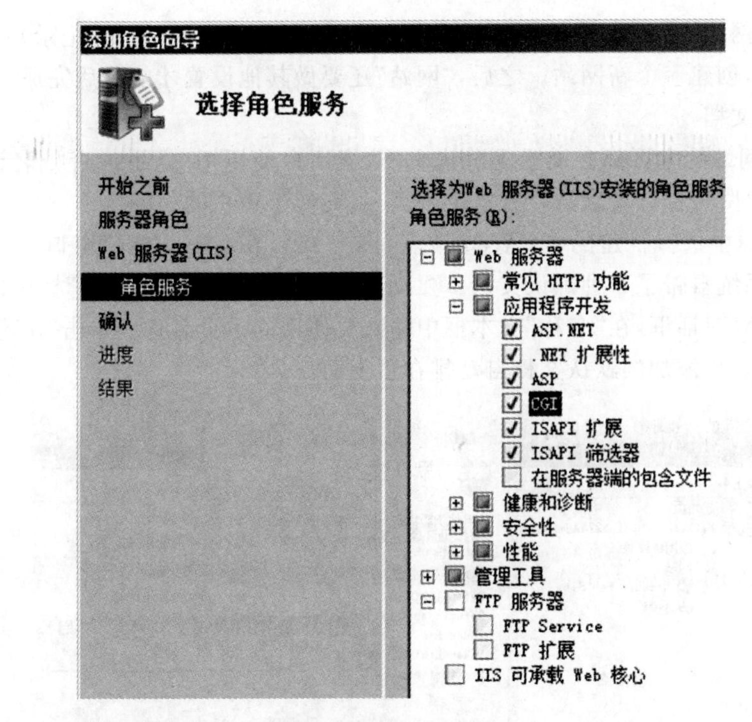

图 8-31　添加角色向导

①通过“开始→管理工具→服务器管理器”，打开服务器管理器窗口。点击“添加角色”，打开“添加角色向导”选择“Web 服务器(IIS)”复选框，根据“向导”提示进行操作。

②通过“开始-‘管理工具-’Internet 信息服务(IIS)管理器”，打开 IIS 服务管理器。即可看到已安装的 Web 服务器。Web 服务器安装完成后，默认会创建一个名字为“Default Web Site”的站点。为了验证 IIS 服务器是否安装成功，打开浏览器，在地址栏输入 Http://localhost，浏览器会显示如图 8-32 所示的默认文档，说明 Web 服务器安装成功。

图 8-32　IIS 的默认文档

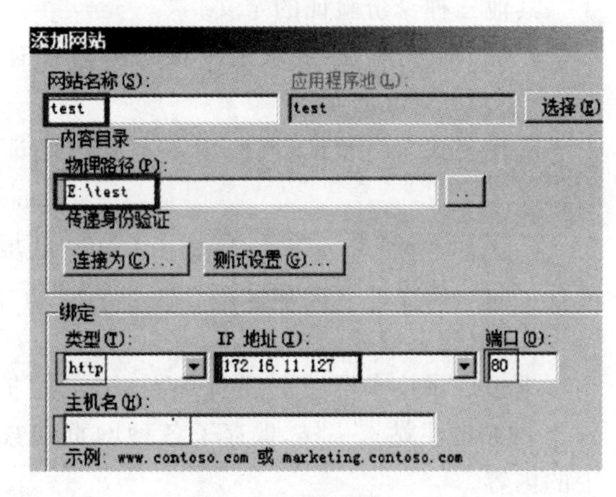

图 8-33　添加网站

(2)创建网站

①在 IIS 管理器中的“操作”栏中单击“添加网站”，打开如图 8-33 所示“添加网站”对话框，填入“网站名称”、“物理路径”(即网站的主目录，保存 Web 网站的相关资源)和“IP 地址”；

如果用域名访问网站，则要填写"主机名"(需在 DNS 中创建相应的"主机"记录)。设置完成后单击"确定"按钮，创建一个新网站。之后，"网站"还要做其他设置才能最后完成。

②配置默认文档

通常，Web 网站的主页都会设置成默认文档，当用户使用 IP 地址或者域名访问，不添加其他的路径和文件信息时，就默认打开这个网页，从而便于用户的访问。

在 IIS 管理器中选择新建的 ** Web 站点(图 8-34)，在" ** 主页"窗口中双击"默认文档"，可以看到，系统自带了 5 种默认文档。要创建"默认文档"，单击"操作"栏中的"添加"，打开"添加默认文档"对话框，在"名称"文本框中输入要使用的主页名称。单击"确定"按钮，即可添加该默认文档。新添加的默认文档自动排在最上面。

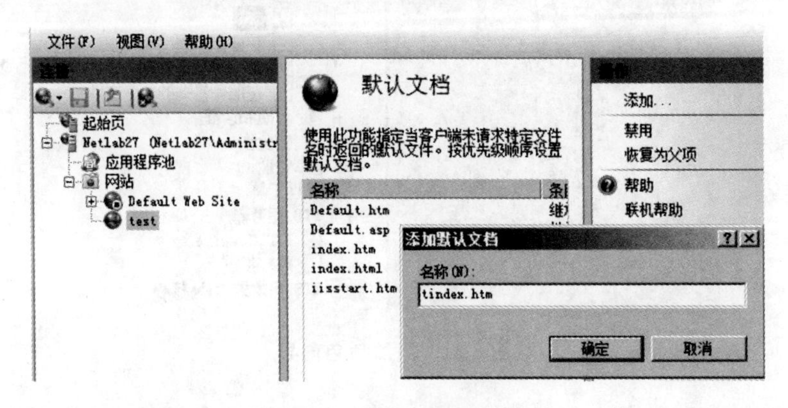

图 8-34 添加"默认文档"

③设置身份验证

IIS 还有一项关于安全的功能就是身份验证功能，其分为匿名身份验证、基本身份验证、摘要式身份验证和 Windows 身份验证。默认情况下系统只安装了匿名身份验证，也就是说，访问网站内所有的内容不需要用户名密码。读者可以在 IIS 角色界面选择添加服务，添加另外三种的身份验证服务。

其他三种身份验证的定义：

a. 基本身份验证：要求用户在访问内容时提供有效的用户名和密码，并对会密码进行加密；

b. 摘要式身份验证：比使用基本身份验证安全得多。因为加密方式更严谨，相对安全更高；

c. Windows 身份验证：仅在 Intranet 环境中使用，能够在 Windows 域上使用身份验证来对客户端连接进行身份验证。

(2)创建虚拟目录

虚拟目录技术可以实现对 Web 站点的扩展。虚拟目录其实是 Web 站点的子目录，和 Web 网站的主站点一样，保存了各种网页和数据，用户向访问 Web 站点一样，访问虚拟目录中的内容。

在 IIS 管理器中，选择要创建虚拟目录的 Web 站点，右键单击，选择下拉菜单中的"添加虚拟目录"选项，打开"添加虚拟目录"对话框(如 8-35 图)。在"别名"文本框中键入虚拟目录的名字，"物理路径"文本框中选择该虚拟目录所在的物理路径。虚拟目录的物理路径可以是本地计算机的物理路径，也可以是网络中其他计算机的物理路径。

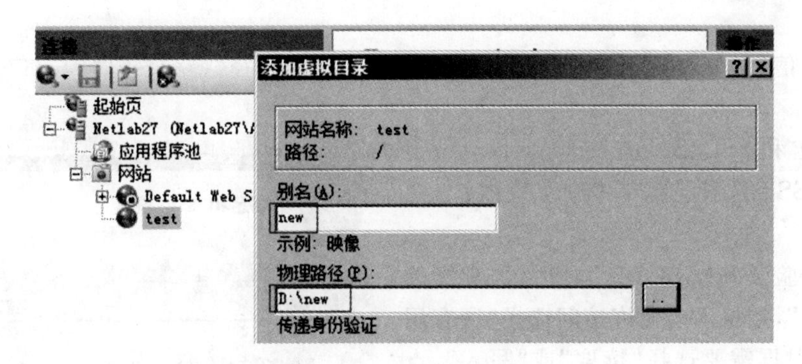

图 8-35　添加虚拟目录

单击“确定”按钮,虚拟目录添加成功,并显示在 Web 站点下方作为子目录。

选中 Web 站点,在 Web 网站主页窗口中,单击右侧“操作”栏中的“查看虚拟目录”,可以查看 Web 站点中的所有虚拟目录。

配置虚拟目录后,在浏览器中输入“http://ip 地址/虚拟目录名/网页”,即可访问虚拟目录中的网页文件。

(3)创建虚拟网站

利用虚拟网站技术,可以在一台服务器上创建多个 Web 站点,并且每个网站都拥有各自的 IP 地址和域名。当用户访问时,就像是在访问多个服务器一样。

在一台服务器上创建多个虚拟站点,一般有三种方式:

①使用 IP 地址

为服务器绑定多个 IP 地址,这样就可以为每个虚拟网站分配一个独立的 IP 地址。用户可以通过访问 IP 地址来访问相应的网站。

②使用端口

使用同一个 IP,根据不同端口号识别不同的站点,访问方式 http:// IP 地址:端口号。

③主机头

主机头名是最常用的创建虚拟 Web 网站的方法。每一个虚拟 Web 网站对应一个主机头,用户访问时使用 DNS 域名访问。例如,指定 www. mysite. com 作为主机头名,那么客户端就可以通过 URL:http://www. mysit. com 来访问该站点。要使用主机头要进行如下 DNS 设置:

a. 首先设置 DNS 服务。在 DNS 中创建“区域”及在区域中创建相应的“主机记录”(规定主机头与 IP 地址的对应)。

b. 在 IIS 管理器中的“操作”栏中单击“添加网站”,在打开的对话框中填入“网站名称”、“物理路径”,以及填写“主机名”(如:www. mysit. com)(图 8-33)。

2. 创建 FTP 站点

Windows 2008 server 默认不安装 FTP 服务。要创建 FTP 站点,首先必须通过“服务器管理器”进行“添加角色”来安装 FTP 服务。

(1)为 FTP 站点建立目录

建立文件夹,命名为 FTP 。

(2)建立 FTP 站点

①打开“Internet 信息服务(IIS)管理器”,选择“网站”并单击右键,然后选择“添加 FTP 站

点”；

②“站点信息”对话框，输入“FTP站点名称”及“物理路径”（路径指向为FTP站点所建立的目录）；

③“绑定和SSL(Secure Socket Layer)设置”对话框，SSL选择“无”，其他保持默认（图8-36）；

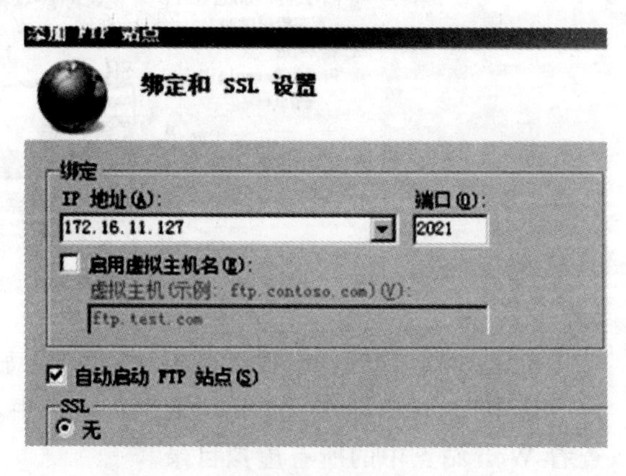

图8-36　变换端口创建FTP站点

④“身份验证和授权信息”对话框，身份验证选择“基本”，授权内的允许访问选择“所有用户”，权限可根据需要选择“读取”或“写入”，点击“完成”。

(4)在同一服务器上创建多个FTP站点

可以绑定多个“IP”地址或变换“端口”以及使用“主机名”来创建多个FTP站点。

①绑定多个IP地址创建多个FTP站点

②使用同一个IP，变换端口来创建多个FTP站点

③IP地址不变，使用主机名来创建多个FTP站点

(5) FTP客户端

利用浏览器直接连接到FTP站点。打开浏览器，输入ftp://ftp主机名（要在DNS建立相应A记录）或ftp://IP地址或者ftp://IP地址:端口。只要有相应的权限，就能进行文件的上传和下载。

也可以利用FTP命令连接到FTP站点，具体操作请参考图8-19。

实验4　Linux Server网络服务

目前企业服务器领域使用最多的为Red Hat Linux发行版，在企业服务器领域里使用的还有CentOS Linux，它也是Red Hat Linux系列的，只不过是RHEL(Red Hat Enterprise Linux)源代码再编译的产物，而且在RHEL的基础上修正了不少已知的Bug，相对于其他Linux发行版，其稳定性值得信赖。CentOS可以得到RHEL的所有功能，甚至是更好的软件。与RHEL不同的是，CentOS可以获得免费的在线更新以及支持服务，但其不向用户提供商业支持，也不负任何商业责任。

Windows将系统或服务的配置信息保存于注册表中，在系统或服务启动时从注册表读入配置信息。与Windos系统不同，Linux操作系统及其服务的配置信息基本上都是保存在一个或多个文本文件（称“配置文件”）中，并在系统或服务启动时一次读入。配置文件不需要借助专用工具就能查看和编辑，这给系统管理（尤其是通过文本控制台进行的）带来了很大的便利。此外，不同服务（甚至同一服务）的配置信息分散于不同的文件中，虽说这样不方便记忆或管理，但却容易保持配置信息的相对独立，对一个服务的错误配置不会干扰其他的服务，而且备份恢复一个配置文件总比备份恢复整个注册表容易得多。

8.10　网络参数的配置

实验要求

1. 掌握 linux 系统的以太网络配置；

2. 掌握常用网络配置命令的使用。

实验条件

安装 Linux 操作系统(CentOs 6.2)的连网计算机。

实验指导

在 Linux 里，物理网卡的名称是以 ethn 来命名的，其中 n 为从 0 开始的自然数。例如，eth0 为系统的第 1 块物理网卡的名称，而 eth1 则为第 2 块物理网卡的名称。此外，回环设备的名称为 lo。

(1)以太网络配置

在 linux 环境下，可以采用直接修改配置文件，图形界面或命令行三种方式来配置网络参数。设置完成后，都需要重新启动 network 服务。

①直接修改配置文件

Linux 系统中，TCP/IP 网络是通过若干个文本文件进行配置的，需要编辑这些文件来完成联网工作。通常对于 CentOS，要设置主机 IP 地址为静态地址或者更改主机名，需要修改以下几个文件：

/etc/sysconfig/network　　//设置主机名和网络配置

/etc/sysconfig/network-scripts/ifcfg-eth0　　//针对特定的网卡 eth0 进行设置

/etc/resolv.conf　　//指定 DNS 服务器地址

/etc/hosts　　//指定的域名解析地址

在/etc/sysconfig/network-scripts 目录下存储网络接口配置文件。每个网络接口有各自的配置文件，配置文件 ifcfg-为前缀，后接网络接口名。例如，接口 eth0 的配置文件名为 ifcfg-eth0，其内容见图 8-37。

设置完成后，需要重新启动 network 服务：输入命令："service network restart"，新设置才可以生效。

②图形界面配置以太网络

CentOs6.2 提供一个图形界面网络配置工具，使用该配置工具可以配置各种网络连接。打开"系统"-"首选项"-"网络连接"选中要操作的网络接口卡(如图 8-38)，点击编辑，进入图 8-39 界面。选择 IPv4 设置，把[方法]选为"手动"，然后点击"添加"，依次输入 IP 地址、子网掩码、网关，DNS，最后点击"应用"即可。

```
ifcfg-eth0
DEVICE="eth0"
BOOTPROTO=none
IPV6INIT="yes"
NM_CONTROLLED="yes"
ONBOOT="yes"
TYPE=Ethernet
IPADDR=172.16.11.101
PREFIX=24
GATEWAY=172.16.11.1
DNS1=210.34.0.14
DEFROUTE=yes
IPV4_FAILURE_FATAL=yes
IPV6_AUTOCONF=yes
IPV6_DEFROUTE=yes
IPV6_FAILURE_FATAL=no
NAME="System eth0"
UUID=5fb06bd0-0bb0-7ffb-45f1-d6edd65f3e03
HWADDR=00:0C:29:2D:6F:2A
IPV6_PEERDNS=yes
IPV6_PEERROUTES=yes
```

图 8-37　接口 eth0 的配置文件

完成以上设置后，将生成配置文件/etc/sysconfig/network-script/ifcfg-eth2。要使配置文件生效，必须重启“network”服务。

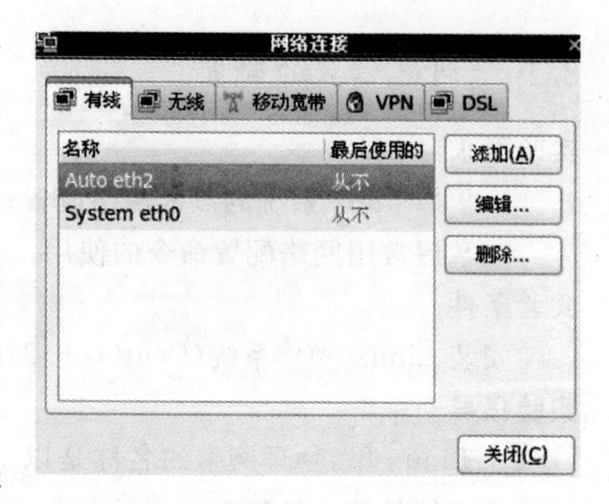

图 8-38 选择网络设备(选择 eth2)

③命令行方式配置以太网络

通过 ifconfig 命令实现 Centos 设置静态 IP。通常用它来查看当前网络接口卡的一些信息，同时，也可以用来进行一些网络接口卡信息的设置。

a. 配置 eth0 的 IP 地址，同时激活该设备

输入命令：ifconfig eth2 172.16.11.161 netmask 255.255.255.0 up

b. 添加默认网关

输入命令：route add default gw 172.16.11.1

c. 配置 DNS

用文本编辑器编辑文件 resolv.conf

①输入命令：vi /etc/resolv.conf

②进入编辑状态，将单独一行 nameserver 210.34.0.14 加入文本中

③退出 vi 编辑状态，保存文本

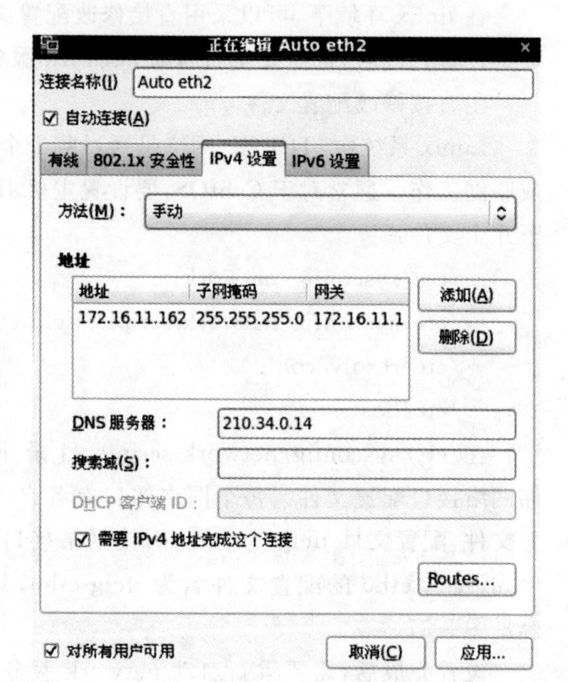

图 8-39 图形界面网络配置

使用 ifconfig 命令设置网络参数会立即生效，但不会修改网络接口配置文件，也就是说重新启动服务器后，仍然会按照 Centos 配置文件中的方式进行 IP 的获取。所以，如果需要修改 IP 地址，最好是用图形界面配置方式或通过修改 Centos 配置文件来完成。

(2) Linux 环境下的常用命令

① ifconfig 是一个用来查看、配置、启用或禁用网络接口的工具。

查看 eth2 网络接口：

```
[root@localhost 桌面]＃ifconfig eth2
eth2 Link encap:Ethernet HWaddr 00:0C:29:14:C2:F1
        inet addr:172.16.11.162 Bcast:172.16.11.255 Mask:255.255.255.0
        inet6 addr: fe80::20c:29ff:fe14:c2f1/64 Scope:Link
        UP BROADCAST RUNNING MULTICAST MTU:1500 Metric:1
        RX packets:746 errors:0 dropped:0 overruns:0 frame:0
        TX packets:70 errors:0 dropped:0 overruns:0 carrier:0
        collisions:0 txqueuelen:1000
        RX bytes:143928 (140.5 KiB) TX bytes:11403 (11.1 KiB)
        Interrupt:19 Base address:0x2024
```

配置 eth2 别名设备 eth2:1 的 IP 地址，并激活：

[root@localhost 桌面]#ifconfig eth2:1 172.16.11.27 netmask 255.255.255.0 up

查看当前网络参数配置：

[root@localhost 桌面]#ifconfig

```
eth2 Link encap:Ethernet HWaddr 00:0C:29:14:C2:F1
    inet addr:172.16.11.162 Bcast:172.16.11.255 Mask:255.255.255.0
    inet6 addr: fe80::20c:29ff:fe14:c2f1/64 Scope:Link
    …
eth2:1 Link encap:Ethernet HWaddr 00:0C:29:14:C2:F1
      inet addr:172.16.11.27 Bcast:172.16.11.255 Mask:255.255.255.0
      UP BROADCAST RUNNING MULTICAST MTU:1500 Metric:1
      Interrupt:19 Base address:0x2024
lo Link encap:Local Loopback
   inet addr:127.0.0.1 Mask:255.0.0.0
   inet6 addr: ::1/128 Scope:Host
   UP LOOPBACK RUNNING MTU:16436 Metric:1
   RX packets:16 errors:0 dropped:0 overruns:0 frame:0
   TX packets:16 errors:0 dropped:0 overruns:0 carrier:0
   collisions:0 txqueuelen:0
   RX bytes:960 (960.0 b) TX bytes:960 (960.0 b)
```

使用 ifconfig 命令来启用和停用网络接口，命令格式是：

#ifconfig <网络接口> up

#ifconfig <网络接口> down

② service　服务控制命令

service 是用于管理 Linux 操作系统中服务的命令，这个命令不是在所有的 linux 发行版本中都有。主要是在 RedHat、Fedora、Mandriva 和 CentOs 中。

service 是一个脚本命令，作用是去/etc/init.d 目录下寻找相应的服务，进行开启和关闭等操作。

例如，开启 network 服务器：

#service network start

start 可以换成 restart 表示重新启动，stop 表示关闭，reload 表示重新载入配置。

service 命令可以替换为：

#/etc/init.d/network stop (因为有一些 linux 的版本不支持 service 命令)。

③ ls 命令

ls[选项][目录名]

默认列出当前目录的清单。通过 ls 命令不仅可以查看 linux 文件夹包含的文件，而且可以查看文件权限(包括目录、文件夹、文件权限)及查看目录信息等等。

a. ls-a 列出文件下所有的文件，包括以“.”开头的隐藏文件(linux 下文件隐藏文件是以.

开头的,如果存在..代表存在着父目录)。

b. ls-l 列出文件的详细信息,如创建者,创建时间,文件的读写权限列表等等。

c. ls-s 在每个文件的后面列出文件的大小。

d. ls-R 将目录下所有的子目录的文件都列出来。

④ Mkdir 创建一个或多个新的目录

mkdir[-m Mode][-p]Directory…

例 1:a. #mkdir Test

在当前工作目录下创建一个名为 Test 的新目录,且用缺省的许可权创建 Test 目录。

b. #mkdir-m 755/home/demo/sub1/Test

在以前已创建的/home/demo/sub1 目录中新建一个使用 rwxr-xr-x 许可权的名为 Test 的新目录。

c. #mkdir-p/home/demo/sub2/Test

在目录 /home/demo/sub2 中新建一个使用缺省许可权的名为 Test 的新目录。

如果它们不存在,-p 标志会创建/home、/home/demo 和/home/demo/sub2 目录。

⑤groupadd 添加用户组

groupadd[-g gid][-o][-r][-f] groupname

例 2:#groupadd -g 888 student

创建一个组 student,其 GID 为 888

⑥useradd 建立用户帐号和创建用户的起始目录,使用权限是超级用户。

useradd[-d home][-s shell][-c comment][-m[-k template]][-f inactive][-e expire][-p passwd][-r] name

例 3:a. 建立一个新用户账户,并设置 ID:

#useradd caojh —u 544

需要说明的是,设定 ID 值时尽量要大于 500,以免冲突。因为 Linux 安装后会建立一些特殊用户,一般 0 到 499 之间的值留给 bin、mail 这样的系统账号。

b. #useradd oracle -g oinstall -G dba

新创建一个 oracle 用户,其初始属于 oinstall 组,且同时让他也属于 dba 组。

⑦chmod 命令用于改变文件或目录的访问权限

chmod[-cfvR][--help][--version] mode file...

例 4:a. #chmod ug+w,o-x text

设定文件 text 的属性为:

文件属主(u)增加写权限,与文件属主同组用户(g)增加写权限,其他用户(o)删除执行权限。

b. #chmod 644 mm. txt

设定文件 mm. txt 的属性为:-rw-r--r--

文件属主(u)拥有读、写权限,与文件属主同组人用户(g) 拥有读权限,其他人(o) 拥有读权限。

8.11　配置 linux 环境下的 DNS 服务器

实验要求

1. 掌握主域名服务器的配置方法,熟练使用文本编辑器;

2. 学会使用 DNS 测试工具;

3. 掌握配置 DNS 转发器。

实验条件

安装 Linux 操作系统(CentOs 6.2)的连网计算机。

实验指导

在 Linux 中,域名服务(DNS)是由 BIND(Berkeley Internet Name Domain,柏克莱网间域名)软件实现的。BIND 是一个 C/S 系统,其客户端称为转换程序(resolver),它负责产生域名信息的查询,将这类信息发给服务器。BIND 的服务器端是一个称为 named 的守护进程,它负责回答转换程序的查询。

1. 启动并检验 BIND 是否被运行

(1)执行如下命令,启动 named 服务:

```
#service named start
```

(2)检验 BIND 是否被启动:

```
[root@localhost 桌面]#pstree|grep named
        |-named---3*[{named}]                          //表示已经启动
```

2. 配置 DNS 服务器

(1)主配置文件/etc/named.conf 的配置

主配置文件 named.conf 的配置语句见表 8-9,下面将详细介绍其配置。

表 8-9　named.conf 的配置语句说明

配置语句	说明
options	定义全局配置选项
logging	定义日志的记录规范
zone	定义一个区
include	将其他文件包含到本配置文件中

①全局配置语句 options

其语法为:
```
options {
        配置子句;
        ……;
};
```

常用的全局配置子句如下:

```
listen-on port 53{IPaddr};        定义监听的地址;
directory "path"                  服务器区配置文件的工作目录,默认为/var/named;
allow-query {IPaddr};             配置允许请求 DNS 解析的主机;
```

recursion yes/no ;　　是否使用递归式 DNS 服务器，默认为 yes；

forwarders {IPaddr}；　　设置域名转发。

②区域(zone)声明

区域声明是配置文件中最重要的部分。Zone 语句格式为：

```
Zone "zone name"IN (
        type 子句；
        file 子句；
        其他子句；
)；
```

一条区声明需要说明三部分内容：域名、服务器类型和域信息源。

常用的区声明子句：

type master/hint/slave；　　说明一个区的类型：

master 表示为主域名服务器；

hint 表示为启动时初始化高速缓存的域名服务器；

slave 表示为辅助域名服务器；

file "filename"；　　说明一个区的域信息源数据库文件名。

(2)用编辑器编辑主配置文件/etc/named. conf：

```
#gedit(或#vi)/etc/named. conf        //配置文件内容此处省略。
```

对配置文件做下列修改：

①修改监听端口与地址

在全局配置语句(options { };)中有两行要修改：

```
listen-on port 53 { any; };          //any 表示监听所有端口
allow-query { any; };                //改为 any 表示任何地址都解析
```

②设置根区域

当 DNS 服务器处理递归查询时，如果本地区域文件不能进行查询的解析，就会转到根 DNS 服务器查询，所以在主配置文件 named. conf 文件中定义了根区域。

```
zone "." IN {
type hint;
file "named. ca";
};
```

"."意思为根区域，IN 将该记录标示为一个 internet DNS 资源记录，根的类型是 hint，根区域文件为 named. ca。可以在/var/named/named. ca 文件中，看到 13 台根域名服务器。

③添加正向解析和反向解析的区声明

下面以 test. net 域为例，配置 test. net 域的主域名服务器(如图 8-40)。

(3)配置正向和反向解析数据库文件

①执行如下操作创建正向解析数据库文件，如图 8-41 所示。

②执行如下操作创建反向解析数据库文件，如图 8-42 所示。

```
[root@localhost 桌面]# vi /etc/named.conf
                              root@localhost:~/桌面
文件(F) 编辑(E) 查看(V) 搜索 (S) 终端(T) 帮助(H)
logging {
        channel default_debug {
                file "data/named.run";
                severity dynamic;
        };
};

zone "." IN {
        type hint;
        file "named.ca";
};

zone "test.net" IN {
        type master;
        file "test.net.zone";
};

zone "11.16.172.in-addr.arpa" IN {
        type master;
        file "172.16.11.zone";
};
```

图 8-40　配置根区域与添加解析区域声明

```
[root@localhost 桌面]# vi /var/named/test.net.zone

$TTL 86400
@       IN  SOA dns.test.net. root.test.net. (
                                        42      ; serial
                                        1D      ; refresh
                                        1H      ; retry
                                        1W      ; expire
                                        3H )    ; minimum

@       IN  NS  dns.test.net.
dns     IN  A   172.16.11.161
www     IN  A   172.16.11.161
www1    IN  A   172.16.11.161
~
```

图 8-41　配置正向解析数据库文件

```
[root@localhost 桌面]# vi /var/named/172.16.11.zone

$TTL 86400
@       IN  SOA  dns.test.net. root.test.net. (
                                        42      ; serial
                                        1D      ; refresh
                                        1H      ; retry
                                        1W      ; expire
                                        3H )    ; minimum

@       IN  NS   dns.test.net.
161     IN  PTR  dns.test.net.
161     IN  PTR  www.test.net.
161     IN  PTR  www1.test.net.
~
```

图 8-42　配置反向解析数据库文件

(3)设置 DNS(客户)

假设作为 DNS 服务器的主机的 IP 地址设为 172.16.11.161,那么,DNS(即 DNS 客户端)也设置为 172.16.11.161。介绍两种方法:

①通过图形方式,打开网络连接,编辑选定网络接口,如图 8-43 所示。

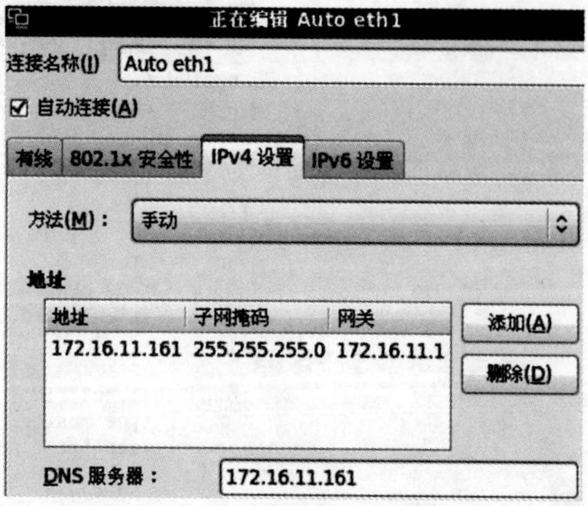

图 8-43　IP 地址与 DNS 指定

②修改配置文件 resolv.conf

输入命令:vi/etc/resolv.conf

将 nameserver 172.16.11.161 加入文本

(4)重新启动 named 服务

当 DNS 服务器配置好之后可以使用如下命令重新启动服务器:

```
# service named restart
```

(5)测试 DNS

使用 nslookup 命令测试 DNS(如图 8-44 所示),也可以用 ping 命令解析 DNS 解析测试。

```
[root@localhost 桌面]# nslookup
> www.test.net                    //正向查询主机地址
Server:         172.16.11.161
Address:        172.16.11.161#53

Name:   www.test.net
Address: 172.16.11.161
> 172.16.11.161                  //反向查询域名
Server:         172.16.11.161
Address:        172.16.11.161#53

161.11.16.172.in-addr.arpa      name = www.test.net.
161.11.16.172.in-addr.arpa      name = www1.test.net.
161.11.16.172.in-addr.arpa      name = dns.test.net.
> exit                           //退出 nslookup
```

图 8-44　利用 nslookup 命令测试 DNS

(6)配置域名转发

当定义了域名转发器后,如 DNS 服务器无法解析某个域名时,它将把客户的查询请求发送给转发器中定义的服务器进行解析。

配置转发器,只需要在主配置文件中增加 foewarders 子句即可。例如:当本地域名服务器无法解析时,将请求直接发往另一个 DNS 服务器 210.34.0.14。需要在主配置文件/etc/named.conf 的全局配置 options 中增加:

```
options{
        …… …
        Forwarders {210.34.0.14}          //设置转发器
        …… …
        }
```

修改好主配置文件/etc/named.conf 后,需要执行命令"service named restart",重新启动 named 服务,并使用上述介绍的方法进行域名解析测试。

8.12　配置 Apache 服务器

实验要求

1. 熟悉 Apache 的默认配置文件，掌握 Apache 最基本的配置命令；

2. 掌握虚拟主机的概念，掌握基于 IP 和基于域名虚拟主机的配置方法。

实验条件

安装 Linux 操作系统(CentOs 6.2)的连网计算机。

实验指导

Apache HTTP Server(简称 Apache)是 Apache 软件基金会的一个开放源码的网页服务器，可以在大多数计算机操作系统中运行，由于其多平台和安全性被广泛使用，是最流行的 Web 服务器端软件之一。

httpd 为 Apache HTTP 服务器程序。直接执行程序可启动服务器的服务。httpd 是 Apache HTTP 服务器的主程序，它被设计为一个独立运行的后台进程，会建立一个处理请求的子进程或线程的池。通常，httpd 不被直接调用，而由 apachectl 调用。apachectl 是 Apache HTTP 服务器的前端程序。其设计意图是帮助管理员控制 Apache httpd 后台守护进程的功能。

1. **启动并检测** Apache **是否被运行**

(1)启动 Apache

[root@localhost 桌面]# service httpd start

(2)用下面的操作检测 httpd 是否启动：

[root@localhost 桌面]# pstree|grep httpd

|-httpd---8*[httpd]　　　　　　//表示已经启动

确认 httpd 服务器启动后，在客户端使用 Web 浏览器输入 Web 服务器的地址(本机可以使用 localhost 或者 127.0.0.1)进行访问，如果出现如图 8-45 所示的 Apache 测试页面，则表示 Web 服务安装正确并且运行正常。使用客户端访问 Web 服务，需确认 Linux 防火墙未阻塞 TCP 的 80 端口。否则，使用命令 service iptables stop 关闭防火墙，或使用命令 iptables -I INPUT -p tcp --dport 80 -j ACCEPT 开放 TCP 的 80 端口。

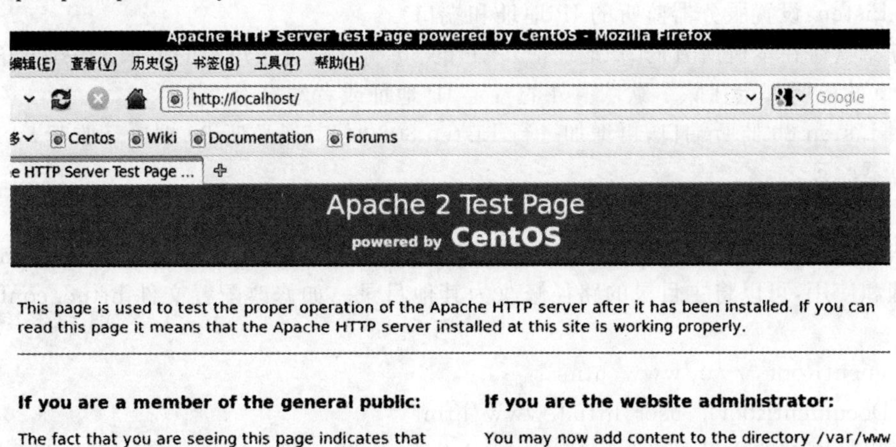

图 8-45　Apache httpd **的测试页面**

2. **配置** Apache

CentOs 6.2 的 Apache 的默认重要配置信息保存中如下文件和目录：

/etc/httpd/conf/httpd.conf	主配置文件
/etc/httpd/conf.d	配置存储的目录
/var/www/html	CentOS 默认的 Web 文档根目录
/var/log/httpd/	日志文件存放路径
/usr/lib/httpd/modules	要使用的模块默认都放置在此目录

基本配置

主配置文件/etc/httpd/conf/httpd.conf 的设置，主要分为全局环境参数、主服务器配置和虚拟主机配置三部分。为了使配置文件更加清晰条理，可以使用 Include 指令将主配置文件进行分割，其主要部分(基本的全局环境和主服务器配置)保留在主配置文件 httpd.conf 里，而虚拟主机和 proxy 等其他模块的配置，独立存成 *.conf 的配置文件，保存在/etc/httpd/conf.d 目录下。httpd 服务器启动时，除了加载 conf/httpd.conf 主配置文件外，还会自动加载 conf.d 子目录下所有以.conf 结尾的配置文件(它是由 httpd.conf 里的默认配置里包含的一个 Include 指令“Include conf.d/ *.conf”来实现的)。

默认配置为用户提供了一个良好的模板，基本的配置几乎不需要进行修改。如果不小心误修改了其中的一些语句，会造成 Apache 启动失败。由于主配置文件相当庞大，而常常很难找到出错的地方。建议读者先把目前可以运行的主配置文件备份，在修改主配置文件后，如 Apache 无法重新启动，而且找不到主配置文件出错的地方时，可以把备份的文件覆盖错误的文件，重新修改。执行下面命令可以备份主配置文件：

[root@localhost 桌面]# cp /etc/httpd/conf/httpd.conf /home/httpd.conf

对主配置文件，可以考虑修改或添加如下的基本配置指令：

(1) ServerName：设置服务器的名字和端口。

推荐明确地设定它，以防止启动时产生问题。如果它不被设定为有效的 DNS 名，服务器产生的重定向将无法正常工作。如果没有一个有效的 DNS 名字，则在这里输入它的 IP 地址。总之需要通过它的地址来访问它，以使重定向正常工作。

通过 ServerName 172.16.11. * :80 (* 为所使用计算机的主机地址)，设置服务器 IP 地址及端口，并且比较设与没设时启动 Apache 的不同。

(2) Listen：设置服务器监听的 IP 地址和端口

服务器默认在本机所有的 IP 地址上 TCP 的 80 端口监听客户端的请求。Listen 语句允许将 Apache 的监听绑定在除了默认值外的特定 IP 地址或者端口上。

先用 Listen 80 监听端口，再增加一行 Listen 8080 使其既监听 80 端口又监听 8080 端口。可用浏览器验证之。

(3) DocumentRoot：设置网站主目录的路径

默认 httpd 服务器的网站主目录(用于保存需要发布的网页)位于/var/www/html。为了方便管理和使用，可以将主目录的路径修改为其他目录。如修改配置文件 httpd.conf 中下面的一行：

DocumentRoot "/var/www/html"

为：DocumentRoot "/user/httpd/www/html"

则可以把网站的主目录修改为“/user/httpd/www/html”

(4) DirectoryIndex：设置网站目录的默认文档

默认文档是指访问请求 URL 里没有指定页面时，httpd 服务默认返回网站目录中的文件，即通常所谓的主页。这由配置语句 DirectoryIndex 来指定，默认为 index. html，可以将其修改为其他文件，如：

DirectoryIndex index. html index. php

语句中可以设置有空格分隔的多个文件名，httpd 服务器会根据顺序去寻找可用的主页文件。

读者可以将自己制作的网页文件以 index. html 为名存放在主目录里，重启 httpd 服务后用浏览器访问网站来验证。

3. 配置虚拟主机服务

所谓虚拟主机服务就是指将一台机器虚拟成多台 WEB 服务器，每台虚拟主机具有独立的域名或者 IP 地址，并且相互独立。

举个例子来说，可以利用虚拟主机服务将两个不同公司 www. company1. com 与 www. company2. com 的主页内容都存放在同一台主机上。而访问者只需输入不同公司的域名，就可以访问到相应的公司网站。

早期虚拟主机的配置都写在 httpd. conf 文件里，现在为了方便管理每个虚拟主机，通常每个或多个虚拟主机单独设立一个配置文件(以. conf 为文件扩展名)，保存在 conf. d 目录下。

用 Apache 设置虚拟主机服务通常可以采用两种方案：基于 IP 地址的虚拟主机和基于名字的虚拟主机，下面分别介绍一下它们的实现方法。

(1)基于 IP 虚拟主机配置

例如，要为新的 IP：172.16.11.21 提供虚拟主机服务(如果 DNS 支持则可以用域名)。

①首先为网卡设置 IP 别名：

ifconfig eth1:1 172.16.11.21 netmask 255.255.255.0

②将虚拟主机的配置存放在单独的配置文件中，如/etc/httpd/conf. d/ip-vhost. conf。文件的内容如下：

```
<VirtualHost 172.16.11.21>
    DocumentRoot /var/www/ipvirtual
    DirectoryIndex index.html
    ServerName 172.16.11.21
</VirtualHost>
```

③按照上面指定的 DocumentRoot 建立相应的目录：

在终端执行如下命令“mkdir /var/www/ipvirtual”

④把主页 index. html 存放在目录/var/www/ipvirtual 中；

⑤执行 service httpd restart 命令重启 httpd 服务；

⑥在浏览器的地址栏输入 http://172.16.11.21，将会显示主页文件 index. html 的内容。

(2)设置实现基于域名的虚拟主机服务

基于名字的虚拟主机服务，是常用的一种方案。因为只需要一个 IP 地址，配置简单，无须特殊的软硬件支持。具体做法如下：

①配置基于域名的虚拟主机，首先要配置 DNS。下面以 test. net 域为例进行基于域名的虚拟主机的配置。DNS 的配置过程见第二节。

②将虚拟主机的配置存放在单独的配置文件中，如/etc/httpd/conf. d/n-vhost. conf。文件的内容如下：

```
NamevirtualHost 172.16.11.161
<VirtualHost 172.16.11.161:80>
```

```
    DocumentRoot /var/www/nvirtual
    DirectoryIndex index.html
    ServerName www.test.net
</VirtualHost>
```

③根据②的 DocumentRoot 指定内容，建立相应的目录

在终端执行如下命令“mkdir /var/www/nvirtual”

④把主页 index.html 存放在目录“/var/www/nvirtual”中；

⑤执行 service httpd restart 命令重启 httpd 服务。

⑥在浏览器的地址栏输入 http://www.test.net，将会显示主页文件 index.html 的内容。

8.13　Linux 环境下的 FTP 服务器配置

实验要求

1. 熟悉 vsftpd 的默认配置，掌握基本的性能和安全选项的配置；
2. 掌握基于 IP 虚拟 FTP 服务器的配置。

实验条件

安装 Linux 操作系统(CentOs 6.2)的连网计算机。

实验指导

如果要在 Linux/Unix 服务器上搭建一个安全、高性能、稳定性好的 FTP 服务器，那么 vsftpd 通常是首选。vsftpd 是“very secure FTP daemon”的缩写，安全性是它的一个最大的特点。vsftpd 是一个 UNIX 类操作系统上运行的服务器的名字，它可以运行在诸如 Linux、BSD、Solaris、HP-UNIX 等系统上面，是一个完全免费的、开放源代码的 ftp 服务器软件，支持很多其他的 FTP 服务器所不支持的特征。比如：非常高的安全性需求、带宽限制、良好的可伸缩性、可创建虚拟用户、支持 IPv6、速率高等。实验步骤如下：

1. 启动 vsftpd

```
#cp /etc/vsftpd/vsftpd.conf /home/vsftpd.conf        //备份主配置文件，以备恢复
#service vsftpd start
```

2. 用文本编辑器查看 vsftpd **的默认主配置文件**

```
#grep -v "#" /etc/vsftpd/vsftpd.conf
```

显示的主要内容如下：

```
anonymous_enable=YES          //允许匿名登录
local_enable=YES              //允许本地用户登录
write_enable=YES              //开放本地用户写权限
local_umask=022               //设置本地用户的文件生成掩码为 022
dirmessage_enable=YES         //当切换到目录时，显示该目录下的.message 隐含文件的内容
xferlog_enable=YES            //激活传下载日志
connect_from_port_20=YES      //启用数据端口连接请求
xferlog_std_format=YES        //使用标准的 ftpd xferlog 日志模式
listen=YES                    //使 vsftpd 处于独立启动模式
pam_service_name=vsftpd       //设置 PAM 认证服务的配置文件，文件放在/etc/pam.d 目录
userlist_enable=YES           //默认 userlist_deny=YES，所以/etc/vsftpd.user_list 文件中所
                                列的用户均不能访问此 vsftpd 服务器
tcp_wrappers=YES              //使用 tcp_wrappers 作为主机访问控制方式
```

3. **测试 vsftpd 的默认配置**

分别用匿名用户和本地用户登录,比较它们的不同(目录与权限)。

(1)使用匿名用户登录

在默认情况下,匿名服务器下载目录/var/ftp/pub 中没有任何内容,进行测试前需先向该目录放置文件。

①建立文件 test. txt:vi /var/ftp/pub/test. txt。输入一些文字并存盘;

②生成目录信息文件/var/ftp/put/. message:

#echo "Welcome to this Directory. ">/var/ftp/pub/. message

③远程访问 ftp 服务器:"ftp 172. 16. 11. 210"

正确输入用户名 ftp 和密码后将出现 ftp 提示符"ftp>":

④在 ftp 提示符下输入 ls 命令:

ftp>ls

会出现下面文件列表,其中显示有一个目录"pub":

```
drwxr-xr-x    2 0    0    4096 Sep 05 02:27 pub
```

⑤使用 cd pub 命令进入 pub 目录,再查看文件列表(ls):

```
-rw-r--r--    1 0    0    23 Sep 05 02:21 test. txt
```

⑥下载文件:

ftp>get test. txt

如果下载成功,将显示下面内容:

```
ocal: test. txt remote: test. txt
227 Entering Passive Mode (172,16,11,210,229,242).
150 Opening BINARY mode data connection for test. txt (23 bytes).
226 Transfer complete.
23 bytes received in 0. 000252 secs (91. 27 Kbytes/sec)
```

⑦上传文件:

ftp> put test2. txt

```
local: test2. txt remote: test2. txt
227 Entering Passive Mode (172,16,11,210,45,175).
550 Permission denied.
```

ftp> bye

```
221 Goodbye
```

(2)使用本地普通用户

①建立一个用户 user1:

#useradd user1   //建立用户

#passwd user1   //设置密码

②用本地用户登录 ftp,登录失败

#ftp 172. 16. 11. 210

输入用户名 user1 及其密码,得到提示:

500 OOPS: cannot change directory:/home/user1

Login failed.   //登陆失败,因为 vsftp 默认不支持本地用户登录

③开启 ftp 对本地用户 user1 的支持:

由于 CentOS 系统安装了 SELinux,默认没有开启 FTP 的支持,可查看 FTP 相关的参数

及开启支持：

```
[root@localhost 桌面]# getsebool -a |grep ftp
  allow_ftpd_anon_write --> off
  allow_ftpd_full_access --> off
  allow_ftpd_use_cifs --> off
  allow_ftpd_use_nfs --> off
  ftp_home_dir --> off
  ftpd_connect_db --> off
  httpd_enable_ftp_server --> off
  tftp_anon_write --> off
```

SELinux 是 Linux(在 2.6 版本以后)内核中提供的强制访问控制(MAC)系统。在 CentOs 6.2 中 SElinux 默认就是完全开启的，它为每一个用户，程序，进程，设置了权限，也为文件定义了访问和传输的权限，管理着所有这些对象之间的交互关系。

执行命令 setseboot，关闭对 ftp 服务的限制，开启支持：

```
# setsebool -P ftp_home_dir 1
# ftp 172.16.11.210
```

输入用户名 user1 和密码，将成功登录 ftp。

④用 put 命令上传文件

```
ftp> put test2.txt          //将上传成功
```

⑤用 ls 命令查看文件列表：

```
ftp> ls
  227 Entering Passive Mode (172,16,11,210,27,177).
  150 Here comes the directory listing.
  -rw-r--r--     1  0     0      23 Sep 05 02:39 test.txt
  -rw-r--r--     1  502   502    23 Sep 05 03:29 test2.txt
  226 Directory send OK.
ftp> cd/          //切换到根目录
  250 Directory successfully changed.
```

通过以上操作，是否能得出如下结论：

a. 允许匿名用户和本地用户登录；

b. 匿名用户的登录名为 ftp 或 anonymous，口令为 ftp；

c. 匿名用户不能离开匿名服务器目录/var/ftp，且只能下载不能上传；

d. 本地用户的登录名为本地用户名，口令为本地用户的口令；

e. 本地用户可以离开自家目录切换至有权访问的其他目录，并能进行上传下载。

4. 修改默认 vsftpd 配置

(1)登录时输出字符串，用于提示访问用户：

ftpd_banner=Welcome to Net Lab's FTP service!

(2)允许匿名用户上传文件

这只有在上面的全局写允许的情况下才起作用(write_enable=YES)；同时需要创建一个允许 FTP 用户写的目录(即匿名用户对文件系统的上传目录具有写权限)。

anon_upload_enable=YES

允许上传后试着用匿名用户上载一个文件到 pub 目录下，看看有什么响应；然后修改 pub

目录(在/var/ftp 下)权限为其他用户(others)可写(chmod o+w /var/ftp/pub),再重新用匿名用户上载一个文件到 pub 目录下。

(3)允许匿名用户创建新目录:

anon_mkdir_write_enable=YES

在 pub 目录下建立一个新的子目录 new。

#mkdir /var/ftp/pub/new

(4)本地用户登录后不能切换到自家目录以外的目录,限制在他们的 home 目录:

chroot_local_user=YES

用 ftp 客户端比较修改前后执行"cd/"命令的不同之处。

(5)限制连接的用户数

在独立模式运行,加入以下命令:

max_clients=10　　　　//服务器总的客户并发连接数为 10;

max_per_ip=3　　　　//每个客户机的最大连接数为 3。

5. vsftpd **性能配置**

(1)设置空闲的用户会话的中断时间

idle_session_timeout=600

(2)设置数据连接的超时值

data_connection_timeout=120

(3)设置客户端空闲时的自动中断和激活连接时间

accept_timeout=60

connect_timeout=60

(4)设置单个客户端的最高下载速度(比如 50k 字节每秒)

anon_max_rate=50000

6. **虚拟主机(基于 IP 的虚拟 FTP 服务器)**

虚拟主机使得不同的客户端连接到机器上的不同 IP 地址(虚拟地址)时,会重定向到不同的 ftp 站点。

例如,假设有 2 个 IP 地址 172.16.11.210 和 172.16.11.220,可以让这它们作为同一个服务器中 2 个完全不同 ftp 站点的访问地址。

配置独立启动的 vsftpd 的步骤:

(1)绑定一个虚拟 IP 地址

假设已经在以太网接口 eth0 上配置了一个 IP 地址 172.16.11.210。需要增加一个虚拟网络接口 eth0:1,并配置第二个 IP 地址 172.16.11.220:

#ifconfig eth0:1 172.16.11.220 netmask 255.255.255.0 up

利用上述命令可以给一个网卡配置多个 IP 地址。

(2)创建虚拟 FTP 服务器的目录

①建立虚拟 FTP 服务器目录:"mkdir -p /var/ftp_site2/pub"

②确保/var/ftp_site2 和/var/ftp_site2/pub 目录有如下权利(如果权限不对,可以用 chmod 命令修改):

执行命令"ll-d/var/ftp_site2"应看到权限如下:

drwxr-xr-x. 3 root root 4096 9 月 4 21:03 /var/ftp_site2

执行命令"ll-d/var/ftp_site2/pub"应看到权限如下:

drwxr-xr-x. 2 root root 4096 9 月 4 21:03/var/ftp_site2/pub

③在下载目录中生成测试文件："echo "hello"＞/var/ftp_site2/pub/vtest"

(3)创建虚拟服务器的匿名用户所映射的本地用户 ftp2

增加用户 ftp2，并使其主目录为/var/ftp_site2："useradd-d/var/ftp_site2-M ftp2"

(4)修改原独立运行的服务器配置文件/etc/vsftpd/vsftpd. conf

添加 listen_address＝172.16.11.220 配置行；

将原 FTP 服务绑定到 eth0 接口。

(5)利用原有的主配置文件生成虚拟服务器的主配置文件 vsftp_2. conf

"cp/home/vsftpd. conf/etc/vsftpd/vsftp_2. conf"

(6)修改虚拟服务器的主配置文件 vsftp_2. conf

添加和修改如下配置行

```
listen_address=172.16.11.220          //将虚拟服务器绑定到 eth0:1 接口；
ftp_username=ftp2                     //使虚拟服务器的匿名用户映射到本地用户 ftp2
ftpd_banner=Welcome to FTP site2.     //登录显示的欢迎信息
```

(7)重启 vsftpd 服务"service vsftpd restart"，对虚拟服务器进行测试

分别以 172.16.11.210 和 172.16.11.220 连接 FTP 服务器测试。

8.14 Samba 服务器

实验要求

1. 熟悉 smb. conf 的文件结构和配置语法；
2. 熟悉 Samba 的全局参数和共享资源参数的配置；
3. 掌握 Samba 服务器的文件共享配置。

实验条件

安装 Linux 操作系统(CentOs 6.2)的连网计算机。

实验指导

Samba 是一个能让 Linux 系统应用 Microsoft 网络通讯协议的软件，而 SMB 是 Server Message Block 的缩写，即为服务器消息块 ，SMB 主要是作为 Microsoft 的网络通讯协议，后来 Samba 将 SMB 通信协议应用到了 Linux 系统上，就形成了现在的 Samba 软件。Samba 最大的功能就是可以用于 Linux 与 Windows 系统直接的文件共享和打印共享，Samba 既可以用于 Windows 与 Linux 之间的文件共享，也可以用于 Linux 与 Linux 之间的资源共享。

组成 Samba 运行的有两个服务，一个是 SMB，另一个是 NMB；SMB 是 Samba 的核心启动服务，它监听 139 TCP 端口，主要负责建立 Linux Samba 服务器与 Samba 客户机之间的对话，验证用户身份并提供对文件和打印系统的访问。只有启动了 SMB 服务，才能实现 Linux 与 Windows 两个系统之间的文件共享和打印共享；而 NMB 服务是负责解析用的，监听 137 和 138 UDP 端口，类似与 DNS 实现的功能，NMB 可以把 Linux 系统共享的工作组名称与其 IP 对应起来，如果 NMB 服务没有启动，就只能通过 IP 来访问共享文件。

1. 启动 Samba 服务器

通过 service smb start/stop/restart 来启动、关闭、重启 Samba 服务，启动 SMB 服务的命令如下：

```
# service smb start        //启动 SMB 服务：
# service nmb start        //启动 NMB 服务
```

2. 查看 samba 服务启动情况

```
# service smb status
```

3. Samba **服务配置基础**

(1)smb. conf 文件结构

Samba 的主配置文件为/etc/samba/smb. conf,它采用分节的结构,一般有 3 个标准节和若干个自定义共享节组成。

[Global]　定义全局参数和缺省值

[Homes]　定义用户的 Home 目录共享

[Printers]　定义打印机共享

[Userdefined_ShareName]　用户自定义共享

除了[global]节外,所有的节都可以看作是一个共享资源。节名是该共享资源的名字,每节里的参数是该共享资源的属性。

可分别用如下命令查看 Samba 主配置文件:

#gedit/etc/samba/smb. conf

#grep-v "#"/etc/samba/smb. conf |grep-v ";"(忽略注释行)

(2)smb. conf 文件中常使用的变量名:

%S 代表共享名;

%P 代表共享的主目录;

%u 代表共享的用户名;

%g 代表用户所在的工作组;

%H 代表用户的共享主目录;

%v 代表 Samba 服务器的版本号;

%h 代表 Samba 服务机器的主机名;

%m 代表客户机 NetBIOS 名称;

%L 代表服务器 NetBIOS 名称;

%T 代表系统当前日期和时间。

(3)Samba 的安全等级

Samba 有四种安全等级,使用 security 参数进行指定。分别是:

Share:不用进行权限匹配检查即可访问共享资源,安全性比较差;

User:由提供服务的 Samba 服务器负责检查账户及密码,是 Samba 默认的安全等级;

Server:指定由另一台 Windows 服务器或 Samba 服务器负责检查账户及密码的工作;

Domain:由 Windows 域控制器来验证用户的账户和密码。

4. **配置** Samba **服务**

在配置 Samba 服务时,可以把 Samba 的主配置文件/etc/samba/smb. conf 分为两大部分:

· Global Settings (55 行～245 行)

该部分设置都是与 Samba 服务整体运行环境有关的选项,它的设置项目是针对所有共享资源的。

· Share Definitions (246 行～尾行)

这部分设置针对的是共享目录个别的设置,只对当前的共享资源起作用。

下面是 smb. conf 中的主要全局参数及其说明

```
#================Global Settings ================
[global]
workgroup=WORKGROUP
```

设置 Samba Server 所要加入的工作组或者域。

server string＝Samba Server Version %v

设置 Samba Server 的注释，可以是任何字符串。宏%v 表示显示 Samba 的版本号。

netbios name＝smbserver

设置 Samba Server 的 NetBIOS 名称。若不设，则默认使用该服务器 DNS 名称的第一部分。

interfaces＝lo eth0 192.168.12.2/24 192.168.13.2/24

设置 Samba Server 监听哪些网卡，可以写网络接口名，也可以写 IP 地址。

hosts allow＝127. 192.168.1. 192.168.10.1

表示允许连接到 Samba Server 的客户端，多个参数以空格隔开。可以用一个 IP 表示，也可以用一个网段表示。

log file＝/var/log/samba/log.%m

设置 Samba Server 日志文件的存储位置以及日志文件名称。在文件名后加个宏%m(主机名)，表示对每台访问 Samba Server 的机器都单独记录一个日志文件。

max log size＝50

设置 Samba Server 日志文件的最大容量，单位为 kB，0 代表不限制。

security＝user

设置 Samba 服务器安全级别为 user，有四种安全等级。

passdb backend＝tdbsam

passdb backend 即用户后台。有三种后台：smbpasswd、tdbsam 和 ldapsam。

tdbsam：使用数据库文件创建用户数据库。数据库文件叫 passdb.tdb，在/etc/samba 中。passdb.tdb 用户数据库可使用 smbpasswd -a 创建 Samba 用户，要创建的 Samba 用户必须先是系统用户。

load printers＝yes/no

设置是否在启动 Samba 时就共享打印机。

……

下面是 smb.conf 中的主要共享参数及其说明：

#＝＝＝＝＝＝＝＝＝＝＝＝＝ Share Definitions ＝＝＝＝＝＝＝＝＝＝＝＝＝

[共享名]

comment＝任意字符串　　comment 是对该共享的描述

path＝共享目录路径　　指定共享服务路径

browseable＝yes/no　　指定该共享是否可以浏览

writable＝yes/no　　指定该共享路径是否可写

read only＝yes/no　　指定该共享路径是否为只读

public＝yes/no　　指定该共享是否允许 guest 账户访问

guest ok＝yes/no　　意义同"public"（只有当 security＝share 时此项才起作用）

valid users＝允许访问该共享的用户（多个用户或者组中间用逗号隔开，如果要加入一个组就用"@组名"表示。）

……

5. **设置** Samba **服务举例**

例 1：添加 samba 服务器作为文件服务器，并发布共享目录/share，共享名为 public，此共享目录允许工作组 workgroup 所有员工访问。

(1)建立共享目录(在根目录下建立/share 文件夹)：

[root@localhost 桌面]＃mkdir /share

创建测试文件：

[root@localhost 桌面]＃touch/share/aa. txt

要使得匿名用户可以下载或上传共享文件，要给/share 目录的权限变更为 nobody 用户和 nobody 组：

[root@localhost 桌面]＃chown-R nobody：nobody/share/

因为在/etc/samba/smbuser 文件中有 guest＝nobody 一项，即 nobody 等价于 guest 账户。

命令查看是否修改成功：

[root@localhost 桌面]＃ll /share/

总用量 0

－rw－r－－r－－　1　nobody　nobody　0　8 月 9 02：06　aa. txt

(2)修改 samba 的主配置文件

执行命令“gedit/etc/samba/smb. conf”，编辑 smb. conf 并修改后显示如下，保存修改：

＃＝＝＝＝＝＝＝＝＝＝＝＝＝ Global Settings ＝＝＝＝＝＝＝＝＝＝＝＝＝＝＝＝＝＝＝＝

[global]

workgroup＝WORKGROUP　　//定义工作组，也就是 Windows 中的工作组

server string＝Samba Server Version ％v　　//定义 Samba 服务器的简要说明

netbios name＝SMBSERVER　　//定义 Windows 中显示出来的计算机名称

security＝share　　//共享级别，用户不需要账号和密码即可访问

＃＝＝＝＝＝＝＝＝＝＝＝＝＝＝＝＝＝＝ Share Definitions＝＝＝＝＝＝＝＝＝＝＝＝＝＝＝

[share]

comment ＝ Public　　//对共享目录的说明文件，自己可以定义说明信息

path＝/share　　//用来指定共享的目录，必选项

public＝yes　　//所有人可查看，等效于 guest ok ＝ yes

(3)重启 smb 服务：

[root@localhost 桌面]＃service smb restart

关闭 SMB 服务：　　[确定]

启动 SMB 服务：　　[确定]

(4)关闭 Selinux：

[root@localhost 桌面]＃setenforce 0

(5)关闭防火墙：

系统→管理→防火墙，将防火墙禁用。

(6)访问 Samba 服务器的共享文件

在 Windows 下访问 Samba 服务器的共享文件：

在 Windows 的命令行方式：输入 \ip 或者 \Samba Server ＃服务器的名称，如图 8-46 所示。

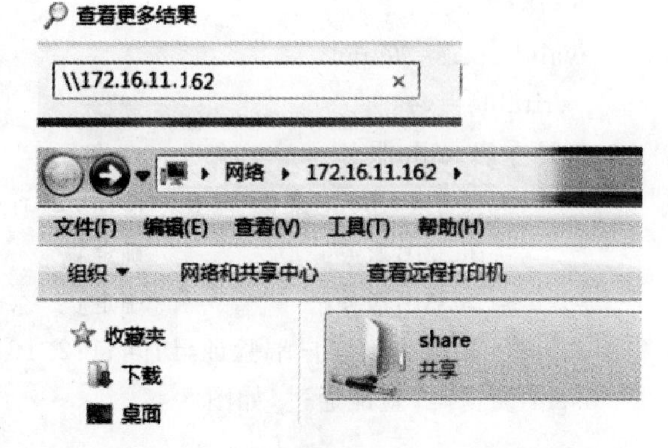

图 8-46　Windows 界面下的 Samba 共享目录

例 2：某单位有多个部门，因工作性质不同，将 NET 部的资料存放在 samba 服务器的/net 目录中集中管理，以便 NET 人员浏览，并且该目录只允许 NET 部人员访问。

具体步骤如下：

(1)创建 net 组和 user1 用户，并修改用户密码；

[root@localhost 桌面]＃groupadd net

[root@localhost 桌面]＃useradd －g net user1

[root@localhost 桌面]＃passwd user1

(2)建立共享目录(在根目录下建立文件夹“/net”)；

[root@localhost 桌面]＃mkdir /net

创建测试文件：

[root@localhost 桌面]＃touch /net/test. txt

[root@localhost 桌面]＃ls /net/

test. txt

(3)将建立的帐户添加到 samba 的账户中：

[root@localhost 桌面]＃smbpasswd-a user1

New SMB password：

Retype new SMB password：

Added user user1.

(4)修改 samba 的主配置文件

执行命令“gedit/etc/samba/smb. conf”，并修改后显示如下，保存修改：

＃＝＝＝＝＝＝＝＝＝＝＝ Global Settings ＝＝＝＝＝＝＝＝＝＝＝＝

[global]

workgroup＝MYGROUP

server string＝Samba Server Version %v

……security＝user

＃＝＝＝＝＝＝＝＝＝＝＝ Share Definitions ＝＝＝＝＝＝＝＝＝＝＝＝

[NET]

comment＝NET

path＝/net

valid users＝@net

writable＝yes

(5)重启 smb 服务：

[root@localhost 桌面]＃service smb restart

关闭 SMB 服务：　　　　　　　[确定]

启动 SMB 服务：　　　　　　　[确定]

(6)在 Windows 客户端验证，访问\172. 16. 11. 162，提示输入用户名和密码，在此输入用户 user1 及密码，验证通过，如图 8-47。

实验 5　路由与交换技术实验

目前，在大多数的教学实验单位中，不可能购置大量交换机和路由器硬件来构建真实的网络环境。因此，采用仿真软件就是一种方便、经济的手段，帮助学生进行各种路由与交换实验。

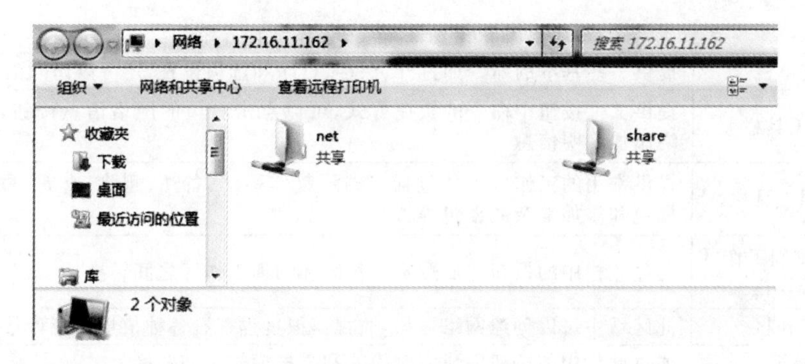

图 8-47　Windows 界面下的 Samba 共享目录

常用的路由与交换仿真软件有 CCNA Network Visualizer 和 Packet Tracer。本书采用 Packet Tracer5.3 作为实验的仿真软件，它是 Cisco 公司为思科网络技术学院开发的一款模拟软件，用来模拟 CCNA 的实验，也可以作为计算机网络实验教学中的，路由与交换实验仿真平台。

8.15　Packet Tracer 简介

1. 认识 Packet Tracer 5.3 的基本界面

打开 Packet Tracer 5.3，界面如图 8-48 所示，其中每个数字标明的区域功能见表 8-10。

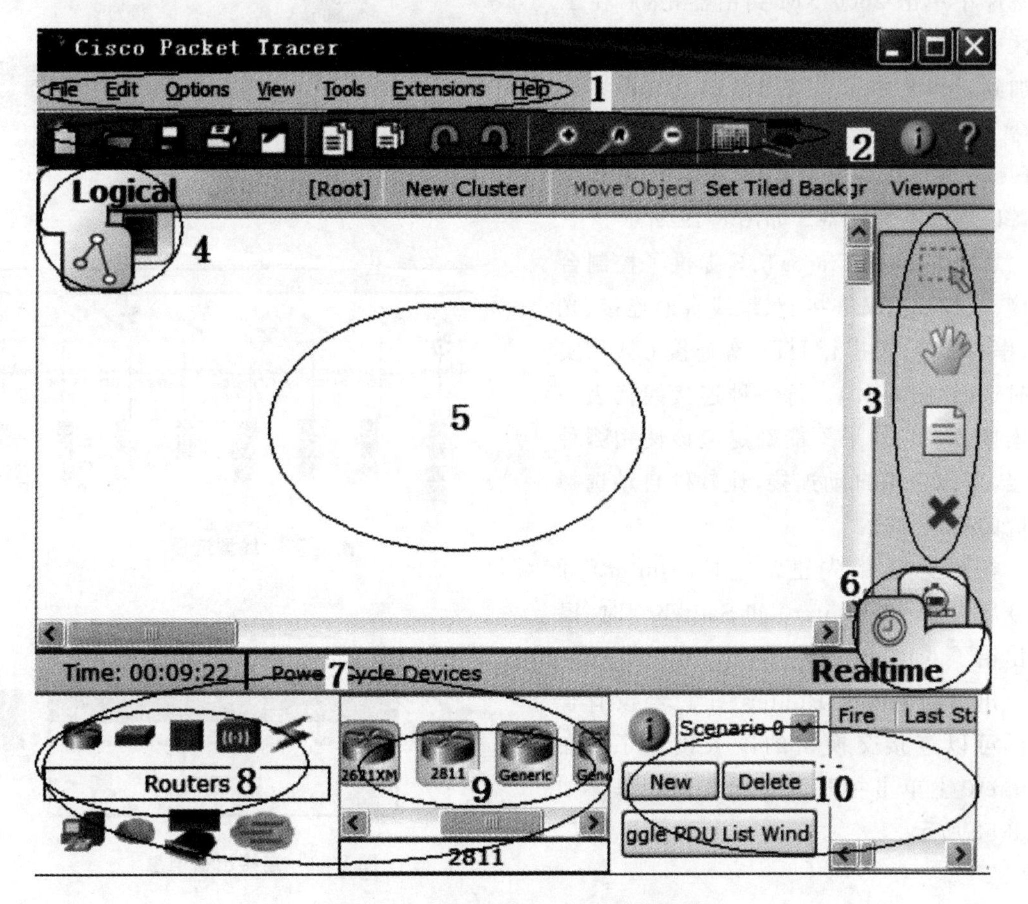

图 8-48　Packet Tracer 5.3 基本界面

表 8-10 Packet Tracer 4.0 基本界面介绍

1	菜单栏	提供一些基本的命令如打开、保存、打印和选项设置，还可以访问活动向导
2	主工具栏	提供文件按钮中命令的快捷方式，可以点击右边的网络信息按钮，为当前网络添加说明信息
3	常用工具栏	提供常用的工作区工具包括：选择、整体移动、备注、删除、查看、添加简单数据包和添加复杂数据包等
4	逻辑/物理工作区转换栏	通过此栏中的按钮完成逻辑工作区和物理工作区之间转换
5	工作区	此区域中可以创建网络拓扑，监视模拟过程查看各种信息和统计数据
6	实时/模拟转换栏	通过此栏中的按钮完成实时模式和模拟模式之间转换
7	网络设备库	该库包括设备类型库和特定设备库
8	设备类型库	包含不同类型的设备如路由器、交换机、HUB、无线设备、连线、终端设备等
9	特定设备库	包含不同设备类型中不同型号的设备，它随着设备类型库的选择级联显示
10	用户数据包窗口	此窗口管理用户添加的数据包

2. 选择设备

为设备选择所需模块并且选用合适的线型互连设备。

为工作区中添加一个 2600 XM 路由器。首先在设备类型库中选择路由器，特定设备库中单击 2600 XM 路由器，然后在工作区中单击一下就可以把 2600 XM 路由器添加到工作区中了。用同样的方式再添加一台 2950T-24 交换机和一台 PC 及一台 Server。注意可以按住 Ctrl 键再单击相应设备以连续添加设备。如图 8-49 所示。

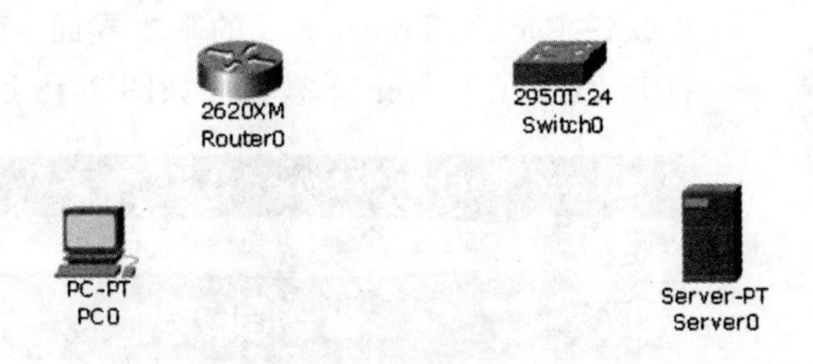

图 8-49 设备添加

思科 Packet Tracer 5.3 提供了控制台连接、双绞线交叉连接、双绞线直通连接、光纤、串行 DCE 及串行 DTE 等连接方式供实验时选择(图 8-50)。每一种连接线代表一种连接方式。如果不能确定应该使用哪种连接，可以使用自动连接，让软件自动选择相应的连接方式。

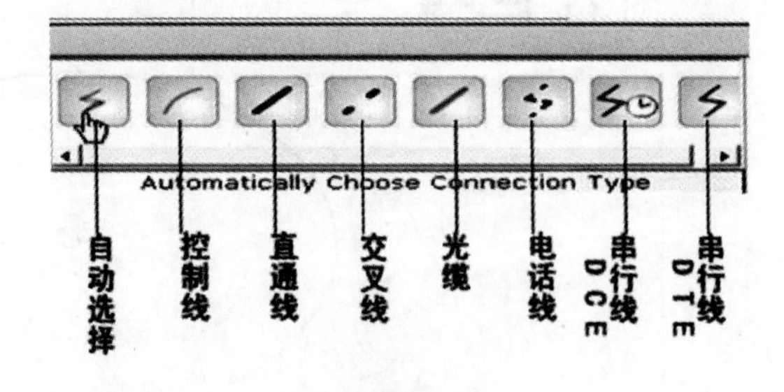

图 8-50 线型选择

在图 8-49 中先正常连接 Router0 和 PC0 后，再连接 Router0 和 Switch 0 时，提示出错了，如图 8-51。

出错的原因是 Router0 上已经没有合适的可以连接交换机的以太接口了。在 Router0 上单击打开设备配置对话框。如图 8-52 所示。

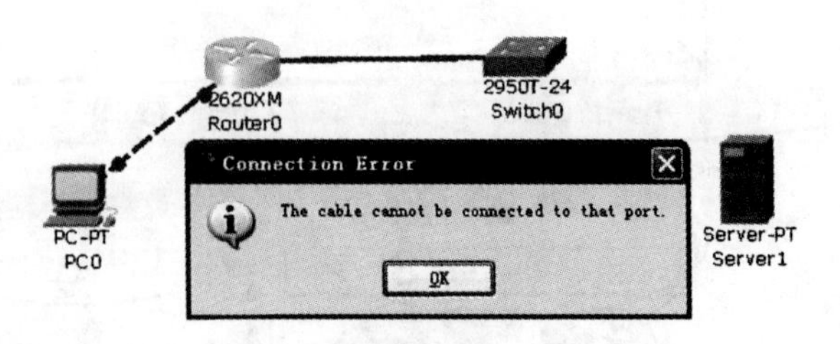

图 8-51 连接出错信息

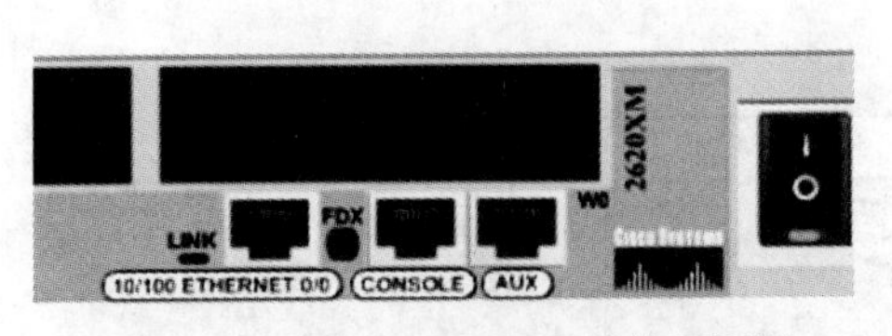

图 8-52　Cisco2620 XM 的接口面板

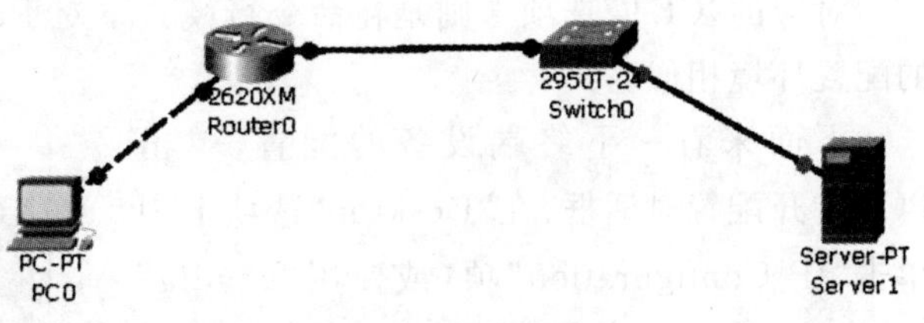

图 8-53　设备连接

“Physical”选项卡用于添加端口模块。默认的 2600 XM 有三个端口，刚才连接 PC0 已经被占去了 ETHERNET 0/0，剩余的两个接口，即 Console 口和 AUX 口不是用来连接交换机的，所以会出错。路由器要连接更多的网络设备，需要在互连前添加所需的模块（添加模块时注意要关闭电源，添加完毕后要重新打开电源）。这里为 Router 0 添加 NM－1FE2W 模块（将模块添加到空缺处即可，删除模块时将模块拖回到原处即可）。模块化的特点增强了 Cisco 设备的可扩展性。

路由器增加完模块后，完成所有设备的连接，看到各线缆两端有不同颜色的圆点，它们的含义如图 8-53 所示。

线缆两端圆点的不同颜色有助于我们进行连通性的故障排除（如表 8-11）。

表 8-11　线缆两端亮点含义

链路圆点的状态	含　义
亮绿色	物理连接准备就绪，还没有 Line Protocol status 的指示
闪烁的绿色	连接激活
红色	物理连接不通，没有信号
黄色	交换机端口处于“阻塞”状态

3. **配置不同设备**

单击要配置的设备，如果是网络设备（交换机、路由器等）在弹出的对话框中切换到“Config”或“CLI”选项卡可在图形界面或命令行界面对网络设备进行配置（实际设备不提供图像界面配置方式）。如果在图形界面下配置网络设备，下方会显示对应的 IOS 命令（如图 8-54）。

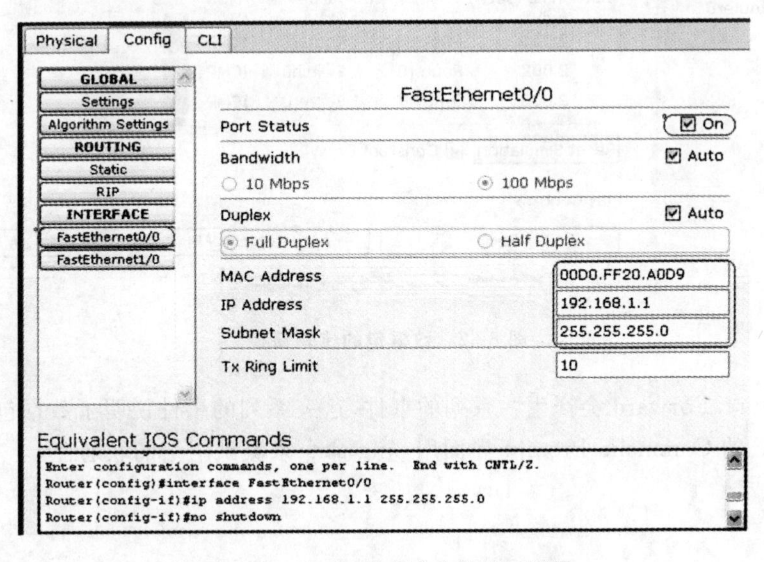

图 8-54　Config 选项卡中的端口配置

对应的“CLT”选项卡则是在命令行模式下对 Router0 进行配置,这种模式和实际路由器的配置环境相似。

下面来看一下终端设备的配置,单击 PC0 打开配置对话框,在“Desktop”选项卡中单击“IP Configuration”项(或使用“Config”选项卡)如图 8-55,分别配置 IP 地址、掩码和默认网关为 192.168.1.2,255.255.255.0,192.168.1.1。

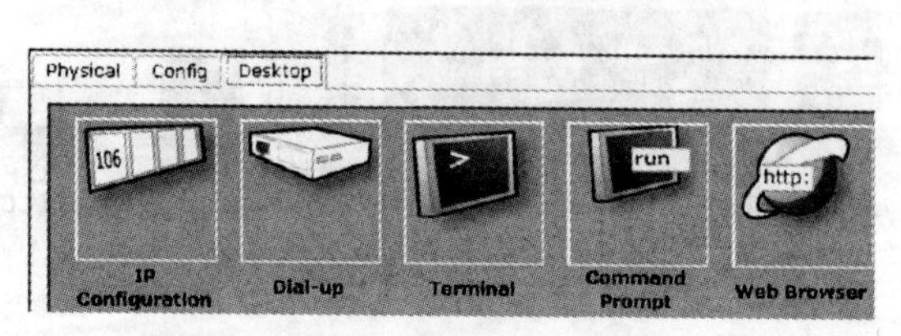

图 8-55　终端设备配置选择面板

Terminal 选项模拟一个超级终端对路由器或者交换机进行配置。Command Prompt 相当于计算机中的命令窗口。

用相似的方法配置 Router0 上 Ethernet 1/0 的 IP 与掩码(192.168.2.1 255.255.255.0)和 PC1 的 IP、掩码与默认网关(192.168.2.2,255.255.255.0,192.168.2.1)。配置完成后所有的圆点已经变为闪烁的绿色。

4. **测试设备的连通性**

测试设备的连通性,并在 simulation 模式下跟踪数据包查看数据包的详细信息。

在 Realtime 模式下添加一个从 PC0——Server1 的简单数据包,结果如下图 8-56 所示。

Fire	Last Status	Source	Destination	Type	Color	Time (sec)	Periodic	Num	Edit	Delete
●	Failed	PC0	Server1	ICMP	■	0.000	N	0	(edit)	(delete)

图 8-56　跟踪数据包查看数据包的详细信息

Last Status 的状态是 Successful 说明 PC1 到 PC0 的链路是通的。

在 Simulation 模式下跟踪一下这个数据包,如图 8-57 所示。

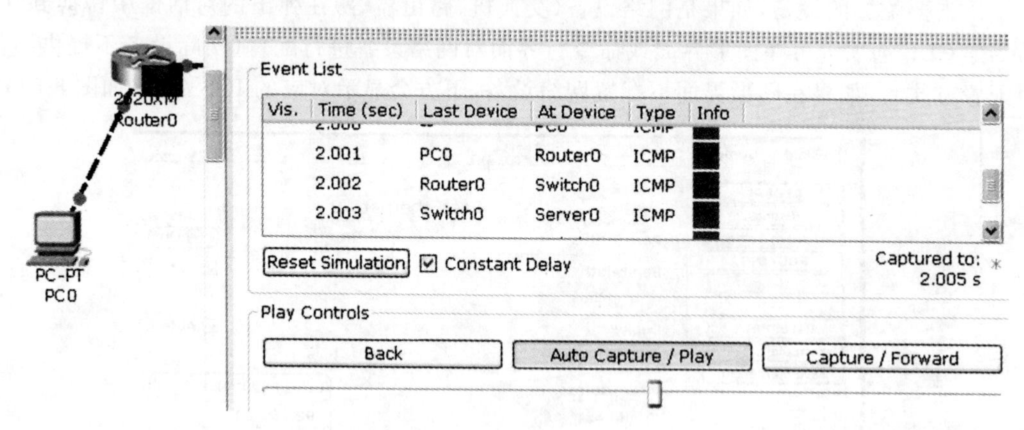

图 8-57　数据包的传输路径

点击 Capture/Forward 会产生一系列的事件,这一系列的事件说明了数据包的传输路径。也可以打开 PC 的 Command Prompt 界面用 ping 命令来测试网络的联通性。

8.16 Cisco 交换机的基本配置

实验要求

掌握交换机基本信息的配置与管理。

实验条件

在 Packet Tracer 模拟器中选 Switch_2960 1 台,PC 2 台。

实验原理

交换机的管理方式基本分为两种:带内管理和带外管理。

(1)带外管理:通过交换机的 Console 端口管理,它不占用交换机的网络端口。对于实际的物理交换机,第一次配置交换机必须利用 Console 端口进行配置。

(2)带内管理:通过 Telnet、拨号等方式,利用计算机终端登录交换机进行管理。

实验指导

1. 交换机和路由器的几种配置模式

交换机和路由器的模式大致可分为:

(1)用户模式> :权限最低,通常只能使用少量查看性质的命令。

(2)特权模式#:可以使用更多查看性质的命令和一些少量修改路由器参数的命令。

(3)全局配置模式(config)#:可做全局性修改和设置的模式,它还可以向下分为一些子模式。比如:

接口配置模式(config-if)#,

线路配置模式(config-line)#

路由配置模式(config-router)# 等等,如图 8-58 所示。

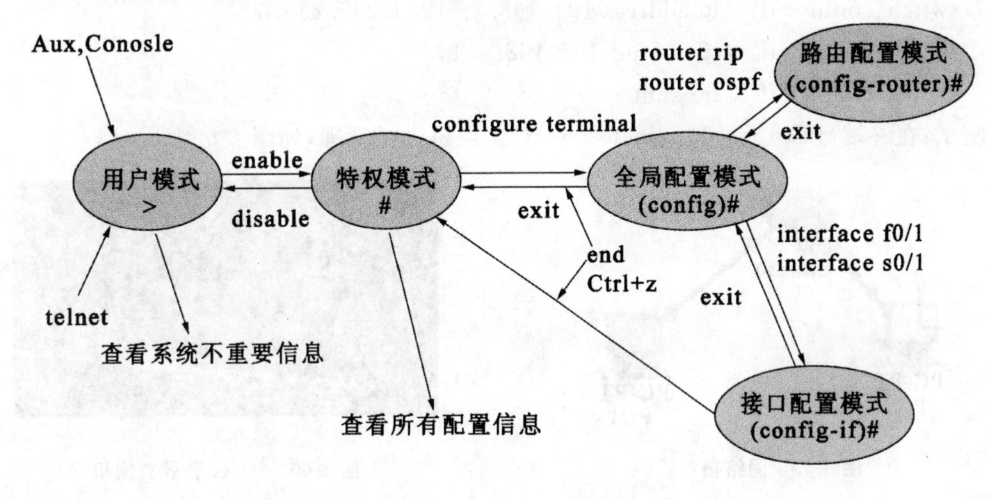

图 8-58 Cisco IOS 模式

2. 查看交换机系统和配置信息

查看交换机系统和配置信息命令在特权模式下执行。通常是以 show(sh)为开始的命令,如:

show version 查看正在运行的 IOS 和备件 IOS,映像文件,内存(RAM,FLASH,NVRAM)容量,其他硬件信息;

show flash 查看 flash 内存使用状况；

show interfaces 查看路由的接口及其当前状态；

show running－config 查看交换机当前生效的配置信息；

show interface 查看端口状态信息。

3. 密码设置命令

Cisco 交换机、路由器经常需要设置密码，密码可以有效地提高设备的安全性。

在全局配置模式下设置进入特权模式时需要的密码：

switch(config)＃enable password cisco (cisco 为所设密码)

执行下面命令可以设置 console 端口连接设备及 telnet 远程登录时需要的密码

```
switch(config)＃line console 0
switch(config－line)＃pssword line
switch(config－line)＃login
switch(config－line)＃line vty 0 4
switch(config－line)＃password vty
switch(config－line)＃login
```

默认情况下，这些密码都是以明文的形式存储，容易查看到。为了避免这种情况，可以用命令：service password－encryption，实现以密文的形式存储各种密码。

4. 配置 IP 地址及默认网关

为交换机配置 IP 地址是为了对交换机进行远程管理，针对如图 8-59 所示的网络拓扑，执行下面的命令：

```
switch(config)＃int vlan1
switch(config－if)＃ip address 192.168.2.5 255.255.255.0
switch(config－if)＃ip default 192.168.2.1
switch(config－if)＃no shut
```

测试：在终端(PC0)上通过 telnet 登录，对交换机进行管理，如图 8-60 所示。

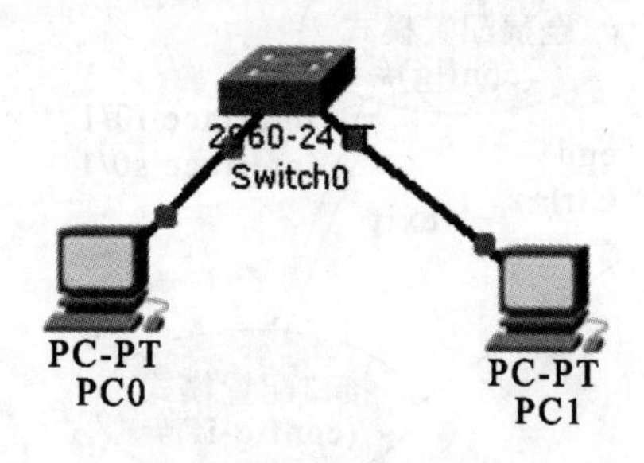

图 8-59 网络拓扑

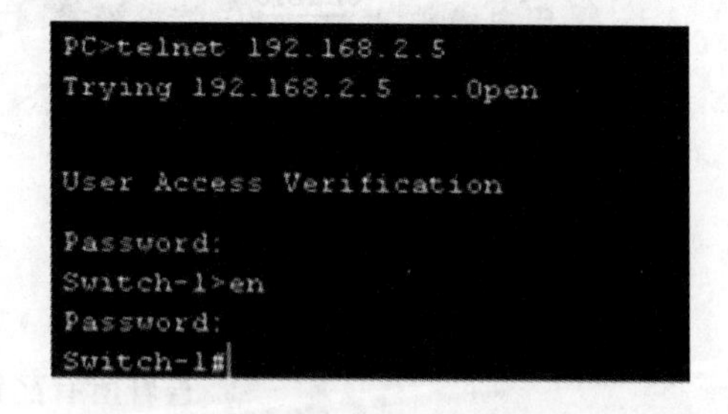

图 8-60 telnet 登录交换机

8.17 跨交换机 VLAN 及三层交换机 VLAN 通信实验

实验要求

1. 掌握交换机按端口划分 VLAN 的配置方法；

2. 使用三层交换机实现不同 VLAN 之间通信的配置方法。

实验条件

Packet Tracer 模拟器,在模拟器中选 Switch_2960 2 台,PC 4 台,三层交换机 Switch_3560 1 台。

实验原理

VLAN 是在交换机上提供广播域分段化的一种技术,是指在一个物理网段内进行逻辑的划分,划分成若干个虚拟局域网。使处于一个 VLAN 中的各个端口(即使它们处于不同的交换机)能够互相转发数据包。两个端口即使同属于一台交换机,如果它们分属于不同的 VLAN,那么它们之间进行通信必须经过路由器来转发。

实验指导

1. VTP(VLAN Trunk Protocol)

VTP 是二层(数据链路层)协议,用来发布和同步 VLAN 的配置信息,以维护各交换机的 VLAN 配置的一致性。

(1) VTP 的工作模式

VTP 有三种工作模式,分别是服务器模式、终端模式和透明模式,VTP 的缺省模式是服务器模式。交换机处在不同的模式下,其可以执行的操作是不同的,见图 8-61。

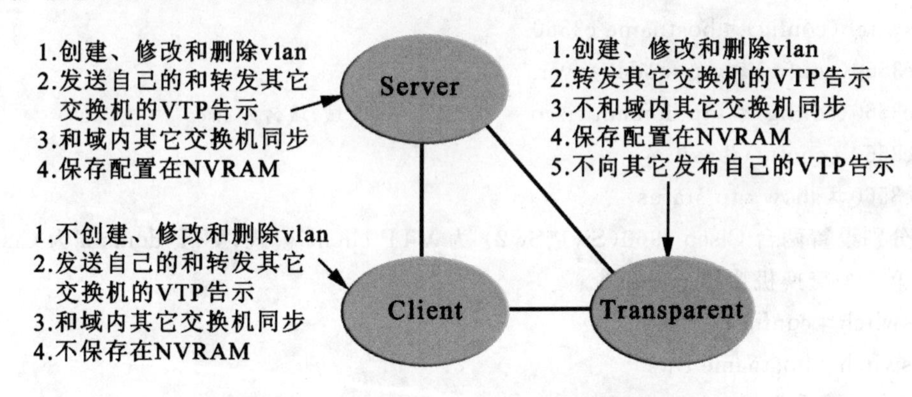

图 8-61　VTP 的三种工作模式及其关系

处于 VTP 透明模式的交换机,可以在本交换机创建、修改和更改 VLAN 的信息,它不会向网络发布自己的 VTP 告示,所以不会把自己的 VLAN 配置信息发布到网络上;在一个交换网络中,可以把一个交换机设置为 VTP 服务器模式,其他交换机设置为 VTP 客户(终端)模式。管理员只需在 VTP 服务器模式交换机上做相应的 VLAN 设置(添加、修改、删除),VTP 客户模式的交换机会自动同步 Vlan 设置信息。这样既便于管理,也保障安全。

2. VLAN 的配置

通常情况,交换机有一个缺省的 VLAN 即 VLAN1,VLAN1 是缺省的管理域,简称域。VTP 告示是通过 VLAN1 发布的,交换机的 IP 地址也在 VLAN1 的广播域内(二层设备交换机配置三层的 IP 地址就是为了便于远程管理)。如果要创建 VLAN,交换机必须在 VTP Server 模式或 VTP Transparent 模式下。

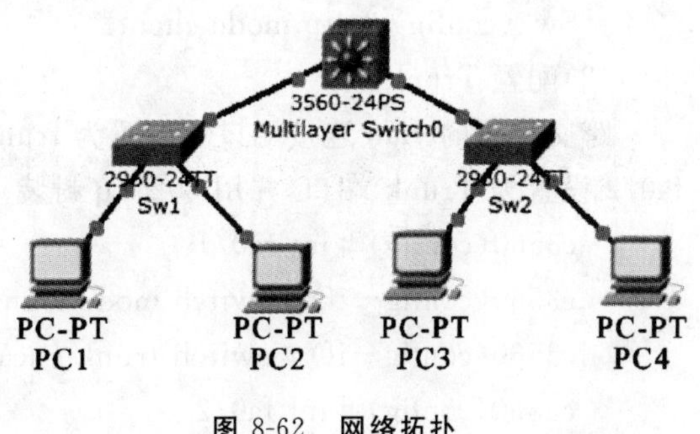

图 8-62　网络拓扑

以图 8-62 所示的网络拓扑为例进行实验。

核心交换机 Cisco3560 连接两台分支交换机 Cisco2960。各 PC 配置如下：

PC1，IP Address：192.168.1.11/24，default gateway：192.168.1.1.

PC2，IP Address：192.168.2.11/24，default gateway：192.168.2.1.

PC3，IP Address：192.168.1.12/24，default gateway：192.168.1.1.

PC4，IP Address：192.168.2.12/24，default gateway：192.168.2.1.

本实验需要做的主要工作：

· 设置 VTP domain(核心、分支交换机上都设置)；

· 配置中继(核心、分支交换机上都设置)；

· 创建 VLAN(在 server 上设置)；

· 将交换机端口划入 VLAN；

· 配置三层交换。

(1)配置 VTP

①设置 Cisco 3560 的 VTP 为服务器模式，使用"show vtp status"检查 VTP 配置。执行以下命令：

```
switch#config t
switch(config)#hostname c3560
c3560(config)#vtp mode server
c3560(config)#vtp domain cisco      //建立 VTP 域，域名为 cisco
c3560 (config)#exit
c3560#show vtp status
```

②分别设置两台 Cisco 2960(Sw1、Sw2) 为 VTP client 模式，VTP domain 为 Cisco：

在第一个交换机执行下面命令：

```
switch#config t
switch#hostname Sw1
Sw1(config)#vtp domain cisco
Sw1(config)#vtp mode client
Sw1#show vtp status
```

在第二个交换机执行下面命令：

```
switch#config t
switch#hostname Sw2
Sw2(config)#vtp domain cisco
Sw2(config)#vtp mode client
```

(2)配置 Trunk

跨交换机的 vlan 连接端口要设置为 trunk 模式。所以将交换机 Cisco 3560 端口 fa0/1 和 fa0/2 设置为 Trunk 端口，并用 802.1q 封装

```
c3560(config)#int fa0/1
c3560(config-if)#switch mode trunk
c3560(config-if)#switch trunk encapsulation dot1q      //用 802.1q 协议封装
c3560(config)#int fa0/2
c3560(config-if)#switch mode trunk
```

c3560(config－if)＃switch trunk encapsulation dot1q

分别设置两台交换机 Cisco 2960(Sw1、Sw2)与 c3560 交换机连接的端口 fa0/24 为 Trunk

Sw1(config)＃int fa0/24

Sw1(config－if)＃switch mode trunk

Sw2(config)＃int fa0/24

Sw2(config－if)＃switch mode trunk

(3)在 3560 交换机上创建 VLAN

Cisco IOS 中有两种方式创建 VLAN，全局配置模式下使用 vlan vlanID 命令，如：

c3560(config)＃vlan 10

c3560(config－vlan)＃anme math

另一种是在 vlan database 下创建 vlan，如：

c3560＃vlan database

c3560(vlan)＃vlan 20 name auto；

c3560(vlan)＃exit

c3560＃show vlan (查看 vlan 的配置与端口的 vlan 指定情况)

(4)将交换机端口划入 VLAN

将交换机 Sw1 的端口 fa0/1 加入 VLAN 10、端口 fa0/3 加入 VLAN20

Sw1(config)＃int fa0/1

Sw1(config－if)＃switchprot access vlan 10

Sw1(config)＃int fa0/3

Sw1(config－if)＃switchprot access vlan 20

将交换机 Sw2 的端口 fa0/1 加入 VLAN 10、端口 fa0/3 加入 VLAN20

Sw2(config)＃int fa0/1

Sw2(config－if)＃switchprot access vlan 10

Sw2(config)＃int fa0/3

Sw2(config－if)＃switchprot access vlan 20

(5)配置三层交换

①在 3560 交换机上分别设置各 VLAN 的接口 IP 地址。交换机将 VLAN 做为一种接口对待，就像路由器上的一样，提供 VLAN 10 和 VLAN 20 之间的路由。

c3560(config)＃interface vlan 10

c3560(config－if)ip address 192.168.1.1 255.255.255.0

c3560(config－if)no shut

c3560(config)＃interface vlan 20

c3560(config－if)ip address 192.168.2.1 255.255.255.0

c3560(config－if)no shut

②启用路由

c3560(config)＃ip routing

(6)验证连通性

不同网段 PC 互相 ping(如 PC1 ping PC2，PC1 ping PC3，PC1 ping PC4)。

8.18 路由器的基本操作和常规配置

可以把路由器看做一台计算机，它的组成包括中央处理器(CPU)、内存、接口、控制台端口和辅助端口(Auxiliary Port)等。

路由器的CPU负责执行处理数据包所需的工作，比如路由选择、协议转换、数据包过滤等。路由器处理数据包的速度在很大程度上取决于处理器的性能。

实验要求

1. 熟悉用Console线缆配置路由器的方法；
2. 熟悉用Telnet方式配置路由器的方法；
3. 掌握路由器不同的命令行操作模式以及各种模式之间的切换；
4. 掌握路由器的基本配置命令。

实验条件

安装了Packet Tracer模拟器的计算机。

实验指导

(1) 路由器配置模式

路由器的配置模式见图8-58。

(2)查看路由器的各种信息

查看路由器信息的命令与查看交换机信息命令相同。也是在特权模式下执行。通常是以show(sh)为开始的命令。

① show version查看路由器的型号，正在运行的IOS版本号和备件IOS，映像文件，内存(RAM，FLASH，NVRAM)容量，其他硬件信息。

② show flash查看flash内存使用状况；

③ show interfaces查看路由各接口的配置参数和工作数据及其当前状态。还可以指定显示某个特定接口的参数，如show int s2/0。

该命令对于差错检验和确定故障所在有帮助。正确输入命令之后回显的第一行显示了网络的工作状况，会有下面几种情况：

a. serial is up，line protocol is up　　//接口工作正常

b. serial is up，line protocol is down

　　//数据链路出了问题，原因可能是串口没有设置时钟频率或封装了错误的协议等等

c. serial is down，line protocol is down　　//物理链路出了问题(检查线路、接口)

d. serial is administratively，line protocol is down　　//管理员手动关闭该端口

④ show running－config显示当前运行状态的配置。当前配置(running－config)会随路由器掉电而丢失；所以要注意保存，其命令为copy running－config startup－config。

⑤ show startup－config显示保存在路由器NVRAM里的配置，路由器开机后会自动到NVRAM里将路由器的配置文件startup－config调出来。

⑥ Show ip route显示已经配置的路由到其他网络的路由信息，通过这些信息可以查看路由是否配置正确。

(3)show命令与路由器各组成部分的关系见表8-12。

表 8-12　路由器各组成部分及其查看命令

<table>
<tr><th>RAM</th><th>NVRAM</th><th>FLASH</th><th>interface</th></tr>
<tr><td>操作系统(IOS)①</td><td rowspan="4">启动配置文件⑤
(startup－config)</td><td rowspan="4">可更新的操作系统⑥
(IOS)</td><td rowspan="4">各种接口(f0/0,s0/0)⑦</td></tr>
<tr><td>当前配置文件(running－config)②</td></tr>
<tr><td>各种程序的进程③</td></tr>
<tr><td>路由表和缓冲区④</td></tr>
</table>

注:参数与状态查看命令：①show version　⑤show startup－config
②show running－config　⑥show flash
③show processes,show protocols　⑦Show interface
④show ip route,show memory,show buffers

(4)常规的配置

①路由器命名。在仿真软件中,路由器按出现前后,其名字都默认为 Router0,Router1,……为了更好地区别网络中各个路由器,可以路由器命名,通常会将路由器的摆放地点表现到名字中。路由器命名为 R1 的命令举例如下：

```
Router＃conf t
Router(config)＃hostname R1
R1(config)＃
```

②密码设置：基于安全方面的考虑,路由器需设置登录口令和超级用户口令。首次配置是通过一条控制线连接路由器来进行,如图 8-63 计算机的 RS－232 与路由器的 Console 端口相连。需要为 Console 端口配置登录口令,以防止非授权登录到路由器上,另外,可使用 telnet 命令远程登录到路由器上对它进行配置,所以还需要设置虚拟终端登录口令对 telnet 登录进行身份验证。路由器的密码设置命令与交换机相同,请参照交换机密码配置一节。

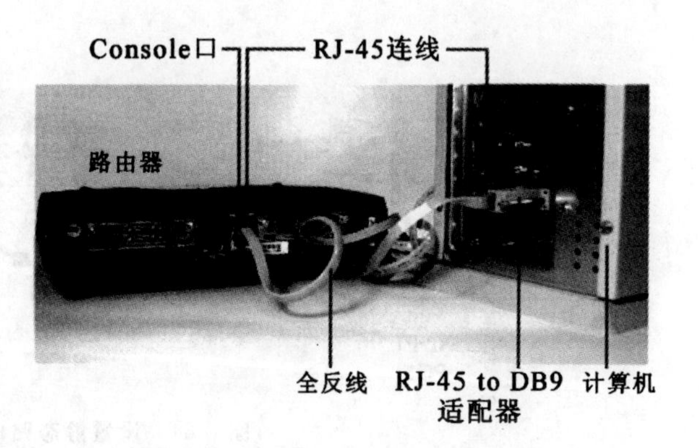

图 8-63　通过 Console 端口配置路由器

③在串口连接中,作为 DCE 的一端必须要为连接的另一端 DTE 提供时钟信号,可以通过"show controller serial X"查看串口端是 DCE 还是 DTE。要配置成 DCE 端,必须用 clock rate 指定时钟频率：

```
R1(config)＃int s0/1
R1(config－if)＃clock rate 56000
R1(config－if)＃no shut
```

注意:DTE 端口不能配置时钟,DCE 一定要配置时钟,否则链路会出错(不通)。

8.19　静态路由实验

实验要求

1. 进一步了解路由器的工作过程以及静态路由的优缺点和适用范围；
2. 掌握配置静态路由实现网络互通的方法；
3. 通过查看路由表来了解数据包在路由器中的转发过程。

实验原理

路由器的作用是根据网络拓扑结构和交通状况转发数据报,使其沿着一条最短最快的通路到达目的端。

路由器可以通过网管人员,也可以由相邻的路由器来收集不相邻网络的拓扑信息,然后路由器会建立路由表来存放到达各网络的路由选择结果,并用它来指导数据包的路由转发。在转发数据包时,路由器会首先察看路由表,如果路由表中没有该数据包目标网络的转发声明,路由器会直接丢弃这个数据包。

路由器可以通过静态路由和动态路由两种方式来获知怎样将数据包送达至非直连的目的地。静态路由就是由网管人员定义的路由,是以人工方式将路由条目添加到路由表中,不能够根据网络拓扑的变化而改变。因此,静态路由非常简单,适用于比较简单的网络。其优点在于它不会占用路由器 CPU 的资源,也不占用路由器之间的带宽,相对安全。

实验条件

Packet Tracer 模拟器中选择 3 台路由器 Cisco 2811,并添加模块 NM－4A/S;交换机 Cisco 2960、PC 各 3 台。

实验指导

网络拓扑结构如图 8-64 所示,地址表如下:

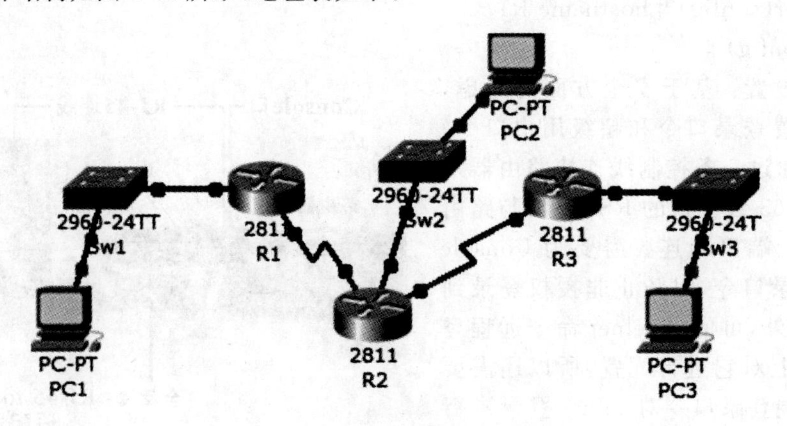

图 8-64　设置静态路由的拓扑结构

Router	Interface	IP Address
R1	Serial 1/0	172.16.20.2
	Fastethernet 0/0	172.16.60.1
R2	Serial 1/0	172.16.20.3
	Serial 1/1	172.16.30.2
	Fastethernet 0/0	172.16.70.1
R3	Serial 1/0	172.16.30.3
	Fastethernet 0/0	172.16.80.1

HOST	IP Address	Default Gateway
PC1	172.16.60.5	172.16.60.1
PC2	172.16.70.5	172.16.70.1
PC3	172.16..80.5	172.16.80.1

(1)配置端口信息

在配置静态路由之前,路由器的各个端口要配置 IP 地址,用 no shutdown 激活。串口如果充当 DCE 端,需要配置时钟频率。

①配置路由器 R1 的 f0/0 和 S1/0 端口:

```
R1#config t
R1(config)#int f0/0
R1(config-if)#int ip address 172.16.60.1 255.255.255.0
R1(config-if)#no shutdown
R1(config-if)#int s1/0
R1(config-if)#int ip address 172.16.20.2 255.255.255.0
R1(config-if)#no shutdown
```

②配置路由器 R2 的 S1/0 端口:

```
R2(config)#int s1/0
R2(config-if)#int ip address 172.16.20.3 255.255.255.0
R2(config-if)#no shutdown
```

③用 show intface 命令查看端口 Serial 1/0:

```
R1#show int s1/0
```

回显:

```
Serial1/0 is up, line protocol is down (disabled)
……
```

R1 和 R2 之间的物理链路为 up,而线路协议仍为 down。这是因为接口没有收到时钟信号。需要在 DCE 电缆端的路由器上输入一个命令,即 clock rate 命令。R1 上的 Serial 1/0 为 DCE 端,需要为该端口配置时钟频率:

```
R1(config-if)#int s1/0
R1(config-if)#clock rate 64000
```

再次执行命令:

```
R1#show int s1/0
```

回显

```
Serial1/0 is up, line protocol is up (connected)
……
```

做完以上工作之后,可以在特权模式下使用命令"show ip route",会在屏幕回显路由器目前的路由表设置。在路由表中可以看到路由器直连了 2 个网络,在网络前面的字母"C"代表这是一个路由器直连的网络。

用同样的方法将 R2、R3 各个端口的 IP 地址配好,用 no shutdown 激活,注意对接口设为 DCE 端的,需要配置时钟频率。

(2)配置静态路由

完成上述设置后,可以在图 8-64 的 R1 上通过 ping 命令测试到各网络是否连通。发现 R1 可以联通自己直连的 172.16.20.0/24,172.16.60.0/24 网络上的主机或路由器端口,但到达不了其他网络。因此,需要给各路由器配置静态路由或动态路由协议。

网络拓扑结构图 8-64 中的路由器 R1 要向 172.16.30.0/24、172.16.70.0/24 和 172.16.

80.0/24 网络转发数据包,必须在 R1 配置到这些网络的静态或动态路由条目,本例采用静态路由,具体命令如下：

```
R1(config)#ip route 172.16.30.0 255.255.255.0 172.16.20.3
R1(config)#ip route 172.16.70.0 255.255.255.0 172.16.20.3
R1(config)#ip route 172.16.80.0 255.255.255.0 172.16.20.3
R1(config)#exit
```

上述命令的分别设置了 R1 要到达 172.16.30.0/24,172.16.70.0/24,172.16.80.0/24 这三个网络的静态路由。

查看 R1 路由表信息(图 8-65)：

```
R1#sh ip route
......

     172.16.0.0/24 is subnetted, 5 subnets
C       172.16.20.0 is directly connected, Serial1/0
S       172.16.30.0 [1/0] via 172.16.20.3
C       172.16.60.0 is directly connected, FastEthernet0/0
S       172.16.70.0 [1/0] via 172.16.20.3
S       172.16.80.0 [1/0] via 172.16.20.3
```

图 8-65　查看 R1 路由表

从路由条目中的第一个字母“S”,可知这条路由信息是通过静态配置得到的(S 是 Static 的首字母),其次是到达目的网络的下一跳的地址都是 172.16.20.3。

按照同样方法配置路由器 R2 和 R3,利用命令“show ip route”检查是否配置正确。所有路由器都配置完毕后,可以通过 ping 命令测试图 8-63 各网络设备是否连通。

(3)配置默认路由

当某个网络连接到“单一网络”时最常使用的路由就是默认路由。“单一网络”是指一个网络只能由一个路径进出,而默认路由是指将目标网络不在路由表中的数据包都将全部发送到出口路由的下一跳路由器上。

如图 8-64 的拓扑结构中,路由器 R1 是末节路由器,仅与路由器 R2 连接。上述操作设置了 R1 的三条静态路由,这些路由用于到达拓扑结构中的所有远程网络。所有三条静态路由的送出接口都是 R1 的 Serial 1/0 接口,并且都将数据包转发至下一跳路由器 R2 的 Serial 1/0 接口(172.16.20.3)。所以可以为 R1 赋予一条默认路由以替代这三条静态路由。

删除静态路由：

```
R1(config)#no ip route 172.16.30.0 255.255.255.0 172.16.20.3
R1(config)#no ip route 172.16.70.0 255.255.255.0 172.16.20.3
R1(config)#no ip route 172.16.80.0 255.255.255.0 172.16.20.3
```

设置默认路由：

```
R1(config)#ip route 0.0.0.0 0.0.0.0 172.16.20.3
R1(config)#exit
```

查看路由表：

R1#show ip route

在回显中发现路由表中除了出现两个直连网络外，还增加了一条 S* 的条目。S* 标识的缺省路由条目中 0.0.0.0/0 是网络地址及子网掩码的通配符，表示任意网络。

(4)测试连通性

当所有路由器的路由表都配置好后，通常可以使用 ping 命令对连通性进行检查。配置 3 台 PC 的网络地址，检测路由器 R1 到 PC3 的连通性(图 8-63)。还可以在 PC3 上使用 ping 命令来测试 PC3 到 PC1 是否连通。

8.20 RIP 路由协议实验

实验要求

掌握在路由器上配置 RIP V2。

实验原理

RIP 是应用较早，使用比较普遍的内部网关协议，有两个版本，即 RIP V1 和 RIP V2。它适用于小型同类网络，是典型的距离矢量协议。RIP 协议是用跳数来衡量路径开销的，规定的最大跳数为 15。

(1)RIP V1 属于有类路由协议，不支持变长子网掩码。它是以广播的形式进行路由信息的更新的，更新周期为 30 秒。

(2)RIP V2 属于无类路由协议，支持变长子网掩码。它是以组播的形式进行路由信息的更新的，组播地址是 224.0.0.9。RIP V2 还支持基于端口的认证，提高网络的安全性。

实验条件

Packet Tracer 模拟器，选择路由器 Router－PT 三台，交换机 Cisco 2950 三台

实验指导

网络拓扑结构如图 8-66 所示。

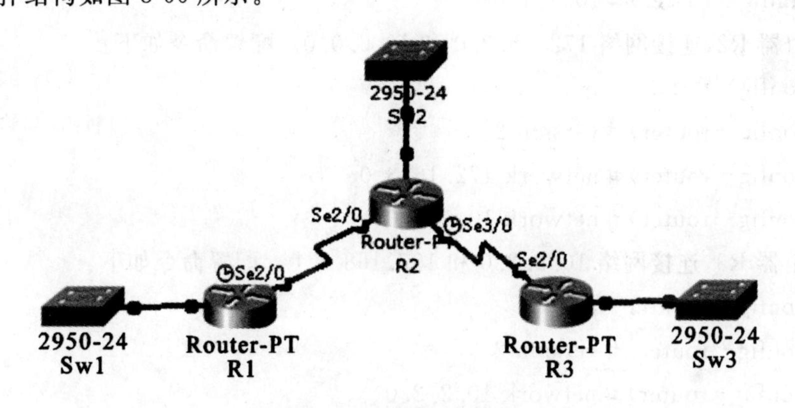

图 8-66 网络拓扑结构

R1,R2 和 R3 接口设置：

Router	Interface	IP Address/Subnet Mask
R1	Serial 2/0	10.1.1.1/24
	Fastethernet 0/0	172.16.1.1/24
R2	Serial 2/0	10.1.1.2/24
	Serial 3/0	10.2.2.2/24

	Fastethernet 0/0	172.16.3.1/24
R3	Serial 2/0	10.2.2.3/24
	Fastethernet 0/0	192.168.1.1/24

1.路由器的基本配置

路由器 R1：

```
R1(config)#int f0/0
R1(config-if)#int ip address 172.16.1.1 255.255.255.0
R1(config-if)#no shutdown
R1(config-if)#int s2/0
R1(config-if)#int ip address 10.1.1.1 255.255.255.0
R1(config-if)#clock rate 64000
R1(config-if)#no shutdown
```

按照给出的地址表配置另外两个路由器 R2、R3。注意 DCE 端口，需要配置时钟频率。

2. RIP 路由协议配置

配置 RIP V2 路由协议的命令分别是：

Router (config)#**router rip**　　//启动 RIP 协议

Router (config-router)#**version** 2　　//定义 RIP 版本

Router (config-router)#**network network-numbe**　　//指定直连的网络(通告网络)

对于路由器 R1，连接网络 172.16.1.0 和 10.1.1.0。配置命令如下：

```
R1 (config)#router rip
R1 (config-router)#version 2
R1 (config-router)#172.16.1.0
R1 (config-router)#10.1.1.0
```

对于路由器 R2，连接网络 172.16.3.0 和 10.0.0.0。配置命令如下：

```
R2 (config) #router rip
R2 (config-router)#version 2
R2 (config-router)#network 172.16.3.0
R2 (config-router)#network 10.0.0.0
```

对于路由器 R3，连接网络 10.2.2.0 和 192.168.1.0。配置命令如下：

```
R3 (config)#router rip
R3 (config-router)#version 2
R3 (config-router)#network 10.2.2.0
R3 (config-router)#network 192.168.1.0
```

3.检测 RIP 路由协议的工作情况

用"show ip route"检查路由器 R1 的路由表，路由表中将包含了关于直连网络"C"和非直连网络"R"的网络信息条目，见图 8-67。

例如路由表中有条目 R 10.2.2.0 [120/1] via 10.1.1.2，00:00:18，Serial2/0，这里字母"R"表明了该条目是通过 RIP 路由协议学习到的，到达目标网络 10.2.2.0 的数据包会从路由器的 serial2/0 端口被转发到 IP 地址为 10.1.1.2 的下一跳路由器的端口上。[120/1]表明

```
R1#sh ip route
......
     10.0.0.0/24 is subnetted, 2 subnets
C       10.1.1.0 is directly connected, Serial2/0
R       10.2.2.0 [120/1] via 10.1.1.2, 00:00:18, Serial2/0
     172.16.0.0/16 is variably subnetted, 2 subnets, 2 masks
R       172.16.0.0/16 [120/1] via 10.1.1.2, 00:00:18, Serial2/0
C       172.16.1.0/24 is directly connected, FastEthernet0/0
R    192.168.1.0/24 [120/2] via 10.1.1.2, 00:00:18, Serial2/0
```

图 8-67 查看 R1 的路由表

RIP 协议的管理距离是 120，而到达目标网络 10.2.2.0 要经过 1 跳（即经过一个路由器）。

可以使用命令"show ip protocols"查看 RIP 信息，用"show ip rip database"可以检查 RIP 协议配置和运行情况。用"ping"命令检测网络连通性。

8.21 OSPF 路由协议单区域实验

实验要求

1. 掌握在路由器上配置单区域的 OSPF 路由协议；

2. 掌握如何查看动态路由协议 OSPF 学习产生的路由。

实验原理

OSPF（Open Shortest Path First）是一个内部网关协议（Interior Gateway Protocol，简称 IGP），用于在单一自治系统（autonomous system，AS）内决策路由。与 RIP 相对，OSPF 是链路状态路由协议，而 RIP 是距离向量路由协议。

链路是路由器接口的另一种说法，OSPF 也称为接口状态路由协议。OSPF 通过路由器之间通告网络接口的状态来建立链路状态数据库，生成最短路径树，每个 OSPF 路由器使用这些最短路径构造路由表。OSPF 属于无类路由协议，支持 VLSM（变长子网掩码）。OSPF 是以组播的形式进行链路状态的通告。

在大规模的网络环境中，OSPF 支持区域划分，对网络进行合理规划。划分区域时必须存在 area0（骨干区域），其他区域与骨干区域直接相连或通过虚链路的方式连接。

实验条件

Packet Tracer 模拟器，选择路由器 Router-PT 三台，交换机 2 960 一台。

实验指导

网络拓扑结构如图 8-68 所示。

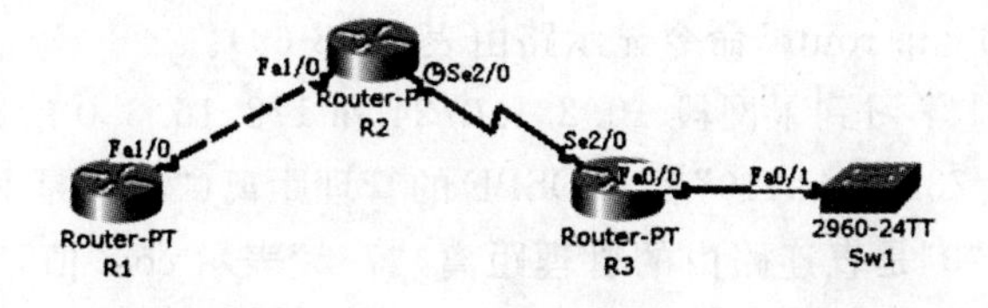

图 8-68 网络拓扑结构

R1,R2 和 R3 接口设置：

Router	Interface	IP Address/Subnet Mask
R1	Fastethernet 1/0	10.64.0.1/24
R2	Fastethernet 1/0	10.64.0.2/24
	Serial 2/0	10.2.1.2/24
R3	Serial 2/0	10.2.1.1/24
	Fastethernet 0/0	172.16.5.1/24

(1)各路由器端口的基本配置如前面的实验。

(2) OSPF 路由协议的配置

具体命令如下：

Router(config)＃**router ospf process－id**　　//启动 OSPF 路由进程

Router(config－router)＃**network network－address wildcard－mask area area－id**

//指定 OSPF 协议运行的接口和所在的区域

注：

① process－id 是一个介于 1 和 65535 之间的数字，由网络管理员选定；

② network 命令是使路由器上任何符合 network 命令中的网络地址的接口都将启用，可发送和接收 OSPF 数据包；

③ wildcard－mask 是子网掩码的反码；

④ area area－id 指 OSPF 区域。OSPF 区域是共享链路状态信息的一组路由器。相同区域内的所有 OSPF 路由器的链路状态数据库中必须具有相同的链路状态信息，这通过路由器将各自的链路状态泛洪给该区域内的其他所有路由器来实现（“0”为骨干区域）。

如果所有路由器都处于同一个 OSPF 区域，则必须在所有路由器上使用相同的 area－id 来配置。network 命令比较好的做法是在单区域 OSPF 中设 area－id 为 0。

R1 (config) ＃router ospf 100

R1 (config－router) ＃network 10.64.0.1 0.0.0.255 area 0

R2(config) ＃router ospf 200

R2 (config－router) ＃network 10.64.0.2 0.0.0.255 area 0

R2 (config－router) ＃network 10.2.1.2 0.0.0.255 area 0

R3(config) ＃router ospf 300

R3 (config－router) ＃network 10.2.1.1 0.0.0.255 area 0

R3 (config－router) ＃network 172.16.5.1 0.0.0.255 area 0

(3)验证 OSPF 配置：

①在 R1 执行“show ip route”命令显示路由表(图 8-69)。

由图 8-69 可见，R1 学习到了网段 10.2.1.0/24 和 172.16.5.0 的路由信息，“O” 表示路由来源为 OSPF，[110/782]中，“110”表示 OSPF 的管理距离（“120”是 RIP 的管理距离，“1”是静态路由的管理距离，“0”是直连路由的管理距离）“782”表示 cost 值，“10.64.0.2”表示到达目标网络 10.2.1.0/24 和 172.16.5.0 的下一跳地址，“FastEthernet1/0”为下一跳的接口类型。

② “show ip ospf neighbor”命令可用于验证该路由器是否已与其相邻路由器建立相邻关

```
R1#sh ip route
......
     10.0.0.0/24 is subnetted, 2 subnets
O       10.2.1.0 [110/782] via 10.64.0.2, 00:23:07, FastEthernet1/0
C       10.64.0.0 is directly connected, FastEthernet1/0
     172.16.0.0/24 is subnetted, 1 subnets
O       172.16.5.0 [110/783] via 10.64.0.2, 00:10:44, FastEthernet1/0
```

图 8-69 检查路由器 R1 的路由表

系,若两台路由器未建立相邻关系,则不会交换链路状态信息。如果未显示相邻路由器的路由器 ID 或未显示 FULL 状态,则表明两台路由器未建立 OSPF 相邻关系。

③ "show ip ospf database"命令可查看 OSPF 链路状态数据库。

使用 OSPF 的路由器在收敛过程中产生三张表,一张是邻居表,一张是链路状态数据库表,还有一张是由 SPF 算法生成的路由表,其中,链路状态数据库表在每个路由器上是一样的,相当于区域的一张拓扑图,而路由表是每个路由通过 SPF 算法生成的,各不相同,同时也避免了路由环路的产生。

④用"ping"命令查看网络连通性。

8.22 路由器实现 Vlan 间通信实验

实验要求

1. 掌握单臂路由器配置方法

2. 通过单臂路由器实现不同 VLAN 之间互相通信

实验原理

每个 VLAN 是一个局域网,要实现局域网的通信,需要使用第三层的网络设备,如路由器或三层交换机。一种方式是每个 VLAN 连接到路由器的一个物理接口,由路由器进行 VLAN 之间的通信转发,这种方式需要太多的物理接口。另一种方法是只用一个路由器的物理接口,通过创建多个虚拟子接口实现 VLAN 之间的通信转发。

实验条件

Packet Tracer 模拟器,选择路由器 2811 1 台,交换机 2960 1 台,PC 机 3 台。

实验指导

拓扑图见图 8-70。

(1)创建 Vlan

在交换机 C2960(Sw1)上创建 vlan100、vlan200、vlan300,名称依次为 v100、v200、v300。创建 vlan 既可以使用 vlan database 命令,也可以在全局模式下配置,本实验是在 vlan database 中配置:

Sw1＃vlan database

Sw1(vlan)＃vlan 100 name v100

Sw1(vlan)＃vlan 200 name v200

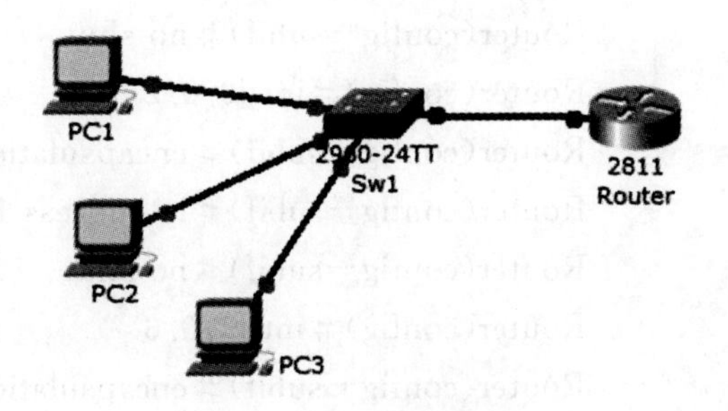

图 8-70 Vlan 通信网络拓扑

```
Sw1(vlan)#vlan 300 name v300
```

(2)把交换机端口分配给 Vlan

在全局模式下,将 f0/1－3 号端口划分到 vlan 100 中,f0/4－7 端口划分到 vlan 200 中,f0/8 － 11 号端口划分到 vlan 300 中,并配置成 access 模式:

```
Sw1(config)#int range f0/1－3
Sw1(config－if－range)#switchport mode access
Sw1(config－if－range)#switchport access valn 100
Sw1(config)#int range f0/4－7
Sw1(config－if－range)#switchport mode access
Sw1(config－if－range)#switchport access valn 200
Sw1(config)#int range f0/8－11
Sw1(config－if－range)#switchport mode access
Sw1(config－if－range)#switchport access valn 300
```

使用命令"show vlan"查看端口的 vlan 配置是否正确。

(3)配置主机 PC1、PC2 和 PC3,参数如下:

PC1,IP Address:192.168.1.10/24,default gateway :192.168.1.1

PC2,IP Address:192.168.2.20/24,default gateway :192.168.2.1

PC3,IP Address:192.168.3.30/24,default gateway :192.168.3.1

此时如果用 ping 命令来测试各 PC 的联通性,发现 VLAN 间联通失败,这是因为三个 PC 属于三个 Vlan,需要路由器才能联通各个 vlan。

(4)配置交换机 C2960(Sw1)的 Fa0/24 端口(连接路由器的端口)为 trunk 口:

```
Sw1(config)#int range f0/24
Sw1(config－if)#switchport mode trunk
Sw1(config－if)#no shut
```

(5)配置 VLAN 之间的路由

用路由器 C2811 来实现 VLAN 之间的通信。要在路由器 C2811 的 FastEthernet 端口上支持 ISL 或 802.1q,需要将路由器的端口划分成许多逻辑接口(非物理),每一个逻辑接口对应一个 VLAN,这些逻辑接口就叫子接口。

```
Router(config)#int f0/0.1
Router(config－subif)#encapsulation dot1q 100
Router(config－subif)#ip address 192.168.1.1 255.255.255.0
Router(config－subif)#no shut
Router(config)#int f0/0.2
Router(config－subif)#encapsulation dot1q 200
Router(config－subif)#ip address 192.168.2.1 255.255.255.0
Router(config－subif)#no shut
Router(config)#int f0/0.3
Router(config－subif)#encapsulation dot1q 300
Router(config－subif)#ip address 192.168.3.1 255.255.255.0
Router(config－subif)#no shut
```

Router(config－subif)＃exit

Router(config)int f0/0

Router(config－if)no shut

(6)验证连通性

用 ping 命令对不同 VLAN 内的主机联通性进行测试(联通成功)。

8.23 IP 访问控制列表实验

实验要求

1.了解访问控制列表的工作过程；

2.掌握标准访问控制列表和扩展访问列表的配置。

实验原理

访问列表是一个有序的语句集，路由器通过匹配报文中信息与访问列表参数，决定是否允许或拒绝报文通过路由器的接口。访问控制列表不仅增强了路由器控制报文出入的灵活性，有效地限制网络流量。同时也可以控制用户和设备对网络的使用。它根据网络中每个报文所包含的信息内容决定是否允许该信息包通过接口，以达到拒绝不期望访问的管理目的。

访问控制列表分为 IP 标准访问列表和 IP 扩展访问列表两种。IP 标准访问列表能够对 IP 分组的源地址进行过滤，是一种简单，直接的数据控制手段，其序列号范围是 1～99。扩展访问列表除基于数据包源地址过滤外，还能对目的地址、协议、端口号和其他参数进行网络流量过滤，配置更加灵活，控制也更加精确，其序列号的范围是 100～199。

实验条件

Packet Tracer 模拟器，选择路由器 Router－PT 3 台，交换机 2950 2 台，PC 机 2 台，服务器 1 台。

实验指导

网络拓扑如图 8-71 所示。

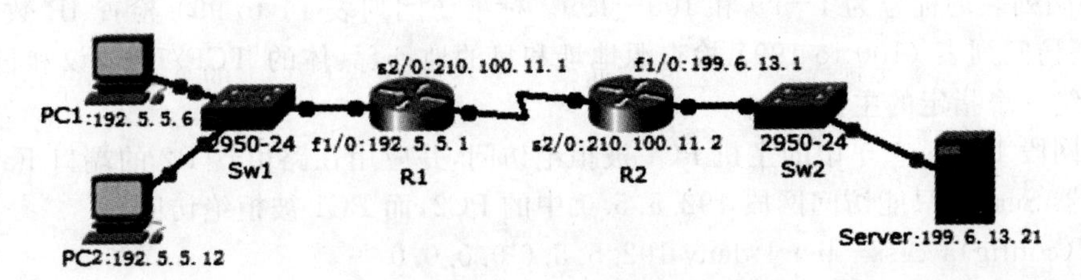

图 8-71 网络拓扑

(1)路由器的基本配置

R1：

R1(config)＃line viy 0 4

R1(config－line)＃password ciscoR1

R1(config－line)＃login

R1(config)＃int f1/0

R1(config－if)＃ip address 192.5.5.1 255.255.255.0

R1(config－if)＃no shut

R1(config－if)＃int s2/0
R1(config－if)＃ip address 201.100.11.1 255.255.255.0
R1(config－if)＃clock rate 64000
R1(config－if)＃no shut

R2：

R2(config)＃int s2/0
R2(config－if)＃ip address 201.100.11.2 255.255.255.0
R2(config－if)＃no shut
R2(config－if)＃int f1/0
R2(config－if)＃ip address 199.6.13.1 255.255.255.0
R2(config－if)＃no shut

(2) 配置 RIP 路由协议

R1 (config)＃router rip
R1 (config－router)＃network 192.5.5.0
R1 (config－router)＃network 201.100.11.0

R2 (config)＃router rip
R2 (config－router)＃network 199.6.13.0
R2 (config－router)＃network 201.100.11.0

(3) 设置访问控制列表

访问控制列表设置分两个步骤：

Step 1：设计访问控制列表，格式如下：

Router(config)＃**access－list access－list－number** { **permit** | **deny** } { **test conditions** }

Step 2：在端口上应用访问列表

Router(config－if)＃{ **protocol** } **access－group access－list－number** {**in** | **out**}

IP 访问列表的标号为 1－99 和 100－199。标准访问列表（1 to 99）检查 IP 数据包的源地址；扩展访问列表（100 to 199）检查源地址和目的地址、具体的 TCP/IP 协议和目的端口。

①拒绝一个指定的主机

设置网段 192.5.5.0 中的主机 PC1 被拒绝访问，并应用在路由器 R2 的端口 Fa1/0，这样使得服务器 Server 只能访问网段 192.5.5.0 中的 PC2，而 PC1 被拒绝访问。

R2(config)access－list 1 deny 192.5.5.6 0.0.0.0
R2(config)access－list 1 permit any
R2(config)int f1/0
R2(config－if)ip access－group 1 out

查看访问列表，进行验证，如图 8-72 所示 。

```
R2#sh ip access-list 1
Standard IP access list 1
    deny host 192.5.5.6 (4 match(es))
    permit any (4 match(es))
R2#
```

图 8-72　访问列表的查看

还可以在服务器 Server 的“Command Prompt”用“ping”命令测试。

②拒绝一个指定的网段

拒绝访问网段 192.5.5.0，设置如下：

```
R2(config)access－list 3 deny 192.5.5.0 0.0.0.255
R2(config)access－list 3 permit any
R2(config)int f1/0
R2(config－if)ip access－group 3 out
```

在服务器 Server 的“Command Prompt”用“ping”命令测试。ping 路由器 R1 的 Fa1/0 和 S2/0 端口的 IP 地址。

③拒绝网段 192.5.5.0 的主机通过路由器 R2 的 Fa1/0 端口 ftp 到子网 199.6.13.0

设置访问控制列表之前，在主机 PC1 上登录位于子网 199.6.13.0 的服务器 Server 上的 FTP：

```
PC>ftp 199.6.13.21
```

发现登录成功。设置访问控制列表，如下：

```
R2(config)access－list 101 deny tcp 192.5.5.0 0.0.0.255 199.6.13.0 0.0.0.255 eq 21
R2(config)access－list 101 deny tcp 192.5.5.0 0.0.0.255 199.6.13.0 0.0.0.255 eq 20
R2(config)access－list 101 permitip any any
R2(config)int f1/0
R2(config－if)ip access－group 101 out
```

访问控制列表设置之后，用 PC1 再次登录 Server 的 FTP，发现被拒绝。

④ 拒绝子网 199.6.13.0 /24 内的主机使用路由器 R1 的 S2/0 端口建立 Telnet 会话：

```
R1(config)access－list 102 deny tcp 192.6.13.0 0.0.0.255 any eq 23
R1(config)access－list 102 permit ip any any
R1(config)int s2/0
R2(config－if)ip access－group 102 in      //进入接口 s2/0 时检查是否符合列表规则
```

分别在 PC1 和 Server 上 Telnet 路由器 R1，以验证访问列表设置后的结果。发现 PC1 可以远程登录 R1，Server 则无法远程登录 R1。这是因为 Serverd 的 IP 属于子网 199.6.13.0/24。

参考文献

[1] 李环主编. 计算机网络[M]. 北京：中国铁道出版社，2010
[2] 李太君，林元乖，张晋等编著. 计算机网络[M]. 北京：清华大学出版社，2009
[3] 龚海刚主编. 计算机网络技术[M]. 北京：电子工业出版社，2009
[4] 吴辰文主编. 现代计算机网络[J]. 北京：清华大学出版社，2011
[5] 吴功宜. 计算机网络(第三版)[M]. 北京：清华大学出版社，2012
[6] 谢希仁. 计算机网络(第五版)[M]. 北京：电子工业出版社，2008
[7] 王群. 计算机网络技术[M]. 北京：清华大学出版社，2012
[8] Andrew S T, David J W. 著，严伟，潘爱民，译. 计算机网络(第五版)[M]. 北京：清华大学出版社，2012
[9] 李名世，等编. 计算机网络实验教程[M]. 北京：高等教育出版社，2009

图书在版编目(CIP)数据

计算机网络：理论与实验/潘伟等编著. —厦门：厦门大学出版社，2013. 12
ISBN 978-7-5615-4933-9

Ⅰ. ①计… Ⅱ. ①潘… Ⅲ. ①计算机网络 Ⅳ. ①TP393

中国版本图书馆 CIP 数据核字(2013)第 315054 号

厦门大学出版社出版发行
（地址：厦门市软件园二期望海路 39 号 邮编：361008）
http://www.xmupress.com
xmup @ xmupress.com
厦门集大印刷厂印刷
2013 年 12 月第 1 版 2013 年 12 月第 1 次印刷
开本：787×1092 1/16 印张：19.5 字数：474 千字
定价：39.00 元

图书在版编目(CIP)数据

[illegible]/[illegible]. —厦门：厦门大学出版社，2013.12
ISBN 978-7-5615-4933-9

Ⅰ.[illegible] Ⅱ.[illegible] Ⅲ.[illegible] Ⅳ.[illegible]

中国版本图书馆 CIP 数据核字(2013)第[illegible]号

厦门大学出版社出版发行
(地址：厦门市软件园二期望海路39号 邮编：361008)
http://www.xmupress.com
[illegible]@xmupress.com
[illegible]印刷
[illegible]
[illegible]
[illegible]